U0398118

"十二五"国家重点图书出版规划

物联网工程专业系列教材

物联网工程设计与实施

黄传河　涂航　伍春香　艾浩军　编著

机械工业出版社
CHINA MACHINE PRESS

图书在版编目（CIP）数据

物联网工程设计与实施 / 黄传河等编著．—北京：机械工业出版社，2015.3（2023.9 重印）
（物联网工程专业系列教材）

ISBN 978-7-111-49635-9

I. 物… II. 黄… III. ①互联网络 - 应用 - 高等学校 - 教材 ②智能技术 - 应用 - 高等学校 - 教材 IV. ① TP393.4 ② TP18

中国版本图书馆 CIP 数据核字（2015）第 050526 号

本书从工程实施方法论的视角审视物联网工程设计与实施中的主要问题，从需求出发，按照物联网工程主要步骤，介绍物联网工程的设计方法、设计条件、设计结果及工程实施方法。全书共分 10 章，内容涵盖物联网工程设计与实施概述、需求分析与可行性研究、网络设计、数据中心设计、物联网安全设计、软件工程基础、物联网应用软件设计、物联网工程实施、物联网运行维护与管理并给出相关的物联网工程案例。

本书适合作为高等学校物联网工程专业及相关专业的本科教材。

出版发行：机械工业出版社（北京市西城区百万庄大街 22 号　邮政编码：100037）

责任编辑：佘 洁 朱 劼	责任校对：殷 虹
印　　刷：北京虎彩文化传播有限公司	版　　次：2023 年 9 月第 1 版第 15 次印刷
开　　本：185mm×260mm　1/16	印　　张：18.5
书　　号：ISBN 978-7-111-49635-9	定　　价：45.00 元

客服电话：（010）88361066　68326294

前　言

物联网工程是为实现预定的应用目标而将物联网的各要素有机地组织在一起的工程，涉及计算机信息工程、通信工程、控制工程等多个领域，是实现物联网应用的最终途径。

物联网工程设计与实施包括的内容很多。对照网络工程、通信工程等领域的特殊要求，本书可以从不同的角度和侧重点组织相关内容。例如，可以物联网应用系统设计为主线，以物联网设计为主线，或以物联网工程实施为主线；而在具体内容上，可以基本原理为主，或以案例为主。本书遵循《高等学校物联网工程专业发展战略研究报告暨专业规范（试行）》所界定的范围，从工程实施方法论的角度，按照工程逻辑挑选、组织相关内容，让读者能以工程思维、系统思维了解物联网工程设计与实施的任务和方法，并能将其用于建设具体工程项目。

物联网工程涉及范围广泛，实施阶段的设计细节很多，与其他工程类似，并不存在一种绝对最优的方法或方案，而是追求相对较优、性价比高的设计方法和工程方案。本书所介绍的方法遵循了这一思路。

本书由黄传河规划和统筹，并撰写第 1 ～ 4 章和第 7 ～ 9 章，涂航撰写第 5 章，伍春香撰写第 6 章，艾浩军撰写第 10 章。

由于学时的限制，具体使用本书时可对内容进行必要的取舍。例如，已经开设了软件工程的学校可略去第 6 章，单独开设了应用系统设计课程的学校可略去第 10 章。

由于资料来源广泛，书中引用的很多资料未能一一注明出处，在此我们对所有原作者表示感谢。

物联网工程是一门内容广泛、工程性强并处于快速发展和变化中的技术，加之作者水平和时间所限，书中难免存在不足和疏漏之处，诚望读者不吝赐教。若有任何意见或建议，敬请发送邮件至 huangch@whu.edu.cn。

黄传河于珞珈山

2015 年 1 月

教 学 建 议

第 1 章 物联网工程设计与实施概述（2 学时）

物联网工程规划、设计、实施是一个复杂的系统工程，了解其主要过程、方法与要素是完成物联网工程的前提和基础。本章介绍物联网工程的主要内容、物联网工程设计的目标、物联网工程的设计过程及主要设计文档，帮助学生熟悉物联网工程规划、设计、实施的过程及其目标。

第 2 章 需求分析与可行性研究（3 ～ 4 学时）

需求分析是获取和确定支持物品联网和用户有效工作的系统需求的过程。物联网需求描述了物联网系统的行为、特性或属性，这是设计、实现的约束条件。可行性研究在需求分析基础上，对工程的意义、目标、功能、范围、需求及实施方案要点等内容进行研究与论证，确定工程是否可行。本章介绍物联网工程需求分析、物联网工程可行性研究的主要内容及其报告撰写规范。

第 3 章 网络设计（9 ～ 11 学时）

网络设计是物联网工程的最重要内容之一，包括逻辑网络设计、物理网络设计。逻辑网络是指实际网络的功能性、结构性抽象，用于描述用户的网络行为、性能等要求。逻辑网络设计是根据用户的分类、分布，选择特定的技术，形成特定的逻辑网络结构。物理网络设计即为逻辑网络设计特定的物理环境平台，主要包括布线系统设计、设备选型等。本章介绍逻辑网络设计与物理网络设计的主要内容。

第 4 章 数据中心设计（5 ～ 6 学时）

数据中心是物联网系统完成数据收集、处理、存储、分发与利用的中枢，主要包括高性能计算机系统、海量存储系统、应用系统、云服务系统、信息安全系统，以及容纳这些信息系统的机房。机房主要包括电源系统、制冷系统、消防系统、监控与报警系统。本章介绍数据中心各系统的设计要点。

第 5 章 物联网安全设计（2 ～ 3 学时）

物联网安全设计是物联网工程的基础性任务，是物联网具有可用性的保证。本章从不同层面介绍感知与标识系统的安全技术、网络系统的安全技术、数据中心的安全技术、物联网的安全管理，以及相应的设计要求。如果学校已开设物理网信息安全课程且涵盖了相关内容，则本章可只介绍文档撰写规范。

第 6 章 软件工程基础（0 ～ 6 学时）

软件工程是开发与维护大型软件的工程方法。本章按照软件生命周期定义的各个阶段介绍大型软件开发、维护过程中涉及的基本概念、原理和技术，包括软件生产所需的需求分析建模、软件系统的设计、软件的编码实现、软件测试方法以及软件维护的相关知识等；同时从软件开发过程管理的角度，介绍制订软件计划必需的软件成本、规模估算与进度安排方法，软件开发过程的人员组织管理，软件质量保证措施，以及软件配置管理的相关知识。如果学校已经开设了软件工程课程，则本章可不讲。

第 7 章 物联网应用软件设计（3 学时）

本章介绍物联网应用软件的设计方法论，主要针对物联网中普遍的嵌入式软件、分布式软件的一般设计方法，以及应用软件的部署方案。

第 8 章 物联网工程实施（3 学时）

工程实施是物联网工程的重要一环，通过工程实施，才能把设计方案变成可用的系统。本章介绍物联网工程实施的流程、招投标过程、施工过程管理、质量监控，以及工程验收的主要内容。

第 9 章 物联网运行维护与管理（2 ～ 3 学时）

在物联网工程实施过程中及实施完毕时，需要对其进行测试，以检验物联网系统是否正常运行，是否实现了预期功能和达到预期目标。本章介绍物联网测试、物联网故障的分析与处理、物联网运行与管理的相关内容。

第 10 章 物联网工程案例——智能建筑（2 学时）

本章通过一个案例说明物联网工程实施的过程、结果及效果。

习题和习题课

要求学生分成项目小组，分别对应需求、设计、施工、监理等，按角色完成一个物联网工程项目的规划、设计与实施全过程（其中实施过程为虚拟实施），编制全过程的所有文档。

其内容分别为：

- 习题 1——需求分析与可行性研究报告。
- 习题 2——网络设计及网络设计文档。
- 习题 3——数据中心设计及设计文档。
- 习题 4——应用软件设计及设计文档。
- 习题 5——招标文件与合同编制。
- 习题 6——施工进度与质量管理及文档编制。
- 习题 7——项目测试、验收及文档编制。

目　录

第 1 章 物联网工程设计与实施概述

物联网工程的规划、设计和实施是一个复杂的系统工程，了解其主要过程、方法与要素，是完成物联网工程的前提和基础。本章介绍物联网工程的主要内容、物联网工程设计的目标、物联网工程设计的过程及主要设计文档。

1.1 物联网工程的主要内容

1.1.1 物联网工程的概念

物联网工程是研究物联网系统的规划、设计、实施与管理的工程科学，要求物联网工程技术人员根据既定的目标，依照国家、行业或企业规范，制定物联网建设的方案，协助工程招投标，开展设计、实施、管理与维护等工程活动。

物联网工程除了具有一般工程所具有的特点外，还有其特殊性：

1）技术人员应全面了解物联网的原理、技术、系统、安全等知识，了解物联网技术的现状和发展趋势。

2）技术人员应熟悉物联网工程设计与实施的步骤、流程，熟悉物联网设备及其发展趋势，具有设备选型与集成的经验和能力。

3）技术人员应掌握信息系统开发的主流技术，具有基于无线通信、Web 服务、海量数据处理、信息发布与信息搜索等要素进行综合开发的经验和能力。

4）工程管理人员应熟悉物联网工程的实施过程，具有协调评审、监理、验收等各环节的经验和能力。

一个物联网工程对于委托方（称为甲方）或承建方（称为乙方）来说，其承担的工作任务是不一样的。除非特别说明，本书都是以乙方的身份来讨论。

1.1.2 物联网工程的内容

因具体应用不同，不同的物联网工程其内容各不相同。但通常而言，最基本的内容包括以下方面。

1. 数据感知系统

感知系统是物联网的最基本组成部分。感知系统可能是自动条码识读系统、RFID 系统、无线传感网、光纤传感网、视频传感网、卫星网等特定系统中的一个或多个组合。

2. 数据接入与传输系统

为将感知的数据接入 Internet 或数据中心，需要建设接入与传输系统。接入系统可能包括无线接入（Wi-Fi、GPRS/3G/4G、ZigBee、WAVE、卫星信道等方式）、有线接入（LAN、光纤直连等方式）。骨干传输系统一般可以租用已有的骨干网络，在没有可供租用网络时，需要自己建设远距离骨干传输网络，一般使用光纤组建远距离骨干传输系统，在不能或不方便敷设光纤的地方，可使用专用无线（如微波）传输。

3. 数据存储系统

数据存储系统包括两个方面的含义：一是用于存储数据的基础硬件，通常用硬盘组成磁盘阵列，形成大容量存储装置；二是保存、管理数据的软件系统，通常使用数据库管理系统和高性能并行文件系统。典型的数据库管理系统包括 Oracle、SQL Server、DB2 等，用于保存结构化的数据。典型的高性能并行文件系统包括 Lustre、GPFS(IBM)、GFS(Google) 等，用于管理并发用户的并行文件。

4. 数据处理系统

物联网系统会收集大量的原始数据，各类数据的格式、含义、用途各不相同。为了有效处理、管理和利用这些数据，通常需要有通用的数据处理系统。数据处理系统可能有多种形式，分别完成不同的功能。比如，数据接入和聚合系统用于完成将不同类型、格式的数据进行收集、整理、聚合的功能；搜索引擎用于完成信息检索与呈现功能；数据挖掘系统用于完成隐藏在海量数据中的信息发现功能。

5. 应用系统

应用系统是最顶层的内容，是用户看到的物联网功能的集中体现。应用系统因建设目的的不同，而具有各不相同的功能和使用模式。比如，智能交通系统与山体滑坡监测系统的差异就很大。

6. 控制系统

物联网的特点之一是，依据感知的信息，根据一定的规则，对客观世界进行某种控制。例如，智能交通系统可能会对交通信号灯进行控制，农业物联网系统可能会对水阀、光照系统、温控系统、施肥系统进行控制。但不是所有的物联网系统都一定要具有控制系统，是否需要控制系统要根据具体的应用目的来确定。比如，水质监测系统、滑坡监测系统可能就没有控制系统。

7. 安全系统

安全系统是保证信息系统安全、贯穿物联网各环节的特定功能系统。因物联网的暴露性、泛在性，安全问题十分突出，这也是关系物联网系统能否发挥正常作用的关键，因此任一物联网工程都需要设计有效的安全措施。

8. 机房

机房是信息汇聚、存储、处理、分发的核心，任一物联网系统都需要一个或大或小的机房（或网络中心或数据中心）。机房中除了计算机系统、存储系统、网络通信系统之外，还有为保证这些系统工作的其他系统，包括空调系统、不间断电源系统（UPS）、消防系统、安防与监控系统（含报警设备）等。

9. 网络管理系统

网络管理系统也是物联网工程中必不可少的一个部分，其功能是对物联网系统进行故障管理（故障发现、定位、排除）、性能管理（性能监测与优化）、配置管理、安全管理，在某些系统中可能还有计费管理。

1.1.3 物联网工程的组织

1. 组织方式

物联网工程通常有两种组织方式：

1）政府工程：由政府拨款，这类工程一般具有示范性质。该类工程一般通过招标或直接指定或审批承担单位和负责人，并组织工程管理机构，自上而下组织实施。

2）普通商业工程：一般采用项目经理制，通过投标等方式获取工程承建权，组织施工队伍，按照商业合同组织项目实施。

2. 组织机构

除非很小的工程，针对一般的物联网工程特别是政府工程，通常成立下述三层机构：

1）领导小组：负责协调各部门的工作，解决重大问题，进行重大决策，指导总体组的工作，审批各类方案，组织项目验收。

2）总体组：制定系统需求分析、项目总体方案、工程实施方案，确定所使用的标准、规范，设计全局性的技术方案，对项目的实施进行宏观管理和控制，进行质量管理。

3）技术开发组：根据总体组制定的建设任务，完成具体的设计、开发、安装与测试工作，制作各种技术文档，进行技术培训。

3. 工程监理

物联网工程监理是指在物联网建设过程中，为用户提供建设方案论证、系统集成商确定、物联网工程质量控制等服务，其核心职责是工程质量控制，包括工程材料的质量、设备的质量、施工的质量等。

监理单位为具有资质的第三方，通常通过招标确定。

监理人员进行质量监控的主要工作包括：

1）审查建设方案是否合理，所选设备质量是否合格。

2）审查基础建设是否完成，通信线路敷设是否合理。

3）审查信息系统硬件平台是否合理，是否具有可扩展性，软件平台是否统一、合理。

4）审查应用软件的功能、使用方式是否满足需求。

5）审查培训计划是否完整，培训效果是否达到预期目标。

6）协助用户进行测试和验收。

1.2 物联网工程设计的目标与约束条件

1.2.1 物联网工程设计的目标

物联网工程设计的总体目标是在系统工程科学方法指导下，根据用户需求，设计完善的方案，优选各种技术和产品，科学组织工程实施，保证建设成一个可靠性高、性价比高、易于使用、满足用户需求的系统。

但是不同的物联网工程，其具体的目标各不相同，因此，在设计之初，就应该制定明确、具体的设计目标，用以指导、约束和评估设计的全过程及最终结果。目标应具体，尽可能量化，用具体的参数表示出来，如带宽、数据丢失率、差错率、数据传输延迟、感知数据量及响应时间、存储空间大小、可扩展的范围（节点数、距离、数据量）等。

在总体目标之下，每个阶段有其具体的目标。比如，需求分析阶段的目标是了解用户的需求，完成需求分析报告，进行可行性论证。设计阶段的目标是根据需求、技术等条件，完成逻辑网络设计、物理网络设计、施工方案设计等，撰写详尽的设计报告，供下一阶段使用。

1.2.2 物联网工程设计的约束条件

用户的需求应尽可能得到重视和满足，但因多种因素未必都能得到满足。物联网工程的约束条件是设计工作必须遵循的一些附加条件，一个物联网设计，即使达到了设计的目标，但是由于不满足约束条件，该网络设计亦无法实施。所以，在需求分析阶段确定用户需求的同时，就应对这些附加条件进行明确。

在一个物联网工程中，满足用户需求的网络设计是一个集合，设计约束就是过滤条件，而过滤后的设计集合就是可以实施的设计集合。

一般来说，物联网设计的约束因素主要来自于政策、预算、时间和技术等方面。

1. 政策约束

了解政策约束的目标是发现隐藏在项目背后的可能导致项目失败的事务安排、持续的争论、偏见、利益关系或历史等因素。政策约束的来源包括法律、法规、行业规定、业务规范、技术规范等，政策约束的直接体现是法律法规条文、发表的暂行规定、国际/国家/行业标准、行政通知与发文等。

在网络设计中，设计人员需要与客户就协议、标准、供应商等方面的政策进行讨论，弄清楚客户在设备、传输或其他协议方面是否已经制定了标准，是否有关于开发和专有解决方案的规定，是否有认可供应商或平台方面的相关规定，是否允许不同厂商之间的竞争。在明确了这些政策约束后，才能开展后期的设计工作，以免出现设计失败或重复设计的现象。

需要特别注意的是，对于一个已经进行过但没有成功的类似项目，应当判断类似的情况是否有可能再次发生，采取什么方案才能避免。

2. 预算约束

预算是决定网络设计的关键因素，很多满足用户需求的优良设计就是因为突破了用户的基本预算而不能实施。

如果用户的预算是弹性的，那么意味着赋予了设计人员更多的设计空间，设计人员可以从用户满意度、可扩展性、易维护性等多个角度对设计进行优化；但是大多数情况下，设计人员面对的是刚性预算，预算可调整的幅度非常小，在刚性预算下实现满意度、可扩展性、易维护性是需要大量工程设计经验的。

需要注意的是，对于因预算而使得所设计的物联网工程不能满足用户需求的情况，放弃设计工作并不是一种积极的态度。正确的做法是，在统筹规划的基础上，将物联网建设工作划分为多个迭代周期，同时将建设目标分解为多个阶段性目标，通过阶段性目标的实现，达到最终满足用户全部需求的目的，而当前预算仅用于完成当前迭代周期的建设目标。

预算的正确分解也是需要面对的工作。预算一般分为一次性投资预算和周期性投资预算。一般来说，年度发生的周期性投资预算和一次性投资预算之间的比例为10%～15%是比较合理的。一次性投资预算主要用于网络的初始建设，包括采购设备、购买软件、维护和测试系统、培训工作人员及设计和安装系统的费用等。应根据一次性投资预算，对设备、软件进行选型，对培训工作量进行限定，确保网络初始建设的可行性。周期性投资预算主要用于后期的运营维护，包括人员消耗、设备维护消耗、软件系统升级消耗、材料消耗、信息费用、线路租用费用等多个方面。同时，对客户单位的网络工作人员的能力进行分析，考察他们的工作能力和专业知识是否能够胜任以后的工作，并提出相应的建议，这是评判周期性投资预算是否能够满足运营需要的关键之一。

最后，评判多个相同或近似预算物联网工程的优劣，还要对物联网的投资回报进行分析，从降低运行费用、提高劳动效率、扩大市场等多个角度来选择最合适的建设方案。

3. 时间约束

建设进度安排是需要考虑的另一个问题。项目进度表限定了项目最后的期限和重要的阶段。通常，客户会对项目进度有大致要求，设计者必须据此制订合理、可行的实施计划。

目前有许多种开发进度表的工具，在全面了解了项目之后，要对网络设计人员自行安排的计划与进度表的时间进行对照分析，对于存在疑问的地方，要及时与客户进行沟通。

4. 技术约束

用户所提出的功能需求有些可能是现阶段的技术所不能实现的。因此，设计人员应对每一项需求进行深入分析，列出那些在给定时间约束内既没有现成的设备或技术，也不可能通过努力研制出满足要求的设备或技术的项目，与用户进行沟通，商讨解决方案。通常的对策可能是：

- 取消不能实现的需求。
- 暂缓执行相关需求，等待设备或技术出现。
- 组织力量或委托第三方研发，但存在不成功的风险。
- 作为双方的课题进行试验性探讨。

1.3 物联网工程设计应遵循的原则

物联网工程设计是一个复杂的过程，为保证设计的有效性，应遵循以下基本原则。

1）应围绕设计目标开展设计工作。设计目标是推动设计的唯一重要因素，再好的设计，如果不满足设计目标，都不能算是好的设计，只能算是失败的甚至是无用的设计。

2）应充分考虑应用性要求。应保证应用系统顺利运行，不了解应用系统的特点和要求，就无法设计出好的物联网工程系统。

3）应在需求、成本、时间、技术等多种因素之间寻求最好的平衡和折中。多种需求有时是彼此矛盾的，因此需要进行仔细的平衡和折中。

4）应优先选用最简单、最可行的解决方案。超前性与成熟性、新颖性与实用性、探索性与可行性、综合性与简单性之间，在不能兼顾时，应选用最简单、最可行的解决方案，选择成熟的、通过测试的设备和软件，保证工程项目建设的成功。

5）应避免简单照抄其他设计方案的做法。每一个工程项目都有自己的特殊性，不要简单地使用统一的设计模板或照抄其他项目的设计方案。

6）应具有可预见性和可扩展性。使系统具有弹性和可扩展性，是保证项目成功的一个重要方面。

7）应由有设计经验的人员主导设计工作。

1.4 物联网工程的设计方法

1.4.1 网络系统生命周期

一个网络系统从构思开始，到最后被淘汰的过程称为网络系统生命周期。一般来说，网络系统生命周期至少包括网络系统的构思计划、分析设计、实时运行和维护的过程。对于大多数网络系统来说，由于应用的不断发展，这些网络系统需要经过不断重复设计、实施、维护的过程。

因此，网络系统的生命周期和软件工程中的软件生命周期非常类似。首先，网络系统的生命周期是一个循环迭代的过程，每次循环迭代的动力来自于网络应用需求的变更或产品升级换代的需求；其次，在每次循环过程中，都存在需求分析、规划设计、实施调试和运行维护等阶段。有些网络系统仅仅经过一个周期就被淘汰，而有些网络系统在存活过程中经过多次循环周期。一般来说，网络系统规模越大、投资越多，则其可能经历的循环周期也越多。

1. 网络系统生命周期的迭代模型

网络系统生命周期的迭代模型的核心思想是网络应用驱动理论和成本评价机制，当网络系统无法满足用户的需求时，就必须进入下一个迭代周期，经过迭代周期后，网络系统将能够满足用户的网络需求。成本评价机制决定是否结束网络系统的生命周期，当已有投资系统的再利用成本小于新建系统的成本时，网络系统可以进入下一个迭代周期，而再利用成本大于新建成本时，就必须舍弃迭代，终结当前网络系统，新建网络系统。网络系统生命周期的迭代模型如图 1-1 所示。

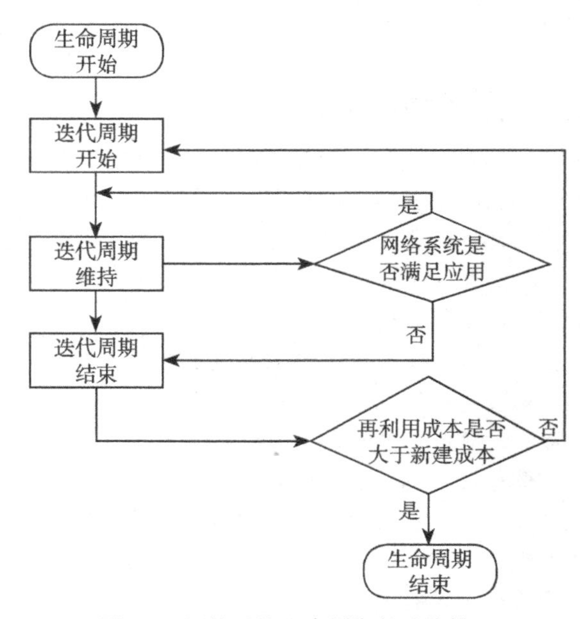

图 1-1 网络系统生命周期的迭代模型

2. 迭代周期的构成

每一个迭代周期都是一个网络重构的过程，不同的网络设计方法对迭代周期的划分方式是不同的；这些划分方式侧重点不同，拥有不同的网络文档模板，但是实施后的效果都是满足了用户的网络需求。目前没有哪个迭代周期可以完美描述所有项目的开发构成，但是常见的构成方式主要有三种。

（1）四阶段周期

四阶段周期的特点是，能够快速适应新的需求，强调网络建设周期中的宏观管理，灵活性较强。

如图1-2所示，四个阶段分别为构思与规划阶段、分析与设计阶段、实施与构建阶段和运行与维护阶段，这四个阶段之间有一定的重叠，保证了两个阶段之间的交接工作，同时赋予网络工程设计的灵活性。

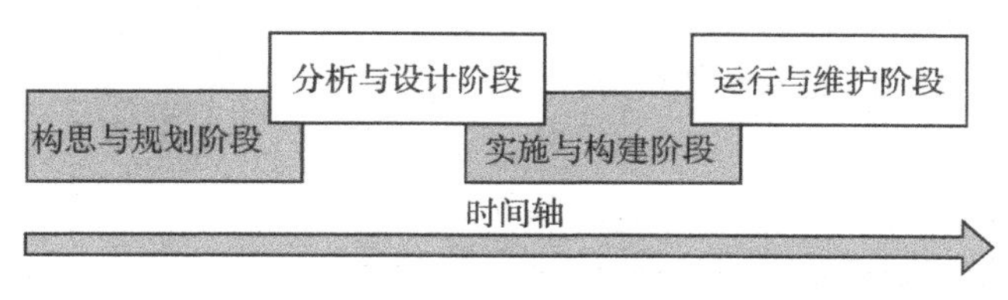

图1-2 四阶段周期

构思与规划阶段的主要工作是明确网络设计或改造的需求，同时明确新网络的建设目标。分析与设计阶段的工作是根据网络的需求进行设计，并形成特定的设计方案。实施与构建阶段的工作是根据设计方案进行设备购置、安装、调试，形成可试用的网络环境。运行与维护阶段的工作是提供网络服务，并实施网络管理。

四阶段周期的优点是工作成本较低、灵活性高，适用于网络规模较小、需求较为明确、网络结构简单的物联网工程。

（2）五阶段周期

五阶段周期是较为常见的迭代周期划分方式，将一次迭代划分为五个阶段，即需求分析、通信分析、逻辑网络设计、物理网络设计、实施。在五个阶段中，由于每个阶段都是一个工作环节，每个环节完毕后才能进入下一个环节，类似于软件工程中的“瀑布模型”，形成了特定的工作流程，如图1-3所示。

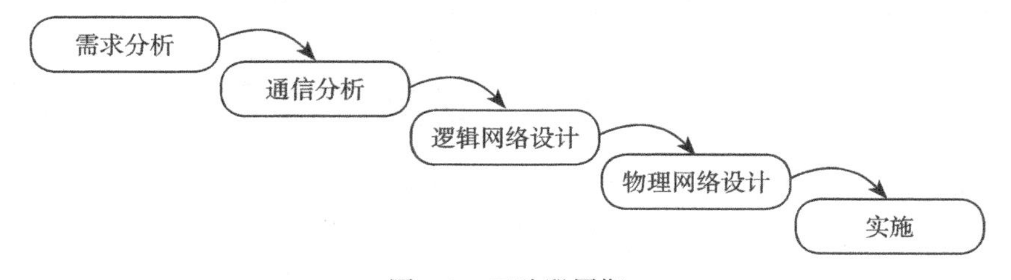

图1-3 五阶段周期

按照这种流程构建网络，在下一个阶段开始之前，前面的每个阶段的工作必须已经完成。一般情况下，不允许返回前面的阶段，如果前一阶段的工作没有完成就开始进入下一个阶段，则会对后续的工作造成较大的影响，甚至产生工期拖后和成本超支。

五阶段周期的主要优势在于所有的计划在较早的阶段完成，该系统的所有负责人对系统的具体情况及工作进度都非常清楚，更容易协调工作。

五阶段周期的缺点是比较死板、不灵活。因为往往在项目完成之前，用户的需求经常会发生变化，这使得已完成的部分需要经常修改，从而影响工作的进程。所以基于这种流程完成网络设计时，用户的需求确认工作非常重要。

五阶段周期由于存在较为严格的需求分析和通信分析，并且在设计过程中充分考虑了网络的逻辑特性和物理特性，因此较为严谨，适用于网络规模较大、需求较为明确、在一次迭代过程中需求变更较小的网络工程。

（3）六阶段周期

六阶段周期是对五阶段周期的补充，是对其缺乏灵活性的改进，通过在实施阶段前后增加相应的测试和优化过程，提高网络建设工程中对需求变更的适应性。

六个阶段分别由需求分析、逻辑设计、物理设计、设计优化、实施及测试、监测及性能优化组成，如图 1-4 所示。

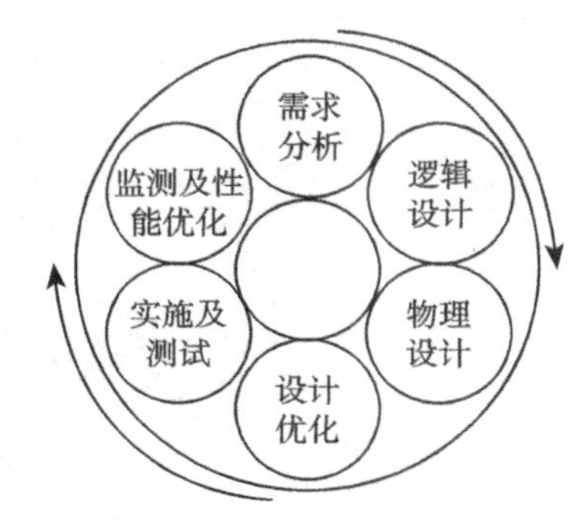

图 1-4　六阶段周期

在需求分析阶段，网络分析人员通过与用户和技术人员进行交流来获取对新的或升级系统的商业和技术目标，然后归纳出当前网络的特征，分析出当前和将来的网络通信量、网络性能，包括流量、负载、协议行为和服务质量要求。

在逻辑设计阶段，主要完成网络的逻辑拓扑结构、网络编址、设备命名、路由协议选择、安全规划、网络管理等设计工作，并且根据这些设计生成对设备厂商、服务提供商的选择策略。

在物理设计阶段，根据逻辑设计的成果，选择具体的技术和产品，使得逻辑设计成果符合工程设计规范。

在设计优化阶段，完成在实施阶段前的方案优化，通过召开专家研讨会、搭建试验平台、网络仿真等多种形式，找出设计方案中的缺陷，并进行方案优化。

在实施及测试阶段，根据优化后的方案进行设备的购置、安装、调试与测试，开发或购置软件系统，通过测试和试用，发现网络环境与设计方案的偏离，纠正实施过程中的错误，甚至可能导致修改网络设计方案。

监测及性能优化阶段是网络的运营和维护阶段，在该阶段，通过网络管理、安全管理等技术手段，对网络是否正常运行进行实时监控，一旦发现问题，通过优化网络设备配置参数，达到优化网络性能的目的。一旦发现网络性能已经无法满足用户需求，则进入下一个迭代周期。

六阶段周期偏重于网络的测试和优化，侧重于网络需求的不断变更，由于其严格的逻辑设计和物理设计规范，该模式适合于大型网络的建设工作。

1.4.2　设计过程

网络系统设计过程描述的是在设计一个网络系统时必须完成的基本任务，而网络系统生命周期的迭代模型为描绘网络项目的设计提供了特定的理论模型，因此网络系统设计过程主要是指一次迭代过程。

由于一个网络项目从构思到最终退出应用，一般会遵循迭代模型，经历多个迭代周期，而每个周期的各种工作可根据新网络的规模采用不同的迭代周期。例如，在网络系统建设初期建设的是试点网络，由于网络系统规模比较小，因此第一个迭代周期的开发工作采用四阶段周期方式；而随着应用的发展，需要基于试点网络的建设，进行全面网络建设和互联，扩展后的网络系统规模较大，则可以在第二个迭代周期中采用五阶段周期或六阶段周期方式。

由于在网络系统工程中，中等规模的网络系统较多，并且应用范围较广，因此本书主要介绍的是五阶段周期方式，该方式也适用于部分应用、覆盖要求比较单纯的大型网络系统。在较为复杂的大型、超大型网络系统中，采用六阶段周期时，也必须完成五阶段周期中要求的各项工作，只是增强了灵活性和必需的验证机制。

将大型问题分解为多个小型可解的简单问题，是解决复杂问题的常用方法，根据五阶段周期的模型，网络系统设计过程可以划分为以下五个阶段。

- 需求分析。
- 现有的网络体系分析，即通信规范分析。
- 确定网络逻辑结构，即逻辑网络设计。
- 确定网络物理结构，即物理网络设计。
- 安装和维护。

因此，网络系统工程被分解为多个容易理解、容易处理的部分，每个部分的工作都是一个阶段，各阶段的工作成果都将直接影响下一阶段的工作开展，这就是五阶段周期被称为流水线的真正含义。

在这五个阶段中，每个阶段都必须依据上一阶段的成果，完成本阶段的工作，并形成本阶段的工作成果，作为下一阶段的工作依据。这些阶段的成果分别为“需求规范”、“通信规范”、“逻辑网络设计”、“物理网络设计”。例如，在需求分析阶段，需要一份关于软件、硬件、连接和服务的详细说明书，以确保满足每个项目各自的独特需求。只有在网络计划者已经分析和确定了现有网络体系结构、新的需求、设计目标和约束，并形成了需求规范后才能开始后续设计工作。这样，对于大多数大中型网络系统设计过程就可以用图 1-5 描述。

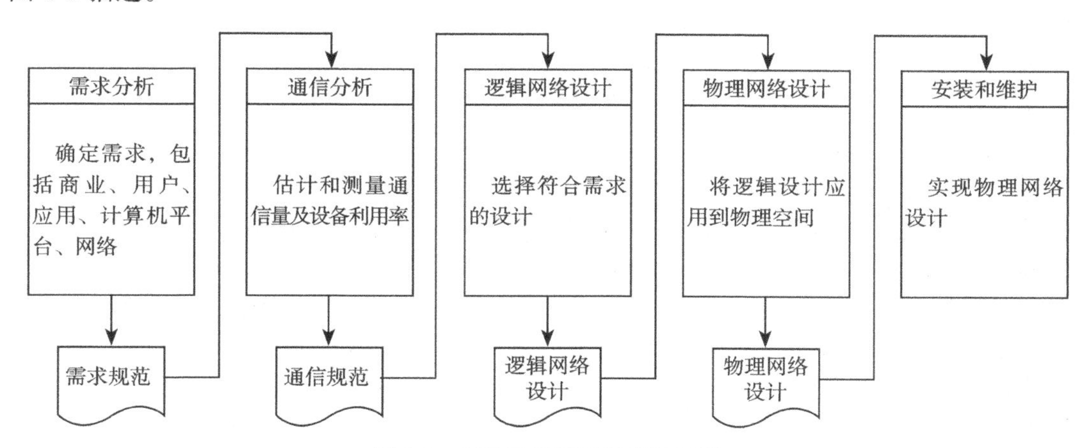

图 1-5　五阶段网络系统设计过程

各阶段的输出成果将直接关系下一阶段的工作，因此作为工作成果的产物，包括所有记录设计规划、技术选择、用户信息及上级审批的文件都应该保存好，以便以后查询和参考。另外，在极端情况下，如果某一阶段的工作出现重大失误，可以根据上一阶段成果重新执行本阶段的工作。

下面简要介绍各阶段的主要内容，其详细内容在后续章节介绍。

1. 需求分析

需求分析阶段是开发过程中最关键的阶段，所有的工程设计人员都清楚如果在需求分析阶段没有明确需求，则会导致以后各阶段的工作严重偏移目标。在需求分析阶段，需要直接面对的问题就是需求收集的困难，很多时候甚至用户自己也不清楚具体需求是什么，或者需求渐渐增加而且经常发生变化，需求调研人员必须采用多种方式与用户交流，才能挖掘出物联网工程的全面需求。

收集需求信息不仅要和不同的用户、经理和其他网络管理员交流，而且需要把交流所得信息归纳解释。在这个过程中，很容易出现不同用户群体之间的需求矛盾，尤其是网络用户和网络管理员之间的分歧，网络用户总是希望能够更多、更方便地享用网络资源，而网络管理员更希望网络稳定、用户管理方便。需求出现矛盾其实是正常的，这也说明需求调查是全面的。设计人员只需要在设计工作中根据工程经验，均衡考虑各方利益，不激化用户矛盾，就能保证最终的网络是可用的。

收集需求信息是一项费时的工作，也不可能很快产生非常明确的需求，但是可以明确需求变化的范围，通过网络设计的伸缩性保证网络工程满足用户的需求变化。所以，需求分析有助于设计者更好地理解网络应该具有什么功能和性能，最终设计出符合用户需求的网络，它为网络设计提供了下述的依据。

- 能够更好地评价现有的网络体系。
- 能够更客观地做出决策。
- 提供完美的交互功能。
- 提供网络的移植功能。
- 合理使用用户资源。

不同的用户有不同的网络需求，收集需求应考虑如下内容：

- 业务需求。
- 用户需求。
- 应用需求。
- 计算机平台需求。
- 网络需求。

在需求分析阶段应该尽量明确定义用户的需求。在需求分析阶段，如果网络工程较大，则可以将调查人员划分成若干个小组，每个小组的分工不同，通过定期讨论需求，找出调查需求的不一致处。通过对不一致处进行更细致的调查，形成全面需求。另外，在需求调查的手段上，可以采用多种方式。例如，对于大范围的调查，可以采用书面的调查问卷，收集调查问卷并统计；对于相似的用户群，可以采用抽样访谈的方式，通过直接的交流获取用户的特定需求。

详细的需求描述使得最终的网络更有可能满足用户的要求。同时，需求收集过程必须同时考虑现在和将来的需要，否则以后将会很难实现对网络的扩展。

最后，需要注意的是需求分析的输出是一份需求说明书，即需求规范。网络设计者必须规范地把需求记录在需求说明书中，清楚而细致地总结单位和个人的需要和愿望。在写完需求说明书后，管理者与网络设计者应该正式达成共识，并在文件上签字，这是规避网络建设风险的关键。这时需求说明书才成为网络开发者和管理者之间的协议，也就是说，管理者认可文件中对他们所要系统的描述，网络设计者同意提供这个系统。

在形成需求说明书之前，网络工程设计人员还必须与网络管理部门就需求的变化建立起需求变更机制，明确允许的变更范围。这些内容正式通过后，开发过程就可以进入下一个阶段了。

传统的需求分析以了解用户的需求为目的。但由于技术分工的细化，跨行业知识的欠缺，用户与设计人员有时并不能使用共同的语言描述各自的需求。需求分析与设计人员应该根据用户的片段化的需求信息，挖掘出用户现实的完整需求，更重要的是，还应利用自己掌握的专业知识和技术发展趋势为用户提出好的建议，规划出未来可能的需求，使得所建设的系统更好地适应用户未来业务的发展。

2. 通信分析

如果说当前网络系统设计过程不是第一个迭代周期，也就是说已经存在一个网络，当前周期是对现有网络的升级和改造时，就必须添加通信分析工作。现有通信分析的工作目的是描述资源分布，以便于在升级时尽量保护已有投资。通过该工作，可以使网络设计者掌握网络现在所处的状态和情况。

升级后的网络效率与当前网络中的各类设备资源是否满足新需求是相关的，如果现有的网络设备不能满足新的需求，就必须淘汰并购置新的设备。因此，在写完需求说明书后，在设计过程开始之前，必须彻底分析现有网络和新网络相关的各类资源。

在这一阶段，应给出一份正式的通信规范说明文档，作为下一个阶段（逻辑网络设计）的输入使用。通信分析阶段应该提供的通信规范说明文档如下。

- 现有网络的逻辑拓扑图。
- 反映网络容量、网段及网络所需的通信容量和模式。
- 现有感知设备、控制设备的类型与功能。
- 详细的统计数据、基本的测量值和所有其他直接反映现有网络性能的测量值。
- Internet 接口和广域网提供的服务质量（QoS）报告。
- 限制因素列表清单，如使用线缆和设备等。

3. 逻辑网络设计

逻辑网络设计阶段是体现网络设计核心思想的关键阶段，在这一阶段根据需求规范和通信规范，选择一种比较适宜的网络逻辑结构，并基于该逻辑结构，实施后续的资源分配规划、安全规划等内容。

网络的逻辑结构设计来自于用户需求规范中描述的网络行为、性能等要求，逻辑设计要根据网络用户的分类、分布，形成特定的网络结构，该网络结构大致描述了设备的互连及分布，但是不对具体的物理位置和运行环境进行确定。

由于网络划分为多个层次，因此一个网络设备的连接图在不同的网络协议层次上是不同的，尤其是在网络层和传输链路控制层；而在逻辑网络设计阶段，设计人员一般更关注于网络层的连接图，因为这涉及网络互联、地址分配、网络层流量的关键因素。

网络设计者利用需求分析和通信分析的结果来设计逻辑网络结构。如果现有的软、硬件不能满足新网络的需求，则必须对现有系统进行升级。如果现有系统能够继续运行使用，可以将它们集成到新设计中。如果不集成旧系统，网络设计小组可以找一个新系统，对它进行测试，确定是否符合用户的需求。

此阶段最后应该得到一份逻辑网络设计文档，输出的主要内容如下：

- 逻辑网络设计图。
- 地址分配方案。
- 安全方案。
- 软硬件、广域网连接设备和基本的服务。

4. 物理网络设计

物理网络设计是逻辑网络设计的物理实现，通过对设备的具体物理分布、运行环境等的确定，确保网络的物理连接符合逻辑连接的要求。在这一阶段，网络设计者需要确定具体的软硬件、连接设备、布线和服务。

如何选择和安装设备，以物理网络设计这一阶段的输出为依据，所以物理网络设计文档必须尽可能详细、清晰，输出的主要内容如下：

- 网络物理结构图和布线方案。
- 设备和部件的详细列表清单。
- 软硬件和安装费用的估算。
- 安装日程表，用于详细说明服务的时间及期限。
- 安装后的测试计划。
- 用户的培训计划。

5. 安装和维护

第五个阶段可以分为两个小阶段，分别是安装和维护。

（1）安装

安装阶段是根据前面各个阶段的成果，实施环境准备、设备安装与调试的过程。

安装阶段的主要输出是网络本身。好的安装阶段应该产生的输出如下：

- 逻辑网络图和物理网络图，以便于管理人员快速掌握网络。
- 满足规范的设备连接图、布线图等细节图，同时包括线缆、连接器和设备的规范标识，这些标识应与各细节图保持一致。
- 安装、测试记录和文档，包括测试结果和新的数据流量记录。

在安装开始之前，所有的软硬件资源必须准备完毕，并通过测试。在网络投入运营之前，人员、培训、服务、协议等都是必须准备好的资源。

（2）维护

网络安装完成后，接受用户的反馈意见和监控是网络管理员的任务。网络投入运行后，需要做大量的故障监测、故障恢复及网络升级和性能优化等维护工作。网络维护又称为网络产品的售后服务。

1.5 物联网工程设计的主要步骤与文档

1.5.1 物联网工程设计的主要步骤

通常，物联网工程设计的主要步骤如下。

1）根据拟建物联网工程的性质，确定所使用的周期模型。

2）进行需求分析，确定设计目标、性能参数，决定周期模型。

3）根据需要，进行可行性研究。对于大型项目，通常需要进行可行性研究，但对于小型项目，一般不进行该项工作。

4）根据具体情况，对现有网络进行分析。

5）进行逻辑网络设计（有时称为总体设计）。

6）进行物理网络设计（有时称为详细设计）。在设计过程中，可能需要进行某些技术试验和测试，以确定具体的技术方案。

7）进行施工方案设计，包括工期计划、施工流程、现场管理方案、施工人员安排、工程质量保证措施等。

8）设计测试方案。

9）设计运行、维护方案。该部分依用户的要求而定，也可能没有这部分内容，相应地，运维工作由用户自己负责。

1.5.2 物联网工程设计与实施的主要文档

在物联网工程建设过程的每一阶段，都应撰写规范的文档，作为下一阶段工作的依据。文档也是工程验收、运行维护必不可少的资料。主要文档包括：

1）需求分析文档。

2）可行性研究报告（视项目规模和甲方的意见而定是否需要）。

3）招标文件（协助甲方完成，用于招标。有时由甲方单独撰写，不需要乙方协助）。

4）投标文件（乙方用于投标）。

5）逻辑网络设计文档。

6）物理网络设计文档。

7）实施文档。

8）测试文档。

9）验收报告。

各类文档的具体内容在后续章节介绍。

第 2 章 需求分析与可行性研究

需求分析是获取、确定支持物品联网和用户有效工作的系统需求的过程。物联网需求描述了物联网系统的行为、特性或属性，这是设计、实现的约束条件。可行性研究在需求分析的基础上，对工程的意义、目标、功能、范围、需求及实施方案要点等内容进行研究与论证，确定工程是否可行。本章介绍物联网工程需求分析、物联网工程可行性研究的主要内容。

2.1 需求分析的目标、内容与步骤

2.1.1 需求分析的目标

需求分析是用来获取物联网系统需求并对其进行归纳整理的过程，该过程是物联网开发的基础，也是开发过程中的关键阶段。

虽然物联网需求分析不同于软件应用系统的需求分析工作，但是物联网设计人员也需要与用户进行大量的交流和沟通，也需要通过对用户业务流程的了解来细化需求。一般来说，如果物联网工程与应用软件开发同时进行，则可以将物联网需求调查和应用软件的需求调查结合在一起进行。通过多种沟通手段，设计人员不仅可以了解用户的业务知识，而且可以了解用户对网络的需求，为后续步骤建立稳固的工作基础。

需求分析的主要目标是：

1）全面了解用户需求，包括应用背景、业务需求、物联网工程的安全性需求、通信量及其分布状况、物联网环境、信息处理能力、管理需求、可扩展性需求等内容。

2）编制可行性研究报告，为项目立项、审批及设计提供基础性素材。

3）编制翔实的需求分析文档，为设计者提供设计依据，使得设计者：

- 能够更好地评价现有的物联网体系。
- 能够更客观地做出决策。
- 提供良好的交互功能。
- 提供可移植、可扩展的功能。
- 合理使用用户资源。

在需求分析阶段对用户需求的定义越明确和详细，则实施期间需求变动的可能性就越小，同时建设后用户的满意度就越高。

2.1.2 需求分析的内容

需求分析的内容因具体物联网工程的不同而有所不同，但一般都包括以下内容。

1）了解应用背景：物联网应用的技术背景、发展方向和技术趋势，借以说明用户建设物联网工程的必要性。

2）了解业务需求：用户的业务类型、物品联网及信息获取的方式、应用系统的功能、信息服务的方式。

3）了解安全性需求：用户物联网工程的特殊安全性需求。

4）了解物联网的通信量及其分布状况：物联网工程的通信需求。

5）了解物联网环境：具体物联网工程的环境条件。

6）了解信息处理能力：对信息处理能力、功能的要求。

7）了解管理需求：对物联网管理的具体要求。

8）了解可扩展性需求：对未来扩展性的要求。

2.1.3 需求分析的步骤

需求分析的一般步骤如下：

1）从相关管理部门了解用户的行业状况、通用的业务模式、外部关联关系、内部组织结构。

2）从高层管理者了解建设目标、总体业务需求、投资预算等信息。

3）从业务部门了解具体的业务需求、使用方式等信息。

4）从技术部门了解具体的设备需求、网络需求、维护需求、环境状况等信息。

5）整理需求信息，形成需求分析报告。

2.2 需求分析的收集

2.2.1 需求信息的收集方法

1. 实地考察

实地考察是获取第一手资料最直接的方法，也是必需的步骤和手段。通过实地考察，设计人员可以准确地掌握用户的规模、物联网的物理分布等重要信息。

2. 用户访谈

设计人员与用户进行各种形式的访谈，深入了解用户的各种需求。访谈的形式包括面谈、电话交谈、电子邮件交流、QQ/Skype/微信网络交谈等。访谈前应做好访谈计划，明确访谈的内容、要求对方回答的问题，并做好记录。通常，访谈对象应是对项目内容具有发言权的人，如负责人、熟悉业务的业务骨干等。

3. 问卷调查

问卷调查通常针对数量众多的终端用户，询问其对物联网项目的应用需求、使用方式需求、个人业务量需求等。调查问卷应简洁、明了，让所有人能明白每个调查题目的确切意思，并尽量采用选择题的方式作答，避免书写长段文字。

4. 向同行咨询

对于需求分析收集过程中碰到的问题，如果不涉及商业秘密，可以向同行、有经验的人员请教，甚至可以在相关网络论坛上进行讨论。在网上讨论时，应避免出现用户身份的信息，只针对技术层面的问题进行讨论。

2.2.2 需求分析的实施

首先制订周密的需求分析收集计划，包括具体的时间、地点、实施人员、访谈对象、访谈内容等。一般应针对不同的需求内容，分别制订记录表格供所有人员使用，力求信息收集过程的规范化、信息的完整性，方便日后对不同人员收集的信息进行分析处理。

接下来，根据计划分工进行信息收集，包括应用背景信息的收集、业务需求信息的收集、安全性需求信息的收集、物联网的通信量及其分布状态信息的收集、物联网环境信息的收集、信息处理能力的需求信息收集、管理需求信息的收集、可扩展性需求信息的收集和传输网络的需求信息收集。

1. 应用背景信息的收集

主要内容包括：国内外同行的应用现状及成效、该用户建设物联网工程的目的、该用户建设物联网工程拟采取的步骤和策略、经费预算与工期。

2. 业务需求信息的收集

主要内容包括：被感知物品及其分布、感知信息的种类、感知 / 控制设备与接入的方式、现有或需新建系统的功能、需要集成的应用系统、需要提供的信息服务种类和方式、拟采用的通信方式及网络带宽、用户数量。

（1）业务需求

1）收集业务方面需求。

在整个物联网开发过程中，业务方面的需求调查是理解业务本质的关键，应尽量保证设计的物联网能够满足业务的需求。

物联网工程是为一个集体提供服务的，这个集体中存在着职能的分工，也存在着不同的业务方面的需求。一般来说，用户只对自己分管的业务的需求是非常清晰的，对于其他用户的需求会产生侧面的了解，因此集体内的不同用户都需要收集特定的业务方面的信息，这些信息包括：

① 确定主要相关人员。业务方面需求收集的第一步是获取组织机构图，通过组织机构图了解集体中的岗位设置及岗位职责。各单位的组织结构不尽相同，如图 2-1 所示是一个特定单位的组织结构。

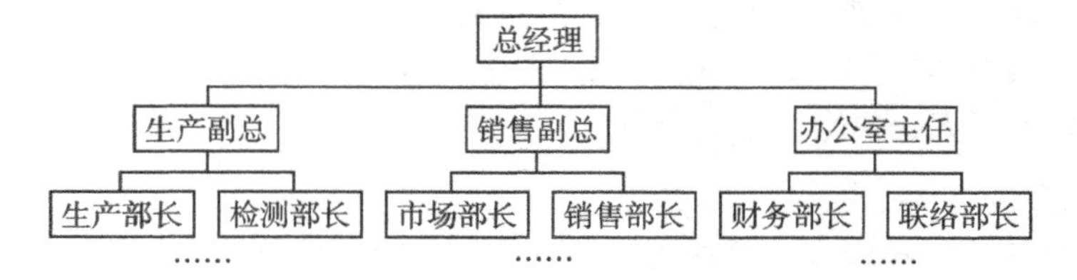

图 2-1 组织机构图

在调查组织机构的过程中，应主要与以下两类人员进行重点沟通。

- **决策者**：负责审批物联网设计方案或决定投资规模的管理层。
- **信息提供者**：负责解释业务战略、长期计划和其他常见的业务需求。

② 确定关键时间点。项目的时间限制是完工的最后期限，对于大型项目，必须制订严格的项目实施计划，确定各阶段及关键时间点，同时这些时间点的产物也是重要的里程碑。在计划制订后，即形成项目阶段建设日程表，这个日程表在得到项目的更多信息后还可以更进一步细化。

③ 确定物联网的投资规模。对于整个物联网的设计和实施，费用是一个重要的因素，投资规模将直接影响物联网工程的设计思路、技术路线、设备购置、服务水平。

面对确定的物联网规模，投资的规模也必须合理并符合工程要求，存在一个投资最低限额；如低于该限额，则会出现资金缺乏等问题，导致物联网建设失败。

在进行投资预算或者预算确认时，应根据工程建设内容进行核算，将一次性投资和周期性投资都纳入考虑范围，并据实向管理层汇报费用问题。

计算系统成本时，有关网络设计、实施和维护的每一类成本都应该纳入考虑中。表 2-1 所示的是需要考虑的投资项目清单，可根据项目实际情况进行调整。

表 2-1 投资项目清单

投资项目	投资子项	投资性质
感知系统	RFID 系统	一次性投资
	传感网系统	一次性投资
	控制系统	一次性投资
核心网络	核心网络设备	一次性投资
	核心主机设备	一次性投资
	核心存储设备	一次性投资
汇聚网络	汇聚网络设备	一次性投资
接入网络	接入网络设备	一次性投资
综合布线	综合布线	一次性投资
机房建设	机房装修	一次性投资
	UPS	一次性投资
	防雷	一次性投资
	消防	一次性投资
	监控	一次性投资
平台软件	数据库管理软件	一次性投资
	应用服务器软件	一次性投资
	各类中间件软件	一次性投资
	工作流软件	一次性投资
	门户软件	一次性投资
软件开发	应用软件产品购置	一次性投资
	应用软件开发	一次性投资
	门户开发	一次性投资
安全设备	核心安全设备	一次性投资
	边界安全设备	一次性投资
	桌面安全设备	一次性投资

（续）

投资项目	投资子项	投资性质
系统管理	网络管理软件	一次性投资
	安全管理软件	一次性投资
	桌面管理软件	一次性投资
	应用管理软件	一次性投资
实施管理	集成	一次性投资
	测试	一次性投资
	评测	一次性投资
	培训	一次性投资
	监理	一次性投资
运营维护	通信线路	周期性投资
	设备维护	周期性投资
	材料消耗	周期性投资
	人员消耗	周期性投资
不可预见项目		一次性投资

④ 确定业务活动。在设计一个物联网项目之前，应首先了解业务活动以明确物联网的需求。一般情况下，对业务活动的了解并不需要非常细致，主要是通过对业务类型的分析，形成各类业务对物联网的需求，主要包括最大用户数、并发用户数、峰值带宽、正常带宽等。

⑤ 预测增长率。预测增长率是另一类常规需求，通过对物联网发展趋势的分析，明确网络的伸缩性需求。

预测增长率主要考虑以下方面的发展趋势：分支机构增长率、网络覆盖区域增长率、用户增长率、应用增长率、通信带宽增长率、存储信息量增长率。

预测增长情况主要采用两种方法，一种是统计分析法，另一种是模型匹配法。统计分析法基于该网络若干年前的统计数据，形成不同方面的发展趋势，最终预测未来几年的增长率。模型匹配法是指根据不同的行业、领域建立各种增长率的模型，而物联网设计人员根据当前物联网的情况，依据经验选择模型，对未来几年的增长率进行预测。需要注意的是，只有物联网比较复杂、发展变化较大的物联网工程才需要预测增长率。

⑥ 确定信息处理能力。从感知设备获取的信息，需经必要的处理后才能提供给相关用户使用。因物联网规模的不同，信息量的大小差别很大，对信息处理能力的要求差别也很大，应通过需求调查，确定其处理能力，进而确定所需要的信息处理设备的类型、配置、数量等信息。

⑦ 确定物联网的可靠性和可用性。物联网的可用性和可靠性需求是非常重要的，这些指标的参数甚至可能会影响物联网的设计思路和技术路线。

一般来说，不同的行业拥有自己的可用性、可靠性要求，物联网设计人员在进行需求分析过程中，应首先获取行业物联网的可靠性和可用性标准，并基于该标准与用户进行交流，明确特殊要求。这些特殊要求甚至可能是 7 × 24 小时、线路故障后立即完成备用线路切换并不对应用产生影响等非常苛刻的需求。

⑧ 确定 Web 站点和 Internet 的连接性。Web 站点可以由用户自己构建，也可以由网络服务提供商提供，无论采用哪种方式，一个集体的 Web 站点或内部物联网在设计时总是反

映了其自身的业务需求。只有完全理解了一个组织的Internet业务策略，才可能设计出具有可靠性、可用性和安全性的物联网。

⑨ 确定物联网的安全性。确定物联网的安全性需求、构建合适的安全体系是物联网设计工作的保证。在物联网设计方面，存在着很多误区，无论是过分强调物联网的安全性，还是对物联网安全不屑一顾，都是不合适的设计思路。正确的设计思路是调查出用户的信息分布，对信息进行分类，根据分类信息的涉密性质、敏感程度、传输与存储、访问控制等安全要求，确保物联网性能和安全保密的平衡。

对于大多数物联网，由于用户的信息多为非涉密的信息，因此提供普通的安全保障技术措施即可；但对于有特殊业务、存在涉密和敏感信息的物联网，如对于级别较高的政府部门或进行有关国家安全的高度机密开发工作的公司的网络所承载的业务，就需要对职员进行严格的安全限制，使用严格的手续来保证信息的安全访问和输出。

网络安全需求调查中最关键的一点是，不能出现网络安全需求的扩大化，提倡适度安全。

⑩ 确定远程访问。远程访问是指从互联网或者外部网络访问内部网络、企业网络，当网络用户不在企业或组织网络内部时，可以借助于加密技术、VPN等技术，从远程网络来访问内部网络。通过远程访问，可以实现在任意时间、地点都可工作的需求，这也需要相应的远程访问安全技术要求。

根据需求分析，网络设计人员要确定网络是否具有远程访问的功能，或是根据物联网的升级需要，考虑物联网的远程访问。

2）制作业务需求清单。设计人员与各类人员通过多种形式的交流，获取了组织内部的业务需求，这些业务需求主要通过文档的形式体现，绝大多数业务需求文档应包含如下内容：

① 确定主要相关人员：信息来源、信息管理人员名单、相关人员的联系方式。

② 确定关键时间点：项目起始时间点、项目的各阶段时间安排计划。

③ 确定物联网的投资规模：投资规模估算、预算费用估算。

④ 确定业务活动：业务分类、各类业务的物联网需求。

⑤ 预测增长率：分支机构增长率、物联网覆盖域增长率、用户增长率、应用增长率、通信带宽增长率、存储信息量增长率。

⑥ 确定数据处理能力：数据处理设备的类型、数据处理设备的配置、数据处理设备的数量。

⑦ 确定物联网的可靠性和可用性：业务活动的可靠性要求、业务活动的可用性要求。

⑧ 确定Web站点和Internet的连接性：Web站点栏目设置、Web站点的建设方式、物联网的Internet出口要求。

⑨ 确定物联网的安全性：信息保密等级、信息敏感程度、信息的存储与传输要求、信息的访问控制要求。

⑩ 确定远程访问：远程访问要求、需要远程访问的人员类型、远程访问的技术要求。

在输出清单中，还应该特别记录管理层人员对新物联网设计的基本需求，以及管理层列出的该系统所需的特殊功能。预先详细考虑新系统的特殊性能将会使以后的工作效率得到大大的提高，除此之外还能增强竞争力，减少费用开支。

（2）用户需求

1）收集用户需求。为了设计出符合用户需求的物联网，收集用户需求应从当前的物联网用户开始，必须找出用户需要的重要服务或功能。

对用户需要的功能进行分析，区分单机服务、网络服务；对于网络服务，还要根据服务的性质和用户的设想，区分交互式服务、C/S 服务、B/S 服务等。

这些服务可能需要通过网络完成，也可能只需要在本地计算机完成。例如，有些用户服务属于局部应用，由本机的应用程序提供，只须使用用户计算机和外围设备，而其他服务则需要通过网络连接，由工作组服务器、大型机或 Web 服务器提供。在很多情况下，可通过其他备选方案来满足用户需要的服务。

在收集用户需求的过程中，需要注意与用户的交流，物联网设计人员应将技术性语言转化为普通的交流性语言，并且将用户描述的非技术性需求转换为特定的物联网属性要求，如网络带宽、并发连接数、每秒新增连接数等。

① 与用户交流。与用户交流指与特定的个人和群体进行交流。在交流之前，需要先确定这个组织的关键人员和关键群体，再实施交流。在整个设计和实施阶段，应始终保持与关键人员之间的交流，以确保物联网工程的建设不偏离用户需求。

在物联网开发过程中，需要注意与用户群交流的方法和技巧，应该避免交流不充分和交流过于频繁。避免交流不充分，关键是交流的方式和人员，找到正确、对业务非常熟悉的人既可以减少交流的工作量，也可以避免由于提供信息不充分而导致设计过程偏差；通常这些熟悉业务并有一定归纳能力的人称为行业专家，他们对物联网设计的影响与组织的领导人员是等同的；另外，交流的方式也非常重要，应针对不同的人员采用不同的交流方式。例如，对于一线工作人员，可以采用先下发调查问卷，再依据调查问卷进行访谈的方式。避免交流过于频繁的关键在于，每次交流前都要有明确的交流目标，同时交流后的归纳和总结也可以提高交流的效率，否则会使管理层和用户群体在项目结束前厌烦听到有关物联网开发的细节，从而产生抵触情绪，给工作带来麻烦。

收集用户需求的三种常用方式如下。

观察和问卷调查

对于一个工作性质相同的用户群体，观察和问卷调查是成本较低、成效快捷的收集用户需求的方式。问卷的制作应简单、可操作性强，尽量使用选择方式，而不是让用户填写大段的文字；而观察工作，重点是注意用户对各类信息、报表、文件的处理。

另外，调查问卷的内容还可以根据用户的情况进行调整；对于计算机操作能力不强的用户群，只能采用下发调查问卷，并录入调查结构的方式；对于计算机操作能力很强的用户群，可以采用下发电子文档或者开发调查网页的方式，简化调查结果录入工作。

集中访谈

不管是否进行大规模的问卷调查，集中访谈方式都是不能忽略的；对于不需要进行问卷调查的小规模物联网工程，则可以直接将用户代表集中起来进行讨论，明确需求；对于进行了问卷调查的大规模物联网工程，则需要对问卷调查结果进行分析，抽取部分用户代表，就问卷形式无法解决的问题进行讨论，从而发现深层次的问题。

采访关键人物

采访关键人物方式虽然涉及的人员较少，整体工作量较小，但是由于这些关键性人物对物联网工程的影响力，其访谈的准备工作和总结工作是非常重要的。一般来说，这些关键人物主要是各级领导和行业专家，各级领导主要从管理角度明确需求，而行业专家明确的是业务需求。

采访关键人物之前，一定要有针对地制定问题提纲，并最好提前将提纲发给被采访人员；在采访过程开始前，应首先获取联系方式，最好与访谈者约定电子邮件、电话、即时通信机制；对关键人物不可能一次访谈就明确所有需求，但是第一次访谈一定要形成需求的大致框架，以便于后期访谈工作的开展。

② 用户服务。除了信息化程度很高的用户群体，大多数用户都不可能用计算机的行业术语来配合设计人员的用户需求收集。设计人员不仅要将问题转化为普通业务语言，而且要从用户反馈的业务语言中提炼出技术内容，这需要设计人员有大量的工程经验和需求调查经验。

一般来说，用户描述的需求总是主观且可变的，与用户的信息化程度、经验和环境有很大的关系。需求收集人员需要注意以下方面内容的表述，否则很容易形成需求的偏离。

信息的及时传输

信息的及时传输能使用户快速访问、传输或修改信息，它主要取决于用户对系统时间的需求。但是用户很难用量化的时间来描述信息的及时传输性，通常听到的话是“传输得够快”、“不要太慢”等，这需要调查人员引入参照物，如“像访问XX网站那样快”，从而对信息的及时传输要求进行量化。

响应时间的可预测

用户对响应时间的预测基于响应时间不能影响其业务工作，需求收集人员对每个业务的响应时间需求的明确可以以对现有业务时间的调查为参照。例如，在门诊挂号系统中，每次挂号的响应不能长于现有人工挂号的平均时间。

可靠性和可用性

可靠性和可用性是紧密相关的，用户很难区分可靠性、可用性、可恢复性等概念，他们只会通过一些用户体验性语言来进行描述，如“这个系统是不能停机的”、“系统在出故障后，应该在一个小时内就能恢复”，需求收集人员应提炼出对可靠性、可用性等特定的参数指标。

适应性

适应性是系统适应用户改变需求的能力，用户只会提出特定的服务要求，而不会去关心服务是如何在物联网中实现的。例如，物联网用户希望网络中有一台FTP服务器，以便于进行文件的上传和下载，但是大多数人不会关心这台服务器存放的位置、采用的操作系统、FTP服务器软件的版本等信息。需求收集人员主要收集用户的服务要求，而暂时不考虑如何实现，这是设计阶段的任务。

可伸缩性

从用户的角度来看，可伸缩性通常不是在面谈和调查用户时获得的信息，而是通过估计公司预期的增长率得到的。

安全性

安全性保证用户所需的信息和物理资源的完整性，但大多数用户很难正确描述安全性的需求，所以需求调查人员的引导非常重要，要针对应用和信息的需要来正确建议安全技术。

低成本

低成本意味着实现相同的功能而所花费用相对少，这是用户所期待的，也是物联网设计者在开发物联网项目时应该追求的目标之一。

③ 需求归档机制。与其他所有技术性工作一样，必须将物联网分析和设计的过程记录下来。文档有助于将需求用书面形式记录下来以便于保存和交流，也有利于今后说明需求和物联网性能的对应关系。所有的访谈、调查问卷等最好能由用户代表签字确认，同时应根据这些原始资料整理出规范的需求文档。

2）输出用户服务表。用户服务表可表示用于收集和归档需求类型信息，也可用来指导管理人员和物联网用户的讨论。用户服务表主要是需求服务人员自行使用的表格，不面向用户，类似于备忘录。在收集用户需求时，应利用用户服务表随时纠正收集工作的失误和偏差。

用户服务表没有固定的格式，各设计团队可以根据自己的经验自行设计用户服务表，表 2-2 是一个简单的示例。

表 2-2 用户服务表

用户服务需求	服务或需求描述
地点	
用户数量	
今后三年的期望增长速度	
信息的及时发布	
可靠性 / 可用性	
安全性	
可伸缩性	
成本	
响应时间	
其他	

（3）应用需求

1）收集应用需求。应用需求收集工作应考虑如下因素：应用的类型和地点、使用方法、需求增长、可靠性和可用性需求、网络响应。

这些需求因素的收集工作通常可以从两个角度来完成，一是从应用类型自身的特性角度，另一个是从应用对资源的访问角度。

应用的种类较多，其中常见的分类方式主要有按功能分类和按响应分类。

① 按功能分类。按功能分类，应用分为监测功能应用和控制功能应用。具有控制功能的物联网通常也具有监测功能。

常见功能类型的应用如图 2-2 所示，这些应用类型大多数是日常工作中接触较为频繁、应用范围较广的。

对应用需求按功能分类，依据不同类型的需求特性，可以很快归纳出物联网工程中应用对物联网的主体需求。

② 按响应分类。按响应分类，应用可以分为实时应用和非实时应用两种，不同的响应方式具有不同的物联网响应性能需求。

实时应用在特定事件发生时会实时地发回信息，系统在收到信息后马上处理，一般不需要用户干涉，这对物联网带宽、物联网延迟等提出了明确的要求。因此实时应用要求信息传输速率稳定，具有可预测性。

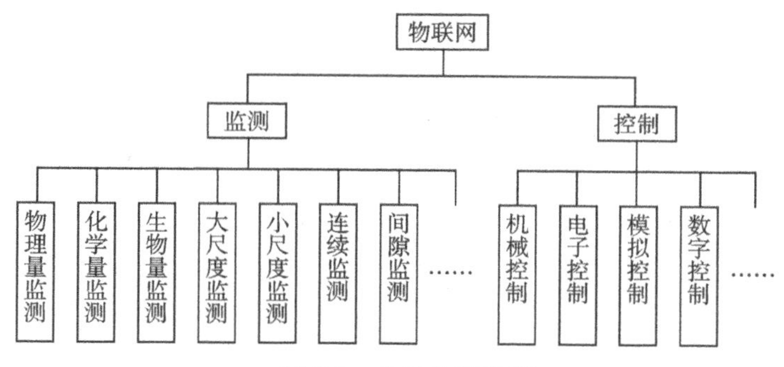

图 2-2　常见功能类型

非实时应用只是要求一旦发生请求，需要在规定的时限内完成响应，因此对带宽、延迟的要求较低，但可能对物联网设备、计算机平台的缓冲区有较高的要求。

2）掌握应用对资源的存取和访问需求。用户对应用系统的访问要求是网络设计的重要依据，网络工程必须保证用户可以非常顺利地使用软件并获取需要的数据。用户对网络资源的存取和访问是可以通过各种指标进行量化的，这些量化的指标通过统计产生，并直接反映用户的需求。

需要考虑的指标包括每个应用的用户数量、每个用户平均使用每个应用的频率、使用高峰期、平均访问时间长短、每个事务的平均大小、每次传输的平均通信量、影响通信的定向特性。例如，在一个 C/S 软件系统中，客户端发送至服务器端的请求数据量非常小，但是服务器端返回的数据量较大。

3）掌握其他需求。

- 增长率。由于应用的发展，用户数量不断增长，因此对网络的需求也会随之变化。在获取应用需求时，需要询问用户对应用发展的要求或者规划。
- 可靠性和可用性。对于网络的可靠性和可用性，除了从用户的角度获取需求之外，还要对网络中的应用进行分析，以便从技术角度对网络的可靠性和可用性需求进行补充；其需求收集的工作要点在于找出组织中重要应用系统的特殊可靠性和可用性需求。例如，在公交公司的企业网络中，对公交车进行网络调度的软件的可靠性和可用性需求就是重点。
- 对数据更新的需求。一个应用对信息更新的需求是由用户对最新信息的需求来决定的，但是用户对信息更新的要求并不等同于应用对数据更新的需求。应用软件在面对相同的信息更新需求时，如果采用了不同的数据传输、存储技术，则会产生不同的数据更新需求，而网络设计直接面向数据更新需求。

4）制作应用需求表。应用需求表概括和记录了应用需求的量化指标，通过这些量化指标，可以直接指导网络设计。表 2-3 为一个典型的应用需求表示例，可根据实际需要进行调整。

表 2-3　应用需求表

用户名	应用需求								
（应用程序名）	版本等级	描述	应用类型	位置	平均用户数	使用频率	平均事务大小	平均会话长度	是否实时

3. 安全性需求信息的收集

主要内容包括：敏感数据的分布及其安全级别、网络用户的安全级别及其权限、可能存在的安全漏洞及其对物联网应用系统的影响、物联网设备的安全功能要求、网络系统软件的安全要求、应用系统安全要求、安全软件的种类、拟遵循的安全规范和达到的安全级别。

4. 物联网的通信量及其分布状况信息的收集

主要内容包括：每个节点产生的信息量及其按时间分布的规律、每个用户要求的通信量估算及其按时间分布的规律、接入 Internet 的方式及其带宽、应用系统的平均和最大通信量、并发用户数和最大用户数、按日或按月或按年生成且须长期保存的数据量和临时数据量、每个节点或终端允许的最大延迟时间。

5. 物联网环境信息的收集

主要内容包括：相关建筑群的位置，用户各部门的分布位置及各办公区的分布，建筑物内和办公区的强弱电位置，各办公区信息点的位置与数量，感知设备及互联化物品的分布位置、类型、数量、接入方式，依赖电池供电的设备的电池可持续使用时间，接入网络的位置、接入方式。

6. 数据处理方面的需求信息收集

主要内容包括：服务器所需存储容量、服务器所需的处理速度及其规模、处理数据所需要的专用或通用软件。

7. 管理需求信息的收集

主要内容包括：实施管理的人员、管理的功能、管理系统及其供应商、管理的方式、需要管理和跟踪的信息、管理系统的部署位置与方式。

8. 传输网络的需求信息收集

主要内容包括：骨干网、接入网的类型、带宽，网络的覆盖范围与规模，网络的协议类型及其通用性和兼容性。

9. 可扩展性需求信息的收集

主要内容包括：用户的业务增长点，需要淘汰、保留的设备，网络设备、通信线路预留的数量、位置，设备的可升级性，系统软件的可升级性、可扩展性，应用系统的可升级性、可扩展性。

2.2.3 需求信息的归纳整理

对于从需求调查中获取的数据，需要认真总结并归纳出信息，并通过多种形式进行展现。在对需求数据进行总结时，应注意以下几点：

1）简单直接。提供的总结信息应该简单易懂，并且将重点放在信息的整体框架上，而不是具体的需求细节。另外，为了方便用户进行阅读，应尽量使用用户的行业术语，而不是技术术语。

2）说明来源和优先级。对于需求，要按照业务、用户、应用、计算机平台、网络等进行分类，并明确各类需求的具体来源（如人员、政策等）。

3）尽量多用图片。图片的使用可以使读者更容易了解数据模式，在需求数据总结中大量使用图片，尤其是数据表格的图形化展示，这是非常有必要的。

4）指出矛盾的需求。在需求中会存在一些矛盾，在需求说明书中应对这些矛盾进行说明，以使设计人员找到解决方法。同时，如果用户给出了矛盾中目标的优先级别，则需要特殊标记，以便在无法避免矛盾的时候，先实现高级别的目标。

2.3 需求说明书的编制

以整理后的需求信息为基础，开始撰写需求说明书。

编制需求说明书的目的是能够向管理人员提供决策用的信息、向设计人员提供设计依据，因此需求说明书应尽量简明且信息充分。

物联网工程是一个新的领域，其需求说明书不存在国际标准或国家标准，即使存在一些相近行业的标准，也只是规定了需求说明书的大致内容要求。这主要是由于物联网工程需求涉及内容较广，个性化较强，而且不同的人员对需求的组织形式也不一样。

但有一些最基本的内容必须在需求说明书中反映出来，包括业务、用户、应用、设备、网络、安全等方面的需求内容。下面给出一个提纲，可作为实际需求说明书的模板使用。

在实际编制需求说明书时，还应有封面、目录等信息。一般在封面的下端有文档类别、阅读范围、编制人、编制日期、修改人、修改日期、审核人、审核日期、批准人、批准日期、版本等信息。

1. 引言
    1.1 编制目的
    1.2 术语定义
    1.3 参考资料
2. 概述
    2.1 项目的描述
    2.2 项目的功能
    2.3 用户特点
3. 具体需求
    3.1 业务需求
        3.1.1 主要业务
        3.1.2 未来增长预测
    3.2 用户需求
    3.3 应用需求
        3.3.1 系统功能
        3.3.2 主要应用及使用方式
    3.4 网络基本结构需求
        3.4.1 总体结构
        3.4.2 感知系统
        3.4.3 网络传输系统

3.4.4 控制系统（可选）
3.5 网络性能需求
3.5.1 数据存储能力
3.5.2 数据处理能力
3.5.3 网络通信流量与网络服务最低带宽
3.6 其他需求
3.6.1 可使用性
3.6.2 安全性
3.6.3 可维护性
3.6.4 可扩展性
3.6.5 可靠性
3.6.6 可管理性
3.6.7 机房
3.7 约束条件
3.7.1 投资约束
3.7.2 工期约束
附录

2.4 可行性研究

2.4.1 可行性研究与可行性研究报告

可行性研究是确定建设项目前具有决定性意义的工作，是在投资决策之前，对拟建项目进行全面技术、经济分析论证的科学方法。在投资管理中，可行性研究是指对拟建项目有关的自然、社会、经济、技术等进行调研、分析比较及预测建成后的社会经济效益，在此基础上，综合论证项目建设的必要性、财务的盈利性、经济上的合理性、技术上的先进性和适应性及建设条件的可能性和可行性，从而为投资决策提供科学依据。

可行性研究报告是在制定某一建设或科研项目之前，对该项目实施的可能性、有效性、技术方案及技术政策进行具体、深入、细致的技术论证和经济评价，以求确定一个在技术上合理、经济上合算的最优方案和最佳时机而写的书面报告。可行性研究报告简称为可研报告。

可行性研究报告主要内容要求以全面、系统的分析为主要方法，以经济效益为核心，围绕影响项目的各种因素，运用大量的数据资料论证拟建项目是否可行。

对整个可行性研究进行综合分析评价，指出其优缺点和提出建议。为了结论的需要，往往还需要加上一些附件，如试验数据、论证材料、计算图表、附图等，以增强可行性研究报告的说服力。

可行性研究报告分为政府审批核准用可行性研究报告和融资用可行性研究报告。审批核准用可行性研究报告侧重项目的社会经济效益和影响。融资用可行性研究报告侧重项目在经济上是否可行。具体概括为：政府立项审批、产业扶持、银行贷款、融资投资、投资建设、境外投资、上市融资、中外合作、股份合作、组建公司、征用土地、申请高新技术企业等各类可行性研究报告。

报告通过对项目的市场需求、资源供应、建设规模、工艺路线、设备选型、环境影响、资金筹措、盈利能力等方面的调查研究，在行业专家研究经验的基础上对项目的经济效益及社会效益进行科学预测，从而为客户提供全面的、客观的、可靠的项目投资价值评估及项目建设进程等咨询意见。

2.4.2 可行性研究报告的用途

可行性研究报告主要用于新建（或改扩建）物联网工程项目申请立项和到银行申请贷款。

根据国家发改委颁布的《企业投资项目备案管理暂行办法》，企业在项目建设投资前必须到项目建设地发改委提交“项目可行性研究报告”申请立项。

不涉及政府资金和利用外资的企业投资项目按照备案制立项。需要企业提交“工程项目可行性研究报告”、备案请示、公司工商材料、项目建设地址图、项目总平面布置图，配合发改委填写项目立项备案表。

项目备案的同时，需要同步办理环境影响评价和节能评估。需要编制环境影响评价报告（或者报告表、登记表）、节能评估报告（或者报告表、登记表），这两份报告需要由具有相应资质的单位编制，是项目立项备案过程中的重要文本之一。

2.4.3 可行性研究报告的编制要求

1. 内容要求

（1）设计方案具体

可行性研究报告的主要任务是对预先设计的方案进行论证，所以必须包括具体的设计、研究方案才能明确研究对象。

（2）内容真实

可行性研究报告涉及的内容及反映情况的数据必须绝对真实、可靠，不允许有偏差及失误。其中所运用的资料、数据都要经过反复核实，以确保内容的真实性。

（3）预测准确

可行性研究报告是投资决策前的活动。它是事件没有发生之前的研究，是对事务未来发展的情况、可能遇到的问题和结果的估计，具有预测性。因此，必须进行深入的调查研究，充分地利用资料，运用切合实际的预测方法，科学地预测未来前景。

（4）论证严密

论证性是可行性研究报告的一个显著特点。要使其具有论证性，必须做到运用系统的分析方法，围绕影响项目的各种因素进行全面、系统的分析，既要做宏观的分析，又要做微观的分析。

2. 政策法规要求

可行性研究报告除了需要全面地反映工程项目的有关信息，还需要符合政府有关部门的要求。在我国，涉及立项审批的部门一般是发改委，发改委对物联网工程项目可行性研究报告尚无针对性的具体要求，但对计算机网络工程项目的可行性研究报告有明确的要求，可作为物联网工程项目可行性研究报告的参考。其要求如下。

（1）项目立项有政策法规依据

涉及的主要政策法规有拟建工程项目所在地区省、市企业投资项目备案暂行管理办法、《产业结构调整指导目录（2011年）》、《固定资产投资项目节能评估和审查暂行办法》、《建设项目环境影响评价文件分级审批规定》、《建设项目经济评价方法与参数》(第三版)、《投资项目可行性研究指南》。

（2）符合备案条件

企业投资建设实行登记备案的项目，应当符合下列条件：

1）符合国家的法律法规。

2）符合国家产业政策。

3）符合行业准入标准。

4）符合国家关于实行企业投资项目备案制的有关要求。

2.4.4 可行性研究报告的编制

可行性研究报告是建设项目立项、决策的主要依据，一般应包括以下内容。

1. 投资必要性

主要根据市场调查及预测的结果，以及有关的产业政策等因素，论证项目投资建设的必要性。在投资必要性的论证上，一是要做好投资环境的分析，对构成投资环境的各种要素进行全面的分析论证；二是要做好市场研究，包括市场供求预测、竞争力分析、价格分析、市场细分、定位及营销策略论证。

2. 技术可行性

主要从项目实施的技术角度，合理设计技术方案，并进行比选和评价。各行业不同项目的技术可行性的研究内容及深度差别很大。对于工业项目，可行性研究的技术论证应达到能够比较明确地提出设备清单的深度；对于非工业项目，可行性研究的技术论证也应达到目前工程方案初步设计的深度，以便与国际惯例接轨。

3. 财务可行性

主要从项目及投资者的角度，设计合理财务方案，从企业理财的角度进行资本预算，评价项目的财务盈利能力，进行投资决策，并从融资主体（企业）的角度评价股东投资收益、现金流量计划及债务清偿能力。

4. 组织可行性

制订合理的项目实施进度计划、设计合理的组织机构、选择经验丰富的管理人员、建立良好的协作关系、制订合适的培训计划等，保证项目顺利执行。

5. 经济可行性

主要从资源配置的角度衡量项目的价值，评价项目在实现区域经济发展目标、有效配置经济资源、增加供应、创造就业、改善环境、提高人民生活水平等方面的效益。

6. 社会可行性

主要分析项目对社会的影响，包括政治体制、方针政策、经济结构、法律道德、宗教民族、妇女儿童及社会稳定性等。

7. 风险因素及对策

主要对项目的市场风险、技术风险、财务风险、组织风险、法律风险、经济及社会风险等风险因素进行评价，制定规避风险的对策，为项目全过程的风险管理提供依据。

下面是一个物联网工程项目可行性研究报告的目录，可作为编制具体可行性研究报告的模板。对于具体的工程项目，可依据规模、类型等条件，对可行性研究报告的具体内容进行增减。

××××物联网工程项目可行性研究报告

第一章 总论
- 一、项目名称
- 二、项目承建单位
- 三、项目主管部门
- 四、项目拟建地区、地点
- 五、主要技术、经济指标
- 六、可行性研究报告的编制依据

第二章 项目背景和发展概况
- 一、项目提出的背景
  - 1. 国家及行业发展规划
  - 2. 项目发起人和发起缘由
- 二、项目发展概况
  - 1. 已进行的调查研究项目及其成果
  - 2. 试验试制工作情况
  - 3. 厂址初勘和初步测量工作情况
  - 4. 项目建议书的编制、提出及审批过程
- 三、项目建设的必要性
  - 1. 现状与差距
  - 2. 发展趋势
  - 3. 项目建设的必要性
  - 4. 项目建设的可行性
- 四、投资的必要性

第三章 市场分析
- 一、行业发展情况
  - 1. 行业经济运行情况
    - 1.1 行业经济效益情况
    - 1.2 行业主营业务收入情况
  - 2. 行业生产技术情况
  - 3. 行业进出口情况
- 二、市场竞争情况
  - 1. 行业 SWOT 分析
    - 1.1 优势（strengths）
    - 1.2 劣势（weaknesses）
    - 1.3 机会（opportunities）

1.4 威胁（threats）
2. 行业竞争发展趋势
三、项目产品市场分析
1. 产品市场供需情况
2. 产品市场分析
2.1 国外市场应用现状
2.2 产品市场预测
3. 产品技术发展趋势
四、项目投产后的生产能力预测
五、该项目企业在同行业中的竞争优势分析
六、项目企业综合优势分析
1. 区位优势
2. 技术领先优势
3. 销售渠道优势
4. 营销和服务体系优势
七、项目产品市场推广策略
第四章 产品方案和建设规模
一、产品方案
二、建设规模
第五章 项目地区建设条件
一、区位条件
二、气候
三、基础设施
四、投资优惠政策
五、社会经济条件
1. 经济总量
2. 农业
3. 工业
4. 建筑业和房地产开发业
5. 固定资产投资
6. 国内贸易
7. 对外经济
第六章 技术方案设计
一、总平面布置
1. 总平面布置原则
2. 生产车间
3. 办公及生活用房
4. 道路及运输
5. 绿化

二、产品生产技术方案
1. 项目技术来源
2. 产品生产方案
2.1 产品生产组织形式
2.2 工艺技术方案
2.3 主要生产设备
三、辅助公用工程及设施
第七章 环境保护与节约能源
一、环境保护
1. 设计依据
2. 主要污染源、污染物及防治措施
2.1 项目建设期环境保护
2.2 项目生产期环境保护
2.3 绿化设计
二、节约能源
1. 节能原则
2. 节能措施
第八章 职业安全与卫生及消防设施方案
一、设计依据
二、安全教育
三、劳动安全制度
四、劳动保护
五、劳动安全与工业卫生
六、消防设施及方案
第九章 企业组织机构和劳动定员
一、企业组织
1. 项目法人组建方案
2. 管理机构组织机构图
二、劳动定员和人员培训
第十章 项目实施进度与招投标
一、项目实施进度安排
1. 土建工程
2. 设备安装
二、项目实施进度表
三、项目招投标
第十一章 投资估算与资金筹措
一、投资估算的依据
二、项目总投资估算
1. 建设投资估算
2. 建设期利息估算

3. 流动资金估算
三、资金筹措与还款计划
第十二章 财务效益、经济和社会效益评价
一、财务评价
1. 评价依据
2. 评价内容
3. 财务评价结论
二、社会效益和社会影响分析
1. 项目对当地政府税收收益的影响
2. 项目对当地居民收入的影响
3. 项目对相关产业的影响
第十三章 项目风险因素识别
一、政策法规风险
二、市场风险
三、技术风险
第十四章 可行性研究结论与建议
一、结论
二、建议
附录
1. 项目产品生产工艺流程图
2. 项目主要生产设备清单
3. 企业组织机构图
4. 项目实施进度表
5. 项目招标计划表
6. 项目总投资分析表
7. 项目投产后原材料费用估算表
8. 项目投产后总成本费用估算表
9. 项目投产后利润估算表
10. 项目不确定性因素评价
11. 项目建设投资估算表
12. 项目流动资金估算表
13. 项目固定资产折旧表
14. 项目无形及递延资产摊销表
15. 项目销售税金及附加估算表
16. 项目利润与利润分配表
17. 项目现金流量表（全部投资）
18. 项目还本付息计划表
19. 项目资产负债表
……

第3章 网络设计

物联网设计是物联网工程的重要内容之一，包括逻辑网络设计和物理网络设计。逻辑网络是指实际网络的功能性、结构性抽象，用于描述用户的网络行为、性能等要求。逻辑网络设计是根据用户的分类、分布，选择特定的技术，形成特定的逻辑网络结构。物理网络设计是为逻辑网络设计特定的物理环境平台，主要包括布线系统设计、设备选型等。本章介绍逻辑网络设计与物理网络设计的主要内容。

3.1 逻辑网络设计

3.1.1 逻辑网络设计概述

逻辑网络结构大致描述了设备的互联及分布，但是不对具体的物理位置和运行环境进行确定。

逻辑网络设计过程主要由以下四个步骤组成：

- 确定逻辑网络设计的目标。
- 确定网络功能与服务。
- 确定网络结构。
- 进行技术决策。

1. 逻辑网络设计的目标

逻辑网络设计的目标主要来自于需求分析说明书中的内容，尤其是网络需求部分，由于这部分内容直接体现了网络管理部门和人员对网络设计的要求，因此需要重点考虑。一般情况下，逻辑网络设计的目标包括：

- 合适的应用运行环境——逻辑网络设计必须为应用系统提供环境，并可以保障用户能够顺利访问应用系统。
- 成熟而稳定的技术选型——在逻辑网络设计阶段，应该选择较为成熟、稳定的技术，越是大型的项目，越要考虑技术的成熟度，以避免错误投入。
- 合理的网络结构——合理的网络结构不仅可以减少一次性投资，而且可以避免网络建设中出现各种复杂问题。
- 合适的运营成本——逻辑网络设计不仅仅决定了一次性投资，技术选型、网络结构也直接决定了运营维护等周期性投资。

- 逻辑网络的可扩充性——网络设计必须具有较好的可扩充性，以便于满足用户增长、应用增长的需要，保证不会因为这些增长而导致网络重构。
- 逻辑网络的易用性——网络对于用户是透明的，网络设计必须保证用户操作的单纯性，过多的技术性限制会导致用户对网络的满意度降低。
- 逻辑网络的可管理性——对于网络管理员来说，网络必须提供高效的管理手段和途径，否则不仅会影响管理工作本身，而且会直接影响用户。
- 逻辑网络的安全性——网络安全应提倡适度安全，对于大多数网络来说，既要保证用户的各种安全需求，也不能给用户带来太多限制；但是对于特殊的网络，必须采用较为严密的网络安全措施。

2. 网络方案设计的原则

在进行网络方案的设计时，应遵循以下主要原则：

1）先进性：具备先进的设计思想、网络结构、开发工具，采用市场占有率高、标准化和技术成熟的软硬件产品。

2）高可靠性：网络系统是日常业务和各种应用系统的基础设施，应保证正常时期的不间断运行。整个网络应有足够的冗余功能，抗干扰能力强，对网络的设计、选型、安装和调试等环节进行统一规划和分析，确保整个网络具有一定的容错能力。还应充分考虑投资的合理性，网络系统应具有良好的性能价格比。

3）标准化：所有网络设备都应符合有关国际标准，以保证不同厂家的网络设备之间的互操作性和网络系统的开放性。

4）可扩展性：网络设计要考虑网络系统应用和今后网络的发展，便于向更新技术的升级与衔接。要留有扩充余量，包括端口数量和带宽的升级能力。

5）易管理性：网络设备应易于管理、易于维护、操作简单、易学、易用，便于进行网络配置，发现故障及时维护。

6）安全性：能提供多层次安全控制手段，网络系统的数据和文件多数要求具有高度的安全性，因此，网络系统本身要有较高的安全性，对使用的信息进行严格的权限管理，在技术上提供先进的、可靠的、全面的安全方案和应急措施，确保系统万无一失，同时符合国家关于网络安全标准和管理条例。

7）实用性：系统建设首先要从系统的实用性角度出发，支持文本、语音、图形、图像及音频、视频等多种媒体信息的传输、查询服务，所以系统必须具有很强的实用性，满足不同用户信息服务的实际需要，具有很高的性能价格比，能为多种应用系统提供强有力的支持平台。

8）开放性：系统设计应该采用开放技术、开放结构、开放系统组件和开放用户接口，以利于网络的维护、扩展升级和与外界信息的互通。

这些原则之间有相互冲突的地方，有时并不能全部遵守，需要有针对性地取舍。

3. 需要关注的问题

（1）设计要素

设计工作的要素主要包括用户需求、设计限制、现有网络、设计目标。

逻辑设计过程就是根据用户的需求，不违背设计限制，对现有网络进行改造或新建网络，最终达到设计目标的工作。

（2）设计面临的冲突

在网络设计工作中，设计目标是一个复杂的整体，由不同维度的子目标构成，这些子目标在独立考虑时，存在较为明显的优劣关系，如最低的安装成本、最低的运行成本、最高的运行性能、最大的适应性、最短的故障时间、最大的可靠性、最大的安全性。

这些子目标相互之间可能存在冲突，不存在一个网络设计方案能够使得所有的子目标都达到最优。为了找到较为优秀的方案，解决这些子目标的冲突，可以采用两种方法：第一种方法较为传统，由网络管理人员和设计人员一起建立这些子目标之间的优先级，尽量让优先级比较高的子目标达到较优。第二种方法是为每种子目标建立权重，对子目标的取值范围进行量化，通过评判函数决定哪种方案最优，而子目标的权重关系直接体现了用户对不同目标的关心度。

（3）成本与性能

成本与性能是最为常见的冲突目标，一般来说，网络设计方案的性能越高，意味着成本更高，包括建设成本和运行成本。

设计方案时，所有不超过成本限制、满足用户要求的方案，都称为可行方案。设计人员只能从可行方案中依据用户对性能和成本的喜好进行选择。

网络建设的成本分为一次性投资和周期性投资。在初期建设过程中，如何合理规划一次性投资的支付是比较关键的。过早支付费用，容易造成建设单位的风险，对于未按设计方案实施的情况，无法形成制约机制。而支付费用晚，容易造成承建单位的资金压力，导致项目实施质量等多方面的问题。较为合理的支付方式是，依据逻辑网络设计的特点，将网络工程划分为各个阶段，在每个阶段后实施验收，并支付相应的阶段费用，在工程建设完毕并试运行一段时间后，才能支付最后的质量保证费用。

运营维护等周期性费用的支付，也应考虑合理性，这主要体现在周期划分方式、支付方式等方面。

4. 网络辅助服务

网络设计人员应依据网络提供的服务要求来选择特定的网络技术，不同的网络服务要求不同，但是对于大多数物联网来说，除了正常的物联网功能和服务外，都存在着两个主要的辅助服务——网络管理和网络安全，这些服务在设计阶段是必须考虑的。

（1）网络管理服务

网络管理可以根据网络的特殊需要划分为几个不同的大类，其中的重点内容是网络故障诊断、网络的配置及重配置和网络监视。

- 网络故障诊断。网络故障诊断主要借助于网络管理软件、诊断软件和各种诊断工具。对于不同类型的网络和技术，需要的软件和工具是不同的，应在设计阶段就考虑网络工程中各种诊断软件和工具的需要。
- 网络的配置及重配置。网络的配置及重配置是网络管理的另一个问题，各种网络设备提供了多种配置方法，同时提供了配置重新装载的功能。在设计阶段，考虑到网络设备的配置保存和更新需要，提供特定的配置工具及配置管理工具，对方便管理人员的工作是非常有必要的。
- 网络监视。网络监视的需求随着网络规模和复杂性的不同而不同。网络监视是指为了预防灾难，使用监视服务来监测网络的运行情况。

（2）网络安全

事实上，网络安全系统现在已不是辅助功能和服务，而是网络设计的固有部分。网络设计者可以采用以下步骤来进行安全设计：

1）明确需要安全保护的系统。首先要明确网络中需要重点保护的关键系统，通过该项工作，可以找出安全工作的重点，避免全面铺开而又无法面面俱到的局面。

2）确定潜在的网络弱点和漏洞。对于这些重点保护的系统，必须通过对这些系统的数据存储、协议传递、服务方式等的分析，找出可能存在的网络弱点和漏洞。在设计阶段，应依据工程经验对这些网络弱点和漏洞设计特定的保护措施。在实施阶段再根据实施效果进行调整。

3）尽量简化安全设计。安全设计要注意简化问题，不要盲目扩大安全技术和措施的重要性，适当时采用一些有效、成本低廉的安全技术来提高安全性是非常有必要的。

4）明确安全制度。单纯的技术措施是无法保证网络的整体安全的，必须匹配相应的安全制度。在逻辑网络设计阶段，尚不能制定完备的安全制度，但是对安全制度的大致要求（包括培训、操作规范、保密制度等框架性要求）是必须明确的。

5. 技术评价

根据用户的需求设计逻辑网络，选择正确的网络技术比较关键，在进行选择时应考虑以下因素。

（1）感知系统的有效性

感知系统是物联网的最基础部分，拟采用的感知方案保证能全面、准确、及时地获取物品的信息，是物联网工程成功的前提。针对不同的物品和应用目标，应有针对性地选用有效的感知技术、手段和设备。

（2）通信带宽

所选择的网络技术必须保证足够的带宽，能够为用户访问应用系统提供保障。在进行选择时，不能仅局限于现有的应用要求，还要考虑适当的带宽增长需求。

（3）技术成熟性

所选择的网络技术必须是成熟、稳定的技术，有些新的应用技术在尚没有大规模投入应用时，还存在着较多不确定因素，而这些不确定因素将会为网络建设带来很多不可估量的损失。虽然新技术的自身发展离不开工程应用，但是对于大型网络工程来说，项目本身不能成为新技术的“试验田”。因此，尽量使用较为成熟、拥有较多案例的技术是明智的选择。

另外，在面对技术变革的特殊时期，可以采用试点的方式，缩小新技术的应用范围，规避技术风险，待技术成熟后再进行大规模应用。

（4）连接服务类型

连接服务类型是逻辑设计时必须考虑的问题，传统的连接服务分为面向连接服务与非连接服务，逻辑设计需要在无连接服务和面向连接服务的协议之间进行权衡。

由于当前广泛应用的骨干网络协议主要是 TCP/IP 协议族，其网络层协议是提供非连接服务的 IP 协议，因此选择连接服务类型主要是对 IP 协议底层的承载协议进行。如果选择面向连接服务类型，则可以选择 SDH 等协议；如果选择非连接服务类型，则可以选择以太网等协议。不同的网络工程，对连接服务类型的需求不同，设计者不能仅局限于一种连接服务而进行设计。

对于专用型的物联网，可以考虑使用IPv6协议，避免地址问题。

（5）可扩充性

网络设计人员的设计依据是较为详细的需求分析，但是在选择网络技术时，不能仅考虑当前的需求，而忽视未来的发展。在大多数情况下，设计人员都会在设计中预留一定的冗余，无论是在带宽、通信容量、数据吞吐量、用户并发数等方面，网络实际需要和设计结果之间的比例应小于一个特定值以便于未来的发展。一般来说，这个值位于70%～80%之间，在不同的工程中，可根据需要进行调整。

（6）高投入产出比

选择网络技术最关键点不是技术的可扩展性、高性能，也不是成本最低等概念，决定网络设计和管理人员采用某种技术的关键点是技术的投入产出比，尤其是一些借助于网络来实现营运的工程，只有通过投入产出比分析，才能最后决定技术的使用。

6. 具体工作内容

逻辑网络设计的工作主要包括以下内容：

- 网络结构设计。
- 感知技术选择。
- 局域网技术选择。
- 广域网技术选择。
- 地址设计和命名模型。
- 路由方案设计。
- 网络管理策略设计。
- 网络安全策略设计。
- 测试方案设计。
- 逻辑网络设计文档编制。

其中有关网络管理、网络安全、测试方案等内容将在其他章节介绍。

3.1.2 逻辑网络的结构及其设计

在传统意义上的网络拓扑结构中，将网络中的设备和节点描述成点，将网络线路和链路描述成线，用于研究网络的方法。随着网络的不断发展，单纯的网络拓扑结构已经无法全面描述网络；因此，在逻辑网络设计中，网络结构的概念正在取代网络拓扑结构的概念，成为网络设计的框架。

网络结构是对网络进行逻辑抽象，描述网络中主要连接设备和网络计算机节点分布而形成的网络主体框架，网络结构与网络拓扑结构的最大区别在于：在网络拓扑结构中，只有点和线，不会出现任何设备和计算机节点；网络结构主要描述连接设备和计算机节点的连接关系。

由于当前的网络工程主要由局域网和实现局域网互联的广域网构成，因此可以将网络工程中的网络结构设计分成局域网结构和广域网结构两个设计部分内容，其中局域网结构主要讨论数据链路层的设备互连方式，广域网结构主要讨论网络层的设备互连方式。

1. 层次化网络设计模型

（1）层次化网络设计模型的优点

层次化网络设计模型可以帮助设计人员按层次设计网络结构，并对不同层次赋予特定的功能，为不同层次选择正确的设备和系统。

随着用户不断增多，网络复杂度也不断增大，层次化网络设计模型已经成为网络工程的经典模型。

采用层次化网络设计模型进行设计工作，具有如下的优点：

1）使用层次化模型可以使网络成本降到最低，通过在不同层次设计特定的网络互联设备，可以避免为各层中不必要的特性而花费过多的资金。层次化模型可以在不同层次进行更精细的容量规划，从而减少带宽浪费。同时，层次化模型可以使得网络管理具有层次性，不同层次的网络管理人员的工作职责也不同，培训规模和管理成本也不同，从而减少控制管理成本。

2）层次化模型在设计中，可以采用不同层次上的模块（模块就是层次上的设备及连接集合），这使得每个设计元素简化并易于理解，并且网络层次间的交界点也很容易识别，使得故障隔离程度得到提高，保证了网络的稳定性。

3）层次化设计使网络的改变变得更加容易，当网络中的一个网元需要改变时，升级的成本限制在整个网络中很小的一个子集中，对网络的整体影响达到最小。

（2）层次化网络设计的原则

层次化网络设计应该遵循一些简单的原则，这些原则可以保证设计出来的网络更加具有层次的特性：

1）在设计时，设计人员应该尽量控制层次化的程度。过多的层次会导致整体网络性能的下降，并且会提高网络的延迟，同时方便网络故障的排查和文档的编写。

2）在接入层应当保持对网络结构的严格控制，接入层的用户总是为了获得更大的外部网络访问带宽，而随意申请其他的渠道访问外部网络，这是不允许的。

3）为了保证网络的层次性，不能在设计中随意加入额外连接（打破层次性，在不相邻层次间的连接），这些连接会导致网络中的各种问题，如缺乏汇聚层的访问控制和数据报过滤等。

4）在进行设计时，应当首先设计感知层和接入层，根据负载、流量和行为的分析，对上层进行更精细的容量规划，再依次完成各上层的设计。

5）应尽量采用模块化方式，每个层次由多个模块或者设备集合构成，每个模块间的边界应非常清晰。

（3）物联网工程五层模型

从研究的角度，通常把物联网分成感知层、传输层、处理层和应用层四个层次。但从物联网工程及实施的角度，比较常见、也易于实施的是五层模型，自下而上分别是感知层、接入层、汇聚层、骨干层（或核心层）、数据中心，每一层都有着特定的作用。

- 感知层实现对客观世界物品或环境信息的感知，在有些应用中还具有控制功能。
- 接入层为感知系统和局域网接入汇聚层 / 广域网或者终端用户访问网络提供支持。
- 汇聚层将网络业务连接到骨干网，并且实施与安全、流量负载和路由相关的策略。
- 骨干层提供不同区域或者下层的高速连接和最优传送路径。
- 数据中心提供数据汇聚、存储、处理、分发等功能。

一个典型的逻辑网络结构如图 3-1 所示。

1）数据中心设计要点。数据中心是物联网全部信息的存储、处理中心，因此应满足以下基本要求：

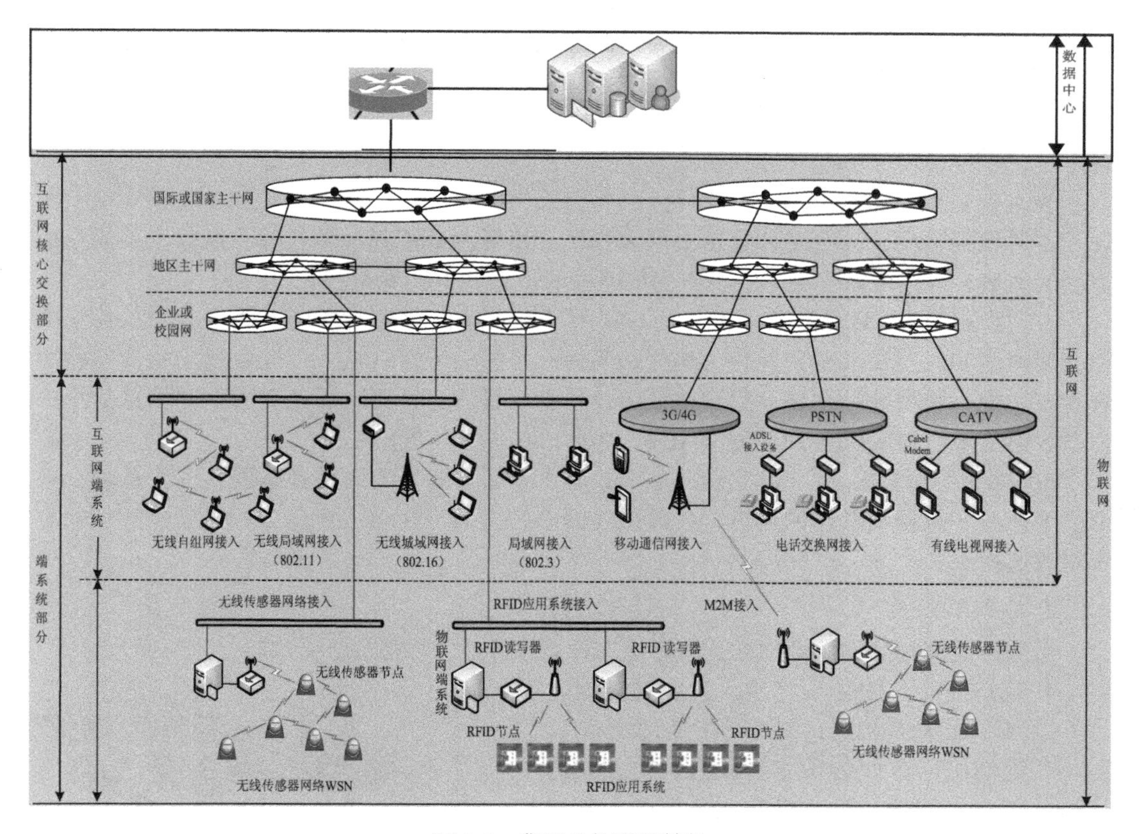

图 3-1 典型的物联网结构

- 具有足够的存储能力，包括存储容量、存取速度、容错性，一般应能满足整个生命周期的存储要求。
- 应有足够的处理能力，包括计算速度、访问速度等。
- 应有保证系统稳定、安全运行的辅助设施，包括空调系统、不间断电源系统（UPS）、消防系统、监控与报警系统等。

2）骨干层设计要点。骨干层是互联网络的高速骨干，由于其重要性，因此在设计中应该采用冗余组件设计，使其具备高可靠性，能快速适应变化。

在设计骨干层设备的功能时，应尽量避免使用数据包过滤、策略路由等降低数据包转发处理的特性，以优化骨干层获得低延迟和良好的可管理性。

骨干层应具有有限的和一致的范围，如果骨干层覆盖的范围过大，连接的设备过多，则必然引起网络的复杂度加大，导致网络管理性降低；同时如果骨干层覆盖的范围不一致，则必然导致大量处理不一致情况的功能都在骨干层网络设备中实现，从而降低核心网络设备的性能。

对于那些需要连接因特网和外部网络的网络工程来说，骨干层应包括一条或多条连接到外部网络的连接，这样可以实现外部连接的可管理性和高效性。

3）汇聚层设计要点。汇聚层是骨干层和接入层的分界点，应尽量将出于安全性原因对资源访问的控制、出于性能原因对通过骨干层流量的控制等都在汇聚层实施。

为保证层次化的特性，汇聚层应该向骨干层隐藏接入层的详细信息，例如，不管接入层划分了多少个子网，汇聚层向骨干层路由器进行路由宣告时，仅宣告多个子网地址汇聚而形成的一个网络。另外，汇聚层也会对接入层屏蔽网络其他部分的信息。例如，汇聚层路由器可以不向接入路由器宣告其他网络部分的路由，而仅仅向接入设备宣告自己是默认路由。

为了保证骨干层连接运行不同协议的区域，各种协议的转换都应在汇聚层完成。例如，在局域网络中，运行了传统以太网和弹性分组环网的不同汇聚区域；运行了不同路由算法的区域，可以借助于汇聚层设备完成路由的汇总和重新发布。

4）接入层设计要点。接入层为用户提供了在本地网段访问应用系统的能力，要解决相邻用户之间的互访需要，并且为这些访问提供足够的带宽；接入层还应适当负责一些用户管理功能，包括地址认证、用户认证、计费管理等内容；接入层还负责一些信息的用户信息收集工作，如用户的 IP 地址、MAC 地址、访问日志等信息。

5）感知层设计要点。感知层的设计要充分考虑感知系统的覆盖范围、工作环境，包括供电保障。要根据具体的需求，设计最佳的感知方案。在很多情况下，光纤传感可能是不错的选择。

2. 感知层结构

感知层要将物品连接到网络，可考虑三种连接方式，如图 3-2 所示。

- 直接连接：物品直接接入网络与其他物品和服务器相连；对智能物品在计算能力和组网方面的需求比较高，对网关的需求比较低，对节点和业务模型的配置不是很灵活。
- 网关辅助连接：物品通过网关接入后与其他物品和远程服务器相连；对智能物品在计算能力和组网方面的需求比较低，对网关的需求比较高，对节点和业务模型的配置很灵活。
- 服务器辅助连接：物品通过公共的本地支撑服务器汇聚以后与远程服务器相连；对智能物品的计算能力和网关的需求比较低，对智能物品的组网能力需求比较高，对节点和业务模型的配置很灵活。

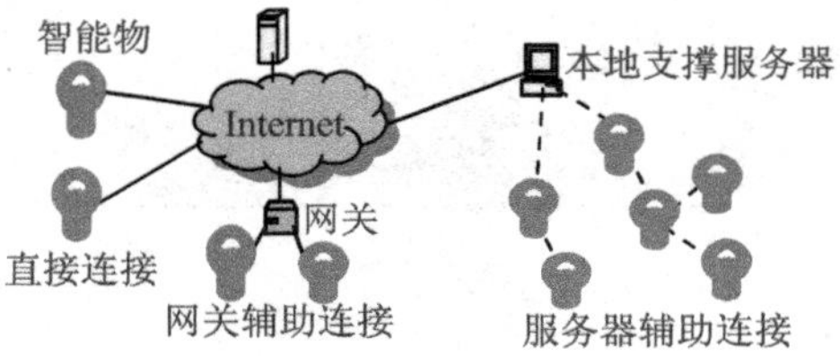

图 3-2　感知层连接方式

根据应用的要求、感知设备的功能等具体情况，选用合适的结构。

3. 接入方式

根据感知系统的不同，选择合适的接入方式。

- 对于孤立的感知系统，可以选用 GPRS、3G/4G 等无线方式接入 Internet。
- 对于集中式的感知系统，可以选用局域网、WLAN、蓝牙等方式接入 Internet。
- 对于用户系统，可以选用 WLAN、3G/4G 等方式接入 Internet。
- 对于数据中心，可以选用光纤直连等方式接入 Internet。

4. 局域网结构

常见的局域网结构有以下几种。

（1）单核心局域网结构

单核心局域网结构主要由一台核心二层或三层交换设备构建局域网的核心，通过多台接入交换机接入计算机节点，该网络一般通过与核心交换机互连的路由设备（路由器或防火墙）接入广域网中。典型的单核心局域网结构如图 3-3 所示。

单核心局域网结构分析如下：

- 核心交换设备在实现上多采用二层、三层交换机或多层交换机。
- 如采用三层或多层设备，可以划分成多个 VLAN，VLAN 内只进行数据链路层帧转发。
- 网络内各 VLAN 之间访问需要经过核心交换设备，并只能通过网络层数据包转发方式实现。

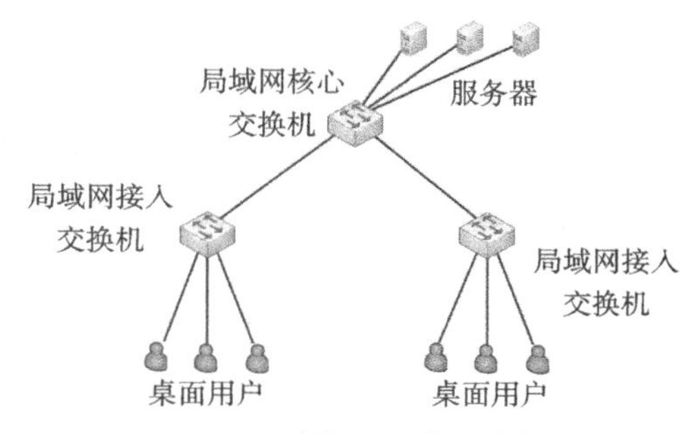

图 3-3 单核心局域网结构

- 网络中除核心交换设备之外，不存在其他的三层路由功能设备。
- 核心交换设备与各 VLAN 设备可以采用 10/100/1000Mbit/s 以太网连接。
- 节省设备投资。
- 网络结构简单。
- 部门局域网访问核心局域网相互之间访问效率高。
- 在核心交换设备端口富余前提下，部门网络接入较为方便。
- 网络地理范围小，要求部门网络分布比较紧凑。
- 核心交换机是网络的故障单点，容易导致整网失效。
- 网络扩展能力有限。
- 对核心交换设备的端口密度要求较高。
- 除非规模较小的网络，否则推荐桌面用户不直接与核心交换设备相连，即核心交换机与用户计算机之间应存在接入交换机。

（2）双核心局域网结构

双核心局域网结构主要由两台核心交换设备构建局域网核心，一般也是通过与核心交换机互连的路由设备接入广域网，并且路由器与两台核心交换设备之间都存在物理链路。典型的双核心局域网结构如图 3-4 所示。

双核心局域网结构分析如下：

- 核心交换设备在实现上多采用三层交换机或多层交换机。
- 网络内各 VLAN 之间访问需要经过两台核心交换设备中的一台。
- 网络中除核心交换设备之外，不存在其他的具备路由功能的设备。
- 核心交换设备之间运行特定的网关保护或负载均衡协议，如 HSRP、VRRP、GLBP 等。

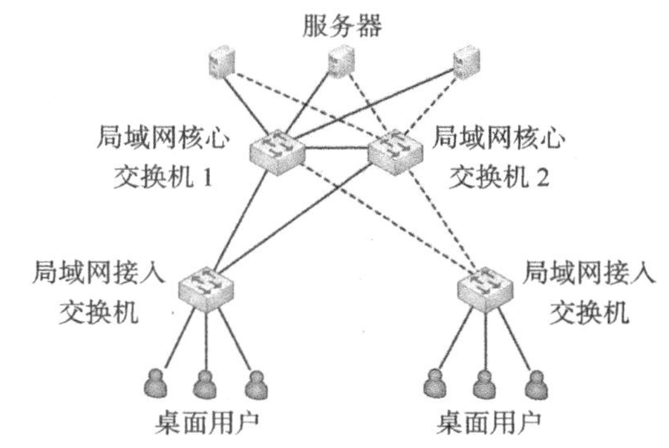

图 3-4 双核心局域网结构

- 核心交换设备与各 VLAN 设备间可以采用 10/100/1000Mbit/s 以太网连接。
- 网络拓扑结构可靠。
- 路由层面可以实现无缝热切换。

- 部门网络访问核心局域网及相互之间多条路径选择可靠性更高。
- 在核心交换设备端口富余前提下，部门网络接入较为方便。
- 设备投资比单核心的高。
- 对核心路由设备的端口密度要求较高。
- 核心交换设备和桌面计算机之间存在接入交换设备，接入交换设备同时和双核心局域网存在物理连接。
- 所有服务器直接同时连接至两台核心交换机，借助于网关保护协议，实现桌面用户对服务器的高速访问。

（3）环形局域网结构

环形局域网结构由多台核心三层设备连接成双 RPR 动态弹性分组环，构建整个局域网的核心，该网络通过与环上交换设备互连的路由设备接入广域网。典型的环形局域网结构如图 3-5 所示。

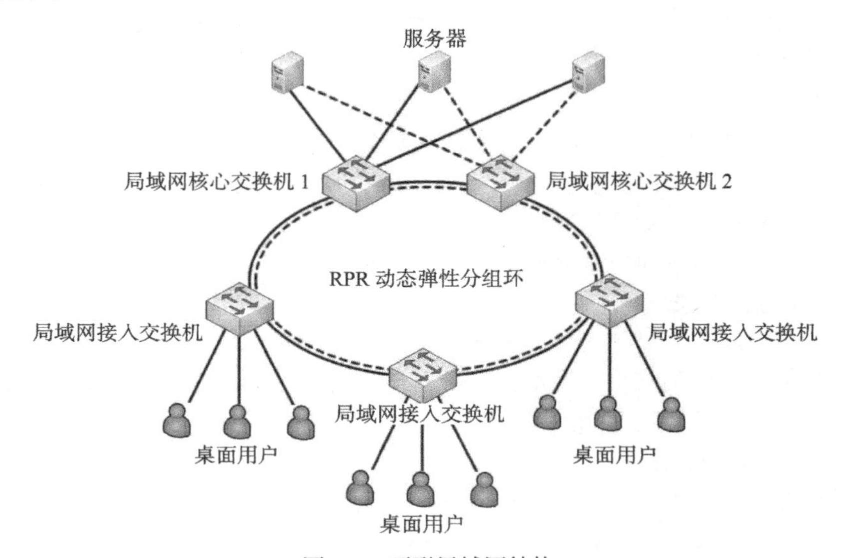

图 3-5　环形局域网结构

环形局域网结构分析如下：

- 核心交换设备在实现上多采用三层交换机或多层交换机。
- 网络内各 VLAN 之间访问需要经过 RPR 环。
- RPR 技术提供 MAC 层的 50ms 自愈时间，提供多等级、可靠的 QoS 服务。
- RPR 有自愈保护功能，节省光纤资源。
- RPR 协议中没有提及相交环、相切环等组网结构，当利用 RPR 组建大型城域网时，多环之间只能利用业务接口进行互通，不能实现网络的直接互通，因此它的组网能力相对 SDH、MSTP 较弱。
- 由两根反向光纤组成环形拓扑结构，其中一根沿顺时针方向，另一根沿逆时针方向，节点在环上可从两个方向到达另一节点。每根光纤可以同时用来传输数据和同向控制信号，RPR 环双向可用。
- 利用空间重用技术实现的空间重用，使环上的带宽得到更为有效的利用。RPR 技术具有空间复用、环自愈保护、自动拓扑识别、多等级 QoS 服务、带宽公平机制和拥塞控制机制、物理层介质独立等技术特点。

- 设备投资比单核心的高。
- 核心路由冗余设计实施、难度较高，容易形成路由环路。

（4）层次局域网结构

层次局域网结构主要定义了根据功能要求不同将局域网络划分层次构建的方式，从功能上定义为核心层、汇聚层、接入层。层次局域网一般通过与核心层设备互连的路由设备接入广域网。典型的层次局域网结构如图3-6所示。

层次局域网结构分析如下：

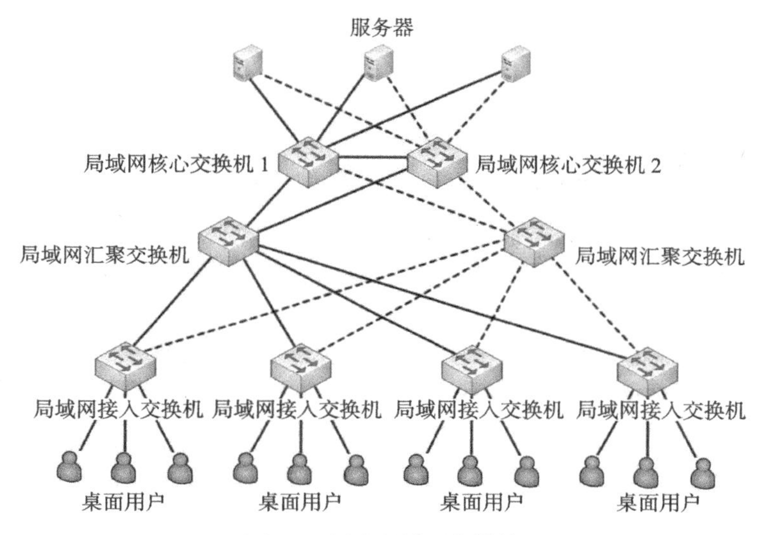

图3-6 层次局域网络结构

- 核心层实现高速数据转发。
- 汇聚层实现丰富的接口和接入层之间的互访控制。
- 接入层实现用户接入。
- 网络拓扑结构故障定位可分级，便于维护。
- 网络功能清晰，有利发挥设备最大效率。
- 网络拓扑利于扩展。

5. *无线局域网结构*

在无线局域网（WLAN）中，所有终端设备（包括智能物品、计算机、移动终端等）通过无线接入点（AP）实现接入和互联。

WLAN使用802.11系列协议，包括802.11b/a/g/n/ac等协议。现在性能最高、广泛使用的是802.11n协议，其数据率可达300Mbit/s，通过域展、多频等技术可达到600Mbit/s以上。

单个AP的覆盖范围较小，一般在几米到几十米。为扩大覆盖范围，可将多个AP进行互联。AP之间一般通过有线方式互联，但也可通过Mesh方式实现无线互联。

典型的WLAN结构如图3-7所示。

为方便管理，现在的AP一般是用瘦AP，具有以下主要特征：

- 由后端控制器对所有AP进行统一配置和管理，无需对单个AP进行分别配置。
- 在所有AP共同覆盖范围内，终端可自由移动和漫游。

- AP 可通过以太网电缆供电，无需单独敷设供电线路。

6. 广域网结构

在大多数网络工程中，利用广域网实现多个局域网的互联，形成整个网络的网络结构。

在以下各广域网结构分析中，没有在局域网与广域网之间定义其他路由设备，但是在设计与实施时，可以根据需要添加特定的接入路由器或防火墙设备；在局域网络规模较为复杂时，可以添加接入路由器；在局域网络有安全需要时，可以添加防火墙。

（1）单核心广域网结构

单核心广域网结构主要由一台核心路由设备互连各局域网络。典型的单核心广域网结构如图 3-8 所示。

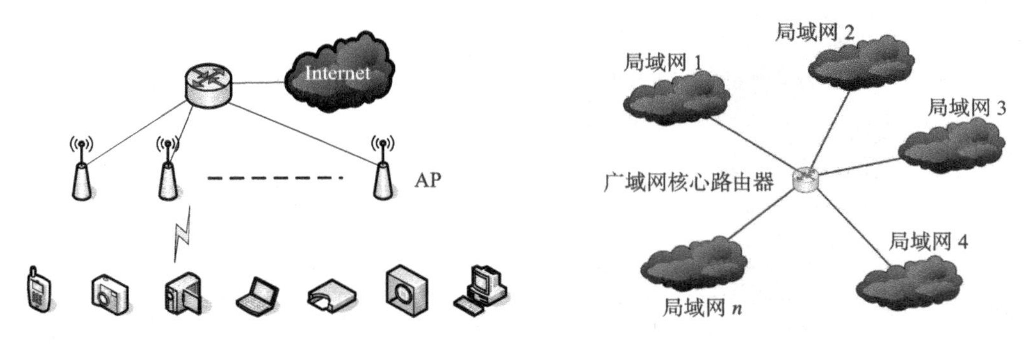

图3-7 WLAN结构　　图3-8 单核心广域网结构

单核心广域网结构分析如下：

- 核心路由设备在实现上多采用三层交换机或多层交换机。
- 网络内各局域网之间访问需要经过核心路由设备。
- 网络中除核心路由设备之外，不存在其他路由设备。
- 各政务部门局域网至核心路由设备之间不采用点对点线路，而采用广播线路，路由设备与部门局域网互联的接口属于该局域网。
- 核心路由设备与各局域网可以采用 10/100/1000Mbit/s 以太网连接。
- 节省设备投资。
- 网络结构简单。
- 部门局域网络访问核心局域网及相互之间访问效率高。
- 在核心路由设备端口富余前提下，部门网络接入较为方便。
- 核心路由器是网络的故障单点，容易导致整网失效。
- 网络扩展能力有限。
- 对核心路由设备的端口密度要求较高。

（2）双核心广域网结构

双核心广域网结构主要由两台核心路由设备构建框架，并互联各局域网。典型的双核心广域网结构如图 3-9 所示。

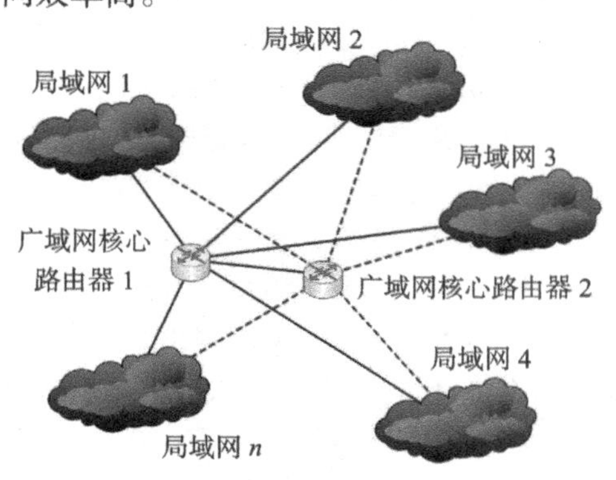

图 3-9 双核心广域网结构

双核心广域网结构分析如下：

- 核心路由设备在实现上多采用三层交换机或多层交换机。
- 网络内各局域网之间访问需要经过两台核心路由设备中的一台。
- 网络中除核心路由设备之外，不存在其他的路由设备。
- 核心路由设备之间运行特定的网关保护或负载均衡协议，如HSRP、VRRP、GLBP等。
- 核心路由设备与各局域网可以采用10/100/1000Mbit/s以太网连接。
- 网络拓扑结构可靠。
- 路由层面可以实现无缝热切换。
- 部门局域网访问核心局域网及相互之间多条路径选择可靠性更高。
- 在核心路由设备端口富余前提下，部门网络接入较为方便。
- 设备投资比单核心的高。
- 核心路由器路由冗余设计实施、难度较高，容易形成路由环路。
- 对核心路由设备的端口密度要求较高。

（3）环形广域网结构

环形广域网结构主要定义了由三台以上核心路由设备构成路由环路，连接各局域网并构建广域网的方式。在环形广域网结构中，任意核心路由器都和其他两台路由设备之间有连接。典型的环形广域网结构如图3-10所示。

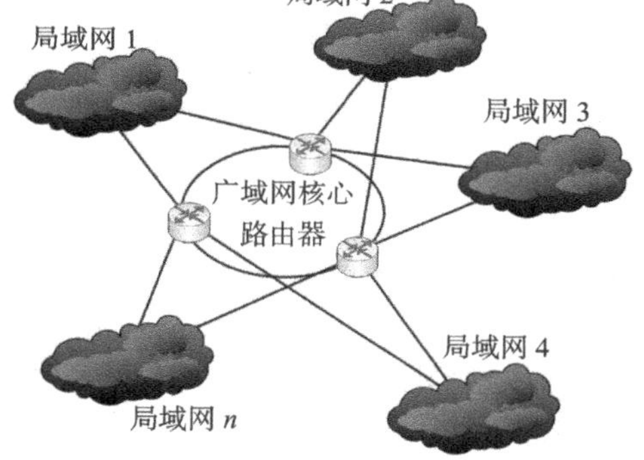

图3-10　环形广域网结构

环形广域网结构分析如下：

- 核心路由设备在实现上多采用三层交换机或多层交换机。
- 网络内各局域网之间访问需要经过核心路由设备构成的环。
- 网络中除核心路由设备之外，不存在其他的路由设备。
- 核心路由设备之间运行特定的网关保护或负载均衡协议，如HSRP、VRRP、GLBP等；或具备环路控制功能协议，如OSPF、RIP等。
- 核心路由设备与各局域网可以采用10/100/1000Mbit/s以太网连接。
- 网络拓扑结构可靠。
- 路由层面可以实现无缝热切换。
- 部门局域网访问核心局域网及相互之间多条路径选择可靠性更高。
- 在核心路由设备端口富余前提下，部门网络接入较为方便。
- 设备投资比双核心的高。
- 核心路由器路由冗余设计实施、难度较高，容易形成路由环路。
- 对核心路由设备的端口密度要求较高。
- 环拓扑占用较多的端口。

（4）半冗余广域网结构

半冗余广域网结构主要定义了由多台核心路由设备连接各局域网并构建广域网的方式。在半冗余广域网结构中，任意核心路由器存在至少两条以上连接至其他路由设备；如果核心路由器和任何其他路由器都有连接，就是半冗余结构的特例——全冗余广域网结构。典型的半冗余广域网结构如图 3-11 所示。

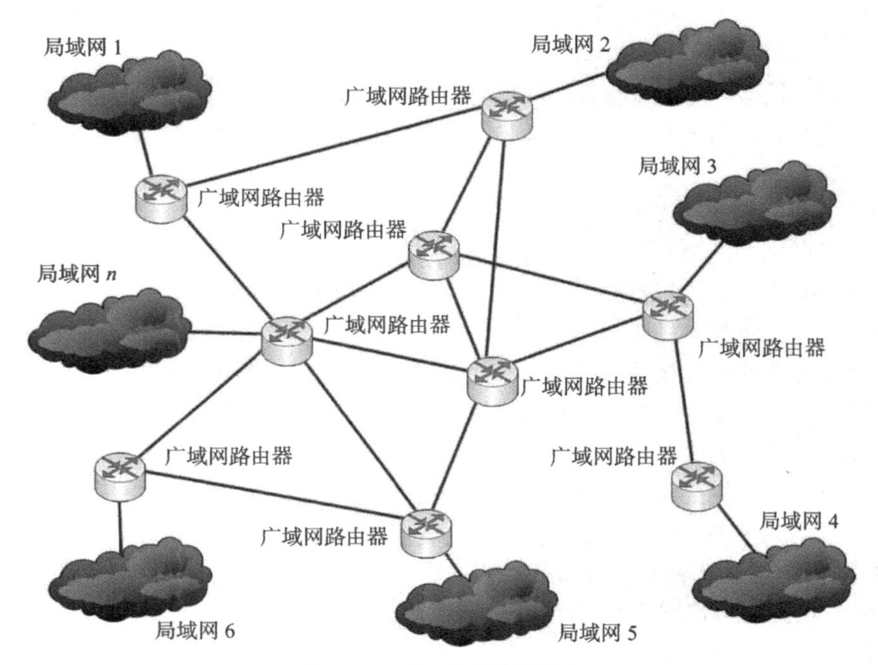

图 3-11 半冗余广域网结构

半冗余广域网结构分析如下：

- 半冗余网络结构灵活、方便扩展。
- 部分网络可以采用特定的网关保护或负载均衡协议，如 HSRP、VRRP、GLBP 等；或具备环路控制功能协议，如 OSPF、RIP 等。
- 网络拓扑结构相对可靠，呈网状。
- 路由层面路径选择比较灵活，可以有多条备选路径。
- 部门局域网访问核心局域网及相互之间多条路径选择可靠性高。
- 网络结构零散管理和故障排除不太方便。
- 适合部署 OSPF 等链路状态路由协议。

（5）对等子域广域网结构

对等子域广域网结构是指通过将广域网的路由器划分成两个独立的子域，每个子域内路由器采用半冗余方式互连。在对等子域广域网结构中，两个子域间通过一条或多条链路互连，对等子域结构中的任何路由器都可以接入局域网。典型的对等子域广域网结构如图 3-12 所示。

对等域广域网结构分析如下：

- 对等域之间的互访以对等域之间的互连线路为主。
- 对等域之间可以做到路由汇总或明细路由条目匹配，路由控制灵活。
- 子域间链路带宽应高于子域内链路带宽。
- 域间路由冗余设计实施、难度较高，容易形成路由环路或发布非法路由的问题。
- 对用于域互访的域边界路由设备的路由性能要求较高。

- 路由协议的选择主要以动态路为主。
- 对等子域适合于广域网可以明显划分为两个区域，并且区域内部访问较为独立的情况。

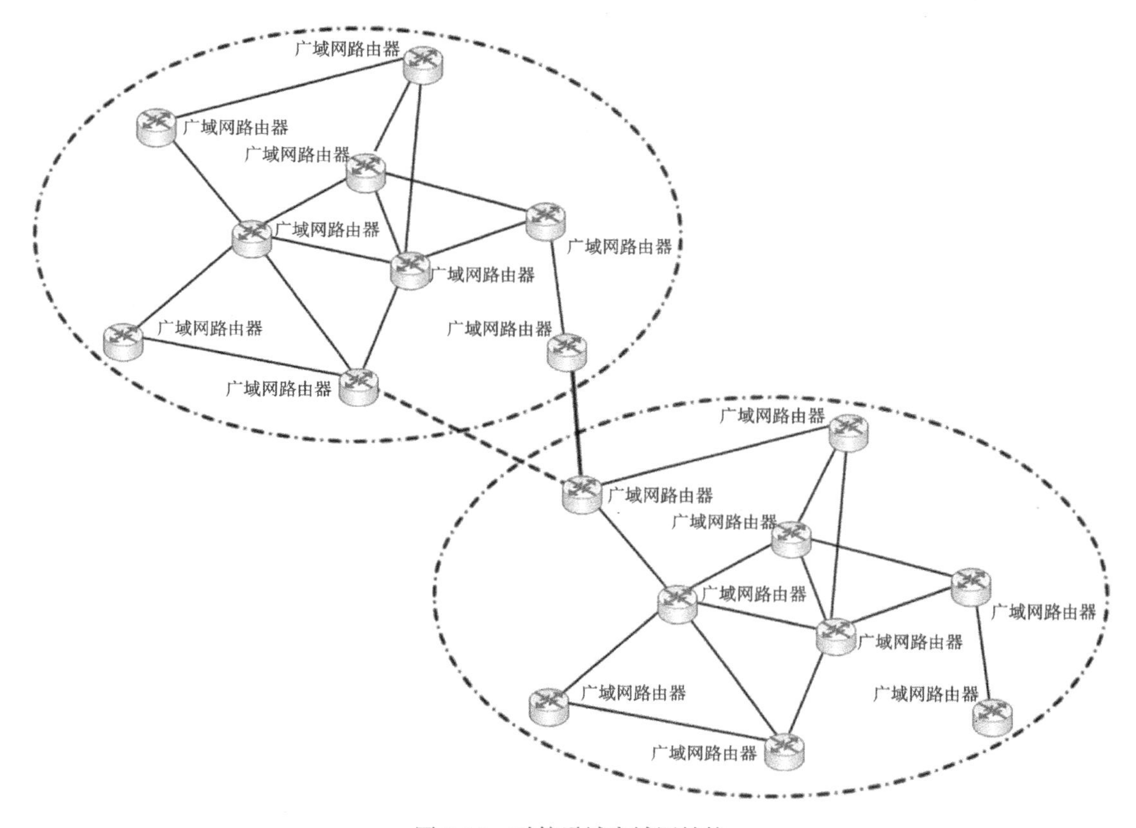

图 3-12　对等子域广域网结构

（6）层次子域广域网结构

层次子域广域网结构将大型广域网路由设备划分为多个较为独立的子域，每个子域内路由器采用半冗余方式互连。在层次子域广域网结构中，多个子域之间存在层次关系，高层子域连接多个低层子域。层次子域广域网结构中的任何路由器都可以接入局域网。典型的层次子域广域网结构如图 3-13 所示。

层次子域广域网结构分析如下：

- 低层子域之间的互访应通过高层子域完成。
- 层次子域结构具有较好的可扩展性。
- 子域间链路带宽应高于子域内链路带宽。
- 域间路由冗余设计实施、难度较高，容易形成路由环路或发布非法路由的问题。
- 对用于域互访的域边界路由设备的路由性能要求较高。
- 路由协议的选择主要以动态路为主，尤其适用于 OSPF 协议。
- 层次子域结构与上层外网互联，主要借助于高层子域完成；与下层外网互联，主要借助于低层子域完成。

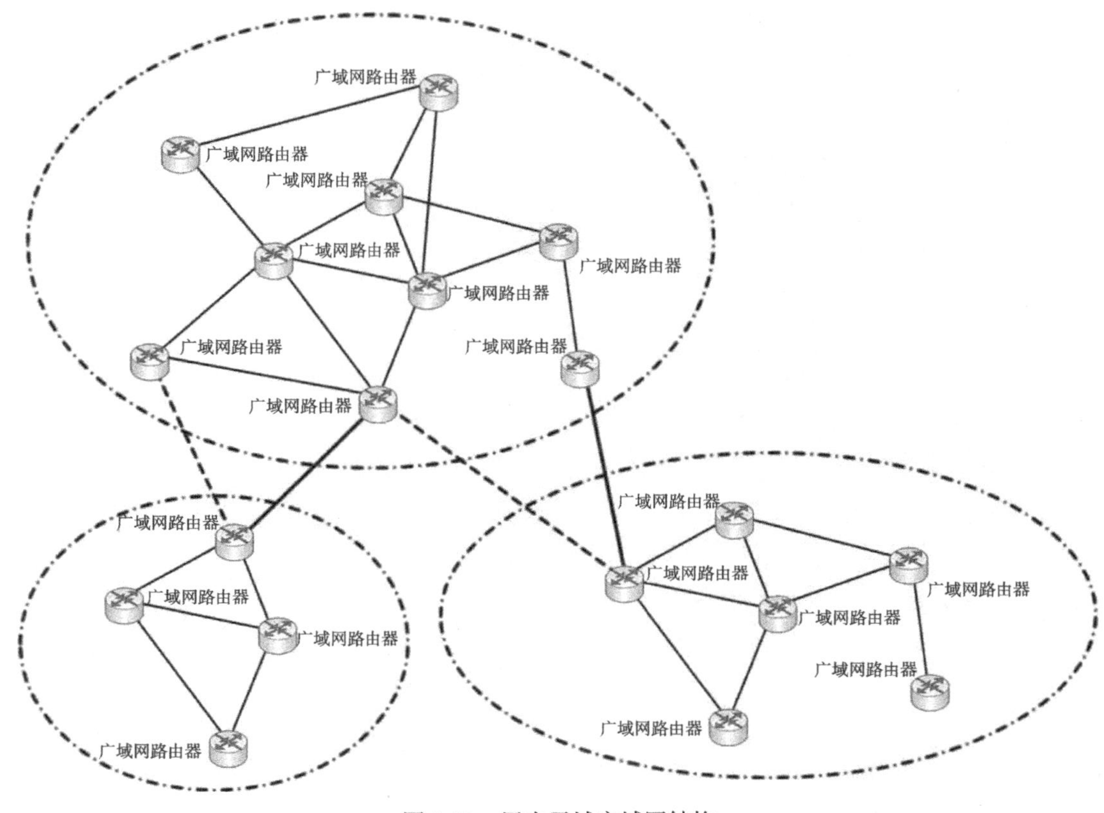

图 3-13 层次子域广域网结构

7. 网络冗余设计

网络冗余设计允许通过设置双重网络元素来满足网络的可用性需求，冗余降低了网络的单点失效率，其目标是重复设置网络组件，以避免单个组件的失效而导致应用失效。这些组件可以是一台核心路由器、交换机，可以是两台设备间的一条链路，可以是一个广域网连接，可以是电源、风扇、设备引擎等设备上的模块。对于某些大型网络来说，为了确保网络中的信息安全，在独立的数据中心之外，还设置了冗余的容灾备份中心，以保证数据备份或者应用在故障下的切换。

在网络冗余设计中，对于通信线路常见的设计目标主要有两个：一个是备用路径，另一个是负载分担。

（1）备用路径

备用路径主要是用于提高网络的可用性。当一条路径或者多条路径出现故障时，为了保障网络的连通，网络中必须存在冗余的备用路径；备用路径由路由器、交换机等设备之间的独立备用链路构成。一般情况下，备用路径仅在主路径失效时投入使用。

关于备用路径，设计时主要考虑以下因素：

1）备用路径的带宽。备用路径带宽的主要依据是网络中重要区域、重要应用的带宽需要，设计人员要根据主路径失效后，哪些网络流量是不能中断的来形成备用路径的最小带宽需求。

2）切换时间。切换时间指从主路径故障到备用路径投入使用的时间，主要取决于用户对应用系统中断服务时间的容忍度。

3）非对称。备用路径的带宽比主路径的带宽小是正常的设计方法，由于备用路径大多数情况下并不投入使用，过大的带宽容易造成浪费。

4）自动切换。设计备用路径时，应尽量采用自动切换方式，避免使用手工切换。

5）测试。由于备用路径长期不投入使用，因此不容易发现其在线路、设备上存在的问题，应设计定期的测试方法，以便于及时发现问题。

（2）负载分担

负载分担是指通过冗余的形式来提高网络的性能，是对备用路径方式的扩充。负载分担是通过并行链路提供流量分担来提高性能，其主要的实现方法是利用两个或多个网络接口和路径同时传递流量。

关于负载分担，设计时主要考虑以下因素：

1）当网络中存在备用路径、备用链路时，可以考虑加入负载分担设计。

2）对于主路径、备用路径相同的情况，可以实施负载分担的特例——负载均衡，即多条路径上的流量是均衡的。

3）对于主路径、备用路径不相同的情况，可以采用策略路由机制，让一部分应用的流量分摊到备用路径上。

4）在路由算法的设计上，大多数设备制造厂商实现的路由算法都能够在相同带宽的路径上实现负载均衡，甚至于部分特殊的路由算法。例如，在IGRP和增强IERP中，可以根据主路径和备用路径的带宽比例实现负载分担。

3.1.3 地址与命名规则设计

连在网络上的两台设备之间在相互通信时，需要相互知道并识别对方。

标识设备的方式有很多种，常用的两种主要方式是名称和地址。对于RFID标签、无线传感器等设备，一般采用名称（或ID）方式标识；对于主机、路由器、网关等设备，一般采用IP地址标识。现在的智能家电一般用IP地址进行标识。

1. 分配地址的原则

分配规划、管理和记录网络地址是网络管理工作的重点内容。好的网络地址分配规划，不仅可以让管理员对地址实施便捷的管理，而且可以为路由协议的收敛等提供良好的基础，因此在逻辑网络设计阶段，对网络地址的分配应遵循一些特定的原则。

（1）使用结构化网络编址模型

网络地址的结构化模型是对地址进行层次化的规划，如IP协议的地址本身就是层次化的，分为网络前缀和主机两个部分。使用结构化网络编制模型的基本思路是，首先为网络分配一个IP网络号段，然后将网络号分成多个子网，最后将子网划分成为更细的子网。

采用结构化网络编址模型，有利于地址的管理和故障排除。结构化使得理解网络结构、网络管理软件实施管理、协议分析设备的分析和报告生成相对较为容易，同时由于结构化网络地址在路由器、防火墙等设备上的过滤规则表达的优势，也使得网络优化和网络安全易于实现。

（2）通过中心授权机构管理地址

信息管理部门应该为网络编址提供一个全局模型，而网络设计人员必须先提供这个参考模型，这个模型应该根据核心、汇聚、接入的层次化，对各个区域、分支机构等在模型中的位置进行明确标识。

在网络中，IP 地址由两类地址构成，分别为公有地址和私有地址。私有地址多是一些保留地址段，只在企业网络内部使用，信息管理部门拥有对地址的管理权。公有地址是全局唯一的地址，并且必须在授权机构注册才能使用。

在设计阶段，必须明确以下内容：

- 是否需要公有地址和私有地址。
- 只需要访问专用网络的设备分布。
- 需要访问公网的设备分布。
- 私有地址和公有地址如何翻译。
- 私有地址和公有地址的边界。

（3）编址的分布授权

与编制模型匹配的是一个地址授权管理中心及相应的管理制度。该中心不仅可以直接管理网络地址，而且可以根据需要在网络区域、分支结构内建设分中心，授权分中心的管理人员对区域的地址进行管理。

在各分支机构管理人员网络管理业务较强、网络规模较大的情况，可以采用分布授权模式，由设计人员依据结构化模型，将各个地址段的编址和管理分配于相应的分支机构。

如果分支机构的管理人员缺乏经验，则不能采用分布授权模式，而采用集中管理模式，以避免误操作及网络失效带来的故障。

（4）为终端系统使用动态编址

对于频繁变更位置、移动性较大的终端，采用静态的网络地址不利于管理，动态编址协议的使用既可以保证分配的地址纳入管理范畴，又可以减少管理工作量。

在 TCP/IP 体系中，主要使用 DHCP 来完成终端的 IP 地址和域名自动获取。

DHCP 使用 C/S 模型，其中服务器分配网络地址，并保存已分配地址信息；客户机从服务器动态请求配置参数。DHCP 支持三种 IP 地址分配方法：

- 自动分配：服务器为客户机分配一个永久的 IP 地址。
- 动态分配：服务器在一个有限的时间段内，为客户机分配一个 IP 地址，在使用完毕后予以回收。
- 手工分配：由网络管理员为客户机分配一个永久 IP 地址，DHCP 仅用于将手工分配的地址传送给客户机。

动态分配是较为流行的方法，通过租用机制，可以保证有限的地址为大量的不同时段的客户机提供地址分配服务，并且动态分配地址减少了管理人员的工作量。

设计人员在逻辑设计阶段必须确定以下问题：

- 可以使用自动分配的设备群落。
- 可以使用动态分配的设备群落。
- DHCP 可以管理的 IP 地址段。
- DHCP 的逻辑网段位置等。

（5）使用私有地址

私有地址可以用于企业内部，这些地址相互之间可以访问，但是在访问公网地址时，必须进行转换。

在 RFC 1918 中，IETF 为内部使用的私有地址预留了以下地址段：10.0.0.1 ～ 10.255.255.255、172.16.0.0 ～ 172.31.255.255、192.168.0.0 ～ 192.168.255.255。Microsoft Windows 的 APIPA 预留的地址段为 169.254.0.0 ～ 169.254.255.255。

私有地址的存在使得网络内部安全性提高，外部网络无法发起针对私有网络地址的攻击；私有地址不需要授权机构的管理，灵活性强；私有地址可以避免大量公有地址的浪费。但同时，私有地址也有一些缺点，如网络管理一旦外包，则很难实施管理；地址分配容易造成混乱的情况；另外，由于大多数用户使用的私有地址段都是相近的，在实现 VPN 互联时，很容易造成地址冲突。

设计人员必须设计出私有地址与公有地址的转换方式，目前在地址转换方面主要有三种技术，分别是 NAT、PAT 和 Proxy。

- NAT 技术：由网络管理员提供一个公有 IP 地址池，私有地址的主机在访问公有网络时，建立起私有地址和地址池中某一个 IP 地址的映射关系，从而访问公有网络。
- PAT 技术：多个私有地址共用一个公有 IP 地址，在两种地址的边界设备上，建立端口的映射表，这个表主要由私有源地址、私有地址源端口、公有地址源端口组成，通过这种映射关系实现多个私有地址访同时访问公有网络。
- Proxy 技术：不是工作在网络层的地址转换技术，主要工作在应用层，由代理软件完成数据包的地址转换工作。

对于大型网络来说，一般只能选用私有地址。

使用私有地址需要首先确定选用哪一段专用 IP 地址，小型企业可以选择 192.168.0.0 地址段，大、中型企业则可以选择 172.16.0.0 或 10.0.0.0 地址段。

为了方便扩展，大型网络一般采用 A 类私用地址（即 10.×.×.×）。

（6）使用 IPv6 地址

未来的网络使用 IPv6 是必然的趋势。使用 IPv6 的优点是地址数量充足，一般自动配置，不需人工配置。因此，如果所建设的网络要连接的 Internet 已经支持 IPv6，则选用 IPv6 地址是一种可供考虑的方案。

2. 使用层次化模型分配地址

层次化编址是一种对地址进行结构化设计的模型，使得地址的左半部分的号码可以体现大块的网络或节点群，而右半部分可以体现单个网络或节点。层次化编址的主要优点在于可以实现层次化的路由选择，利于在网络互联路由设备之间分发网络拓扑结构。

（1）层次化编制的优势

在编址和路由选择模型中使用层次化模型具有以下好处：

- 易于排查故障。
- 易于管理和性能优化。
- 加快路由选择协议收敛。
- 需要更少的网络资源。
- 可扩展性和稳定性强。

层次化编址允许对网络号进行汇总，这使得路由器在通告路由表时对路由规则条目进行汇总。另外该编址方式易于实现可变长度子网掩码（VLSM），子网的划分更加灵活，优化可用地址空间。

（2）层次化路由选择

层次化路由的含义是指对网络拓扑结构和配置的了解是局部的，一台路由器不需要知道所有的路由信息，只需要了解其管辖的路由信息。层次化路由选择需要配合层次化的地址编码。

设计人员在进行地址分配时，为配合实现层次化的路由，必须遵守一条简单的规则：如果网络中存在分支管理，而且一台路由器负责连接上级机构和下级机构，则分配给这些下级机构网段的地址应属于一个连续的地址空间，并且这些连续空间可以用一个子网或者超网段表示。例如，一台路由器上连总部，下连四个分支机构，每个分支机构都分配一个C类地址段，整个网络申请的地址空间为202.103.64.0～202.103.79.255（202.103.64.0/20），则对这四个分支机构应该分配连续的C类地址，如从202.103.64.0/24至202.103.67.0/24，这四个C类地址可以用202.103.64.0/22这个超网来表示。

（3）无分类路由选择协议

IP地址分为两个部分，即网络号和主机号。IP地址本身被分为多种类型，分别为A、B、C类地址。传统的路由协议只识别分类地址，即路由表项是以类型地址为依据而产生的，这种路由协议称为分类路由选择协议。

采用这种传统方式，不仅会导致大量的地址浪费，而且会导致路由表项数量过多。为避免IP地址的浪费，出现了子网的概念及可变长度子网掩码概念，这使得网络的表示方式发生了很大的变革。典型的对网络的表示方法是使用长度字段来表示前缀的长度，例如，地址10.1.0.1/16表示这是一个地址范围为10.1.0.0～10.1.255.255网络（可以用10.1.0.0/16表示）中的主机地址，其主机部分为0.0.0.1。基于这些变革，产生了无分类路由选择协议，这种协议不基于地址类型，而是基于IP地址的前缀长度，允许将一个网络组作为一个路由表项，并使用前缀说明哪些网络被分在这个组内。无分类路由选择协议支持任意的前缀长度。

设计人员在进行选择时，应尽量采用无分类路由选择协议，包括RIP V2、OSPF、GBP、IS-IS等。

（4）路由汇聚

无分类域间路由（CIDR）通过地址前缀及其长度表示地址块，地址块中有很多地址，这种地址的聚合常称为路由聚合，它使得路由表中的一个项目可以表示传统分类地址的很多个路由，成为路由聚合。

无分类路由选择协议可以将多个子网或网络汇聚成一条路由，从而减少路由选择协议的开销，这种汇聚工作在企业网络设计中同样重要，因为路由汇聚意味着一个区域的问题不会扩散到其他区域。

在进行IP地址规划时，为了保证各个层次路由汇聚的正确性，需要根据IP地址的分配情况对路由汇聚进行验证，可针对分配方案和地址预留方案，依据下列规则对各个路由器的下联网络进行路由汇聚测试，以便于及时找到可扩展性等方面的问题。

- 可以汇聚的多个网络IP地址的最左边的二进制必须相同。
- 路由器必须依据32位的IP地址和最长可达32位长的前缀长度确定路由选择。
- 路由协议必须承载32位地址的前缀长度。

（5）可变长度子网掩码

使用无分类路由选择协议，意味着在单一网络中可以有大小不同的子网，子网大小的变化就是通常所说的可变长度子网掩码（VLSM）。VLSM依据前缀长度信息使用地址，在不同的地方可以具有不同的前缀长度，提高了实用IP地址空间的效率和灵活性。

因此，设计人员只要准备采用无分类路由选择协议，就可以在网络内部根据需要任意划分不同规模的网段，并采用可变长度子网掩码表示。

3. 设计命名模型

命名在满足客户易用性目标方面起到了非常关键的作用，简短而有意义的名称可以帮助用户非常简洁地定位服务的位置。设计人员应该从资源的角度设计出易用性、可管理性强的命名模型，以便于提高网络用户的体验度。

在企业网络中，需要进行命名的资源较多，包括智能物品、感知设备、接入网关、路由器、交换机、服务器、主机、打印机及其他资源。借助于良好的命名模型，网络用户可以直接通过便于记忆的名称而不是地址透明地访问服务器。

在网络命名系统中，将名称映射到地址的方法主要包括两种类型，一种是使用命名协议的动态方法，另一种是借助于文件等方式的静态方法。

（1）命名的分布授权

企业网络的命名管理需要建设一个特定的中心授权机构及相应的管理制度。命名的授权管理可以采用集中方式，也可以采用分布授权方式。由于名称管理的特殊性、命名自身的层次性，并且名称将直接面对客户，大多数情况下采用分布授权，这样可以提高分支机构对自身内部名称变更的快速性。

（2）分配名称的原则

在对网络资源进行命名，并分配具体名称时，需要遵循一些特定的原则：

- 增强易用性，名称应该简短、有意义、无歧义，用户可以很容易地通过名称来对应各类资源，如交换机使用sw、服务器使用srv、路由器使用rt等。
- 名称可以包含位置代码，设计人员可以在命名模型中加入特定的物理位置代码，如第几分公司、总部等特殊的代码。
- 名称中应尽量避免使用连字符、下划线、空格等不常用字符。
- 名称不应该区分大小写，这样会导致用户使用的不方便。

（3）NetBIOS名称

NetBIOS是一个具有设备命名功能的应用编程接口，而NetBIOS名称是网络中应用进程的唯一名称。NetBIOS为Microsoft Windows平台的客户机和服务器之间的应用访问、文件共享提供了编址基础。

NetBIOS具备自己独立的名称解析概念和能力；在NetBIOS中，计算机需要首先注册自己的名称，才能解析该名称。从NetBIOS名称查找相应的节点地址（TCP/IP协议中为IP地址）有几种不同的查找方式。

- 本地广播：广播自己的NetBIOS名称，完成注册和查询对应IP地址的工作。
- 缓冲：支持NetBIOS的计算机都维护NetBIOS名称和IP地址的临时列表。
- 名字服务器：通过Windows服务器实现NBNS（NetBIOS Name Server）功能，计算机通过NBNS完成注册与查询工作。
- Lmhosts文件：本地文件lmhosts存放手动设定的NetBIOS与IP的对应关系，以便于计算机查询。
- DNS/hosts方式：在其他方法都无法查询时，可以借助于DNS和hosts文件实现名称与IP的转换。

网络设计人员需要在这些不同的查找方式中进行选择，确保局域网具有正常的 NetBIOS 注册和解析能力。

（4）域名解析

DNS 用于完成难于记忆的 IP 地址与域名之间的转换，主要有两项功能，分别为正向解析与逆向解析。正向解析的主要任务是将域名转换为数字的 IP 地址，以便网络应用程序能够正确地找到需要连接的目标主机；逆向解析的主要任务是将数字的 IP 地址转换为域名。

DNS 并不像简单的 C/S 系统，仅仅由客户机提出请求，而 DNS 服务器给出应答，单凭一台 DNS 服务器无法完成庞大而复杂的域名解析工作，解析工作是由无数 DNS 服务器所构成的分布式系统共同完成，如图 3-14 所示。

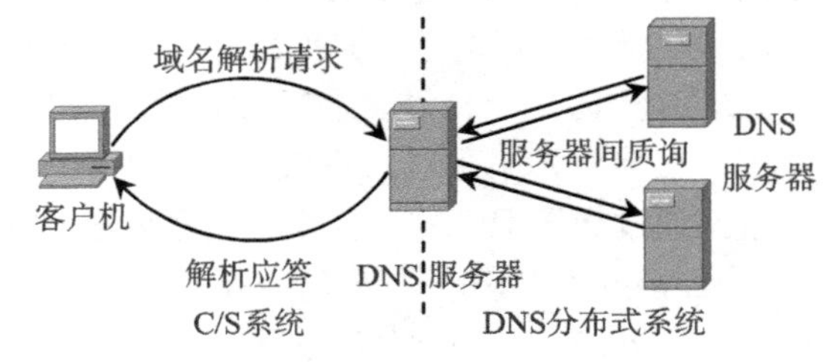

图 3-14 DNS 系统

DNS 的域名服务器进程按功能可以分为四类，分别为主服务器（primary/master server）、次服务器（secondry/slave server）、缓存（cache）服务器和解析（resolver）服务器。主服务器负责维护某个域的域名解析数据库，并向其他主机提供域名查询；次服务器利用区域传送，从主服务器复制网络区域内的域名解析数据，当主服务器不能正常工作时，次服务器可以向外界提供查询；缓存服务器的功能是缓存域名解析的结果，减轻域名服务器的负荷；解析服务器是一个客户端软件，执行本机的域名查询。每台 DNS 服务器主机上都由两种或三种服务器进程共同提供 DNS 服务。

另外，DNS 中没有专门的逆向解析，逆向解析是借助于一个特殊域（in-addr.arpa）的正向解析来完成的。

设计人员应该确定网络系统中的 DNS 服务器数量和类型，同时对需要进行正向解析的域名区域、逆向解析的 IP 地址范围进行确定。

大型网络一般需要安装、配置自己的 DNS 系统。

3.1.4 路由协议的选择

路由协议使路由器能够自动学习如何到达网络，并与其他路由器交换路由信息，达到全网路由选择的目的。路由协议的选择是网络设计中的重要内容，直接决定网络的连通性、稳定性。

1. 路由协议的选择原则

（1）路由协议类型的选择

路由协议分为两大类：距离向量协议和链路状态协议。网络设计人员可以依据以下条件在两种类型中进行选择。

当满足下列条件时，可以选择距离向量协议：

- 网络使用一种简单的、扁平的结构，不需要层次化设计。
- 网络使用的是简单的中心辐射状结构。
- 管理人员缺乏对路由协议的了解，路由操作能力差。
- 收敛时间对网络的影响较小。

当满足下列条件时，可以选择链路状态协议：

- 网络采用层次化设计，尤其是大型网络。

- 管理人员对链路状态路由协议理解较深。
- 快速收敛对网络的影响较大。

（2）路由协议的度量

当网络中存在多条路径时，路由协议适用度量值来决定使用哪条路径。不同的路由协议的度量值是不同的，传统协议以路由器的跳数作为度量值，新一代的协议还将参考延迟、带宽、可靠性及其他因素。

对度量值存在两个方面的考虑；一是对度量值的限制设定，例如，设定基于跳数路由协议的有效路径度量值必须小于16，这些度量值的设定直接决定了网络的连通性和效率；二是多个路由协议共存时的度量值转换，路由器上可能会运行多个协议，不同的路由协议对路径的度量值不同，设计人员需要建立起不同度量值之间的映射关系，让多个协议之间相互补充。

（3）路由协议的顺序

路由器上可能会存在多个不同的路由协议，针对一个目标网络，这些路由协议都会选举出具有最小度量值的路径，但是不同协议的度量值不同，可比较性较小。设计人员建立的协议度量值的转换关系只是用于不同路由协议之间的路由补充，不能用于具体路径的选择。

因此，设计人员可以在网络中运行多个路由协议，并约定这些协议之间的顺序，这些顺序可以用路由协议权值来表示，权值最小的协议顺序越靠前；一旦多个路由协议都选举出了最优路径，则具有最小权值的路由协议的路径生效。

（4）层次化与非层次化路由协议的选择

路由协议从层次化角度可以分为支持和不支持两种；在非层次化路由协议中，所有路由器的角色都是一样的；在层次化路由协议中，不同路由器的角色不同，需要处理的路由信息量也不同。

对于采用层次化设计的网络来说，最好采用层次化路由协议。

（5）内部与外部路由协议的选择

路由协议根据自治区域的划分及作用，可以分为内部网关协议和外部网关协议。设计人员需要选择正确的、合适的协议类型。例如，内部网关协议多选择RIP、OSPF、IGRP，外部网关协议多选择BGP。

（6）分类与无分类路由协议的选择

分类与无分类路由协议的选择在前文中已经进行了介绍，这是进行网络路由设计时必须考虑的内容。

（7）静态路由协议的选择

静态路由指手动配置并且不依赖于路由协议进行更新的路由。静态路由经常用于连接一个末梢网络，即只能通过一条路径到达的网络部分。最常见的静态路由就是默认路由。网络设计人员应该对设计网络中的末梢网络进行区分，并设定这些末梢网络的默认路由。

一般情况下，静态路由要比其他动态路由协议级别高，也就是说即使通过动态路由协议选举出一条最优路径，数据包仍然会依据静态路由指定的路径进行传递，因此设计人员需要根据实际需要来确定静态路由协议的范围，以免使得动态路由协议失效。

另外，静态路由信息可以导入动态路由协议形成的路由表项中，形成路由信息的互补关系。

2. 内部网关协议——OSPF

OSPF 是典型的、应用最广的内部网关协议，该协议为层次化、无分类路由协议。以下是 OSPF 的一些常见应用规则，在实际应用中可根据需要进行调整。

（1）OSPF Router ID

原则上，采用网络设备的 loopback 0 或 loopback 1（考虑到某些厂商设备在不支持 loopback 0 时采用 loopback 1）的接口地址作为设备的 Router ID。Router ID 应统一规划，作为路由域内的该设备的唯一地址标识以管理地址。

（2）OSPF 时间参数

- Hello 包间隔时间为 1s。
- 相邻路由器间的失效时间为 3s。
- LSA（链路状态通告）更新报文时间为 1s。
- 邻接路由器重传 LSA 的间隔为 5s。
- OSPF 的 SPF 计算间隔为 5s。
- 外部路由引入采用 OE1 方式（即到外部路由的花费值 = 本路由器到相应的 ASBR 的花费值 + ASBR 到该路由目的地址的花费值），原则上只引入需要发布的路由；域间路由条目的发布只发布域汇总路由信息（路由条目≤ 4 条）。
- 采用 MD5 对报文（接口、区域）验证。

（3）OSPF COST

COST 为 OSPF 的度量值，可以根据链接的带宽设定不同链路的 COST 值。表 3-1 是常见链路带宽的 COST 值，可根据设计人员的工程经验进行调整。

表 3-1　常见带宽链路 COST 值

带宽或链路	COST 值	带宽或链路	COST 值
10Gbit/s 或 SDH STM-64	1	100Mbit/s	80
2.5Gbit/s 或 SDH STM-16	3	10Mbit/s	800
1Gbit/s	8	4*E1	1000
155Mbit/s 或 STM-1	50	E1	4000

（4）OSPF DR 与 BDR

OSPF DR（指定路由器）与 BDR（备份指定路由器）选择应遵循：

- 应手动指定，上级设备为 DR。
- OSPF 接口上的所有网络类型均配置为广播。
- OSPF 区域支持报文验证。
- ABR（Area Border Router，连接多个区域路由器）与 ASBR 应至顶向下通过第五类 LSA 发布默认路由。
- 在核心路由器上建议配置 OSPF 路由过滤，包括对引入和发布的路由进行过滤（推荐配置策略只允许合法路由条目发布和接收）。
- 禁止 loopback 接口发送 OSPF 报文。
- 禁止采用 OSPF 虚连接的方式连接区域。

3. 外部网关协议——BGP

BGP 是典型的外部网关协议，也是应用最广的外部网关协议，在前文中已经对 BGP

的相关概念进行了介绍，以下是BGP的一些常见应用规则，在实际应用中可根据需要进行调整。

（1）BGP对等体

- 对不同对等体组应定义易于记忆、无歧义的组名。
- 建议不要将IBGP对等体和EBGP对等体加入同一个组中。
- 不允许同不直接相连网络上的EBGP对等体（组）建立连接。

（2）BGP时间参数

- BGP Keepalive报文的发送时间间隔为5s。
- 保持定时器为15s。
- IBGP对等体（组）发送路由更新报文的时间间隔为1s。
- EBGP对等体（组）发送路由更新报文的时间间隔：企业网内部为5s，企业网外部为30s。

（3）BGP本地优先级

BGP要求配置本地优先级属性，本地优先级的值为100。

（4）BGP MED

由多个AS构成的层次模型中，下级AS到上级互联MED值为1，同级间AS互联MED值为0（MED值小的优先级高）。

（5）BGP联盟

一个IBGP域内只能存在一个联盟并且联盟ID与AS号保持一致。

（6）BGP同步

建议关闭BGP与IGP的同步。

（7）BGP路由发布

只在做MPLS-VPN时候BGP与IGP进行交互，原则上只允许在PE设备上交互。

（8）BGP路由过滤

在BGP接收路由信息时需要做基于IP前缀的路由过滤。

（9）静态路由

为避免路由环路的生成，对于已部署动态路由的连接关系，不允许在动态路由部署的连接关系上重复部署静态路由。

3.1.5 带宽与流量分析及性能设计

1. 流量估算与带宽需求

（1）流量与带宽

带宽是一个固定值；流量是一个变化的量。

带宽由网络工程师规划分配，有很强的规律性；流量由用户网络业务形成，规律性不强。

带宽与设备、传输链路相关；网络流量与使用情况、传输协议、链路状态等因素相关。

（2）不同网络服务的数据流量特性

网络性能取决于一些变量，如突发性、延迟、抖动、分组丢失等。

不同的网络服务对这些指标要求会不同，例如，感知信息具有平稳特性，电子邮件具有很强的突发性。

在网络设计中，应当根据用户数据流量特性进行网络流量设计和管理。

（3）估算通信量时的关键因素

估算网络中的通信量时主要有两个方面：

- 根据业务需求和业务规模估算通信量的大小。
- 根据流量汇聚原理确定链路和节点的容量。

（4）估算通信量应遵循的原则

- 必须以满足当前业务需要为最低标准。
- 必须考虑到未来若干年内的业务增长需求。
- 能对选择何种网络技术提供指导。
- 能对冲突域和广播域的划分提供指导。
- 能对选择何种物理介质和网络设备提供指导。

2. 流量分析与性能设计模型

（1）分层网络的流量模型

- 从接入层流向核心层时，收敛在高速链路上。
- 从核心层流向接入层时，发散到低速链路上。
- 核心层设备汇聚的网络流量最大。
- 接入层设备的流量相对较小。

流量模型如图 3-15 所示。

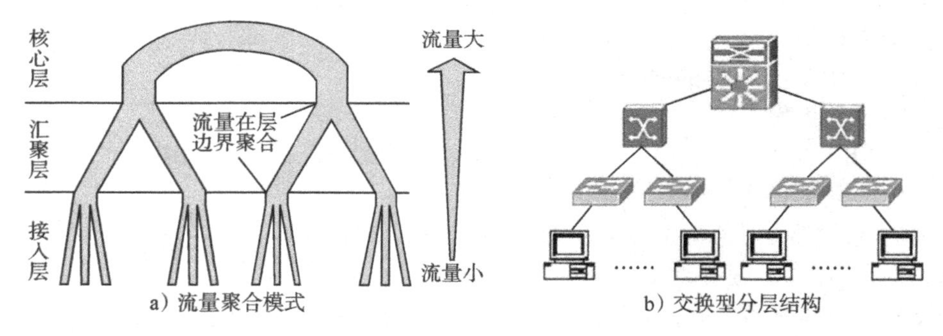

图 3-15　流量模型

（2）汇聚层链路聚合

- 链路聚合的目的是保证链路负载均衡。
- 双链路可能会产生负载不均衡的现象。
- 如果对汇聚层上行链路进行链路聚合配置，则可以使上行链路负载均衡。

（3）网络峰值流量设计原则

该原则要求以最繁忙时段和最大的数据流量为最低设计标准，否则会发生网络拥塞和数据丢失。

3. 流量分析与性能设计的一般步骤

- 把网络分成易管理的若干部分。
- 确定用户和网段的应用类型和通信量。
- 确定本地网段和远程网段的分布。

- 对每一网段重复上述过程。
- 综合各网段信息进行 LAN 和 WAN 主干的通信流量分析。
- 确定每一网段、每一关键设备的流量及带宽。
- 根据生命周期内的预期增长率，计算出各处的带宽。
- 根据计算出的带宽，确定各种所需设备、传输链路的性能及其推荐类型。

3.1.6 逻辑网络设计文档的编制

逻辑网络设计文档是所有网络设计文档中技术要求较详细的文档之一，该文档是需求、通信分析到实际的物理网络建设方案的一个过渡阶段文档，但也是指导实际网络建设的一个关键性文档。在该文档中，网络设计人员针对通信规范说明书中所列出的设计目标，明确描述网络设计的特点，所制定的每项决策都必须有通信规范说明书、需求说明书、产品说明书及其他事实作为凭证。

编写逻辑网络设计文档应使用易于理解的语言（包括技术性语言和非技术性语言），并与客户就业务需求详细讨论网络设计方案，从而设计出符合用户需要的网络方案。

在正式编写逻辑网络设计文档之前，需要进行数据准备，如需求说明书、通信规范说明书、设备说明书、设备手册、设备售价、网络标准，及其他设计人员在选择网络技术时所用到的信息等，这些可能都是逻辑网络设计阶段需要的原始数据。虽然逻辑网络设计文档只包含其中的一小部分数据，但是与所有的原始数据一样，应当对这些数据进行有条理的整理，以便以后查阅。

逻辑网络设计文档对网络设计的特点及配置情况进行了描述，一般由下列主要部分构成：

1. 项目概况
2. 设计目标
3. 工程范围
4. 设计需求
5. 当前网络状态
6. 逻辑网络拓扑结构
7. 流量与性能设计
8. 地址与命名设计
9. 路由协议的选择
10. 安全策略设计
11. 网络管理策略设计
12. 网络测试方案设计
13. 总成本估测

附录

在项目概况部分，需要对项目进行概述，其内容如下：

- 简短描述项目。
- 列出项目设计过程各阶段的清单。
- 列出项目各个阶段目前的状态，包括已完成的阶段和正在进行的阶段。

除了上述要点，还应回顾一下双方已经达成共识的需求分析说明书和通信规范说明书。

在总成本估测部分，要考虑一次性成本和周期性成本。此外，还要考虑包含新的培训成本、咨询服务费用及雇用新员工等在内的成本。

如果提出的方案成本估算已经超出预算，那么要把方案在商业上的优点列出来，然后提出一个满足预算的替代方案。

如果方案成本估算在预算的范围内，就不用缩减预算了，但要提醒管理人员，安装成本还是必须要考虑到最后的预算之中。

在封面或正文之前，应有编制人、审批人、版本、时间等内容。

3.2 物理网络设计

3.2.1 物理网络设计概述

物理网络设计是网络设计过程中紧随逻辑网络设计的一个重要设计部分。物理网络设计的输入是需求说明书和逻辑网络设计说明书。

物理网络设计的任务是为所设计的逻辑网络设计特定的物理环境平台，主要包括布线系统设计、机房环境设计、设备选型，并将这些设计内容撰写成物理网络设计文档。

机房环境设计将在第 4 章介绍。

3.2.2 物理网络的结构与网络选型

1. 物理网络拓扑设计

物理网络设计首先需要给出网络的物理拓扑，即几何拓扑。在物理拓扑中，每一个节点、每一条链路都与实际位置具有比例关系，相当于是在实际的地图上进行标注。物理网络拓扑通常是对逻辑网络拓扑进行地图化。有时方便，可以直接在相应比例尺的地图上进行标注。

在物理网络拓扑图上，对于每一条链路，通常都需要清楚地给出其走向、长度、所用通信介质的类型。对于每个节点，需要给出设备的类型和能代表其最主要性能的一个型号。

对于一个大型物联网，一张图难以表示出所有信息。所以，需要分层次、分区域分别给出其物理拓扑。比如，首先给出全局拓扑，其中只包括主要区域、主要设备及其连接链路。然后分区域、分子系统甚至分楼层、分房间，分别给出每一局部的物理拓扑，应细化到每一信息点、每一个插座。

通过物理拓扑的设计，可以统计出实际需要的各类传输介质、各类设备的数量，为设备采购提供依据。

图 3-16 是某湖水水质监测物联网系统顶层物理拓扑的示例。可以仿此逐层细化，分别标出每一设备的物理位置、与其他设备之间的连接方式、种类、介质长度。

2. 骨干网络与汇聚网络通信介质设计

确定骨干网络的类型、每一设备的位置、设备之间的连接方式与介质类别。一般原则和方法如下：

1）选用合适的网络技术。对于远距离骨干网，通常首选 SDH；对于城市区域网络，万兆以太网是一种性价比很高的方案。

2）选用的介质应与网络类别相匹配。例如，骨干网用 SDH，则应使用光纤。

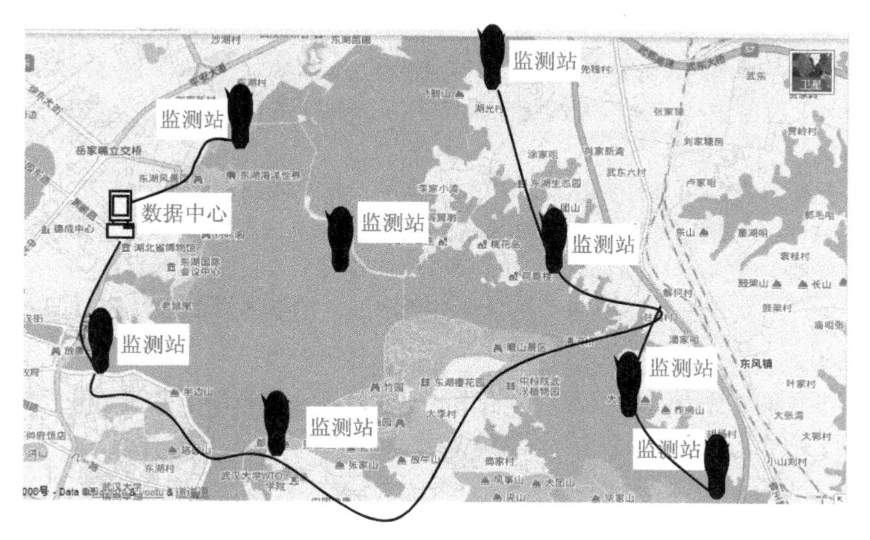

图 3-16　某物联网系统顶层物理拓扑

3）如果通信干线距离较长（200 米以上）且对带宽要求较高，则首选光纤。如果是室外，则一般选用单模光纤；如果是室内且距离为几百米，则可使用多模光纤。

4）如果通信干线距离较长（200 米以上、几千米以下）、敷设有线介质不便且数据量不是很大，则首选 3G 等无线网络。

5）如果通信干线距离较短（200 米以内），则首选局域网方式，使用超五类双绞线。

3. 接入网络通信介质设计

一般原则和方法如下：

1）如果距离较长（200 米以上）且对带宽要求较高，则首选光纤。

2）如果通信干线距离较长（200 米以上、几千米以下）、数据量不是很大，则首选 GPRS、3G 等无线方式。

3）如果通信干线距离较短（200 米以内），则首选 WLAN 等无线方式。

4）如果通信干线距离较短（100 米以内），则首选超五类双绞线。

当然，具体采用哪种介质，应根据具体环境、通信带宽与 QoS 要求、施工条件等因素确定。

3.2.3　结构化布线设计

1. 基本概念

小范围的工作网络、接入网络，一般使用以太网。相应地，使用结构化布线系统来连接所有设备。

结构化布线系统是一个能够支持任何用户选择的语音、数据、图形图像应用的电信布线系统。系统应能支持语音、图形、图像、数据多媒体、安全监控、传感等各种信息的传输，支持 UTP、光纤、STP、同轴电缆等各种传输载体，支持多用户多类型产品的应用，支持高速网络的应用。

结构化布线系统具有以下特点：

- 实用性：支持多种数据通信、多媒体技术及信息管理系统等，适应现代和未来技术的发展。

- 灵活性：任意信息点能够连接不同类型的设备，如计算机、打印机、终端、服务器等。
- 开放性：能够支持任何厂家的任意网络产品，支持任意网络结构，如总线形、星形、环形等。
- 模块化：所有的接插件都是积木式的标准件，方便使用、管理和扩充。
- 可扩展性：实施后的结构化布线系统是可扩充的，以便将来有更大需求时，很容易将设备安装接入。
- 经济性：一次性投资，长期受益，维护费用低，使整体投资达到最少。

2. 系统构成

结构化布线系统分为六个子系统：工作区子系统、水平布线子系统、管理子系统、干线子系统、设备间子系统、建筑群子系统，如图 3-17 所示。

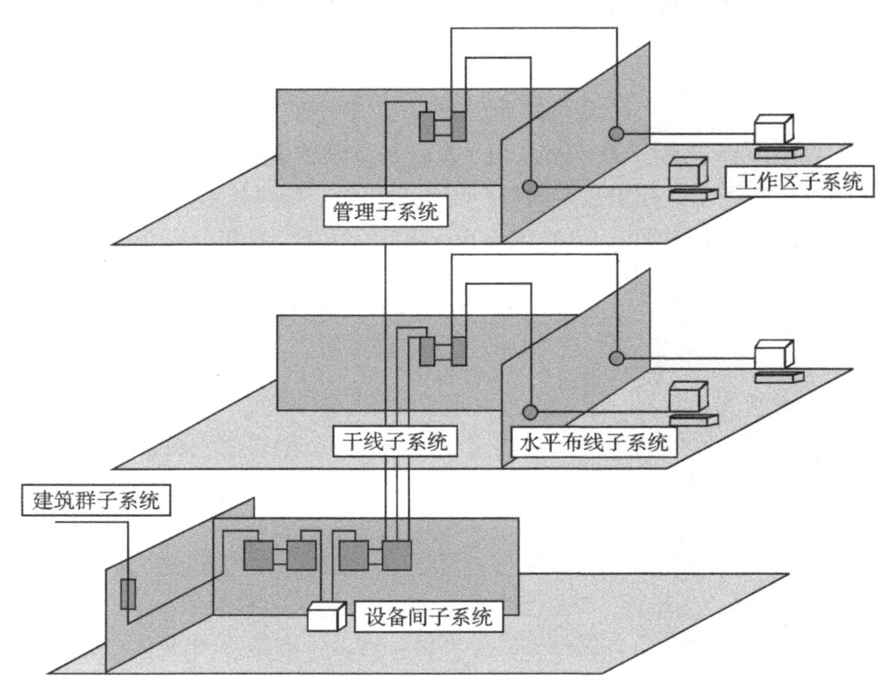

图 3-17　结构化布线系统示意图

（1）工作区子系统

工作区子系统由终端设备连接到信息插座的连线（或软线）组成，包括装配软线、适配器和连接所需的扩展软线，并在终端设备和 I/O 之间搭桥，如图 3-18 所示。

（2）水平布线子系统

水平布线子系统的作用是将干线子系统线路延伸到用户工作区，水平布线子系统与干线子系统的区别是：水平布线系统处于同一楼层，并端接在信息插座或区域布线的中转点上；水平布线子系统一端端接于信息插座上，另一端端接在干线接线间或设备机房的管理配线架上，如图 3-19 所示。

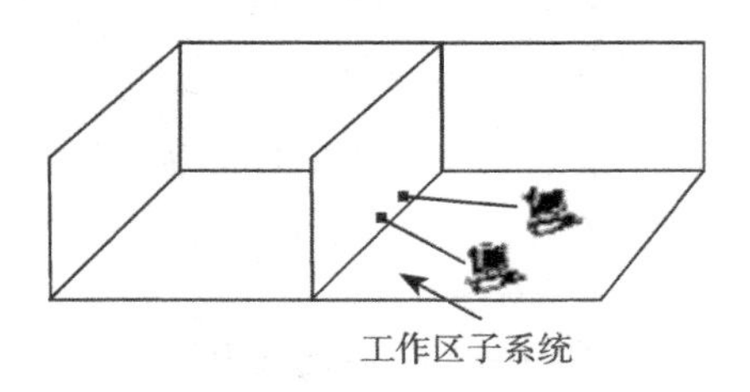

图 3-18　工作区子系统

（3）管理子系统

管理子系统由交连、互连和配线架、信息插座式配线架及相关跳线组成。管理点为连接其他子系统提供连接手段，交连和互连允许将通信线路定位或重新定位到建筑物的不同部分，以便能更容易地管理通信线路。

通过卡接或跳线或插接式跳线，交叉连接允许将端接在配线架一端的通信线路与端接于另一端配线架上的线路相连。插入线为重新安排线路提供一种简易的方法，而且不需要安装跨接线时使用的专用工具，如图 3-20 所示。

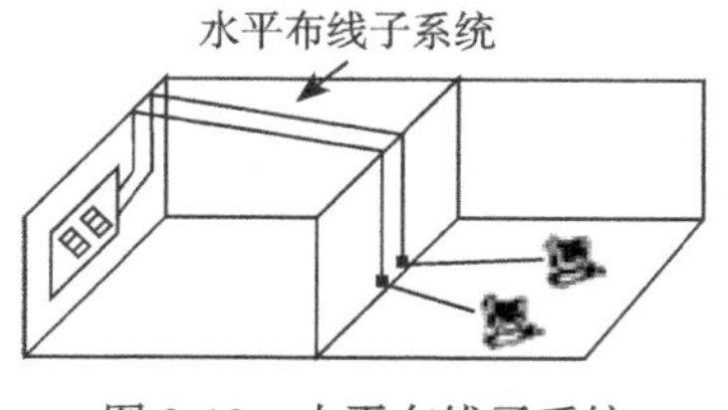

图 3-19 水平布线子系统

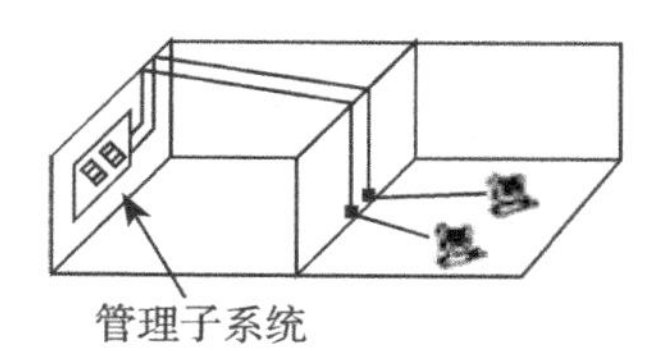

图 3-20 管理子系统

（4）干线子系统

干线子系统是建筑物内网络系统的中枢，实现各楼层的水平子系统之间的互联。干线子系统提供建筑物的干线（馈电线）电缆的路由；通常由垂直大对数铜缆或光缆组成，一端端接于设备机房的主配线架上，另一端通常端接在楼层接线间的各个管理分配线架上，如图 3-21 所示。

（5）设备间子系统

设备间子系统由设备间中的跳线电缆、适配器组成，实现中央主配线架与各种不同设备的互连，如 PBX、网络设备和监控设备等与主配线架之间的连接。通常设备间子系统设计与网络具体应用有关，相对独立于通用的结构布线系统，如图 3-22 所示。

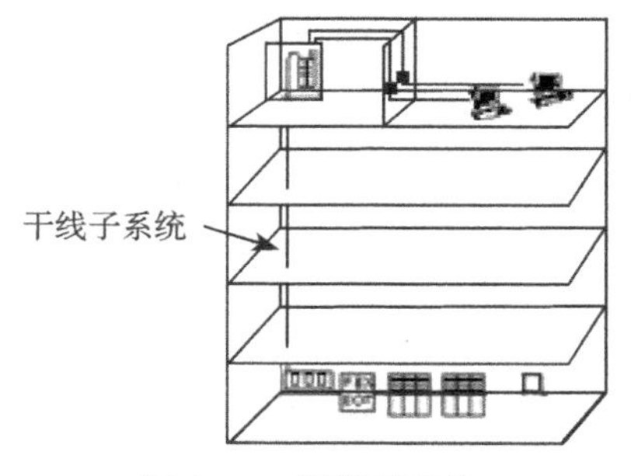

图 3-21 干线子系统

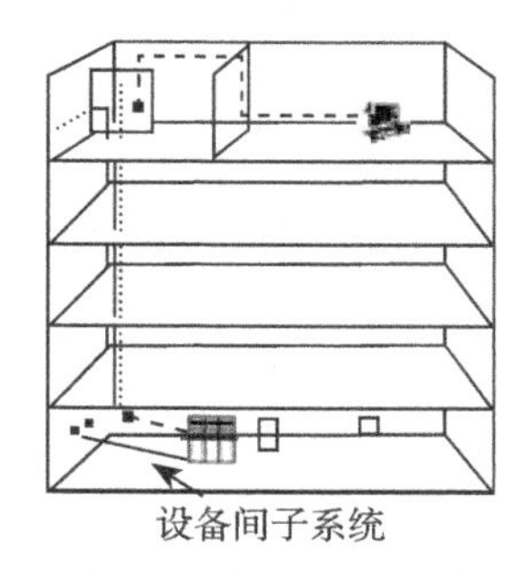

图 3-22 设备间子系统

（6）建筑群子系统

建筑群子系统将一个建筑物中的电缆延伸到建筑群的另外一些建筑物中的通信设备和装置上；该子系统是整个布线系统中的一部分，并支持提供楼群之间通信设施所需的硬件，其中有导线电缆、光缆和防止电缆的浪涌电压进入建筑物的电气保护设备，如图 3-23 所示。

3. 设计要点

（1）工作区子系统的设计要点

工作区子系统的布线通常是非永久性的，但在设计阶段可根据用户的需要增加或改变，既便于连接也易于管理。工作区子系统中的信息插座类型选择应根据网络系统的规模和终端设备的种类、数量而定。

工作区子系统中的布线、信息插座通常安装在工作间四周的墙壁下方，也有的安装在用户的办公桌上，而无论安装在何处，应以方便、安全、不易损坏为目标。

工作区子系统的布线，实质上相当于通信线路的布线，终端包括计算机、电话机、传真机、有线电视机等设备，应使这些终端设备与信息插座（通信引出端）相连。

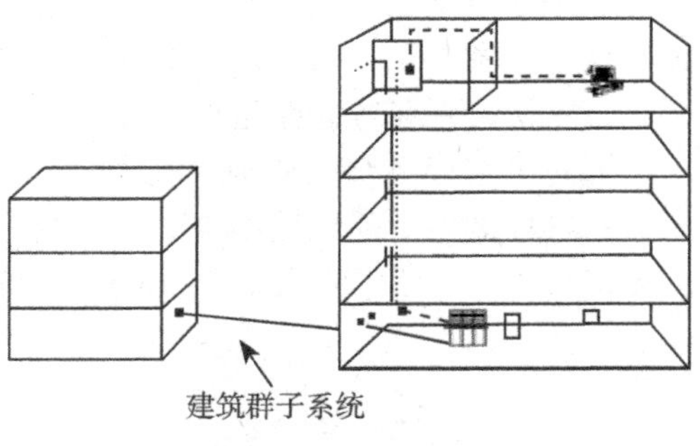

图 3-23　建筑群子系统

（2）水平布线子系统的设计要点

在进行水平布线时，传输媒体中间不宜有转折点，两端应直接从配线架连接到工作区插座。水平布线的布线通道有两种：一种是暗管预埋、墙面引线方式，另一种是地下管槽、地面引线方式。前者适用于多数建筑系统，一旦敷设完成，不易更改和维护；后者适合于少墙、多柱的环境，更改和维护方便。

（3）管理子系统的设计要点

对于楼层较少的楼栋来说，管理子系统可以不采用配线间，而采用悬挂式配线柜。

对于大多数楼栋来说，每一楼层至少有一个配线间，用于放置交换机、集线器和配线架等交叉连接设备。配线架等交叉连接设备通过水平布线子系统连接至各工作区的信息插座。集线器或交换机与交叉连接设备之间通过短线缆互连，这些短线称为跳线。通过跳线的调整，可以方便地形成工作区的信息插座和交换机端口的连接切换。

同时，主干子系统将根据其分布式结构独立地连接到每一个配线间，大多数情况下，管理子系统的配线间至少拥有一条以上的主干线缆。

（4）主干子系统的设计要点

在设计主干子系统时，对于旧式建筑物，主要采用楼层牵引管等方式敷设；对于新式建筑物，主要利用建筑物的线井进行敷设。

（5）设备间子系统的设计要点

设备间子系统是一幢建筑物中集中存放的各种设备，如主机、电话专用程控交换机、调制解调器的安放柜、网络服务器和局域网集线器等。就结构化局域网而言，这种设备间应包括一个主要的交叉连接器。

在选择设备间位置时，既要考虑到连接方便的要求，也要兼顾对电磁干扰的要求。考虑到结构化布线的投资、施工安装与维护等，设备室通常在一幢建筑物的中部楼层。设备室的供电要求也格外严格，通常要配备不间断电源，还要有备份电源。

（6）建筑群子系统的设计要点

建筑群子系统主要由连接楼栋的线缆构成，在设计时，应尽量使用地下管道敷设方式，管道内敷设的铜缆或光缆应遵循电话管道和入孔的各项设计规定。此外，安装时至少应预留 1 或 2 个备用管孔，以供扩充之用。

在直埋沟内敷设建筑群子系统时，如果在同一个沟内埋入了其他的图像、监控电缆，应设立明显的共用标志。

4. 布线应遵循的标准

结构化布线应遵循的主要标准如下：

- EIA/TIA 568：商业建筑电信布线标准。

- ISO/IEC 11801：建筑物通用布线国际标准。
- EIA/TIA TSB-67：非屏蔽双绞线系统传输性能验收标准。
- EIA/TIA 569：民用建筑通信通道和空间标准。
- EIA/TIA 606：民用建筑通信管理标准。
- EIA/TIA 607：民用建筑通信接地标准。
- EIA/TIA 586：民用建筑线缆标准。
- GB/T 50311—2000：建筑与建筑群综合布线系统工程设计规范。
- GB/T 50312—2000：建筑与建筑群综合布线系统工程施工及验收规范。

根据上述标准，在实际布线时应达到的一些主要指标如表3-2～表3-9所示。

在设计结构化布线系统时，需要注意到线缆长度对布线设计的影响。另外，由于高速以太网对双绞线的距离限制，大多数情况下，建筑群、主干子系统的双绞线等线缆主要用于电话、报警信号等，网络信号基本不再使用双绞线，而是由光纤进行替代。

表3-2 双绞线布线最大距离

子系统	光纤/m	屏蔽双绞线/m	非屏蔽双绞线/m
建筑群（楼栋间）	2000	800	700
主干（设备间到配线间）	2000	800	700
配线间到墙上信息插座		90	90
信息插座到网卡		10	10

表3-3 结构化布线系统与其他干扰源的距离

干扰源	结构化布线系统接近状态	最小间距/cm
380V以下电力电缆＜2kVA	与线缆平行敷设	13
	有一方在接地的线槽中	7
	双方都在接地的线槽中	4
380V以下电力电缆＜2～5kVA	与线缆平行敷设	30
	有一方在接地的线槽中	15
	双方都在接地的线槽中	8
380V以下电力电缆＜5kVA	与线缆平行敷设	60
	有一方在接地的线槽中	30
	双方都在接地的线槽中	15
荧光灯、氩灯、电子启动器或交感性设备	与线缆接近	15～30
无线电发射设备、雷达设备、其他工业设备	与线缆接近	≥150
配电箱	与线缆接近	≥100
电梯、变电室	尽量远离	≥200

表3-4 配线柜接地导线的选择规定

名称	接地距离≤30m	接地距离≤100m
接入交换机的工作站数量/个	≤50	>50，≤300
专线的数量/条	≤15	>15，≤800
信息插座的数量/个	≤75	>75，≤450
工作区的面积/m^2	≤750	>750，≤4500
配电室或计算机室的面积/m^2	10	15
选用绝缘铜导线的截面/mm^2	6～16	16～50

表 3-5 管理子系统的面积要求

工作区子系统数量 / 个	管理子系统的数量与大小	二级管理子系统的数量与大小
≤ 200	1 个，≥ $1.2\times1.5\text{m}^2$	0
201 ～ 400	1 个，≥ $1.2\times2.1\text{m}^2$	1 个，≥ $1.2\times1.5\text{m}^2$
401 ～ 600	1 个，≥ $1.2\times2.7\text{m}^2$	1 个，≥ $1.2\times1.5\text{m}^2$
>600	2 个，≥ $1.2\times2.7\text{m}^2$	

表 3-6 双绞线缆与电力线的最小距离

单位、范围 / 条件	最小距离 /mm		
	<2kVA（<380V）	2 ～ 5kVA（<380V）	>5kVA（<380V）
双绞线缆与电力线平行敷设	130	300	600
有一方在接地线槽或钢管中	70	150	300
双方均在接地线槽或钢管中	10	80	150

表 3-7 双绞线缆与其他管线的最小距离

管线种类	平行距离 /m	垂直交叉距离 /m	管线种类	平行距离 /m	垂直交叉距离 /m
避雷引下线	1.00	0.30	热力管（包封）	0.30	0.30
保护地线	0.05	0.02	给水管	0.15	0.02
热力管（不包封）	0.50	0.50			

表 3-8 暗管允许布线线缆的数量

暗管规格	线缆数量 / 根									
	每根线缆的外径 /mm									
内径 /mm	3.30	4.60	5.60	6.10	7.40	7.90	9.40	13.50	15.80	17.80
	1	1	—	—	—	—	—	—	—	—
15.80	6	5	4	3	2	1	—	—	—	—
20.90	8	8	7	6	3	3	2	1	—	—
26.60	16	14	12	10	6	6	3	1	1	1
35.10	20	18	16	15	7	7	4	2	1	1

表 3-9 光纤线路衰减测试标准

衰减 /dB/km			
单模光纤		多模光纤	
波长 1310nm	波长 1550nm	波长 850nm	波长 1300nm
0.36	0.22	3.5	1.5

5. 线缆敷设准则

敷设线缆的质量会影响网络的工作性能，在敷设线缆时要注意以下方面：

- 应充分考虑线缆的冗余，以备扩展需要，尤其是新建的楼栋；线缆的扩容敷设成本要远远大于初期敷设的冗余成本。
- 敷设线缆时应遵循国家和政府在建筑方面的政策方针，在敷设之前，应该确认敷设计划是否符合结构化布线敷设的规定。
- 应聘请经验丰富的布线敷设承包商来完成敷设工作。
- 敷设线缆之前应测试线缆设备，以保证要敷设的线缆满足需要的性能指标。
- 当线缆需要经过压力通风系统时，应该使用压力通风型线缆，该种线缆具有外层绝缘皮，在阻燃的同时，不会产生毒烟。例如，在支撑天花板的上方，散热通气孔、通风道及空调系统的环境下，要求使用这种特殊质量的线缆。
- 对所有不同类型的线缆进行整理，并制订线缆、设备和连接器维护计划。

- 一般情况下，不要剥掉线缆外面的塑料，不要将绞在一起的线缆末端分开，除非连接时必须要这样做，否则，可能会导致额外的串音。
- 确保线缆质量，并选用正确等级的线缆来敷设。
- 尽可能地让数据线垂直通过电力线。 '
- 不要近距离（小于15cm）平行敷设铜质电线和电力线。应该让数据线与电力线保持数米远的距离。
- 使用挂钩固定天花板上的线缆。
- 保证线缆末端尽可能短，以避免噪声干扰。
- 保证每个系统之间处于良好连接的状态，应有过电压保险和照明保护，此外还要敷设不间断电源。

6. WLAN布线设计

WLAN结构如图3-7所示，其中的布线主要指AP与AC之间的连线、AP与Internet路由器或交换机之间的连线。其布线原则应遵循结构化布线的标准和规定。

3.2.4 物联网设备的选型

1. 物联网设备选型的原则

根据需求说明书、逻辑网络设计说明书选择设备的型号，是较为关键的任务之一，因不同型号的设备具有不同的性能和价格，决定了最终物联网的性能、价格和性价比。

在选择设备的品牌、型号时，应该考虑以下方面的内容。

（1）产品技术指标

产品的技术指标是决定设备选型的关键，所有可以选择的产品必须满足依据需求分析中要求的技术指标，也必须满足逻辑网络设计中形成的逻辑功能。

利用需求分析说明书和逻辑网络设计说明书，可以形成网络设备的各项性能指标和功能要求，设计人员应对市场上的主流产品和型号进行过滤，将不满足要求的产品过滤掉，形成可供选择的品牌及型号集合。

后续的选型工作就是依据多种约束条件，在该集合中进行挑选的。

（2）成本因素

除了产品的技术指标之外，设计人员和用户最关心的就是成本因素，网络中各种设备的成本主要包括购置成本、安装成本、使用成本。

购置成本主要指采购设备的投入。设计人员需要对不同品牌型号产品的市场通用价格进行比较，同时还要考虑批量采购的折扣、进口产品在特殊行业的免税政策等因素。

安装成本包括运输成本、安装前的寄存成本、设备安装成本、调试成本等，对于普通网络设备或者设备数量较小的网络工程，这些成本可以不用考虑；但是对于大型网络项目，由于设备数量多、覆盖范围广，甚至还可能使用大型机等特殊设备，安装成本在整个成本因素中所占比例较大，则不能忽略。

使用成本是使用设备过程中周期性产生（如设备维护、巡检、保养等）的成本。设计人员尤其要注意使用成本因素，过高的使用成本将导致设备很快就会被淘汰。

设计人员要针对不同品牌型号产品的成本进行估算，并形成相应的对照表，以便于用户进行选择。

（3）原有设备的兼容性

在产品选型过程中，与原有设备的兼容性是设计人员必须考虑的内容。

购置的网络设备必须与原有设备能够实现线路互连、协议互通，才能有效地利用现有资源，实现网络投资的最优化；另外，保证与原有设备的兼容性，也降低了网络管理人员的管理工作量，利于实现全网统一管理。

如果在一个网络中，大多数网络产品都是一个品牌，则新购置的产品采用相同的品牌是一个非常不错的选择，但是设计人员也必须考虑由于指定品牌而导致的厂商垄断价格、用户购置成本高等经常出现的情况。因此，大多数网络工程设计中，设计人员面对这种情况时，会将原有品牌作为首选产品，但是仍然会设计两至三种备用或兼容品牌，以形成一定的竞争关系。

（4）产品的延续性

产品的延续性是设计人员保证网络系统生命周期的关键因素。产品的延续性主要体现在厂商对某种型号的产品是否继续研发、继续生产、继续保证备品配件供应、继续提供技术服务。

在进行网络设备选型时，对于厂商已经明确表示不再进行投入或者在一至两年内即将停产的产品，是不能纳入可选择产品范围的。

（5）设备可管理性

设备可管理性是进行设备选型时的一个非关键因素，但也是必须考虑的内容。

设计人员在购置设备时，必须考虑设备的管理手段，以及是否能够纳入现有或规划的管理体系中。目前，大多数设备可以通过通用协议纳入管理平台，同时也提供标准的管理接口。在成本等方面的因素相同时，应尽可能选择采用通用管理协议、提供标准管理接口、能够纳入统一管理平台的产品。

（6）厂商的技术支持

对于大型网络工程中采用的大量设备，普通的网络管理人员只能完成日常的简单维护，而对设备进行的检测、保养、维修等工作必须借助于特定的专业人员完成。由于网络产品的特殊性，即使是部分网络集成商，也不能提供有效、合理的技术支持服务。对于这些设备的选择，必须考虑厂商的技术支持。

厂商的技术支持一般包括定期巡检、电话咨询服务、现场故障排除、备品备件等。设计人员在选择产品时，可以比较不同品牌在本地的分支机构、服务人员数量、售后服务电话、技术支持价格等因素，为设备选型提供一定的依据。

（7）产品的备品备件服务

产品的备品备件服务是厂商为了提供较为优质的服务，而形成的常备空闲设备、配件机制。通过在一个备品备件中心储备适量的设备或者配件，一旦在该中心覆盖区域内的用户的产品产生设备或者配件故障，则可以从中心抽调备品备件进行临时替换，避免维修工作导致网络服务终端。

设计人员可以将备品备件库作为设备选型的一个参考因素，在其他条件相同的情况下，尽量选择本地或附近城市具有良好备品备件库的产品；对于一些不能中断服务的特殊网络，例如，对于电力系统的生产调度网络来说，备品备件库的要求不再是一个参考因素，而是一个决定性因素。

（8）综合满意度分析

在进行设备选型时，设计人员和用户会面对多种设备的选择，同时会面临不同的选择角度，这些角度之间甚至是相互矛盾的。为了解决这种问题，可以采用综合满意度分析方法。该方法针对不同的角度制定特定的满意度评估标准，将每个角度的最高满意度定为1。

同时，根据设计人员、普通用户代表和网络管理部门负责人的协商，形成不同角度的比重权值，这些权值之和为1。在进行设备选型时，组织有关人员和技术专家对待选的产品进行满意度评定，对多个评定结果计算平均值，将最终满意度最接近1的产品型号作为首选，并依据满意度的评定顺序，依次产生候选产品。

2. 物联网设备的选择

（1）RFID设备的选择

1）RFID标签的选择。根据应用的要求，选择对应的标签类别。标签的分类方式较多，在选用时主要参考一下几项参数：

① 供电方式。按供电方式，标签可分为有源标签和无源标签。有源标签的传输距离更远，但需要电池供电，不是任何场合都适用。无源标签无需电池供电，适用场合更广泛，但传输距离是一个很大的限制性因素。

② 工作模式。按工作模式，标签可分为主动模式和被动模式。主动式标签利用自身的射频能量主动发射数据给读写器，一般是有电源的。被动式标签在读写器发出查询信号触发后才进入通信状态，使用调制散射方式发射数据，必须利用读写器的载波来调制自己的信号。

③ 读写方式。按读写方式，标签可分为只读型标签和读写型标签。只读型标签在识别过程中，内容只能读出不可写入。只读型标签所具有的存储器是只读型存储器。只读型标签又可以分为只读标签、一次性编码只读标签和可重复编程只读标签三种。读写型标签在识别过程中，标签的内容既可被读写器读出，又可以由读写器写入。在读写型标签应用过程中，数据是双向传输的。

④ 工作频率。按工作频率，标签可分为低频、中高频、超高频、微波标签。

低频标签的工作频率范围为30～300 kHz，典型工作频率有125 kHz和133 kHz两种。低频标签一般为无源标签，其工作能量通过电感耦合方式从读写器线圈的辐射近场中获得。低频标签与读写器之间传送数据时，低频标签需要位于读写器天线辐射的近场区内。低频标签的阅读距离一般小于1m，主要用于短距离、低成本的应用中。

中高频标签的工作频率一般为3～30 MHz，其典型工作频率为13.56 MHz。中高频标签一般为无源标签，其工作原理与低频标签完全相同，即采用电感藕合方式工作，有时也称为高频标签。中高频标签与读写器之间传送数据时，中高频标签应位于读写器天线辐射的近场区内。中高频标签的阅读距离一般小于1m，典型应用有电子车票、证件等。

超高频标签的典型工作频率为433.92 MHz、862～928 MHz，可分为有源标签与无源标签两类。工作时，标签位于读写器天线辐射场的远区场内，与读写器之间的耦合方式为电磁耦合方式。读写器天线辐射场为无源标签提供射频能量，激活有源标签。相应的射频识别系统的阅读距离一般大于1m，典型情况为4～6m，最远可达10m以上。读写器天线一般均为定向天线，只有在读写器天线定向波束范围内的标签才可被读/写。由于阅读距离的增加，应用中有可能在阅读区域中同时出现多个标签，从而提出了多标签同时读取的需求。

微波标签的典型频率为2.45 GHz和5.8 GHz，一般采用半无源方式，采用纽扣式电池供电，具有较远的阅读距离。微波标签的典型特点主要集中在无线读写距离、是否支持多标签读写、是否适合高速识别应用、读写器的发射功率容限、射频标签及读写器的价格等方面。微波标签的阅读距离为3～5 m，最远的可达几十米。微波标签的典型应用包括移动车辆识别、仓储物流应用等。

⑤ 作用距离。

按作用频率，标签可分近距离、中远距离、远距离标签。近距离一般在 10cm 以内，中远距离一般为 1 ～ 5m，远距离在 5m 以上。

除此之外，选取标签时，还应考虑标签的存储容量、封装形式、安全性等要求。

不同 RFID 标签的参数对比如表 3-10 所示。

表 3-10 不同 RFID 标签的参数对比

频段	低频	高频	超高频	微波
典型工作频率	<135kHz	13.56MHz	860 ～ 960MHz	2.45GHz
数据传输速率	8kbit/s	64kbit/s	64kbit/s	64kbit/s
识别速度	<1m/s	<5m/s	<50m/s	<10m/s
标签结构	线圈	印制线圈	双极线圈	线圈
传输性能	可穿透导体	可穿透导体	线性传播	视距
防碰撞性能	有限	好	好	好
阅读距离	<60cm	0.1 ～ 1m	1 ～ 10m	可达几十米

2）读写器的选择。读写器应与标签相匹配。需要考虑的主要因素有：

①通用性：有的读写器可读取多种类型的标签，有些读写器只能读写特定类型的标签。

②频率：与标签一致。

③天线：有内部天线和外部天线之分。

④网络接入方式：主要有 LAN 方式和 Wi-Fi 方式。

（2）传感器设备与传感网的选择

1）传感器的选择。根据需要感知信息的类型、感知的方式选择传感器。

传感器的类别很多，可分为物理量传感器、化学量传感器、生物量传感器。

物理量传感器是目前用得最多的一类传感器，主要有力学量传感器、光学量传感器、热学量传感器、声学量传感器、距离量传感器等。

选择传感器时，除了功能因素外，还要考虑下述主要因素：灵敏度、频率响应特性、线性范围、稳定性、精度，以及自身尺寸、形状与安装方式。

2）传感网的选择。选择传感网时，应考虑的主要因素包括：

①有线网络还是无线网络。

②标准化网络还是专用型网络。

③采用的无线传输方式（GPRS/3G/Wi-Fi 蓝牙 /ZigBee）。

④无线网络拓扑结构。

（3）光纤传感设备的选择

光纤传感器以其精度高、传输距离远、应用范围广等特点成为目前众多应用的首选方案。

选择光纤传感设备时，应考虑的主要因素包括调制方式（主要有强度调制、相位调制、波长调制、偏振态调制）、封装形式、组网方式、布设方式。

（4）中间件的选择

中间件（middleware）是一种独立的系统软件或服务程序。分布式应用软件借助中间件在不同的技术之间共享资源。中间件位于 C/S 的操作系统上，用于管理计算机资源和网络通信。中间件是基础软件的一大类，属于可复用软件的范畴。中间件处于操作系统软件与用户应用软件的中间，在操作系统、网络和数据库之上，应用软件之下，主要作用是为上层应用软件提供运行与开发的环境，帮助用户灵活、高效地开发和集成复杂的应用软件，使得上层应用不用关心各类具体信息源和应用的差异。

选择中间件时，应考虑的主要因素包括功能类别（主要有数据转换中间件、消息中间件、交易中间件、对象中间件、安全中间件、应用服务器等）、应用环境、安全性、技术成熟度、使用的难易程度、适应性、成本、先进性（符合技术发展方向）。

（5）路由器、交换机等通用网络设备的选择

选择路由器与交换机时，应考虑的主要因素包括性能、功能、接口（介质）类型、价格与售后服务、政策限制、安装限制。

可供选择的网络设备非常多，如交换机、路由器等设备，其中以Cisco最有名，但价格相对较高。在国产品牌中，华为、中兴、锐捷等都能满足常规系统的要求。

（6）传输介质的选择

物联网中涉及各种设备与物品连网，通常包括多种传输介质。选择传输介质时，应考虑的主要因素包括带宽、传输距离、连接方式、价格、安全性、安装限制。

通常，在末端（感知部分），可考虑无线传输。对于光纤传感网，可采用单模或多模光纤。对于接入网络，根据环境条件，可选择GPRS/3G/4G无线传输、Wi-Fi无线传输、光纤等。对于骨干网络，一般选择光纤。

3.2.5 物理网络设计文档的编制

物理网络设计文档的作用是说明在什么样的特定物理位置实现逻辑网络设计方案中的相应内容，以及怎样有逻辑、有步骤地实现每一步的设计。此文档详细地说明了网络类型、连接到网络的设备类型、传输介质类型，以及网络中设备和连接器的布局，即线缆要经过什么地方、设备和连接器要安放的位置，以及它们是如何连接起来的。

物理网络设计文档一般由下列主要部分构成：

1. 项目概述
2. 物理网络拓扑结构
3. 各层次网络技术选型
4. 物联网设备选型
5. 通信介质与布线系统设计
6. 供电系统设计（非机房部分）
7. 室外防雷系统设计
8. 软硬件清单
9. 最终费用估计
10. 注释和说明

附录

其中注释和说明部分，是为了帮助设计人员和非设计人员准确了解物理网络设计细节的说明，该部分内容可以分散在上述各部分分别说明，也可以集中在一起，统一说明。说明的内容包括一些原因的说明、设计依据、计算依据等。

软硬件清单应尽量详细，其中包括利用网络中现有的设备。对现有网络中未应用的设备应该加以说明，说明这些设备是否可以用在其他网络的设计中，或者是否已经被淘汰。关于设备清单和费用的计算，应比较准确，这是最后用于招标的最重要资料。

同其他设计文档一样，物理网络设计说明书应该包括编制人、审批人、版本等信息。

第4章 数据中心设计

数据中心是物联网系统完成数据收集、处理、存储、分发与利用的中枢，主要包括高性能计算机系统、海量存储系统、应用系统、云服务系统、信息安全系统，以及容纳这些信息系统的机房。机房主要包括电源系统、制冷系统、消防系统、监控与报警系统。本章介绍这些系统的设计要点。

4.1 数据中心设计要点

1. 任务和目标

数据中心集中了各种设备。数据中心有时以云中心的形式出现。

数据中心设计的任务和目标是：

1）设计高性能计算机系统，执行数据收集、处理、分发、利用等功能。

2）设计服务器系统，提供各种网络服务。

3）设计数据存储系统，用于保存海量数据。

4）设计核心网络，用于连接外部网络和数据中心内的各种设备。

5）设计机房，保证数据处理、存储设备的正常运行，主要包括电源系统、制冷系统、消防系统、监控与报警系统。

6）设计机房装修方案，提供必要的机房环境。

2. 原则和方法

数据中心的系统和设备类型众多，既包括信息系统，也包括非信息系统，涉及多个专业和管理部门，因此数据中心的设计一般采用以下原则和方法：

1）分类设计。一般将高性能计算机、各类服务器与存储系统归为一类，统一设计；将供电与配电系统作为一类进行设计；将空调系统单独进行设计；将消防系统单独进行设计；将机房环境、监控与报警系统进行统一设计。

2）找有资质的公司帮忙进行设计。对于信息系统的集成，工信部门有专门的资质规定；对于消防系统，公安消防部门有专门的资质规定；对于机房装修，建筑管理部门有专门的资质规定。有的公司具有各方面的资质，这样的公司可提供相对好的设计方案。

3. 数据中心设计文档的编制

数据中心设计的内容非常多，一般统一规划、分项撰写各自的设计文档，汇总成为完整的设计文档。

4.2 高性能计算机及选型

高性能计算机承担用户提交的大量程序的计算和数据处理任务，要求具有很高的计算速度和I/O吞吐量。

4.2.1 高性能计算机的结构与类别

目前高性能计算机主要有SMP、MPP、集群三种结构。

1. SMP计算机

SMP（Symmetrical Multi-Processing，对称多处理）技术是相对非对称多处理技术而言的、应用十分广泛的并行技术。在这种架构中，多个处理器运行操作系统的单一副本，并共享内存和一台计算机的其他资源。所有的处理器都可以平等地访问内存、I/O和外部设备。在SMP系统中，系统资源被系统中所有CPU共享，工作负载能够被均匀地分配到所有可用处理器之上。SMP计算机的典型结构如图4-1所示。

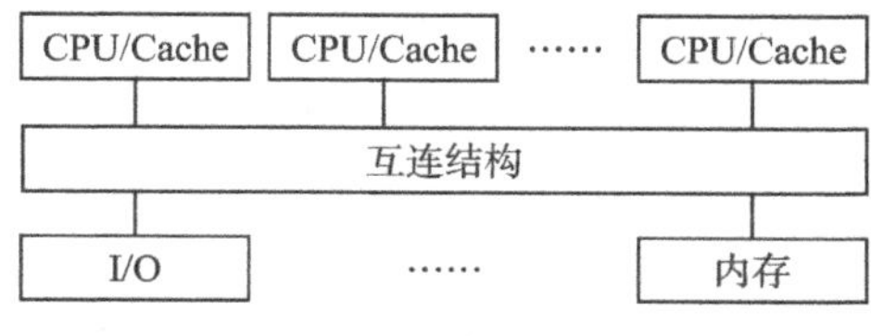

图4-1 SMP计算机的典型结构

互连结构主要有总线、Crossbar和Switch（交换机）三种方式。总线方式实现简单，但性能不如使用Crossbar或Switch。

SMP计算机的主要特点是：

- 共享存储器系统。
- 对称性。
- 单地址空间。
- 每一个CPU具有本地缓存。
- 利用存储器实现CPU之间的通信。

SMP计算机的最大缺点是可扩展性有限，目前没有超过64个CPU。在SMP系统中增加更多处理器的难点是系统不得不消耗资源来支持处理器抢占内存，以及内存同步两个主要问题。抢占内存是指当多个处理器共同访问内存中的数据时，它们并不能同时去读写数据，虽然当一个CPU正读一段数据时，其他CPU可以读这段数据，但当一个CPU正在修改某段数据时，该CPU将会锁定这段数据，其他CPU要操作这段数据就必须等待。

显然，CPU越多，这样的等待问题就越严重，系统性能不仅无法提升，甚至下降。为了尽可能地增加更多的CPU，现在的SMP系统基本上采用增大计算机Cache容量的方法来减少抢占内存问题，因为Cache是CPU的“本地内存”，它与CPU之间的数据交换速度远远高于内存总线速度。又由于Cache不支持共享，这样就不会出现多个CPU抢占同一段内存资源的问题了，许多数据操作可以在CPU内置的Cache或CPU外置的Cache中顺利完成。

然而，Cache的作用虽然解决了SMP系统中的抢占内存问题，但又引起了另一个较难解决的所谓“内存同步”问题。在SMP系统中，各CPU通过Cache访问内存数据时，要求系统必须保持内存中的数据与Cache中的数据一致，若Cache的内容更新了，内存中的内容也应该相应更新，否则就会影响系统数据的一致性。由于每次更新都需要占用CPU，还要锁定内存中被更新的字段，而且更新频率过高必然会影响系统性能，更新间隔过长也有可能导致因交叉读写而引起数据错误，因此，SMP的更新算法十分重要。目前的SMP系统多采用侦听算法来保证CPU Cache中的数据与内存中的数据保持一致。Cache越大，抢占内存的概率就越小，同时由于Cache的数据传输速度高，Cache的增大还提高了CPU的运算效率，但系统保持内存同步的难度也很大。

SMP计算机的主要用途是运行串行性较强的程序。例如，对于数据库系统，因程序没有充分并行化，或者操作本身串行性强，CPU不能大量地并行操作。操作系统将可并行执行指令调度到不同的CPU上，实现指令级并行。

在选择SMP计算机时，单个CPU的处理能力对最终性能的影响很大，因此应尽量选择主频高、流水线多、可并行执行线程多的CPU。

2. MPP计算机

MPP（Massively Parallel Processing，大规模并行处理）计算机是指利用大量的处理器实现大规模并行处理的计算机。MPP计算机的典型结构如图4-2所示。

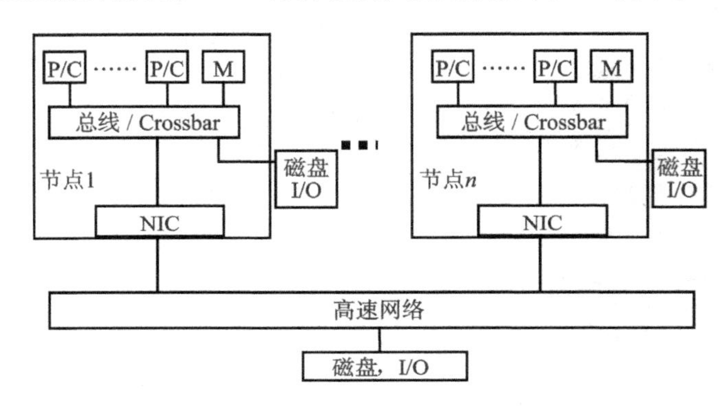

图4-2　MPP计算机的典型结构

其中每个节点包含1个或多个CPU，数量众多的节点通过专用的高速网络互联在一起。规模最大的MPP计算机的CPU数量已经高达100万个以上，性能最高的MPP计算机是IBM的Blue Gene系列计算机。

代表性的高速网络是IBM的3D torus，其结构如图4-3所示。所有节点按三维结构互联在一起，在一层的每行、每列、各层的对应行列元素，分别组成一个环。每个环以双向传输，这样任何节点到其他节点的路径可以最小化。

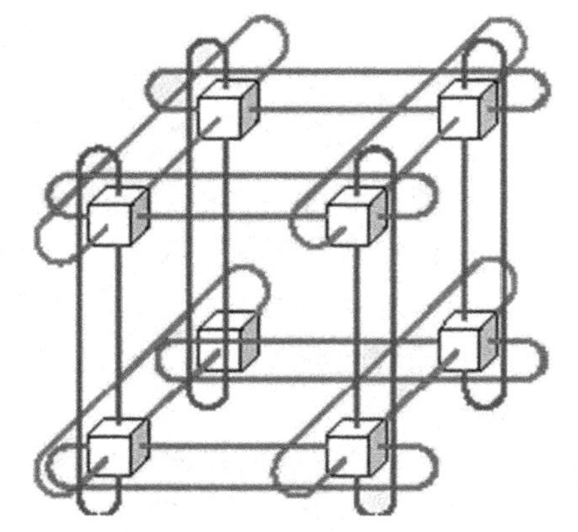

图4-3　3D torus结构

MPP计算机中的节点通常可分为四类：

- 计算节点：承担计算功能，数量最多。
- I/O节点：负责对外完成I/O功能，包括对网络存储系统的访问。
- 服务节点：执行公共的系统调用。
- 系统节点：执行开关机、调试等功能。

MPP计算机的特点如下：

- 分布式存储。

- 分布式 I/O。
- 每个节点有多个 CPU 和 Cache（P/C）及本地存储器，节点内的 CPU 数一般小于 4。
- 局部互联网可以使用总线或 Crossbar。
- 节点通过通用网卡或专用接口与高速网络相连。

因为采用分布式存储，因此 MPP 计算机具有较好的可扩展性，其存储器、I/O 与 CPU 能力之间能取得较好的平衡，计算能力与并行性、互联能力之间也能取得较好的平衡。

MPP 计算机的价格昂贵，制造复杂，代表了一个国家计算机产业的最高水平。

对于用户来说，MPP 计算机最大的问题是编程难度大。

MPP 计算机的主要用途是科学与工程计算、网络计算（数据挖掘、DSS 等）。

3. 集群计算机

集群（cluster）计算机是指将一组相互独立的计算机（称为节点），利用高速通信网络组成的一个单一的计算机系统，并以单一系统的模式加以管理。其出发点是提供高可靠性、可扩充性和抗灾难性。一个集群包含多台拥有共享数据存储空间的计算机，各计算机通过内部局域网相互通信。当一台计算机发生故障时，它所运行的应用程序将由其他计算机自动接管。在大多数模式下，集群中所有的计算机拥有一个共同的名称，集群内的任一系统上运行的服务都可被所有的网络客户使用。采用集群系统通常是为了提高系统的稳定性、数据处理能力及服务能力。

（1）集群的封装方式

将独立的计算机集成在一起称为封装，常用的封装方式有三种。

1）机架式集群：像书架一样，将独立的计算机整齐地放在机架上，通过局域网连接在一起，如图 4-4 所示。除了个人或实验用集群外，这种方式现在已经较少使用。

图 4-4　机架式集群

2）机柜式集群：将计算机封装成扁平状，如图 4-5 所示，多台计算机安装到一个机柜中。

图 4-5　机柜式集群

3）刀片式集群：每台计算机称为一个刀片，体积很小，上面集成了多个 CPU、内存、磁盘、网卡等，刀片插在刀箱中。刀箱内部已经集成了网络、电源等，有些类似于 PC 主板上有很多插槽，不同的板卡插入即可工作。其典型结构如图 4-6 所示。

刀片计算机是一种高可用、高密度（High Availability High Density，HAHD）的低成本计算机平台，是专门为特殊应用行业和高密度计算机环境设计的。其中每一块“刀片”实际上就是一块系统主板，它可以通过本地硬盘启动自己的操作系统，如 Windows、Linux、UNIX 等，类似于一个独立的计算机。在这种模式下，每一个主板运行自己的系统，服务于指定的不同用户群，相互之间没有关联。不过可

图 4-6　刀片式集群

以用系统软件将这些主板集成一个计算机集群。在集群模式下，所有的主板可以连接起来提供高速的网络环境，可以共享资源，为相同的用户群服务。在集群中插入新的“刀片”，可以提高整体性能。而由于每块“刀片”均支持热插拔，因此系统可以轻松地进行替换，从而便于升级、维护。

（2）集群的节点与互联

集群中的节点分为三类：

- 管理节点：完成作业调度、其他节点监控、与用户交互的功能。
- 计算节点：完成具体的计算、处理等功能。
- I/O 节点：实现对共享外存的控制。

集群内部通常组成三个网络：

- 计算网络：包括计算节点、管理节点，通常用高速网络互联。
- 管理网络：包括所有节点，用于分发命令、收集状态，实现管理功能。
- I/O 网络：包括 I/O 节点、计算节点等，主要完成对共享外存的 I/O 操作。

集群中各节点之间的连接方式很多，最便宜的是使用千兆以太网实现互联。性能最好、目前用得最多的是采用 Infiniband 交换机实现互联。Infiniband 交换机的数据率较高，可以达到 80Gbit/s。计算网络一般使用 Infiniband 交换机实现互联。

刀片式集群因其集成度高、占地面积小、安装方便、总体价格相对便宜，得到了快速发展，目前已成为集群的主流形式。

（3）GPU 异构集群

近年来，GPU（Graphic Processing Unit，图形处理器）得到了快速发展和应用。GPU 早期是用于图形图像处理的，如显卡，后来逐步发展到具有通用计算功能的 GPGPU。现在最快的 GPGPU 已达到 2880 核、5TFLOPS 计算能力。

通常用 GPGPU 组成 GPU 集群，接受 CPU 的指令，完成计算任务，并向 CPU 返回结算结果，如图 4-7 所示。现在，混合集群已经成为高性能计算机的一种重要结构形式。

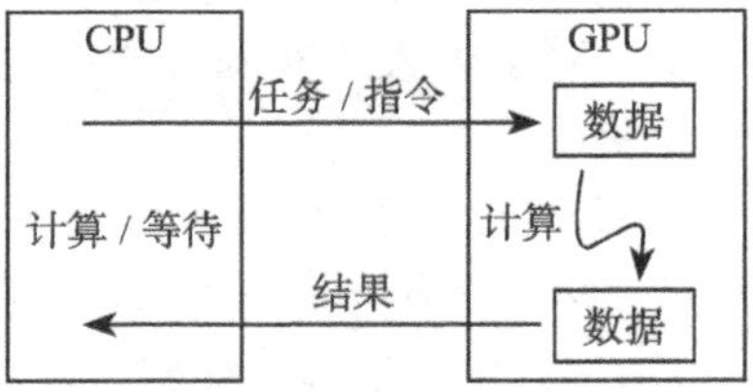

利用 GPU 的最大问题是编程困难，GPU 需要用特殊的编程环境，对现有算法进行改造。

图 4-7 CPU+GPU 混合集群

（4）MIC 异构集群

MIC 是一种集成众核技术，通常被称为协处理器。与 GPU 不同的是，MIC 与 CPU 共用 OpenMP 内核代码，因而采用与 CPU 相同的编程环境。MIC 集群的规模远不如 GPU 大，单一芯片的性能也不如 GPU，但因与 CPU 类似，易于编程，厂家希望其能在通用计算领域取代 GPU，这方面正引起用户的关注。

（5）集群的适用领域

集群的适用范围很广，既适用于高并行性的科学与工程计算，也适用于高吞吐量的网络计算，如各种网络服务器，但不适合用作数据库服务器。

4.2.2 高性能计算机的 CPU 类型

按计算机的处理器架构（即计算机 CPU 所采用的指令系统），计算机可划分为 RISC 架构计算机和 IA 架构计算机。IA 架构计算机包括 CISC 架构计算机和 VLIW 架构计算机两种。

1. RISC CPU

RISC（Reduced Instruction Set Computing，精简指令集）的指令系统相对简单，只要求硬件执行很有限且最常用的那部分指令，大部分复杂的操作则使用成熟的编译技术，由简单指令合成。目前在中高档计算机，特别是高档计算机较多采用RISC指令系统的CPU。RISC架构计算机采用的主要是封闭的发展策略，即由单个厂商提供垂直的解决方案，从计算机的系统硬件到系统软件都由这个厂商完成。目前主要的RISC处理器芯片生产商是IBM公司，其产品是Power系列处理器。

RISC架构的计算机除处理器各不相同外，I/O总线也不相同，例如，Fujitsu是PCI，Sun是SBUS等，这就意味着不同厂商RISC机器上的插卡（如网卡、显示卡、SCSI卡等）可能也是专用的。操作系统一般是基于UNIX的，例如，Sun、Fujitsu用Sun Solaris，HP用HP-UNIX，IBM用AIX等，所以RISC架构的计算机是相对封闭专用的计算机系统。使用该架构的用户一般看中UNIX操作系统的安全性、可靠性和专用计算机的高速运算能力。

随着Internet的飞速发展，基于RISC处理器的UNIX计算机市场经历过快速的增长。但近几年，UNIX市场在慢慢地萎缩。

2. IA架构计算机

IA架构的计算机采用开放体系结构，有大量的硬件和软件的支持者，在这个阵营中主要的技术领头者是最大的CPU制造商Intel，国外著名的IA计算机制造商有IBM、HP、Dell等，国内主要的IA架构计算机的制造商有联想、浪潮、曙光等。

（1）CISC架构

从计算机诞生以来，人们一直沿用CISC（Complex Instruction Set Computing，复杂指令系统计算）指令集方式。早期的桌面软件是按CISC设计的，并一直延续到现在，所以，微处理器（CPU）厂商一直在走CISC的发展道路，包括Intel、AMD、TI（德州仪器）、Cyrix及VIA（威盛）等。在CISC微处理器中，程序的各条指令是按顺序串行执行的，每条指令中的各个操作也是按顺序串行执行的。顺序执行的优点是控制简单，但计算机各部分的利用率不高，执行速度慢。

CISC架构的计算机主要以IA-32架构（Intel Architecture，Intel架构）为主，而且多数为中低档计算机所采用。如果企业的应用都是基于NT平台的应用，那么计算机的选择基本上就定位于IA架构（CISC架构）的计算机。如果企业的应用主要是基于Linux操作系统，那么计算机的选择也是基于IA结构的计算机。

（2）VLIW架构

VLIW（Very Long Instruction Word，超长指令集）架构采用先进的EPIC（Explicitly Parallel Instruction Computing，清晰并行指令）设计，业界也把这种构架叫做IA-64架构。在一个时钟周期内，IA-64可运行20条指令，CISC通常只能运行1～3条指令，RISC能运行4条指令，可见VLIW要比CISC和RISC强大得多。VLIW的最大优点是简化了处理器的结构，删除了处理器内部许多复杂的控制电路，这些电路通常是超标量芯片（CISC和RISC）协调并行工作时必须使用的，VLIW的结构简单，能够使其芯片制造成本降低，价格低廉，能耗少，而且性能也比超标量芯片高得多。目前基于这种指令架构的微处理器主要有Intel的IA-64和AMD的x86-64两种。

因IA-64架构不能很好地兼容IA-32上的软件，因此，基于IA-64的计算机占比并不大。

4.2.3 高性能计算机的其他相关技术

1. 64 位计算

x86 架构计算机 32 位计算能力的限制，使得“企业计算平台统一化”的进程在经历了前几年高速发展之后，开始遇到了瓶颈。64 位计算与 32 位计算的最大区别在于“寻址能力”和“数据处理能力”，64 位计算平台基于 64 位长的“寄存器”，提供比 32 位更大的数据带宽和寻址能力。

基于 x86 计算机的 Intel 至强处理器、AMD Opteron 以 64 位计算，有效解决了 32 位计算系统的瓶颈。随着 Intel 和 AMD 同在低端计算机领域发起 64 位普及攻坚战，基于 x86 计算机的 64 位应用需求可能受到激发，相关应用增长就可能存在一个激增点。

2. 多核和众核处理器

多核技术也称为芯片上多处理器技术（CMP），目前已经成为当前微处理器发展的方向。多内核的想法来源于摩尔定律（芯片上晶体管的数目每两年增加一倍）。过去，为了增加高速缓存（用于快速访问数据的集成的存储池）的尺寸，或者为了增强其他提高性能的部件（如指令水平并行度，允许芯片每个时钟周期执行多个任务），经常要使用更多的晶体管。但是，现在芯片厂商用更多的晶体管来制造更多核心，以提高性能，这种方法不会显著增加芯片功耗。过去单纯依靠提高 CPU 主频来提高 CPU 速度的路线也遇到了基础障碍，多核技术可以缓解这些技术瓶颈。多核计算机已成为目前的主流。

众核（一般指 16 核以上）已经成为未来的趋势。但核数多，并不能带来成比例的性能提高，因为各个核之间像 SMP 计算机一样，存在竞争内存等现象。

3. PCI-E 技术

与传统 PCI 及更早期的计算机总线的共享并行架构相比，PCI-E（PCI Express）采用设备间的点对点串行连接（serial interface），即允许每个设备都有自己的专用连接，是独占的，并不需要向整个总线请求带宽；同时利用串行连接的特点能将单向单线连接的数据传输速度提高到 2.5Gbit/s，远超出 PCI 总线的传输速率。针对不同的设备，PCI-E 可以实现 x1、x2、x4、x8、x12、x16 或 x32 灵活的配置，满足带宽的不同要求。串行连接还可以大大减少电缆间的信号和电磁干扰，由于传输线条数有所减少，更能节省空间和连接更远的距离，简化了 PCI 的设计，降低了系统成本。

4. ECC 内存技术

ECC（Error Checking and Correcting，错误检查和纠正）不是一种内存类型，只是一种内存技术。ECC 内存技术需要额外的空间来储存校正码，但其占用的位数跟数据的长度并非呈线性关系。

通俗地讲，一个 8 位数据产生的 ECC 码要占用 5 位的空间；一个 16 位数据产生的 ECC 码只需在原来基础上再增加一位，即 6 位；32 位的数据则只需再在原来基础增加一位，即 7 位；如此类推。ECC 码将信息进行 8 位的编码，采用这种方式可以恢复 1 位的错误。每一次数据写入内存的时候，ECC 码使用一种特殊的算法对数据进行计算，其结果称为校验位（check bits）。然后将所有校验位加在一起的和是“校验和”（check sum），校验和与数据一起存放。当这些数据从内存中读出时，采用同一算法再次计算校验和，并和前面的计算结果相比较，如果结果相同，说明数据是正确的，反之说明有错误，ECC 可以从逻辑上分离错误并通知系统。当只出现单一位错误时，ECC 可以把错误改正过来而不影响系统运行。

除了能够检查到并改正单一位错误之外，ECC 码还能检查到（但不改正）单 DRAM 芯片上发生的任意两个随机错误，并最多可以检查到 4 位错误。当有多位错误发生的时候，ECC 内存会生成一个不可隐藏（non-maskable Interrupt）的中断，会中止系统运行，以避免数据恶化。ECC 内存技术虽然可以同时检测和纠正单一位错误，但不能同时检测出两位以上的数据错误。

5. 硬件分区

硬件分区是将一台计算机的硬件分割成多个分区的体系结构，用于将计算机配置的处理器、内存和 I/O 控制器等硬件资源分配给多个分区，让各分区上运行不同的 OS，即提供“分区功能”。利用系统的硬件分区能力，系统可同时为多种不同操作系统提供支持，从而满足客户对相同物理硬件不断增长的需求。系统分区最初是静态的，当资源从一个分区移到另一个分区时，这两个分区中的应用和操作系统需要停止，在操作控制台对系统重新配置后，应用和操作系统才可以重新启动。随着操作系统的进一步完善，操作系统在支持热插拔和热添加能力的同时，也为动态分区提供了所需要的支持基础，这就是说，资源可以在各个分区之间移动，而不会影响这一分区中的应用运行。

6. ISC

ISC（Intel Server Control，Intel 计算机控制）是一种网络监控技术，只适用于使用 Intel 架构的带有集成管理功能主板的计算机。采用这种技术后，用户在一台普通的客户机上就可以监测网络上所有使用 Intel 主板的计算机，监控和判断计算机是否“健康”。一旦计算机的机箱、电源、风扇、内存、处理器、系统信息、温度、电压或第三方硬件中的任何一项出现错误，就会报警以提示管理人员。值得一提的是，监测端和计算机端之间的网络可以是局域网也可以是广域网，可直接通过网络对计算机进行启动、关闭或重新置位，极大地方便了管理和维护工作。

7. EMP

EMP（Emergency Management Port，应急管理端口）是计算机主板上所带的一个用于远程管理计算机的接口。远程控制机可以通过 Modem（调制解调器）与计算机相连，控制软件安装于控制机上。远程控制机通过 EMP Console 控制界面可以对计算机进行下列工作：

1）打开或关闭计算机的电源。

2）重新设置计算机，甚至包括主板 BIOS 和 CMOS 的参数。

3）监测计算机内部情况，如温度、电压、风扇情况等。

8. 热插拔

热插拔（hot swap）功能支持用户在不关闭系统、不切断电源的情况下取出和更换损坏的硬盘、电源或板卡等部件，从而提高系统对灾难的及时恢复能力、可扩展性和灵活性等，例如，一些面向高端应用的磁盘镜像系统均支持磁盘的热插拔功能。如果没有热插拔功能，即使磁盘损坏不会造成数据的丢失，用户仍然需要暂时关闭系统，以便能够对硬盘进行更换。使用热插拔技术只要简单地打开连接开关或者转动手柄就可以直接取出硬盘，而系统仍然可以不间断地正常运行。

4.2.4 高性能计算机的作业调度与管理系统

高性能计算机接收大量作业，需要有一个作业调度与管理系统来实施高效的管理和调度。

实现作业管理与调度，需要建立一个专用的数据库，以记录系统中每个 CPU、每个核及相关内存的状态（忙、闲、等待等），并根据一定的规则，将作业调度到对应的核上运行。作业管理与调度系统能实时显示整个系统的状态，并能制作各种统计图表。

现在广泛使用的作业调度与管理系统主要有 LSF（Platform Computing 公司，已被 IBM 收购）和 PBS Pro。这些产品现在都按核收费，价格很贵。

1. PBS Pro

（1）PBS Pro 功能

PBS Pro（PBS Professional）是一个用于复杂和高性能计算环境的工作负载管理器和调度器。可以使用它来简化作业提交、跨多个平台集群分布工作负载，并可扩展到数以万计个处理器。PBS Pro 的功能包括：

- 接收批作业。
- 保持和保护作业，直到作业运行。
- 运行作业。
- 将输出交付提交者。

PBS Pro 使用复杂的管理策略和调度算法实现下述功能：性能数据的动态收集、增强的安全性、高级别的策略管理、服务质量（QoS）、处理有大量计算的任务、相关工作负载的透明分布、高级资源保留、支持检验点程序。

（2）PBS Pro 主要构成

PBS Pro 有四个主要组件：

1）客户端命令：用于提交、控制、监视或删除作业，并可以安装在任意支持的平台上。其中包括诸如 qsub 和 qdel 之类的命令。另外还有几个图形工具，如 xpbs。

2）服务器（pbs_server）：为批服务（如创建和修改作业，以及保护作业免遭系统崩溃的影响）提供主要的入口点。所有客户机和其他守护程序都要通过 TCP/IP 与该服务器通信。

3）调度器（pbs_sched）：控制用于通过网络提交作业的策略或规则。每个集群可以创建其自己的调度器或策略。开始时，调度器查询服务器获得将要运行的作业，查询执行程序了解系统资源的可用性。

4）作业执行程序（pbs_mom）：通过模仿用户会话而执行作业。

在典型的集群配置中，pbs_mom 运行在将要运行作业的每一个系统上。服务器和调度器可运行在相同的机器上，客户端命令可放置在将提交作业的机器上。PBS Pro 为想要实现其调度策略的站点提供一个应用程序编程接口（API）。

（3）PBS Pro 调度算法

PBS Pro 的调度算法支持以下主要算法：

- 基于队列优先权的先进先出 (FIFO)：目标是最大化 CPU 利用率。在这个策略中，只有当一个即将运行的线程严格地具有较高优先权时，它才会优先运行。FIFO 调度器具有创建饥饿作业（已经等待了很长时间的作业）的缺点。

- 作业和队列循环：类似于 FIFO，但是基于可配置的时间总量，在一个循环时间片内，实现一个基于优先权的优先策略。
- 公平共享：基于使用和共享值来调度作业。
- 负载平衡：在时间共享节点和循环通过的节点之间平衡负载。
- 专用的时间 / 节点：在特定的时间将作业调度到特定的节点。

（4）PBS Pro 守护程序

当系统引导时，守护程序就会启动，用户就可以将作业提交到 PBS Pro 队列中。然而，作业并不会被立即运行，直到管理员使用命令 # qmgr -c “ set server scheduling = True” 手动启动调度进程。

（5）提交作业

PBS Pro 作业是一个 shell 脚本，其中包含资源需求、作业属性和想要执行的命令集合。

提交作业之后，PBS Pro 会返回一个作业标识符，其形式为 sequence-number.servername.domain。作业标识符对于任何涉及作业的动作都是必需的，这些动作包括检查作业状态、修改作业、跟踪作业或者删除作业，等等。

（6）检查作业状态

qstat 命令用于请求作业、队列和 PBS Server 的状态。所请求的状态被写到标准输出（通常是用户的终端）。只有具有用户查看特权的作业才会显示。

（7）PBS Pro 图形界面 xpbs

xpbs 提供一个到 PBS Pro 命令的用户友好的界面，类似于 X-Windows 的操作方式，用户通过鼠标完成任务提交、作业管理、状态查询等操作。xpbs 使用 tcl/tk 图形工具套件，提供与 PBS 命令行界面命令相同的功能。

2. LSF

（1）LSF 功能

LSF（Load Sharing Facility）是一个分布资源管理的工具，用来调度、监视、分析联网计算机的负载。其特性可概括为：

- 一组安装了 LSF 软件的计算机组成一个 Cluster（集群）。
- Cluster 内的资源统一监控和调度。
- 通过统一监控和调度，充分共享计算机的 CPU、内存、磁盘、License 等资源。

Platform LSF 的主要功能有：

- 单一系统映像：Platform LSF 将这些异构的 UNIX、Linux、Windows 平台系统负载及资源情况收集到一起，系统管理员可以从任一节点全面监控和了解整个集群的资源情况和负载信息，形成单一系统映像。
- 用户程序透明远程执行：Platform LSF 在通过负载信息管理程序建立集群负载信息中心的基础上，为每一个需要执行的程序在集群范围内自动选择一台最好的机器来执行用户的程序，以确保每一个任务能在当前最好的机器上运行；同时通过远程执行服务器实现任务的远程透明执行，确保任务在远程机器上能够正确、有效运行。
- 自动排队调度和管理：负载信息管理程序及远程执行服务器的共同作用解决了单一集群系统映像及用户程序在集群系统内快速有效执行的问题。然而在现实系统中，往往有众多的用户程序需要同时处理，集群系统可能面临资源不够的问题。如果不分系统负载情况，只根据需要选择机器运行，可能导致系统不能正常有效运转。

Platform LSF 通过主批处理程序建立相应的用户程序队列管理中心，根据系统负载情况、用户程序运行所需要的资源需求信息及系统管理员事先定义的调度算法和策略自动选择排在前面的作业执行。运行在各计算节点的从批处理程序接收来自主批处理程序的用户程序请求并启动相应的用户程序运行。

- 功能强大的调度策略：支持对用户的份额和优先级控制，保证资源在使用上的效率与公平。
- 完善的作业控制能力：可以对作业的运行时间、CPU 时间、内存大小、数据区大小、CPU 数量、文件大小等进行控制；支持基于主机、用户及队列的动态负载调度和控制，包括 CPU 利用率、反映 CPU 忙 / 闲的 15min、1min 及 15s 平均运行队列长度、反映 I/O 及内存换页负载的 io/pg、反映用户登录及交互式操作等信息的 ls/it，以及操作系统的可用内存、swp 和 tmp 空间等的调度 / 控制（LoadSched/LoadStop）。当系统负载 <LoadSched 时，LSF 即调度相应的用户程序运行；当系统负荷 >LoadStop 时，相应的正在运行的用户程序将被挂起；当 LoadSched< 系统负载 <LoadStop 时，LSF 既不会调度用户程序，也不会挂起用户程序。
- 支持多项目管理和调度：适应生产系统需要，提供多项目管理和调度，确保高优先级项目获得足够多的资源，保障生产系统的正常运行。
- 支持用户程序运行使用资源的控制和管理：Platform LSF 在用户程序运行时，通过进程信息管理员自动收集用户程序运行所使用的系统资源，包括 CPU 时间、墙上时钟时间、内存大小、swap 空间等资源使用信息，并使能相应的资源使用控制策略，确保整个集群系统的作业调度管理控制策略体系的正常运行。
- 应用程序管理：可以按对列管理不同应用程序，并通过调度和优化提高许可证的利用率，最新版的 LSF 还能根据作业的优先级实现许可证的抢占式调度，从而保证任务和项目的优先级。
- 快速的部署能力：利用 LSF 可以在几小时内完集群的基本安装。
- 与系统软件及应用程序集成：Platform LSF 可以方便地与 Matlab、Gaussian 等应用程序集成。许多著名的商业应用程序提供支持 Platform LSF 的选项等，同时由于 Platform LSF 的开放性，可以与更多应用程序集成。
- 容错性：在系统级支持多机容错，在机器级支持作业恢复（即机器发生宕机等严重故障时，运行其上的作业会自动转移到其他机器上运行，永不丢失），在作业级支持作业的故障恢复和异常管理。
- 完善的日志系统：Platform LSF HPC 提供了成熟的系统日志机制。其支持的日志级别包括 WARNING、LOG_DEBUG、LOG_DEBUG1、LOG_DEBUG2、LOG_DEBUG3 等 11 种日志级别，并提供了 LC_TRACE、LC_EXEC、LC_COMM 等日志信息类型，从而在系统发生问题时，可以有效地跟踪错误过程，挖掘错误根源，为用户集群系统的稳定、可靠运行提供有力保障。
- 支持交互式应用的自动调度和执行：包括图形方式的交互式应用、伪终端方式及伪终端方式 shell 支持的交互式应用。
- 支持简单记账：可以记录每个作业（包括并行作业）的 CPU 时间和内存使用情况，便于系统资源统计或计费。

（2）LSF 调度算法

LSF 调度算法以队列为基础，可以支持多队列调度策略。不同的队列可以根据项目、应用或者资源使用率及可以使用的主机及用户的不同采用不同的调度策略。常用的调度算法包括：先来先服务（FCFS）、公平（fairshare）调度及份额控制、抢占式（preemption）调度、独占式（exclusive）调度、主机公平（host paration）调度、资源预约（resource reservation）调度、高级处理器预约（advance reservation）。

（3）Platform HPC Portal

Platform HPC Portal 解决方案提供基于 HPC Portal 的高性能计算一体化工作平台基础框架。利用 Platform HPC Portal 解决方案，用户可以方便地将应用程序的使用方式集成在 HPC Portal 上，从而让设计人员通过 HPC Portal 使用高性能计算平台，运行应用程序，同时提供计算机系统及商业软件许可证的在线监视等功能。具体功能包括系统监视、系统管理、批处理作业提交和管理、交互式作业提交和管理、计费系统、在线报表、定期报表、数据管理、资源使用情况和报表分析。

1）系统运行状况监视。图 4-8 是 LSF 监视状态的示例。

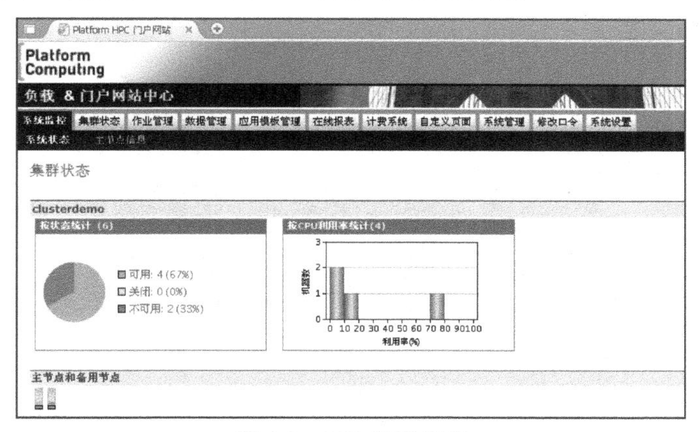

图 4-8　LSF 监视状态

2）批处理作业提交、运行与监控。结合行业专家的经验和知识，利用 Platform 解决方案提供的用户化开发接口，实现 HPC Portal 方式的常规及偏移批处理作业的提交和管理。LSF 批处理作业提交界面如图 4-9 所示。

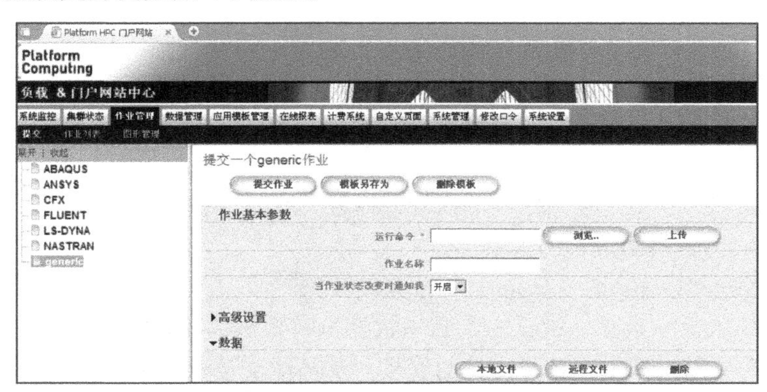

图 4-9　LSF 批处理作业提交界面

HPC Portal 方式访问的作业监控界面如图 4-10 所示。

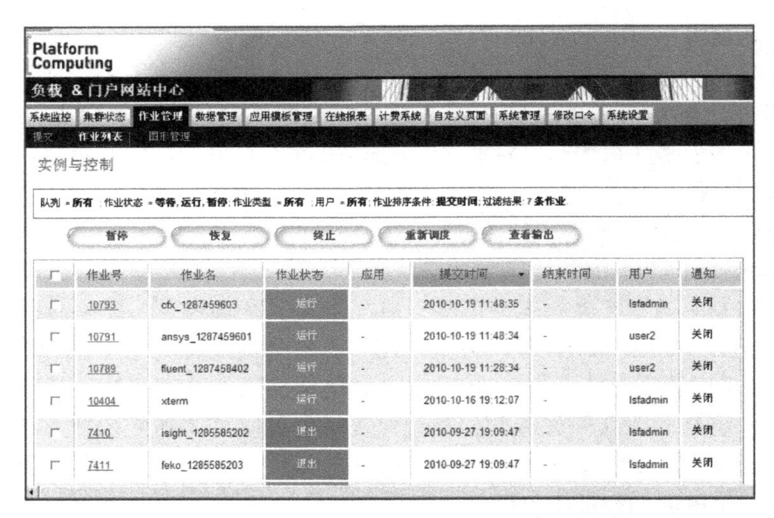

图 4-10　LSF 作业监控界面

3）交互式作业提交和管理。通过 HPC Portal 方式的交互式窗口技术，实现 HPC Portal 方式的交互式作业管理，其方式如图 4-11 所示。

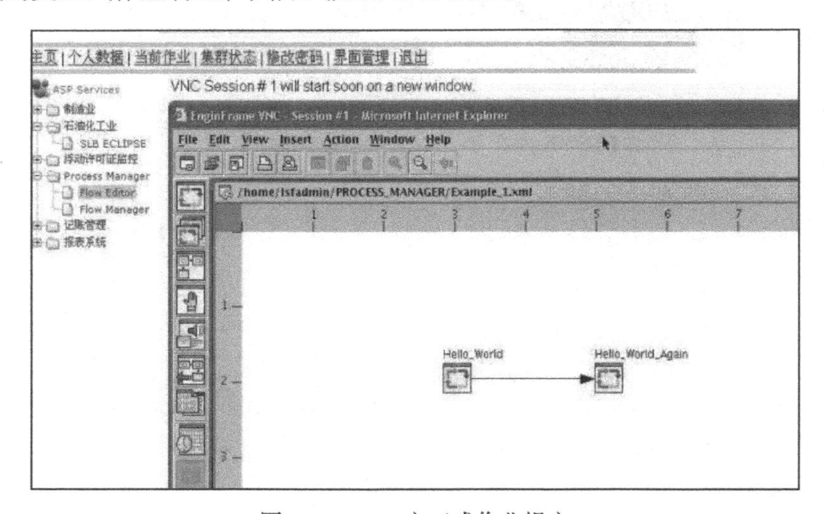

图 4-11　LSF 交互式作业提交

4）数据管理。运行程序（作业）的数据主要包括输入数据和输出数据两部分。

输入数据的管理是指提供方便的手段，在作业运行前，若输入数据在本地，则自动将输入数据传输到集群中，保障作业的正常运行。

输出数据的管理是指对输出结果的保存、查阅、传输、清除进行管理。

（4）Platform Perf Reports

Platform Perf Reports 是一套企业级的负载分析工具，与 LSF 紧密集成，提供对集群系统全面的负载和运行状况分析报表。利用这些分析报表，可以有针对性地调整系统的性能，优化系统的使用，优化项目或人员的管理，从而减少运营和 IT 基础建设的成本，并为下一步的投资提供决策依据，以实现投资回报最大化。

Platform Perf Reports 体系和工作原理如图 4-12 所示。

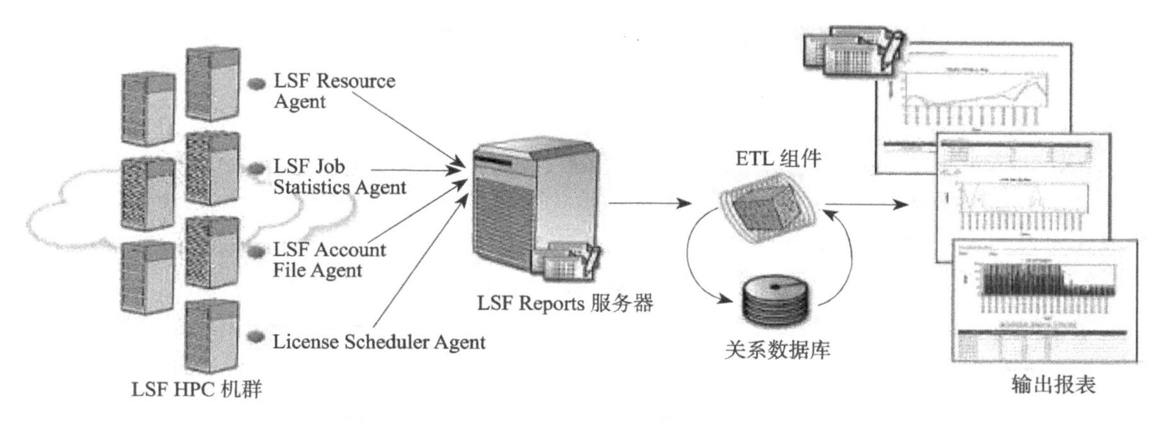

图 4-12 Platform Perf Reports 体系和工作原理

Platform Perf Reports 提供的报表包括定期报表和在线报表。

定期报表即系统周期性的定期生成报表，包括机器（组）资源使用报表、集群 / 应用程序 / 用户 / 用户组所占用的 CPU 数、许可证使用、存储使用量 / 使用率、集群无作业状态。

在线报表即根据用户需要，在线输入相应的时间、数据类型等信息并在线生成的报表，如图 4-13 所示。

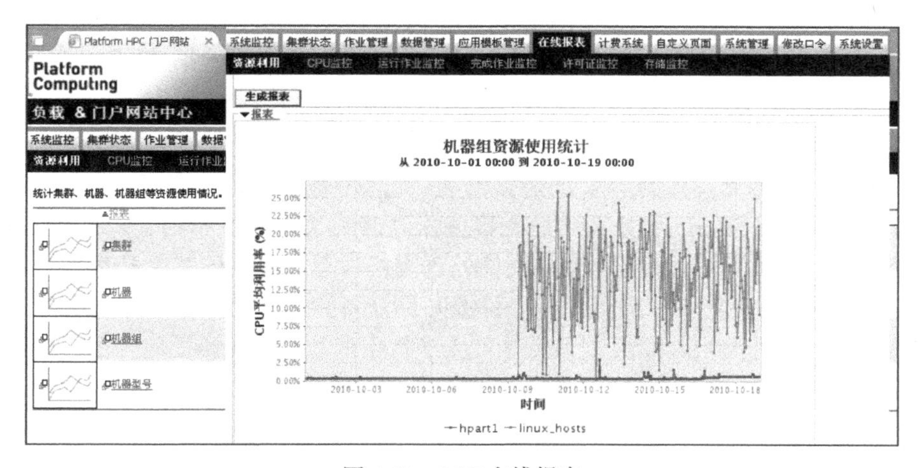

图 4-13 LSF 在线报表

4.3 服务器及选型

在物联网数据中心，除了为用户提供计算功能的高性能计算机外，更多的可能是各种类型的服务器，包括数据库服务器、文件服务器、Web 服务器、E-mail 服务器等。对服务器的选择要求与提供计算功能的高性能计算机不一定完全相同。

4.3.1 服务器基本要求

网络服务器是整个网络的核心之一，如何选择与本网规模相适应的服务器，是有关决策者和技术人员都要考虑的问题。下面是选择网络服务器时应当注意的事项。

1. 性能要稳定

为了保证网络正常运转，选择的服务器首先要确保稳定，因为一个性能不稳定的服务器，即使配置再高、技术再先进，也不能保证网络正常运转，严重的话可能给使用者造成难以估计的损失。另外，性能稳定的服务器意味着节省维护费用。

2. 以够用为准则

由于本身的信息资源及资金实力有限，不可能一次性投资太多的经费去采购档次很高、技术很先进的服务器。对于建设单位而言，最重要的是根据实际情况，并参考以后的发展规划，有针对性地选择满足目前的需要且不需投入太多资源的解决方法。

3. 应考虑可扩展性

由于物联网处于不断发展之中，快速增长的应用不断对服务器的性能提出新的要求，为了减少更新服务器带来的额外开销和对工作的影响，服务器应当具有较高的可扩展性，可以及时调整配置来适应发展。

4. 要便于操作和管理

如果服务器产品具有良好的易操作性和可管理性，当出现故障时无需厂商支持也能将排除故障。所谓便于操作和管理主要是指用相应的技术来提高系统的可靠性能，简化管理因素，降低维护费用成本。

5. 满足特殊要求

不同网络应用侧重点不同，对服务器性能的要求也不一样。例如，VOD 服务器要求具有较高的存储容量和数据吞吐率，Web 服务器和 E-mail 服务器则要求 24 小时不间断运行。如果网络服务器中存有敏感资料，则要求选择的服务器有较高的安全性。

6. 配件搭配合理

为了能使服务器更高效地运转，要确保购买的服务器的内部配件的性能必须合理搭配。例如，购买了高性能的服务器，但是服务器内部的某些配件使用了低价的兼容组件，就会出现有的配件处于瓶颈状态，有的配件处于闲置状态，最后的结果是整个服务器系统的性能下降。一台高性能的服务器不是一件或几件设备的性能优异，而是所有部件的合理搭配。要尽量避免“小马拉大车”，或者是“大马拉小车”的情况。任何一个产生系统瓶颈的配件（低速、小容量的硬盘、小容量的内存）都有可能制约系统的整体性。

7. 理性看待价格

无论购买什么产品，用户都会很看重产品的价格。“一分价钱一分货”，高档服务器的价格比低档服务器的价格高是无可非议的事情。但对于一些应用来说，不一定非得购买那些价格昂贵的服务器，尽管高端服务器功能很多，但是这些功能对于普通应用来说使用率不高。性能稳定、价格适中的服务器应该是建设单位建设网络的理性选择。

8. 售后服务要好

由于服务器的使用和维护包含一定的技术含量，这就要求操作和管理服务器的人员必须掌握一定的使用知识。因此选择售后服务好的 IT 产品，应该成为建设单位明智的决定。

4.3.2 服务器配置与选择要点

目前最基本的服务器应用有数据库服务器、文件服务器、Web 服务器、E-mail 服务器、终端服务器等。这些应用对服务器配置要求的侧重点不同，根据不同应用采购不同配置的服务器可以使服务器资源得到充分利用，避免资金和服务器资源的浪费。下面逐一对这几种服务器的配置要求的侧重点进行分析，为企业提供参考。

1. 数据库服务器

构建数据库服务器可以将数据合理进行存储和组织，使信息的检索和查询执行更为高效。目前主流应用的数据库产品有IBM DB2、Oracle、Microsoft SQL server、MySQL、PostgreSQL和Sybase等。

数据库服务器对系统各个方面要求都很高，要处理大量的随机I/O请求和数据传送，对内存、磁盘及CPU的运算能力均有一定的要求。在内存方面，数据库服务器需要高速、高容量的内存来节省处理器访问硬盘的时间，提高服务器的响应速度。同时，一些数据库产品（如Oracle）对硬件的要求比较高。在磁盘方面，高速的磁盘子系统也可以提高数据库服务器响应的速度，这就要求磁盘具有高速的接口和转速，目前主流应用的存储介质有10kr/min或者15kr/min的SCSI硬盘或SAS硬盘等。

数据库服务器对处理器性能要求也很高。数据库服务器需要根据需求进行查询，然后将结果反馈给用户。如果查询请求非常多，比如大量用户同时查询的时候，如果服务器的处理能力不够强，无法处理大量的查询请求并做出应答，那么服务器可能会出现应答缓慢甚至死机的情况。

综上，数据库服务器对硬件需求的优先级为内存、磁盘、处理器（三者在满足合理搭配的前提下）。高端数据库服务器一般选SMP类型的计算机。

2. 文件服务器

文件服务器是用来提供网络用户访问文件、目录的并发控制和安全保密措施的服务器。首先，文件服务器要承载大容量数据在服务器和用户磁盘之间的传输，所以对网速有较高要求。其次，文件服务器对磁盘的要求比较高，文件服务器要进行大量数据的存储和传输，所以对磁盘子系统的容量和速度都有一定的要求。选择高转速、高接口速度、大容量缓存的磁盘，并且组建磁盘阵列，可以有效提升磁盘系统传输文件的速度。

除此之外，大容量的内存可以减少读写硬盘的次数，为文件传输提供缓冲，提升数据传输速度。文件服务器对CPU等其他部件的要求不是很高。

综上，文件服务器对硬件需求的优先级为网络系统、磁盘系统和内存，一般可选用集群计算机。

3. Web服务器

不同的网站内容对Web服务器硬件需求也是不同的，如果Web站点是静态的，则Web服务器对硬件需求的优先级依次为网络系统、内存、磁盘系统、CPU。如果Web服务器主要进行密集计算（如动态产生Web页），则对服务器硬件需求的优先级依次为内存、CPU、磁盘子系统和网络系统，一般可选用集群计算机。

4. E-mail服务器

E-mail服务器是对实时性要求不高的一个系统，对处理器性能要求不是很高，但是由于要支持一定数量的并发连接，对网络子系统和内存有一定的要求。E-mail服务器软件对内存需求也较高。同时，E-mail服务器需要较大的存储空间来存储E-mail及一些文件，但是对于中小型企业来说，企业电子邮箱的数量一般只在几百个以下，所以对服务器的配置要求并不高，一台入门级的服务器完全可以承载几百个E-mail客户端的需求。

E-mail服务器对硬件需求的优先级依次为内存、磁盘、网络系统、处理器，可选用

SMP 计算机，也可选用集群计算机。

5. 终端服务器

终端服务器是实现集中化应用程序访问的一种服务器。使用终端服务的客户可以以图形界面的方式远程访问服务器，并且可以调用服务器中的应用程序、组件、服务等，和操作本机系统一样。这样的访问方式不仅大大方便了各种各样的用户，而且大大地提高了工作效率，并且能有效地节约企业的成本。

终端服务器由于将客户端的所有负载均加在服务器端，因此对服务器的处理能力有一定的要求，处理器要可以承载一定数量的并发请求，提供快速的响应速度，如果处理能力不够，则容易造成服务器响应缓慢、软件运行错误甚至宕机的情况。高速大容量的内存可以提高终端服务器的响应速度，这也是提升整体性能的必要条件之一。终端服务器由于与客户端的数据传输量并不是很大，因此对网络要求不是很高，并且终端服务器主要应用于企业内部网络，内部高速的局域网环境完全可以满足终端服务器和客户端之间的带宽需求。

综上，终端服务器对硬件需求的优先级依次为处理器、内存、磁盘和网络系统。

总结：上面列出了几种较为常用的服务器角色对硬件需求的优先级，从总体来看，这几种应用角色对服务器的处理器、内存、磁盘、网络系统的需求程度并不相同，所以在服务器规划选型的时候，不要一味地追求服务器的处理速度。举个例子来说，双路四核服务器的处理性能很强，但是用来做百余个客户端的 E-mail 服务器或者静态 Web 服务器，其性能并不会比单路双核服务器优异多少，大部分的服务器资源会被浪费掉。所以在选购之初明确自身需求及应用种类，对症下药才是明智之举。

服务器性能的量化指标一直是业内关注的问题。常见的量化指标是在 HPC 领域常用的性能指标 FLOPS（Floating-point Operations per Second，每秒执行的浮点运算次数），反映的是一台服务器中 CPU 的理论峰值性能，虽然 FLOPS 大大高于实际性能（即便是 LINPACK 值通常也只是 FLOPS 的 40% ～ 80%），但也可供参考使用。此外，交易处理性能委员会（http://www.tpc.org）的联机事务处理性能指标 TPCC 值和标准性能评估公司（http://www.spec.org）的 Web、Java 等性能指标 SPEC 值也可作为参考。

4.4 存储设备及选型

4.4.1 硬盘接口

1. 硬盘接口分类

硬盘接口是硬盘与主机系统间的连接部件，作用是在硬盘缓存和主机内存之间传输数据。每种接口协议拥有不同的技术规范，具备不同的传输速度，其存取效能的差异较大，所面对的实际应用和目标市场也各不相同。同时，各接口协议所处于的技术生命阶段各不相同，有些已经面临淘汰，有些则前景光明，但发展尚未成熟。因此了解一款磁盘阵列的硬盘接口往往是衡量这款产品的关键指标之一。存储系统中目前普遍应用的硬盘接口主要包括 SATA、SCSI、SAS 和 FC 等。

ATA（AT Bus Attachment）硬盘在 SATA 硬盘出现前多用于家用产品。ATA 是广为使用的 IDE 和 EIDE 设备的相关标准，是并行式的内部硬盘总线。

SATA（Serial ATA）是作为并行 ATA（PATA）的硬盘接口的升级技术而出现的，由于采用串行方式传输数据而知名。由于其具有成本低、数据传输速度高、可靠性强、扩配实现简单、减少系统布线的复杂度等优点，因此受到业界的重视和欢迎。随着SATA技术逐渐成熟，该标准的硬盘已经正式取代了传统的PATA硬盘，成为中低端服务器的标准配置。与此同时，业界为了满足SATA硬盘的发展需要，在关键的芯片设计时，不仅考虑到SATA接口的连接，同时为了提高数据的传输性能和保证数据的安全性，提出了SATA RAID技术。该技术不需要额外的硬件成本就可以实现用户的数据保护和性能提升。

SCSI（Small Computer System Interface，小型计算机系统接口）硬盘主要应用于服务器市场。SCSI硬盘的转速高达15000r/min，数据传输速率达到160MB/s以上，可支持多个设备，占用CPU极低，在多任务系统中有明显的优点。

SAS（Serial Attached SCSI，串行连接SCSI）是并行SCSI之后开发出的新一代SCSI技术。SAS和SATA硬盘相同，采用串行技术以获得更高的传输速度，并通过缩短连接线改善内部空间等。此接口的设计是为了改善存储系统的效能、可用性和扩充性，并且提供与SATA硬盘的兼容性。SAS定位于高端的服务器市场。在系统中，每一个端口最多可以连接16 256个外部设备，并且SAS采取直接的点到点的串行传输方式，传输速率高达6Gbit/s以上。

FC（Fibre Channel，光纤通道）和SCSI一样，最初也不是为硬盘设计开发的接口技术，是专门为网络系统设计的，但随着存储系统对速度的需求，才逐渐应用到硬盘系统中。FC是为提高多硬盘存储系统的速度和灵活性才开发的，它的出现大大提高了多硬盘系统的通信速度。光纤通道的主要特性有热插拔性、高速带宽、远程连接、连接设备数量大等。

2. SCSI硬盘接口

SCSI是一种专门为小型计算机系统设计的存储单元接口模式，通常用于服务器承担关键业务的较大的存储负载，价格也较贵。SCSI计算机可以发送命令到一个SCSI设备，磁盘可以移动驱动臂定位磁头，在磁盘介质和缓存中传递数据，整个过程在后台执行。这样可以同时发送多个命令，同时操作，适合大负载的I/O应用。SCSI硬盘接口在磁盘阵列上的整体性能大大高于基于ATA硬盘的阵列。

SCSI规范发展到今天，已经是第六代技术了，从刚创建时候的SCSI（8bit）到今天的Ultra 320 SCSI，速度有了质的飞跃（从1.2MB/s到现在的320MB/s）。目前的主流SCSI硬盘都采用了Ultra 320 SCSI接口，能提供320MB/s的接口传输速度（见表4-1为SCSI性能参数比较）。SCSI硬盘也有专门支持热插拔技术的SCA2接口（80针），与SCSI背板配合使用，可以轻松实现硬盘的热插拔。目前在工作组和部门级服务器中，热插拔功能几乎是必备的。

表4-1 SCSI性能参数比较

代		传输频率/MHz	数据宽度/bit	数据传输率/（MB/s）	可连接设备数（不含接口卡）
SCSI-1		5	8	5	7
SCSI-2	Fast	10	8	10	7
	Wide	10	16	20	15
SCSI-3	Ultra(Fast-20)	20	8	20	7
	Ultra Wide	20	16	40	15
	Ultra(Fast-40)	40	8	40	7
	Ultra2	40	16	40	15
	Ultra2	80	16	80	15
	Ultra160	80	16	160	15
	Ultra320	80	16	320	15

相比 ATA 硬盘，SCSI 体现出了更适合中、高端存储应用的技术优势。

（1）SCSI 硬盘的接口支持数量更多

ATA 硬盘采用 IDE 插槽与系统连接，而每 IDE 插槽即占用一个 IRQ(中断号)，而每两个 IDE 设备就要占用一个 IDE 通道，虽然附加 IDE 控制卡等方式可以增加所支持的 IDE 设备数量，但总共可连接的 IDE 设备数最多不能超过 15 个。而 SCSI 的所有设备只占用一个中断号 (IRQ)，因此它支持的磁盘扩容量要比 ATA 多。

（2）SCSI 的带宽更宽

Ultra 320 SCSI 能支持的最大总线速度为 320MB/s，虽然这只是理论值，但在实际数据传输率方面，即使最快的 ATA/SATA 硬盘和 SCSI 硬盘相比，无论在稳定性和传输速率上，都有一定的差距。不过如果单纯从速度的角度来看，用户未必需要选择 SCSI 硬盘，RAID 技术可以更加有效地提高磁盘的传输速度。

（3）SCSI 硬盘的 CPU 占用率低、并行处理能力强

虽然 ATA/SATA 硬盘也能实现多用户同时存取，但当并行处理个数超过一定数量后，ATA/SATA 硬盘就会暴露出很大的 I/O 缺陷，传输速率有大幅下降。同时，硬盘磁头的来回摆动也会造成硬盘发热，性能不稳定。

对于 SCSI 而言，它有独立的芯片负责数据处理，当 CPU 将指令传输给 SCSI 后，随即去处理后续指令，其他的相关工作就交给 SCSI 控制芯片来处理；当 SCSI“处理器”处理完毕后，再次发送控制信息给 CPU，CPU 接着进行后续工作，因此 SCSI 系统对 CPU 的占用率很低，而且 SCSI 硬盘允许一个用户对其进行数据传输的同时，另一位用户同时对其进行数据查找，这是 SCSI 硬盘并行处理能力的体现。

SCSI 硬盘较贵，但其品质性能更高，其独特的技术优势保障 SCSI 一直在中端存储市场占据主导地位。普通的 ATA 硬盘转速是 5400r/min 或者 7200r/min ；SCSI 硬盘是 10kr/min 或者 15kr/min，SCSI 硬盘的平均无故障时间达到 1200000 小时。另外，下一代 SCSI 技术——SAS 的诞生则更好地兼容了性能和价格双重优势。

早期因为 SCSI 接口卡和设备昂贵，并且几乎各种外设都有较便宜的接口可替代，所以 SCSI 并未受到青睐，可用的 SCSI 设备不多。反观今天，支持 SCSI 接口的外设产品从原本仅有硬盘、磁带机两种，增加到扫描仪、光驱、刻录机、MO 等各种设备；再加上制造技术的进步，SCSI 控制卡与外设的价格下降幅度较大，显示 SCSI 市场已经相当成熟。

3. SCSI 控制卡

SCSI 控制卡是一种提供一个或以上（一个接口通过电缆可连接 15 个 SCSI 设备）的 SCSI 接口内置板卡，可插在服务器（或其他设备）主板上的普通 PCI（或服务器上的 PCI-X）插槽上，实现提供多个 SCSI 接口，以方便多个 SCSI 外设的连接。SCSI 控制器接口通常有 50 针、68 针和 80 针之分，常用的是 50 针和 68 针。SCSI 控制卡的出现解决了两方面的问题：

1）使原来在主板中没有提供 SCSI 接口的服务器（或 PC）通过普通的 PCI 插槽连接 SCSI 接口的硬盘或其他外设。

2）扩展了 SCSI 接口数量。

4. 硬盘的选择

在数据中心的海量存储系统中，硬盘的性能对整个系统的性能有很大的影响。在选取

硬盘类型时，通常的原则是：

1）尽量选取转速高的磁盘。现在的磁盘有15000r/min、10000r/min、7200r/min等类型，转速越高，性能越好。

2）尽量选取接口速度快的硬盘。优先选择光纤通道接口，在不能使用光纤通道接口时，可选用SCSI接口、SAS接口、SATA接口。

4.4.2 独立磁盘冗余阵列

1. 为什么需要RAID

RAID（Redundant Array of Independent Disks，独立磁盘冗余阵列）有时也简称磁盘阵列（disk array）。RAID是由一个硬盘控制器来控制多个硬盘的相互连接，使多个硬盘的读写同步，减少错误，增加效率和可靠度的技术。而把这种技术加以实现的就是RAID产品，通常的物理形式就是一个长方体内容纳了若干个硬盘等设备，以一定的组织形式提供不同级别的服务。

简单地说，RAID是一种把多块独立的硬盘（物理硬盘）按不同的方式组合起来形成一个硬盘组（逻辑硬盘），从而提供比单个硬盘更高的存储性能，提供数据备份技术。组成RAID的不同方式称为RAID级别（RAID levels）。数据备份的功能是指在用户数据一旦发生损坏后，利用备份信息可以使损坏数据得以恢复，从而保障了用户数据的安全性。在用户看起来，组成的磁盘组就像一个硬盘，用户可以对它进行分区、格式化等。总之，对RAID的操作与单个硬盘一样。不同的是，RAID的存储速度要比单个硬盘高很多，而且可以提供自动数据备份。

RAID技术的两大特点：一是速度，二是安全，由于这两项优点，RAID技术早期被应用于高级服务器中的SCSI接口的硬盘系统中，随着近年计算机技术的发展，RAID技术可被应用于中低档甚至PC上。RAID通常是由在硬盘阵列塔中的RAID控制器或计算机中的RAID卡来实现的。

2. RAID技术分类

RAID分为全软阵列（software RAID）、半软半硬阵列和全硬阵列（hardware RAID）三种。

全软阵列指RAID的所有功能是由操作系统与CPU来完成，没有第三方的控制/处理芯片，业界称其为RAID协处理器（RAID co-processor）与I/O处理芯片。这样，有关RAID的所有任务的处理都由CPU来完成。显而易见，这是一种低效的RAID。

半软半硬阵列主要缺乏自己的I/O处理芯片，所以这方面的工作仍要由CPU和驱动程序来完成。而且，这种阵列所采用的RAID控制/处理芯片的能力一般较弱，不能支持高的RAID等级。

全硬阵列全面具备了自己的RAID控制/处理芯片和I/O处理芯片，甚至还有阵列缓存（array buffer）。由于全硬阵列是一个完整的系统，所有需要的功能均可以做进去。因此硬阵列所提供的功能和性能均比软阵列好。全硬阵列主要有两种方式，第一种方式是RAID适配卡，通过RAID适配卡插入PCI插槽再接上硬盘实现硬盘的RAID功能。第二种方式是直接在主板上集成RAID控制/处理芯片，让主板直接实现RAID，这种方式成本低于专用的RAID适配卡。表4-2是典型的软阵列和硬阵列性能参数的比较。

表 4-2 软阵列和硬阵列的比较

功能	软阵列	硬阵列
数据完整性	探测 1 bit 错误（标准 SCSI 总线）	探测 4 bit 错误 修正 1 bit 错误
RAID 级别	RAID 0 和 RAID 1	基本上与操作系统无关，RAID 级别与厂商提供的相应硬件功能、驱动和应用软件有关
热备用及自动化恢复	不可以	可以，专门的全程备用设计
重建优先级	不可以	低 / 中 / 高
可启动阵列	不可以	可以
错误报告	SNMP 过滤硬盘事件，用通用的系统标志报告	SNMP 用通用的系统标志报告，同时采用彩色代码发出警告和 E-mail 通告
预防性维护	不可以	对服务器、网络、无 RAID 存储空间进行轮流检测，安排阵列校验。对备用硬盘测试、磁盘重建
硬盘 SMART 技术支持	可以	可以
操作系统支持	一般 Windows 2000/XP 或 Linux	绝大多数的操作系统
性能	低	高
成本	低	较高

3. RAID 的基本工作模式

RAID 技术经过不断的发展，现在已拥有了从 RAID 0 到 RAID 6 七种基本的 RAID 级别。另外，还有一些基本 RAID 级别的组合形式，如 RAID 10(RAID 0 与 RAID 1 的组合)、RAID 50（RAID 0 与 RAID 5 的组合）等。不同的 RAID 级别代表着不同的存储性能、数据安全性和存储成本。最为常用的是下面的几种 RAID 形式。

（1）RAID 0

RAID 0 又称为 Stripe(条带化）或 Striping，代表了所有 RAID 级别中最高的存储性能。RAID 0 提高存储性能的原理是把连续的数据分散到多个磁盘上存取，这样一旦系统有数据请求，就可以被多个磁盘并行地执行，每个磁盘执行属于它自己的那部分数据请求。这种数据上的并行操作可以充分利用总线的带宽，显著提高磁盘整体存取性能。

如图 4-14 所示，系统向三个磁盘组成的逻辑硬盘（RAID 0 磁盘组）发出的 I/O 数据请求被转化为三项操作，其中的每一项操作对应于一块物理硬盘。从图 4-14 中可以清楚地看到，通过建立 RAID 0，原先顺序的数据请求被分散到所有的三块硬盘中同时执行。从理论上讲，三块硬盘的并行操作使同一时间内的磁盘读写速度提升了 3 倍。但由于总线带宽等多种因素的影响，实际的提升速率肯定会低于理论值，但是，大量数据并行传输与串行传输比较，提速效果显著显然是毋庸置疑的。

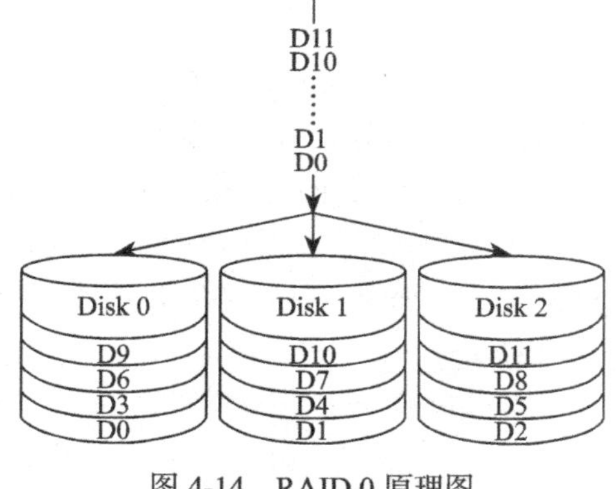

图 4-14 RAID 0 原理图

RAID 0 的缺点是不提供数据冗余，因此一旦数据损坏，损坏的数据将无法得到恢复。RAID 0 的特点是，其特别适用于对性能要求较高，而对数据安全要求低的领域，如图形工作站等。对于个人用户，RAID 0 也是提高硬盘存储性能的绝佳选择。

（2）RAID 1

RAID 1 又称为 Mirror（镜像）或 Mirroring，它的宗旨是最大限度地保证用户数据的可用性和可修复性。RAID 1 的操作方式是把用户写入硬盘的数据百分之百地自动复制到另外一个硬盘上。

如图 4-15 所示，当读取数据时，系统先从 RAID 0 的源盘读取数据，如果读取数据成功，则系统不去管备份盘上的数据；如果读取源盘数据失败，则系统自动转而读取备份盘上的数据，不会造成用户工作任务的中断。当然，应当及时地更换损坏的硬盘并利用备份数据重新建立（备份），避免备份盘在发生损坏时，造成不可挽回的数据损失。

由于对存储的数据进行完全的备份，在所有 RAID 级别中，RAID 1 提供最高的数据安全保障。同样，由于数据的完全备份，备份数据占了总存储空间的一半，因而 RAID 1 的磁盘空间利用率低，存储成本高。

RAID 1 虽不能提高存储性能，但由于其具有的高数据安全性，使其尤其适用于存放重要数据，如服务器和数据库存储等领域。

（3）RAID 3

RAID 3 是把数据分成多个“块”，按照一定的容错算法，存放在 $N+1$ 个硬盘上，实际数据占用的有效空间为 N 个硬盘的空间总和，而第 $N+1$ 个硬盘上存储的数据是校验容错信息，当这 $N+1$ 个硬盘中的其中一个硬盘出现故障时，从其他 N 个硬盘中的数据也可以恢复原始数据，这样，仅使用这 N 个硬盘也可以带“伤”继续工作（如采集和回放素材），当更换一个新硬盘后，系统可以重新恢复完整的校验容错信息。由于在一个 RAID 中，多于一个硬盘同时出现故障的概率很小，所以一般情况下使用 RAID 3，安全性是可以得到保障的。与 RAID 0 相比，RAID 3 在读写速度方面相对较慢。使用的容错算法和分块大小决定 RAID 使用的应用场合，在通常情况下，RAID 3 比较适合大文件类型且安全性要求较高的应用，如视频编辑、硬盘播出机、大型数据库等。

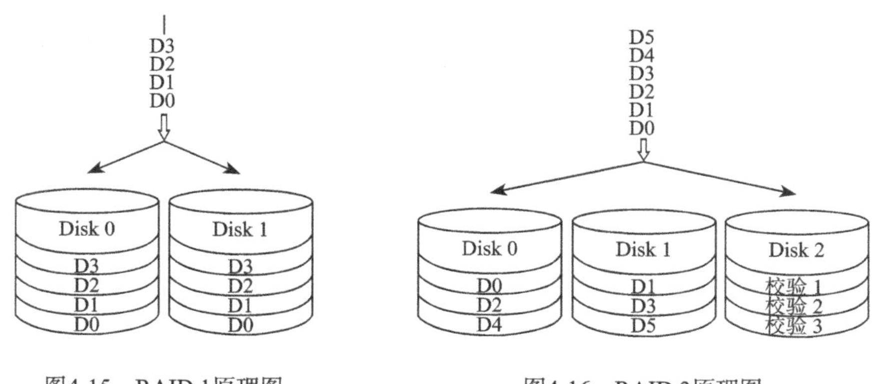

图4-15　RAID 1原理图　　　　图4-16　RAID 3原理图

（4）RAID 5

RAID 5 是一种存储性能、数据安全和存储成本兼顾的存储解决方案。以四个硬盘组成的 RAID 5 为例，其数据存储方式如图 4-17 所示，P0 为 D0、D1 和 D2 的奇偶校验信息，其他以此类推。由图 4-17 可以看出，RAID 5 不对存储的数据进行备份，而是把数据和相对应的奇偶校验信息存储到组成 RAID 5 的各个磁盘上，并且奇偶校验信息和相对应的数据分别存储于不同的磁盘上。当 RAID 5 的一个磁盘数据发生损坏后，利用剩下的数据和相应的奇偶校验信息去恢复被损坏的数据。

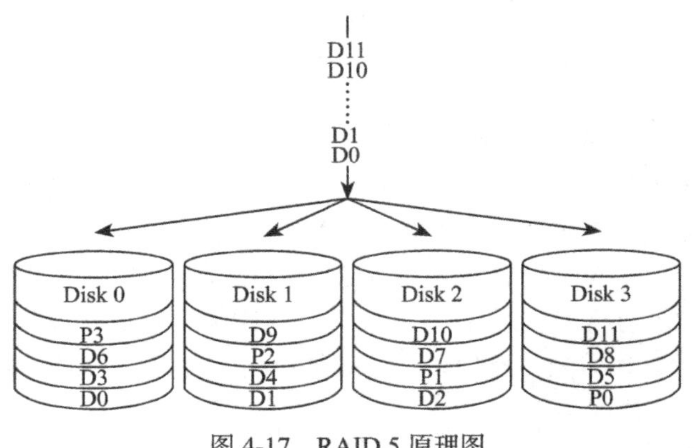

图 4-17 RAID 5 原理图

RAID 5 可以理解为 RAID 0 和 RAID 1 的折中方案。RAID 5 可以为系统提供数据安全保障，但保障程度要比 Mirror 低而磁盘空间利用率要比 Mirror 高。RAID 5 具有和 RAID 0 相近似的数据读取速度，只是多了一个奇偶校验信息，写入数据的速度比对单个磁盘进行写入操作稍慢。同时由于多个数据对应一个奇偶校验信息，RAID 5 的磁盘空间利用率要比 RAID 1 高，存储成本相对较低。

（5）RAID 10

RAID 10 是 RAID 0 和 RAID 1 的组合形式，也称为 RAID 1 + 0。

以四个磁盘组成的 RAID 10 为例，其数据存储方式如图 4-18 所示。RAID 10 是存储性能和数据安全兼顾的方案。它在提供与 RAID 1 一样的数据安全保障的同时，也提供了与 RAID 0 近似的存储性能。

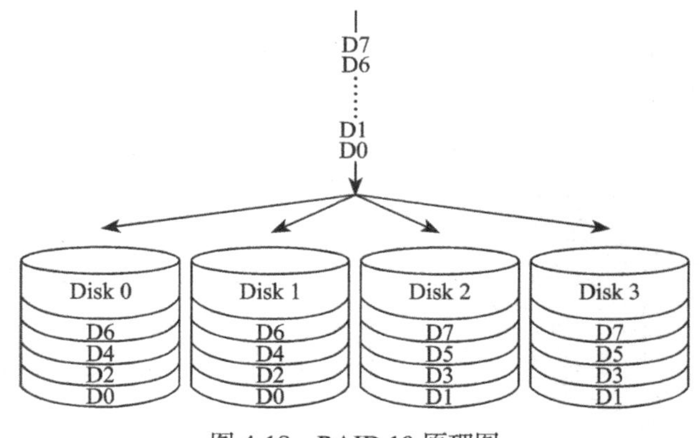

图 4-18 RAID 10 原理图

由于 RAID 10 也通过数据的 100% 备份功能提供数据安全保障，因此 RAID 10 的磁盘空间利用率与 RAID 1 相同，存储成本高。RAID 10 的特点是，其特别适用于既有大量数据需要存取，同时对数据安全性要求严格的领域，如银行、金融、商业超市、仓储库房、各种档案管理等。

4. RAID 级别的选择

选择 RAID 级别有三个主要影响因素：可用性（数据冗余）、性能和成本。如果不要求可用性，选择 RAID 0 以获得最佳性能。如果可用性和性能是重要的而成本不是一个主要因素，则根据硬盘数量选择 RAID 1。如果可用性、成本和性能同样重要，则根据一般的数据传输要求和硬盘的数量选择 RAID 3、RAID 5。RAID 级别性能比较见表 4-3。

表 4-3 RAID 级别性能比较

RAID 级别	RAID 0	RAID 1	RAID 3	RAID 5	RAID 10
别名	条带	镜像	专用奇偶位条带	分布奇偶位条带	镜像阵列条带
容错性	没有	有	有	有	有
冗余类型	没有	复制	奇偶校验	奇偶校验	复制
热备盘选项	没有	有	有	有	有
读性能	高	低	高	高	中间
随机写性能	高	低	最低	低	中间
连续写性能	高	低	低	低	中间
需要的磁盘数	1 个或多个	只需 2 个或 2*N* 个	3 个或更多	3 个或更多	只需 4 个或 2*N* 个
可用容量	总的磁盘的容量	只能用磁盘容量的 50%	（n−1）/n 的磁盘容量，其中 n 为磁盘数	（n−1）/n 的磁盘容量，其中 n 为磁盘数	只能用磁盘容量的 50%
典型应用	无故障地迅速读写，要求安全性不高，如图形工作站等	随机数据写入，要求安全性高，如服务器、数据库存储领域	连续数据传输，要求安全性高，如视频编辑、大型数据库等	随机数据传输要求安全性高，如金融、数据库、存储等	要求数据量大，安全性高，如银行、金融等领域

4.4.3 磁带库

1. 备份设备类型

在选择备份设备时，根据备份数据量的大小、对备份速度的要求、对自动化程度的要求等，用户可以选择不同档次的设备。备份设备主要分为磁带机、自动加载机、磁带库；而磁带库又分为入门级、企业级和超大容量等几个级别。

磁带机又称磁带驱动器，简称带机，是读写磁带的基本设备。它通过 SCSI 线缆与服务器直连，相当于服务器的外设，分为内置和外置两种。一台带机一次只能容纳一盘磁带，需要人工换带，自动化程度低；一般只用于单台服务器备份，适合于数据量非常小的企业。

如果企业希望通过预先制定的备份策略，实现备份过程和备份介质的自动化管理，减少系统管理的工作量，则需要购买能够容纳多盘磁带的设备，即自动加载机或带库。自动加载机内一般能够容纳 4 ～ 20 盘磁带。它与带库的主要区别在于不是通过机械手抓取磁带，而是通过一个简单的自动传送装置移动磁带，并且只能配一台磁带机，因此实现成本较低，但功能也受到限制。它虽然能够支持自动备份，但仍然属于低端的备份设备，适合于单台服务器或小型网络。

磁带库（简称带库）是专业的备份设备，主要由库体、磁带机、磁带槽位、磁带交换口、控制面板、机械手和电子控制单元组成。库体内的大部分空间用于放置磁带，一台或多台磁带机安装在库体内专门的位置，用于读写磁带。带库工作时，机械手在管理软件和电子控制单元的控制下移动，通过安装在机械臂上的条码读取器寻找相应的磁带，然后将其抓取到驱动器内；读或写操作完成后，再由机械手将磁带取出，放回磁带槽位。

由于带库内可安装多个磁带机，因此带库能够支持并发的多任务；对于一个大的备份任务，也可以分配到多个磁带机上并行读 / 写，从而大大提高备份效率，有效地缩小备份窗口。当然这些功能需要备份管理软件的支持。

一般具有几十个磁带槽位的带库属于入门级，几百个磁带槽位的属于企业级，几千个磁带槽位的属于超大容量带库。企业级以上的带库还支持一些复杂的功能，如分区管理、磁带混装和级联扩展等。另外，随着 SAN 技术和 LAN-Free 备份方式的推广，越来越多的企业将带库连接到 SAN 上作为共享的存储资源。因此带库厂商也非常重视带库对 SAN 的支持，很多企业级带库不仅提供光纤通道接口，而且增加了 SAN 环境下的管理功能。

2. *磁带驱动技术*

磁带驱动技术是指磁带驱动器遵循的标准，它规定了数据格式、记录方式、定位方式、走带路径、校验方式、压缩算法、介质尺寸、介质生产工艺及驱动器的接口标准等。在驱动器和磁带的生产过程中，必须遵从某一种驱动技术的标准。只有采用相同标准生产出来的驱动器和磁带才能一起工作。

每个磁带驱动器对应着某个特定的磁带驱动技术，例如，Sony AIT 带机采用的是 AIT 技术，而 Quantum 的 DLT 带机采用的是 DLT 技术。但是带库本身与磁记录技术没有任何必然的联系，也就是说一台带库可以支持多种不同的磁带驱动器，甚至可以支持混装。带库能够支持多少种驱动技术，反映了它的开放性。一般来说，企业信息系统非常注重开放性，防止在系统扩展时受到某种技术和产品的限制。但是在一些特殊领域，则可能由于行业特点或行业习惯一直沿用某种产品，而不是非常重视开放性。

目前主流的磁带驱动技术包括 Quantum 公司的 DLT 和 SuperDLT，IBM、HP 和 Seagate 共同制定的 LTO，STK 的 9840、9940，IBM 的 TS 系列，Exabyte 的 Mammoth-2，Sony 的 AIT-2、AIT-3、DTF、DTF-2 等。

磁带驱动技术最主要的指标是数据传输率和单盘容量，因为这直接关系做一次备份所需的时间和介质数量。查看这两个指标时，要注意区分厂家给出的数值是未压缩模式下的还是在 2 : 1 或更高压缩比下的；另外还要注意区分峰值数据传输率和持续数据传输率的不同，峰值数据传输率是指瞬间可达的最大传输率，不能反映带机的整体性能，用户真正应该关心的是持续数据传输率。反映带机性能的另一个指标是载入时间，是指将一盘磁带插入带机、至带机准备好、再到可进行读写操作所需的时间，一般为几秒到几十秒。相对于备份任务所需的全部时间，载入时间是非常微不足道的。但当带库用于数据迁移（storage migration）系统时，由于需要频繁交换磁带，带机的载入时间长短就比较重要了。

除了容量和性能外，一般用户比较关心可靠性，特别对那些需要带机高负荷工作的系统，可靠性就更为重要。衡量可靠性的一个最常用指标是 MTBF（平均无故障时间），它是指带机在出现故障之前的平均正常工作时间。这一指标并不是通过实测得到的，而是综合了影响带机运作的各种因素，以一定的公式计算得出的。目前主流的驱动技术的 MTBF 可达到十几万小时到几十万小时。带机内部的稳定性与磁头设计、走带路径造成的张力和磨损等因素有关。表 4-4 给出了几种常用磁带驱动技术指标。

表 4-4　常用磁带驱动技术指标

技术	单盘容量 /TB	持续传输率 /（MB/s）	介质寿命 / 年
LTO	2.5	140	30
DLT	1.6	140	15 ～ 30
IBM TS1130	1	160	15 ～ 30

3. 带机、带库厂商及产品

备份设备的生产厂家很多，每个厂家都有着较长的产品线。这里主要介绍一些国际、国内有影响力的带机和带库原厂商及其主打产品。

目前，带机正在朝快的数据传输速度和高的单盘磁带存储容量方向发展，具有主流驱动技术的带机厂商包括 Quantum、Exabyte 和 Sony 等。

Quantum 带机在中档产品中占据了市场大部分份额，但其中很大一部分走 OEM 的销售渠道。其自动加载机 SuperLoader 可将多个备份目标集中到一个共享的自动系统中，降低处理成本，而基于磁盘（备份介质是磁盘）又具有磁带海量特性的近线备份设备 DX30 可显著缩短备份与恢复时间。

Exabyte 的磁带驱动技术包括 8mm Mammoth 和 VXA 技术，VXA 是定位低端的新的磁带技术，它以包的格式读写数据，并可对磁带上的数据记录区进行无空隙扫描，具有高质量、高可靠性、低成本等性能特点。其中 VXA-1 带机是专为苹果机设计的存储方案；VXA-2 同样具有较高的性价比，与 VXA-1 向下兼容。

Sony 的基于 AIT 技术的带机产品有 AIT-1、AIT-2 和 AIT-3，其中 AIT-3 是高性能和大容量的新存储方案，容量（未压缩）为 100GB，速率为 12MB/s，而且能够与 AIT-1、AIT-2 完全读和写逆向兼容，并具有分层磁头、创新型的磁带内存储器（MIC）驱动器接口系统等多项专利技术，提高磁轨密度和存储速度。

带库厂商相对品牌较多，用户的选择空间也更大一些。目前主流的带库厂商主要有 STK、Quantum、Exabyte 和 IBM 等。

在带库厂商中，市场份额最大的当属 Sun 公司（现已被甲骨文公司收购）收购的美国存储技术公司（StorageTek，STK）。STK 目前最主要的产品线是 L 系列，包括 L20、L40、L80、L180、L700、L5500，从最小 20 磁带槽位到最大 5500 磁带槽位。在其入门级产品上，支持 LTO、DLT 和 SuperDLT 等开放技术，只有在高端产品上才同时支持其自身拥有的 9840、9940 驱动技术。

Quantum 拥有 DLT、SuperDLT 技术，其用户基础和发展前景都很好。其 P 系列的主打产品 P4000 和 P7000 分别可以支持几百槽位和十几个驱动器，适合于企业级用户；M 系列是模块化的产品，可根据用户系统需求的增长灵活扩展带库的容量和性能，M1500 可从 20 槽位扩展到 200 槽位，M2500 则可从 100 槽位扩展到 300 槽位，非常适合于那些快速发展的中小企业。美中不足的是，ATL 对超大容量的解决方案不是非常理想，在这一部分市场上的竞争力较弱。

8mm 是 Exabyte 公司的独立技术，具有速度快、容量大、可靠性高、价廉、体积小等特点，主要用于带库。其 8mm 带库的智能机械臂系统可任意存取磁带，采用模块化设计，产品线全，从 VXA 自动化 / 驱动器产品系列 AutoPak230/115/110、VXA-1/1 到 Mammoth Tape 自动化 / 驱动器产品系列 X200/80/430M/215M/EZ17、M2/Mammoth/Eliant 820，容量从单盘（非压缩）33GB 到整库 12TB，涵盖由低到高的用户市场，可实现无人值守自动数据存储管理，适用于服务器备份、网络备份、自动归档、分级存储管理及图形图像等领域。

IBM 的带库和带机产品比较多。

4. 产品选购指南

当准备建设备份系统、购买备份设备时，需要考虑和考查哪些问题呢？

首先，要选择符合应用特点的驱动技术。前面已经介绍过比较驱动技术时主要考虑哪些方面，但事实上每种技术都有它的特点和优点，不是通过简单的参数对比就能比出高下的。真正需要采购时还是要结合实际需求，根据应用特点确定驱动技术的哪一项或哪几项指标比较重要。例如，对于备份和归档的数据量非常大的应用系统而言，选用单盘容量大的磁带驱动技术，从长远角度看是可以有效降低介质成本和管理成本的；而对于需要时常访问归档数据的信息系统，则应注重驱动器的载入时间和读写速度，从而有效降低用户的等待时间。另外在考虑驱动技术自身特性的同时，要考虑其成熟性和发展性。

选定驱动技术之后，就可以根据需要备份的数据量、信息系统对备份窗口的要求及采用何种备份策略等因素，确定所需带库的容量和备份速度，从而基本确定可供选择产品的范围。从备选产品中进行第二轮筛选，则要具体分析每个产品的功能和特点，看它是否具备某项需要的功能，是否有某项缺点恰好影响使用。例如，某大型企业网上运行着多个应用系统，希望做集中的数据存储和数据备份，由于应用和数据类型的多样化，可能需要采用不同的磁带格式进行备份，这时带库的分区管理功能和对混合介质的管理功能就是必不可少的。

筛选过后留下的产品基本能满足需要，这时取决于性价比。不过，在最后选定一款产品前，一定记得请厂家或代理商核查兼容性列表，特别是用户的信息系统环境比较复杂时，要确认该产品与原有的、计划增加的设备及软件的兼容性。这个环节非常重要，因为带库不是独立工作的，而是与备份服务器、备份客户端、备份管理软件共同组成备份系统。如果忽视了这个环节，可能会给系统实施带来严重的问题。

在带库的选择过程中，不要忘记考虑未来的扩展需求。信息系统是不断发展的，基础设施的建设也不可能一步到位。如果在设计初期考虑到带库的扩容能力和功能的多样性，就可以从容面对信息系统需求的发展和变化。

4.4.4 存储体系结构

通过大量磁盘构建存储体系，主要有三种结构，即 DAS、NAS、SAN，它们各有其优缺点。

1. DAS 技术

DAS（Direct Attached Storage，直接附加存储）即直连方式存储。在这种方式中，存储设备是通过电缆（通常是 SCSI 接口电缆）直接连接服务器。I/O（输入 / 输入）请求直接发送到存储设备。DAS 也可称为 SAS（Server Attached Storage，服务器附加存储）。它依赖于服务器，其本身是硬件的堆叠，不带有任何存储操作系统。图 4-19 为典型 DAS 结构图。

DAS 的适用环境为：

1）服务器在地理分布上很分散，通过 SAN（存储区域网络）或 NAS（网络直接存储）在它们之间进行互连非常困难时。

2）存储系统必须被直接连接到应用服务器（如 Microsoft Cluster Server 或某些数据库使用的“原始分区”）上时。

3）包括许多数据库应用和应用服务器在内的应用，它们需要直接连接到存储器上时。

对于多个服务器或多台 PC 的环境，使用 DAS 方式设备的初始费用可能比较低，可是这种连接方式下，每台 PC 或服务器单独拥有自己的存储磁盘，容量的再分配困难；对于整个环境下的存储系统管理，工作烦琐而重复，没有集中管理解决方案。所以整体的拥有成本（TCO）较高。目前DAS基本被NAS所代替。

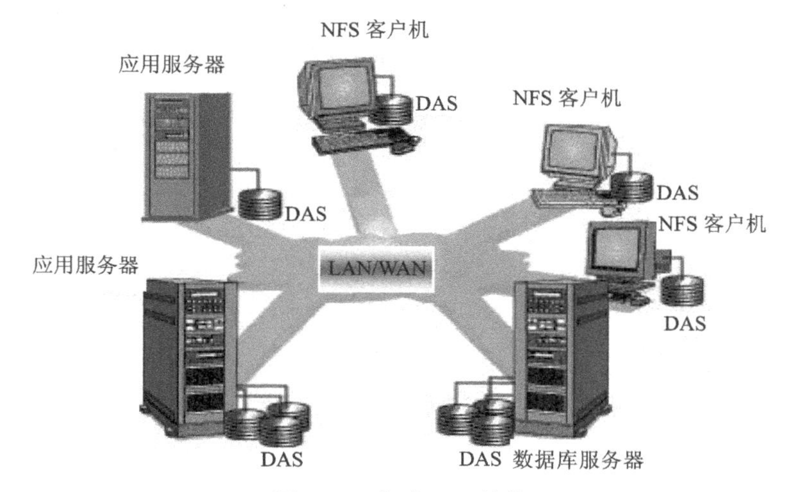

图 4-19　典型 DAS 结构

2. NAS 技术

在NAS（Network Attached Storage，网络附加存储）存储结构中，存储系统不再通过I/O总线附属于某个特定的服务器或客户机，而是直接通过网络接口与网络直接相连，由用户通过网络来访问。其结构如图4-20所示。

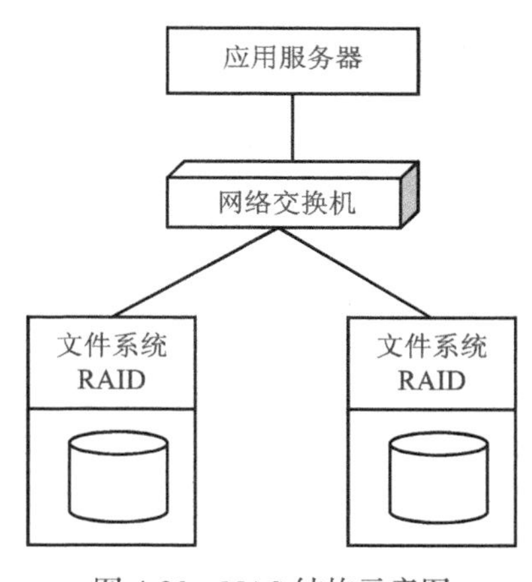

图 4-20　NAS 结构示意图

NAS实际上是一个带有瘦服务的存储设备，其作用类似于一个专用的文件服务器，不过把显示器、键盘、鼠标等设备省去。NAS用于存储服务，可以大大降低存储设备的成本，另外NAS中的存储信息都是采用RAID方式进行管理的，从而有效地保护了数据。

在访问资源方面也非常方便，用户访问NAS同访问一台普通计算机的硬盘资源一样简单，甚至可以通过设置NAS设备为一台FTP服务器，这样其他用户就可以通过FTP访问NAS中的资源了。在管理方面也可以通过网页浏览的方式进行管理。

DAS与NAS的比较见表4-5。

表 4-5　DAS 与 NAS 的比较

比较项目	NAS	DAS
核心技术	基于Web开发的软硬件集合于一身的IP技术，部分NAS是软件实现RAID技术	硬件实现RAID技术
支持操作平台	完全跨平台文件共享，支持所有的操作系统	不能提供跨平台文件共享功能，受限于某个独立的操作系统
连接方式	通过RJ45接口连接网络，直接往网络上传输数据，可接10MB/s、100MB/s、1000MB/s网络	通过SCSI线接在服务器上，通过服务器的网卡往网络上传输数据
安装	安装简便快捷，即插即用	通过LCD面板设置RAID较简单，连上服务器操作时较复杂

（续）

比较项目	NAS	DAS
操作系统	独立的 Web 优化存储操作系统，完全不受服务器干预	无独立的存储操作系统，需相应服务器的操作系统支持
存储数据结构	集中式数据存储模式，将不同系统平台下的文件存储在一台 NAS 设备上，方便网络管理员集中管理大量的数据，降低维护成本	分散式数据存储模式，网络管理员需要耗费大量时间到不同服务器下分别管理各自的数据，维护成本增加
数据管理	管理简单，基于 Web 的 GUI 管理界面，使 NAS 设备的管理一目了然	管理较复杂，需要服务器附带的操作系统支持
软件功能	自身支持多种协议的管理软件，功能多样，支持日志文件系统，并一般集成本地备份软件	没有自身管理软件，需要针对现有系统情况另行购买
扩充性	轻松在线增加设备，无需停顿网络，而且与已建立起的网络完全融合，充分保护用户原有投资，良好的扩充性完全满足 24×7 不间断服务	增加硬盘后重新做 RAID 一般要停机，会影响网络服务
总拥有成本（TCO）	价格低，不需要购买服务器及第三方软件，以后的投入会很少，降低用户的后续成本，从而使总拥有成本降低	价格较适中，需要购买服务器及操作系统，总拥有成本较高
数据备份与灾难恢复	集成本地备份软件，可实现无服务器的网络数据备份。双引擎设计理念，即使服务器发生故障，用户仍可进行数据存取	可备份直连服务器及工作站的数据，对多台服务器进行数据备份较难
RAID 级别	RAID 0、1、5、10 或 JBOD	RAID 0、1、3、5、10 或 JBOD
硬件架构	冗余电源、多风扇、热插拔	冗余电源、多风扇、热插拔、背板化结构

3. SAN 技术

SAN 是通过专用高速网将一个或多个网络存储设备和服务器连接起来的专用存储系统，未来的信息存储将以 SAN 存储方式为主。SAN 主要采取数据块的方式进行数据和信息的存储，目前主要使用于以太网和光纤通道两类环境中。SAN 结构如图 4-21 所示。

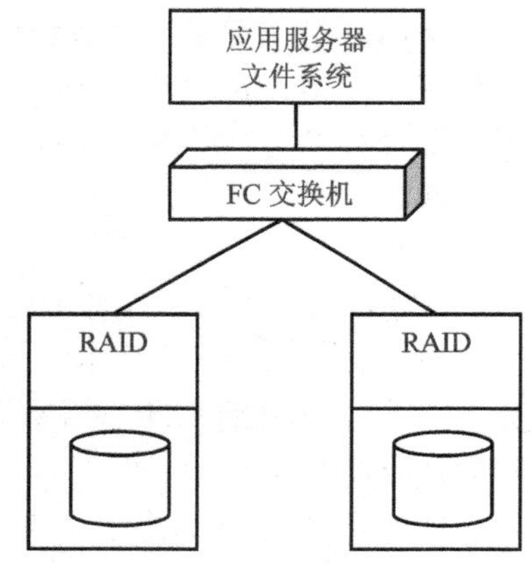

图 4-21 SAN 结构示意图

通过 IP 协议或以太网的数据存储，IP 存储使得性价比较好的 SAN 技术能应用到更广阔的市场中。它利用廉价、资源丰富的以太网交换机、集线器和线缆来实现低成本、低风险基于 IP 的 SAN 存储。

光纤通道是一种存储区域网络技术，它实现了主机互连、企业间共享存储系统的需求。可以为存储网络用户提供高速、高可靠性及稳定安全性的传输。光纤通道是一种高性能，高成本的技术。

另外，无限带宽技术（Infiniband）是一种高带宽、低延迟的下一代互联技术，构成新的网络环境，实现 IB SAN 的存储系统。

NAS 与 SAN 的比较见表 4-6。

表 4-6 NAS 与 SAN 的比较

比较项目	NAS	SAN
文件系统	基于 File System	基于 LUN
连接方式	连接在 LAN 里面的存储服务器	由 FC 交换机组成的一个存储网络

（续）

比较项目	NAS	SAN
操作系统	和 Cluster 无关，NAS 设备有自己的 OS	和 Cluster 密切相关，SAN 设备没有 OS
存储数据结构	数据是不排外的，同一个逻辑区域可以被多个服务器读取和修改	数据是放在 LUN 上的，同一个区域需要 Lock Manager 来控制，不允许同时读写
体系结构	主要作为散布在 LAN 中的各个分开的存储系统	主要作为一个整体概念存在在企业中，可以看作一个单独的存储系统
协议集	廉价，采用 TCP/IP	昂贵，采用 FC 相关协议集
总拥有成本（TCO）	性价比较好，适合中小企业的中央存储	性能优越，但是价格昂贵，适合大型企业和关键应用的核心存储系统

（1）FC SAN 技术

由于应用的不断要求，光纤通道技术已经确立成为 SAN（存储局域网）互联的精髓，可以为存储网络用户提供高速、高可靠性及稳定、安全的传输。光纤通道技术是基于美国国家标准协会（ANSI）的 X3.230：1994 标准（ISO 14165-1）而创建的基于块的网络方式。该技术详细定义了在服务器、转换器和存储子系统（如磁盘列阵或带库）之间建立网络结构所需的连接和信号。光纤通道几乎可以传输任何大小的流量。

光纤通道采用光纤以 1Gbit/s、2Gbit/s、4Gbit/s 和最新的 10Gbit/s 速率传输 SAN 数据。同时，延迟时间短，尽量缩短数据请求和发送的迟缓时间。例如，典型的光纤通道转换所产生的延时仅有数微秒。正是由于光纤通道结合了高速度与延迟性低的特点，在时间敏感或交易处理的环境中，光纤通道成为理想的选择。同时，这些特点还支持强大的扩展能力，允许更多的存储系统和服务器互连。光纤通道同样支持多种拓扑结构，既可以在简单的点对点模式下实现两个设备之间的运行，也可以在经济型的仲裁环下连接 126 台设备，或者（最常见的情况）在强大的交换式结构下为数千台设备提供同步全速连接。

（2）IP SAN 技术

1）什么是 IP SAN。

顾名思义，IP SAN 存储技术是在传统 IP 以太网上架构一个 SAN 存储网络以把服务器与存储设备连接起来的存储技术。IP SAN 其实是在 FC SAN 的基础上再进一步，把 SCSI 协议完全封装在 IP 协议之中。简单来说，IP SAN 就是把 FC SAN 中光纤通道解决的问题通过更为成熟的以太网实现了，从逻辑上讲，它是彻底的 SAN 架构，即为服务器提供块级服务。

2）IP SAN 的特性。

IP SAN 技术有其独特的优点：节约大量成本、加快实施速度、优化可靠性及增强扩展能力等。采用 iSCSI 技术组成的 IP SAN 可以提供和传统 FC SAN 相媲美的存储解决方案，而且普通服务器或 PC 只需要具备网卡，即可共享和使用大容量的存储空间。与传统的分散式直连存储方式不同，它采用集中的存储方式，极大地提高了存储空间的利用率，方便了用户的维护管理。

iSCSI 是基于 IP 协议的，能容纳所有 IP 协议网络中的部件。通过 iSCSI，用户可以穿越标准的以太网线缆，在任何需要的地方创建实际的 SAN 网络，而不需要专门的光纤通道网络在服务器和存储设备之间传送数据。iSCSI 可以实现异地间的数据交换，使远程镜像和备份成为可能。因为没有光纤通道对传输距离的限制，IP SAN 使用标准的 TCP/IP 协议，数据即可在以太网上进行传输。

3）IP SAN 和 FC SAN 的比较。

SAN 主要包含 FC SAN 和 IP SAN 两种，FC（fibre channel）SAN 的网络介质为光纤通道，而 IP SAN 使用标准的以太网。采用 IP SAN 可以将 SAN 为服务器提供的共享特性及 IP 网络的易用性很好地结合在一起，并且为用户提供类似服务器本地存储的较高性能体验。SAN 是一种进行块级服务的存储架构，一直以来，FC SAN 发展相对迅速，因此，一度认为只能通过光纤通道来实现 SAN，然而通过传统的以太网仍然可以构建 SAN，那就是 IP SAN。

iSCSI 是实现 IP SAN 最重要的技术。在 iSCSI 出现之前，IP 网络与块模式（主要是光纤通道）是两种完全不兼容的技术。由于 iSCSI 是运行在 TCP/IP 之上的块模式协议，它将 IP 网络与块模式的优势很好地结合起来了，且 IP SAN 的成本低于 FC SAN。

4）IP SAN 解决方案。

IP SAN 存储解决方案有着广泛的行业适用性，在备份和恢复、高可用性、业务连续性、服务器和存储设备整合等方面，采用 iSCSI 技术组成的 IP SAN 存储可与 FC SAN 相媲美。IP SAN 构建成本更低，而且可以连接更远的距离，对于电信、企业、教育、政府、专业设计公司、音 / 视频处理、新闻出版、ISP\ICP、科研院所、信息中心等行业用户都比较适用。

图 4-22 为比较简单的 IP SAN 结构图。例中使用千兆以太网交换机搭建网络环境，由非编工作站、文件服务器和磁盘阵列及带库组成。图中使用 iSCSI HBA（Host Bus Adapter，主机总线适配卡）连接服务器和交换机。为强调 HBA 卡，特意另外画出标明。iSCSI HBA 不仅包括网卡的功能，而且支持 OSI 网络协议堆栈以实现协议转换的功能。

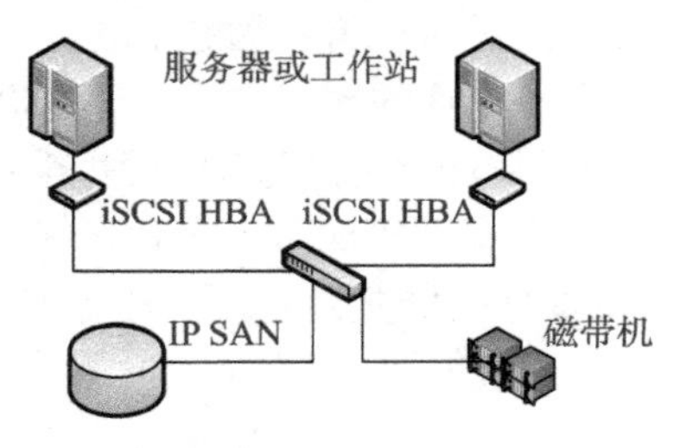

图 4-22　典型的 IP SAN 解决方案

注意：如果不用 HBA 卡，也可以用软件实现 SCSI 协议和 TCP/IP 协议之间的转换，但这比较消耗 CPU 资源。如果采用软件，服务器配置建议采用双 CPU。在 IP SAN 中还可以将基于 iSCSI 技术的带库直接连接到交换机上，通过存储管理软件实现简单、快速的数据备份。

（3）IB SAN 技术

1）什么是 IB SAN。InfiniBand 是一种交换结构 I/O 技术，其设计思路是通过一套中心机构 InfiniBand 交换机在远程存储器、网络及服务器等设备之间建立一个单一的连接链路，并由中心 InfiniBand 交换机来指挥流量，它的结构设计得非常紧密，大大提高了系统的性能、可靠性和有效性，能缓解各硬件设备之间的数据流量拥塞。而这是许多共享总线式技术没有解决好的问题，例如，这是基于 PCI 的机器最头疼的问题，甚至最新的 PCI-X 也存在这个问题。因为在共享总线环境中，设备之间的连接都必须通过指定的端口建立单独的链路。

InfiniBand 的设计主要围绕着点对点及交换结构 I/O 技术，这样，从简单、廉价的 I/O 设备到复杂的主机设备都能被堆叠的交换设备连接起来。InfiniBand 主要支持两种环境：模块对模块的计算机系统（支持 I/O 模块附加插槽）；在数据中心环境中的机箱对机箱的互连系统、外部存储系统和外部 LAN/WAN 访问设备。

InfiniBand 支持的带宽比现在主流的 I/O 载体（如 SCSI、以太网、光通道）还要高，另外，由于使用 IPv6 的报头，InfiniBand 还支持与传统 Internet/Intranet 设施的有效连接。

用 InfiniBand 技术替代总线结构所带来的最重要的变化就是建立了一个灵活、高效的数据中心，省去了服务器复杂的 I/O 部分。

InfiniBand SAN 采用层次结构，将系统的构成与接入设备的功能定义分开，不同的主机可通过 HCA（Host Channel Adapter）、RAID 等网络存储设备利用 TCA（Target Channel Adapter）接入 InfiniBand SAN。

InfiniBand 应用于服务器群和存储区域网络（SAN），在这种环境中，性能问题至关重要。该结构可以基于信道的串口替代共用总线，从而使 I/O 子系统和 CPU/ 内存分离。所有系统和设备（一般称作节点）可通过信道适配器逻辑连接到该结构，它们可以是主机（服务器）适配器（HCA）或目标适配器（TCA）。该结构（包括 InfiniBand 交换机和路由器）还可轻松实现扩展，从而满足不断增长的需求。InfiniBand 协议可满足各种不同的需求，包括组播、分区、IP 兼容性、流控制和速率控制等。

2）IB SAN 特性。InfiniBand SAN 主要具有如下特性：

- 可伸缩的 Switched Fabric 互连结构。
- 由硬件实现的传输层互连高效、可靠。
- 支持多个虚信道（virtual lanes）。
- 硬件实现自动的路径变换（path migration）。
- 高带宽，总带宽随 IB Switch 规模成倍增长。
- 支持 SCSI 远程 DMA 协议（SRP）。
- 具有较高的容错性和抗毁性，支持热插拔。

3）IB SAN 应用与发展。在 InfiniBand 体系结构下，可以实现不同形式的存储系统，包括 SAN 和 NAS。基于 InfiniBand I/O 路径的 SAN 存储系统有两种实现途径：其一是 SAN 存储设备内部通过 InfiniBand I/O 路径进行数据通信，InfiniBand I/O 路径取代 PCI 或高速串性总线，但与服务器 / 主机系统的连接还是通过 FC I/O 路径；其二是 SAN 存储设备和主机系统利用 InfiniBand I/O 路径取代 FC I/O 路径，实现彻底基于 InfiniBand I/O 路径的存储体系结构。

InfiniBand 有可能成为未来网络存储的发展趋势，原因在于：

① InfiniBand 体系结构经过特别设计，支持安全的信息传递模式、多并行通道、智能 I/O 控制器、高速交换机及高可靠性、可用性和可维护性。

② InfiniBand 体系结构具有性能可伸缩性和较广泛的适用性。

③ InfiniBand 由多家国际大公司共同发起，是一个影响广泛的业界活动。

InfiniBand 应用于服务器群和存储区网络（SAN），但它的模块化、可扩展的结构及灵活性使其能够广泛应用于各种高性能 I/O 的结构。InfiniBand 将与其他标准兼容，如以太网和其他 LAN 及 WAN。InfiniBand 可作为一种“通用载体”技术进行应用，这使得它具备解决大型集成问题的潜力。

4.4.5 备份系统及备份软件

1. 数据备份结构

常见的数据备份系统主要有 Host-Based、LAN-Based 和 SAN-Based 等多种结构。

（1）Host-Based 备份结构

Host-Based 是传统的数据备份结构。在该结构中，带库直接接在服务器上，而且只为该服务器提供数据备份服务。一般情况下，这种备份大多采用服务器上自带的带机，而备份操作通常是通过手工操作的方式进行的。另外，不同的操作系统平台使用的备份恢复程序一般也不相同，这使得备份工作和对资源的总体管理变得更加复杂。

Host-Based 备份结构的优点是数据传输速度快，备份管理简单；缺点是不利于备份系统的共享，不适合于现在大型的数据备份要求。

（2）LAN-Based 备份结构

在 LAN-Based 备份系统中，数据的传输是以网络为基础的。其中配置一台服务器作为备份服务器，由它负责整个系统的备份操作。带库则接在某台服务器上，在数据备份时，备份对象把数据通过网络传输到带库中实现备份。

LAN-Based 备份结构的优点是节省投资、带库共享、集中备份管理；缺点是网络传输压力大。

（3）SAN-Based 备份结构

基本 SAN（存储区域网）结构的典型备份方式有 LAN-Free 和 Server-Free 备份系统。基于 SAN 的备份是一种彻底解决传统备份方式需要占用 LAN 带宽问题的解决方案。它采用一种全新的体系结构，将带库和磁盘阵列各自作为独立的光纤节点，多台主机共享带库备份时，数据流不再经过网络而直接从磁盘阵列传到带库内，是一种无需占用网络带宽（LAN-Free）的解决方案。

目前随着 SAN 技术的不断进步，LAN-Free 结构已经相当成熟。LAN-Free 的优点是数据备份统一管理、备份速度快、网络传输压力小、带库资源共享；缺点是投资高。

Server-Free 备份结构是以全面地释放网络和服务器资源为目的的。它的核心是在 SAN 的交换层实现数据的复制工作，这样备份数据不仅无需经过网络，而且也不必经过应用服务器的总线，完全保证了网络和应用服务器的高效运行。目前一些厂商推出了自己在这方面的相关产品和解决方案，但是比较成熟且开放性好的产品还在进一步发展中。到目前为止，Server-Free 技术已经成为所有相关厂商争相追逐的目标，无疑是备份技术领域内最大的热点，相信在不久之后，用户就可以真正享受到这一新技术带来的成果。

目前主流的备份软件（如 IBM Tivoli、Veritas 等）均支持上述三种备份方案。三种方案中，LAN-Based 备份数据量最小，对服务器资源占用最多，成本最低；LAN-Free 备份数据量大一些，对服务器资源占用小一些，成本高一些；Server-Free 备份方案能够在短时间备份大量数据，对服务器资源占用最少，但成本最高。

2. 备份软件

一般磁带驱动器的厂商并不提供设备的驱动程序，对磁带驱动器的管理和控制工作完全由备份软件完成。磁带的卷动、吞吐磁带等机械动作都要靠备份软件的控制来完成。所以，备份软件和带机之间存在兼容性的问题，这两者之间必须互相支持，备份系统才能得以正常工作。

与磁带驱动器一样，带库的厂商也不提供任何驱动程序，机械动作的管理和控制全部由备份软件负责。与磁带驱动器相区别的是，带库具有更复杂的内部结构，备份软件的管理相应的也更复杂，如机械手的动作和位置、磁带仓的槽位等。这些管理工作的复杂程度比单一磁带驱动器要高出很多，所以几乎所有的备份软件都是免费地支持单一带机的管理，而对带库的管理要收取一定的费用。

备份数据的管理不容忽视。作为全自动的系统，备份软件必须对备份下来的数据进行统一管理和维护。在简单的情况下，备份软件只需要记住数据存放的位置即可，这一般是依靠建立一个索引来完成的。然而随着技术的进步，备份系统的数据保存方式也越来越复杂多变。例如，一些备份软件允许多个文件同时写入一盘磁带，这时备份数据的管理就不再像传统方式下那么简单了，往往需要建立多重索引才能定位数据。

数据格式也是一个需要关心的问题。就像磁盘有不同的文件系统格式一样，磁带的组织也有不同的格式。一般备份软件会支持若干种磁带格式，以保证自己的开放性和兼容性，但是使用通用的磁带格式也会损失一部分性能。所以，大型备份软件一般还是偏爱某种特殊的格式。这些专用的格式一般具有高容量、高备份性能的优势，但是需要注意的是，特殊格式对于恢复工作来说，是一个不小的隐患。

备份策略制定是一个重要部分。需要备份的数据都存在一个2/8原则，即20%的数据被更新的概率是80%。这个原则说明，每次备份都完整地复制所有数据是一种非常不合理的做法。事实上，真实环境中的备份工作往往基于一次完整备份之后的增量备份或差量备份。那么完整备份与增量备份和差量备份之间如何组合才能最有效地实现备份保护，这正是备份策略所关心的问题。

工作过程控制也是一个重要部分。根据预前制定的规则和策略，备份工作何时启动，对哪些数据进行备份，以及工作过程中意外情况的处理，这些都是备份软件需要注意的问题。这其中包括与数据库应用的配合接口，也包括一些备份软件自身的特殊功能。例如，很多情况下需要对打开的文件进行备份，这就需要备份软件能够在保证数据完整性的情况下，对打开的文件进行操作。另外，由于备份工作一般是在无人看管的环境下进行的，一旦出现意外，正常工作无法继续时，备份软件必须能够具有一定的意外处理能力。

数据恢复工作同样重要。数据备份的目的是恢复数据，所以这部分功能自然也是备份软件的重要部分。很多备份软件对数据恢复过程都给出了相当强大的技术支持和保证。一些中低端备份软件支持智能灾难恢复技术，即用户几乎无需干预数据恢复过程，只要利用备份数据介质，就可以迅速自动地恢复数据。而一些高端的备份软件在恢复时，支持多种恢复机制，用户可以灵活地选择恢复程度和恢复方式，极大地方便了用户。

3. 备份介质

除了备份架构的新进展之外，在备份介质选择上也出现了一些新的趋势。

传统备份介质主要以磁带设备为主，这主要是因为磁带在单位容量的成本上，较之其他介质具有非常大的优势。但是随着技术的发展进步，尤其是ATA技术的发展，硬盘的成本在迅速下降。现在，在一些场合下，磁盘作为备份介质的优势已经越来越明显。一些厂商正在着力劝说用户采用更加方便高效的磁盘代替磁带作为备份介质，更有一些厂商甚至推出了包含磁盘和备份软件的整体设备，即备份一体机。

事实上，磁盘作为备份介质的最大好处是其介质管理工作的简化和性能的提升。前面提到过，一个带库的管理工作非常复杂繁琐，如果考虑到对不同厂家的不同型号的带库产品都提供良好支持的话，工作无疑是极其艰巨的。而磁盘介质几乎不存在这样的问题。这也是备份软件厂商看好磁盘备份的理由之一。

然而，磁带介质本身的技术发展并没有受到这一理念的冲击。相反地，就在磁盘介质向离线存储领域发展的同时，磁带介质也借数据迁移技术的发展，大踏步地向在线存储领域发展着。

数据迁移技术也称为分层存储管理，是一种将离线存储与在线存储整合的技术。传统上，离线数据是静态的，无法实时地被访问，而数据迁移技术正是冲破这一限制，将离线的数据与在线的数据统一调度，从而实现所有数据的实时访问。与磁盘备份技术相反，这一技术的主要目的是以一定的存储系统性能为代价，换取大型海量存储系统的总体拥有成本。

数据迁移的工作原理（见图 4-23）比磁盘备份技术略为复杂。简单地说，数据迁移就是将大量不经常访问的数据存放在带库等离线介质上，在磁盘阵列上只保存少量访问频率高的数据。当那些磁带介质上的数据被访问时，系统自动地把这些数据回迁到磁盘阵列中；同样，磁盘阵列中很久未访问的数据被自动迁移到磁带介质上。从某种意义上讲，磁盘阵列以一个带库的“中间缓存”的方式被使用，既保证了大多数情况下数据访问的响应性能，也避免了大量利用率低的数据长期占用成本较高的磁盘空间。

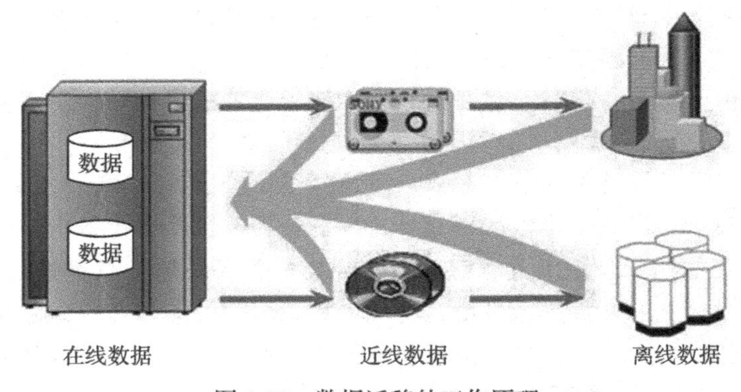

图 4-23 数据迁移的工作原理

4. 厂商及产品介绍

备份软件厂商中最具影响力的当属 Veritas 公司。这家公司经过多年的发展，在备份软件市场已经占据了四成左右的份额。其备份产品主要是两个系列——高端的 NetBackup 和低端的 Backup Exec。其中 NetBackup 适用于中型和大型的存储系统，可以广泛地支持各种开放平台。NetBackup 还支持复杂的网络备份方式和 LAN-Free 的数据备份，其技术先进性是业界共同认可的。

Backup Exec 是原 Seagate Soft 公司的产品，在 Windows 平台具有相当的普及率和认可度，Microsoft 公司不仅在公司内部全面采用这款产品进行数据保护，而且将其简化版打包在 Windows 操作系统中，我们现在在 Windows 系统中使用的“备份”功能就是 OEM 自 Backup Exec 的简化版。2000 年年初，Veritas 收购了 Seagate Soft 之后，在原来的基础上对这个产品进行进一步丰富和加强，现在这款产品在低端市场的占用率已经稳稳地占据第一的位置。

Legato 公司是备份领域内仅次于 Veritas 公司的主要厂商。作为专业的备份软件厂商，Legato 公司拥有比 Veritas 公司更久的历史，这使其具有了相当的竞争优势，一些大型应用的产品中涉及备份的部分都会率先考虑与 Legato 的接口问题。而且，像 Oracle 等一些数据库应用直接内置集成了 Legato 公司的备份引擎。这些因素使得 Legato 公司成为了高端备份软件领域中的一面旗帜。在高端市场这一领域，Legato 公司与 Veritas 公司一样具有极强的技术和市场实力，两家公司在高端市场的争夺一直难分伯仲。

Legato 公司的备份软件产品以 NetWorker 系列为主线，与 NetBackup 一样，NetWorker

也适用于大型的复杂网络环境，具有各种先进的备份技术机制，广泛地支持各种开放系统平台。值得一提的是，NetWorker 中的 Cellestra 技术第一个在产品上实现了 Serverless Backup 的思想。仅就备份技术的先进性而言，Legato 公司是有实力可以挑战任何强大对手的。

除了 Veritas 和 Legato 在备份领域的两大巨头之外，IBM Tivoli 也是重要角色之一。其 Tivoli Storage Manager 产品是高端备份产品中的有力竞争者。与 Veritas 的 NetBackup 和 Legato 的 NetWorker 相比，Tivoli Storage Manager 更多适用于以 IBM 主机为主的系统平台，但其强大的网络备份功能可以胜任任何大规模的海量存储系统的备份需要。

CA 公司的主要精力虽然没有放在存储技术方面，但其原来的备份软件 ARCServe 仍然在低端市场具有相当广泛的影响力。近年来，随着存储市场的发展，CA 公司重新调整策略，并购了一些备份软件厂商，整合之后推出了新一代备份产品——BrightStor，这款产品的定位直指中高端市场。

4.5 云计算服务设计

4.5.1 云计算的类型

云计算的思想是将桌面上的计算移到基于服务器集群和大型数据库的面向服务的数据中心平台上进行，使得用户不需要购买、建设昂贵的系统，转而按需租用所需要的计算、存储等服务。云计算的核心是服务与租用。

按照服务类型的不同，云计算可分为基础设施即服务（IaaS）、平台及服务（PaaS）、软件及服务（SaaS）三种基本形式；按照云计算使用范围的不同，可以分为公有云和私有云。

云计算的核心技术之一是虚拟化，即将用户的需求组成虚拟的机器，映射（部署或调度）到物理机器上，使得用户感觉拥有物理的机器。但实际的物理机器是被众多用户共享的。

（1）IaaS

IaaS 的特点如下：

- 用户在选定的 OS 环境中部署、运行应用。
- 用户不管理、控制基础设施，但可控制 OS、存储和部署的应用。
- IaaS 中的资源主要包括网络、计算机、存储等。

现在流行的 IaaS 是 Amazon 的 EC2，可以按用户的需求（CPU 数量、内存数量、外存数量等）定制基础设施出租给用户。

（2）PaaS

PaaS 的特点如下：

- Platform 包括 OS、LIB 等，是一个包括软硬件的集成计算机系统。
- 用户自己开发、部署应用。
- 用户不管理平台。

典型的 PaaS 有 Google App Engine、Microsoft Azure、Amazon Elastic 等。

（3）SaaS

SaaS 的特点如下：

- 软件、应用作为服务被租用。
- 通常基于 Web。

典型的 SaaS 有 Google Gmail、docs，Microsoft 的 Sharepoint，Salesforce.com 的 CRM 等。

4.5.2 云存储系统

将存储系统以云的形式提供服务，就构成了云存储系统。

用户可以按需租用存储容量，自己实施数据访问控制，对用户进行访问授权。现在普遍使用的各类云盘都是云存储的具体例子。

4.5.3 云计算服务系统的设计

物联网工程在很多时候都是专用的系统，并不需要建设成云计算系统。如果某些特定的物联网工程需要按云计算的方式为用户提供服务，则可以选择 IaaS、PaaS、SaaS 之一或组合的形式，选用相应的软件系统，将系统设计成虚拟化的服务系统，按服务的方式出租给用户使用。

4.6 机房工程设计

4.6.1 电源系统设计

电源系统包括 UPS 系统、EPS 系统、配电系统等。

1. UPS 系统设计要求

因市电电压的不稳定性和停电的不确定性，采用 UPS 系统（不间断电源）对市电进行稳压、在停电时通过电池对设备供电就必不可少。主要要求有：

1）应不小于现有全部设备的最大用电负荷，最好留有一定的冗余，以备增加设备。

2）电池的最小供电时间应保证管理人员能从容进行关机等操作，通常不小于 2 小时。如果所设计的物联网工程必须提供不间断的服务，则按供电部门的常规停电规律，电池容量应不小于 24 小时。

3）主机应采用模块化结构，且留有可扩展空间。

4）最好具有自动关闭设备的功能并能设置关机条件，即在市电掉电时，可根据设置的条件向计算机设备发出关机命令，自动关闭计算机设备。

5）具备 220V 和 380V 交流输出方式。

6）三相输出时，三相负载之间的差异应允许尽可能大。

7）功率因数高，功率损耗小。

8）电池寿命应尽量长（不少于 3 年）。

9）切换时间短（从市电切换为电池）。

2. EPS 系统设计要求

UPS 负责在市电停电时为设备供电，但 UPS 通常并不为空调供电。一旦市电停电，空调就停止工作，机房的温度会快速升高（大型机房通常几分钟能升到 40℃以上），给设备带来烧毁的危险。如果所设计的物联网工程需提供不间断的服务，则需要为空调设计不间断电源，这类电源称为 EPS。因空调启停时电流变化区间大，所以 EPS 能承受很大的冲击电流。EPS 同样需要依靠电池供电。其供电时间可以设计为与 UPS 一致。

3. 配电系统设计要求

配电系统对多路负载进行合理的负荷分配，使得各路负载尽量均衡，这既是多相交流电的要求，也是 UPS 的要求。配电系统一般有一个配电柜，包括输入开关、各路输出的开关、电压 / 电流指示仪表。

4.6.2 制冷系统设计

1. 热源

机房的热源主要有计算机设备、存储设备、网络设备、电源设备，其中最主要的是计算机设备。计算机设备安装在机柜中，其热量及空调冷风传播通道如图 4-24 所示。

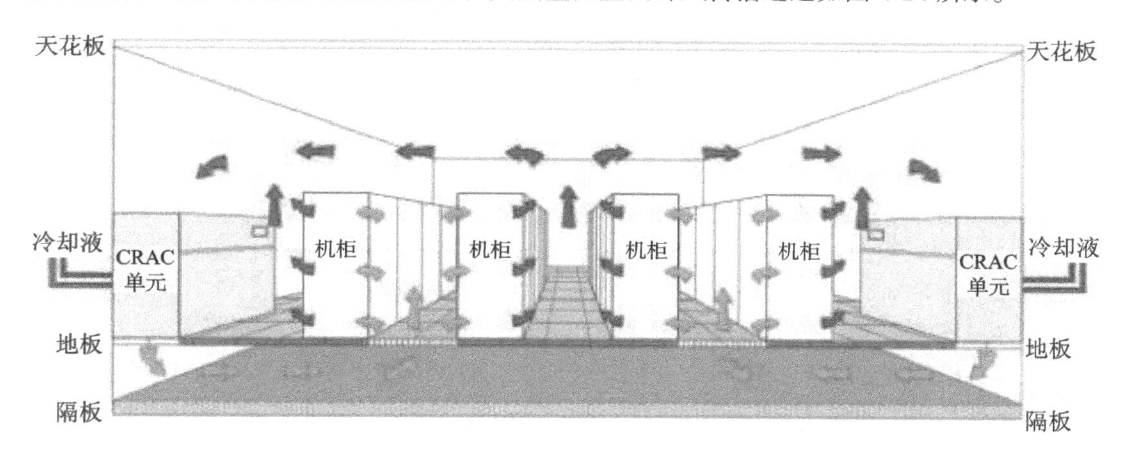

图 4-24 机房热源、热量及空调冷风传播通道

机房制冷系统一般有两种方式：一是选用精密空调（CRAC），二是水冷却系统。

精密空调从顶部吸收热气，从底部输出冷气（下送风）。因此需要有地板，机柜安装在地板之上，机柜前方安装可带孔的地板，便于冷气输送到机柜中。机柜中产生的热气从机柜背面上升到房顶，回流到精密空调中。

精密空调通常体积较大，噪声也较大。常用的精密空调品牌有艾默生、梅兰日兰等。

水冷系统需要特殊的冷却机柜，冷却机柜内部有冷却水循环，将设备安装在冷却机柜内，依靠冷却水带走热量。水冷系统初始安装成本较高，但占地面积更小，其外观如图 4-25 所示。

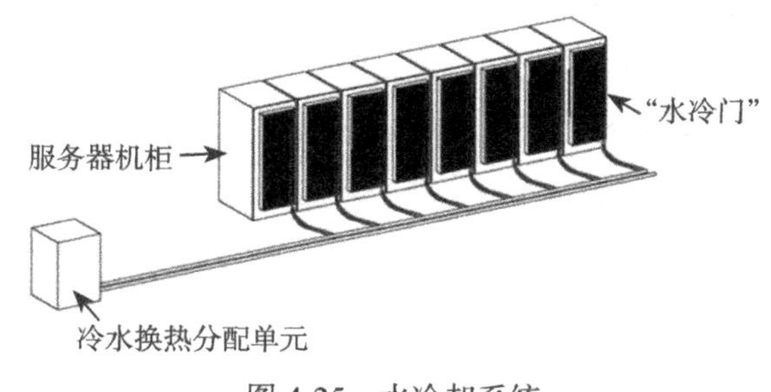

图 4-25 水冷却系统

2. 热量计算及空调制冷量的确定

机房内热源较多，一般包括以下六个部分：

1）外部设备发热量 A：

$$A = 860N\text{¢}\ (\text{kcal/h})$$

N：用电量（kW）；

¢：同时使用系数，在不知道具体数值时取 0.2；

860：功的热当量，即 1kW 电能全部转化为热能所产生的热量。

2）主机发热量 B：

$$B = 860Ph_1h_2h_3\ (\text{kcal/h})$$

P：总功率（kW）；

h_1：同时使用系数，不知道具体数值时取 0.95；

h_2：利用系数，一般取 0.9；

h_3：负荷工作均匀系数，一般取 0.85。

3）照明设备热负荷 C：

$$C = jP\ (\text{kcal/h})$$

P：照明设备的标称额定输出功率（W）；

j：每输出 1W 的热量（kcal/(h·W)），日光灯为 1.0 kcal/(h·W)。

4）人体发热量 D：

$$D = nq\ (\text{kcal/h})$$

n：人数；

q：每人发热量，取 102cal。

5）围护结构的传导热（房间的墙、天花板、地六个面）E：

$$E = KW\ (t_1 - t_2)\ (\text{kcal/h})$$

K：围护结构的导热系数（kcal/(m²h·℃)），普通混凝土取 1.4；

W：围护结构面积（m²），指墙体面积 + 地面面积 + 楼顶面积；

t_1：机房内温度（℃）；

t_2：机房外的温度（℃）；

$t_1 - t_2 = 15$，按最高温度计算。

6）换气及室外侵入的热负荷及其他热负荷 F。

为了给在计算机机房内的工作人员不断补充新鲜空气，以及用换气来维持机房的正压，需要通过空调设备的新风口向机房送入室外的新鲜空气，这些新鲜空气也将成为热负荷，通过门、窗缝隙和开关而侵入的室外空气量随机房的密封程度、人的出入次数和室外的风速而改变。当不知道具体数值时，每 100m² 面积的机房，可取其值为 5000kcal。

总的热量为 $A + B + C + D + E + F$(换算为统一的单位后)，空调的制冷量须不小于该值。

4.6.3 消防系统设计

基本的机房消防系统一般包括火灾自动报警系统和灭火器系统。

1. 火灾自动报警系统

火灾自动报警系统一般由报警控制器、气体灭火驱动器、探头、模块、线路组成。该系统具有自动报警、人工报警、自动施放气体灭火系统等功能。该类系统具有备用电池，可在市电断电情况下工作。

（1）设计原则

1）基本报警系统至少有三层火灾报警探头。即顶板上 / 下各一层、地板下一层。设计感烟探测器及感温探测器。

2）消防联动系统。在发生火警时，火灾报警控制器可自动切断火警区的非消防电源及空调系统。

3）采用气体灭火驱动系统。应使用气体灭火驱动系统，现在最常用的是七氟丙烷气体。在气体灭火区，设计有感温、感烟两种类型探测器。当同一分区有两种类型探测器同时报警时，气体钢瓶驱动器动作，发出声光报警信号，在延迟 30s 后，释放气体，进行灭火。系统具有紧急启动、紧急停止的功能。

4）火灾自动报警系统穿线管应采用 JDG 管（套接紧定式镀锌钢导管）。JDG 管外涂防火涂料，耐火性能好，易于施工。

5）报警控制器应设置在值班室，同时给大楼保安值班室一路信号。

6）感烟探测器安装间距应不大于11m，感温探测器安装间距应不大于8m。

7）火灾报警系统采用大楼弱电系统联合接地，接地电阻小于1Ω。

8）给门禁系统一个标准信号，火警时自动开门疏散。

（2）设备选型

在选用火灾报警系统时，必须选用经公安消防部门认定合格的产品。

2. 气体灭火器

机房内应采用气体灭火器，目前常用的是七氟丙烷气体。七氟丙烷气体装在钢瓶内，典型结构如图4-26所示，钢瓶典型容积为120L。

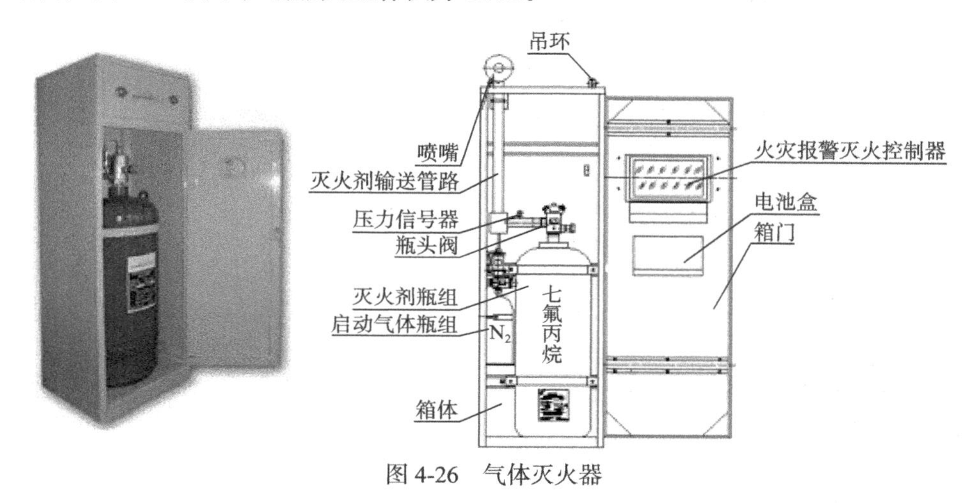

图4-26　气体灭火器

（1）灭火及控制方式

1）全淹没灭火方式：在规定时间内向防护区喷射一定浓度的七氟丙烷灭火剂，并使其均匀地充满整个防护区，此时能将其区域里任何一部位发生的火灾扑灭。

2）灭火系统的控制方式分为自动控制、手动控制两种方式。

自动控制：正常状态下，气体灭火控制器的控制方式选择在“自动”位置，灭火系统处于自动控制状态。当保护区发生火情，火灾探测器发出火警信号，火灾报警灭火控制器（或气体灭火控制器）即发出声、光报警信号，同时发出联动命令，关闭空调、风机、防火卷帘等通风设备，经过30s延时（此时防护区内人员必须迅速撤离），输出DC 24V/1.5A灭火电源信号，驱动启动瓶电磁阀，释放出的控制气体打开对应区域的选择阀，继而打开灭火剂瓶上的瓶头阀，释放七氟丙烷实施灭火。

手动控制：在防护区有人工作或值班时，气体灭火控制器的控制方式选择“手动”位置，灭火系统处于手动控制状态。若某保护区发生火情，按下火灾报警灭火控制器（或气体灭火控制器）面板上的“启动”按钮，即可按“自动”程序启动灭火装置，实施灭火。也可在确认人员已经全部撤离的情况下，按下该区门口设置的“紧急启动”按钮，即可立即按“自动”程序启动，释放七氟丙烷实施灭火。

3）终止灭火程序。当发生火灾报警，在延时时间内发现不需要启动灭火系统进行灭火的情况下，可按下气体灭火控制器或防护区门外的“紧急停止”按钮，即可终止灭火程序。

（2）保护区要求

1）防护区的环境温度应为-10℃～+50℃。

2）防护区围护结构及门窗的耐火极限均不应低于0.5h，吊顶的耐火极限不应低于0.25h。

3）防护区围护结构承受内压的允许压强不宜低于1.2 kPa。

4）防护区灭火时应保持封闭条件，除泄压口以外的开口，以及用于该防护区的通风机和通风管道中的防火阀，在喷放七氟丙烷前，应做到关闭。

5）防护区的泄压口宜设在外墙上，应位于防护区净高的2/3以上。

6）防护区的门应设弹性闭门器，设有外开门弹性闭门器或弹簧门的防护区，其开口面积不小于泄压口计算面积的，不须另设泄压口。

7）灭火后的防护区应通风换气，地下防护区和无窗或设固定窗扇的地上防护区，应设机械排风装置，排风口宜设在防护区的下部并应直通室外。在保护对象附近，应设置警告牌，警告牌上包括以下内容：在报警延时时间（0～30s）内，应立即撤离该区域；在释放灭火剂或未彻底通风前，禁止进入该地区。

8）设有七氟丙烷灭火系统的建筑物，宜配置空气或氧气呼吸器。

4.6.4 监控与报警系统设计

1. 主要需求

安全防范监控平台是随信息化建设应运而生的产品，是安全防范与计算机网络技术、多媒体信息技术、自动化技术结合的完美体现。在进行系统建设时，采用系统工程的观点对机房的现场环境、服务需求、设备内容和管理模式四个基本要素及它们的内在联系进行优化组合，从而提供一套稳定可靠、投资合理、高效先进、易于扩充的安防联网监控平台。

（1）主要监控内容

应能对机房进行安全防范集中监控，主要是对机房内的配电、配电开关、UPS、漏水、视频（防盗）、消防等系统实现现场监控，保障机房现场安全，提高基础设施可用性。

（2）具有可扩展性

必须能够满足今后联网、整体升级的需要，升级过程的同时要节省投资、避免重复建设，因此方案的设计必须预留足够的接口以方便今后的扩容，最终形成一套综合联网管理平台。

（3）使用要求

1）所建立的综合联网监控系统充分满足数据资源共享、行政策略、统一调度的要求，配合安保部门对系统使用的特殊要求，为加强管理提供有效、直接、快速的管理工具，方便管理人员全面了解机房现场设备和环境状况，从容应对突发情况，提升管理强度。

2）系统同时支持C/S、B/S方式，管理人员可方便地通过服务器查看机房现场情况，各个部门管理人员在经过授权许可后，也可通过网络远程查看机房现场的安全防范情况。系统还需为加强管理提供有效、直接、快速的管理工具，如报警功能（短信报警、声光报警）、日志查询等工具，方便管理人员全面掌控机房现场情况，从容应对突发情况，提升管理强度。

（4）典型功能

1）机房动力监控：

- UPS设备监控：监控UPS的输入是否掉电，输出是否正常。
- 供配电设备监控：监控电量仪、配电开关、防雷器。

2）机房环境监控：

- 环境监控：温湿度（监测机房内多个点温湿度）、漏水（监测空调四周漏水情况）。

- 机房场地安全监控：视频监控（根据机房大小确定多少路视频）、消防监控（连接消防控制箱干接点信号）。

2. 典型方案

图 4-27 是一个典型的小型机房监控系统设计方案。

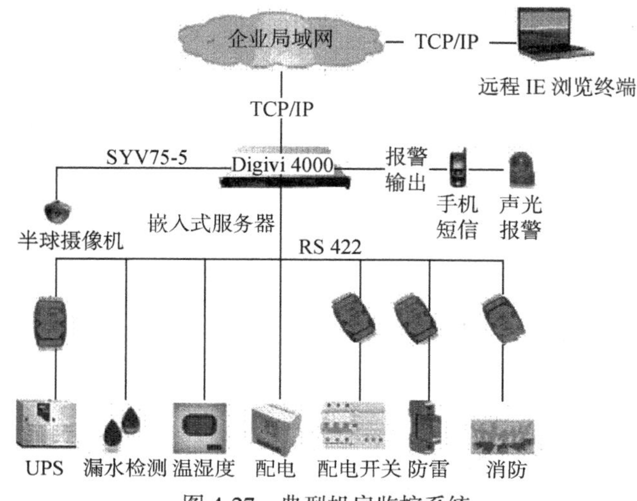

图 4-27 典型机房监控系统

3. 设备选型

现在机房监控系统有很多，如共济科技机房监控系统，其主要功能如图 4-28 所示。

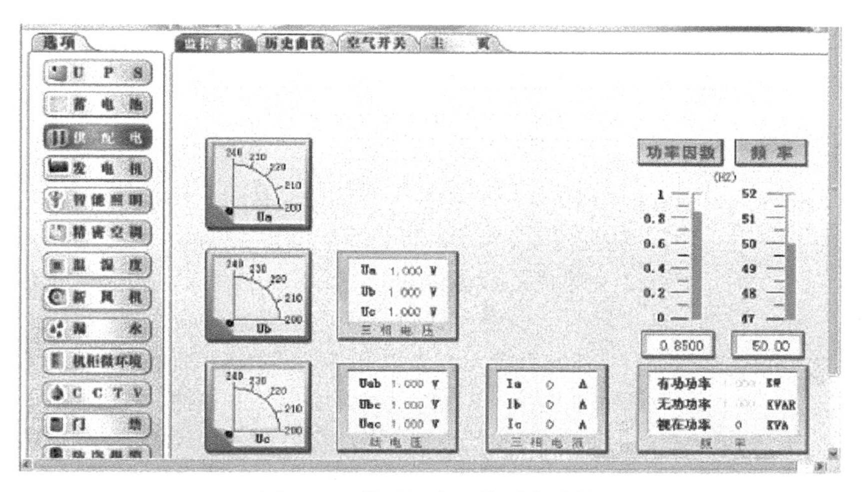

图 4-28 典型机房监控系统功能

4.6.5 机房装修设计

机房装修与机房设备系统是完全不同的工程，但对后者有很大的影响，如网络布线、空间布局、隔音隔热等。应由具有资质的公司提供装修方案。

第 5 章 物联网安全设计

物联网安全设计是物联网工程的基础性任务，是物联网具有可用性的保证。本章主要从不同层面，分别介绍感知与标识系统的安全技术、网络系统的安全技术、物联网数据中心的安全技术，以及相应的设计要求。

5.1 感知与标识系统安全设计

5.1.1 RFID 系统安全设计

1. RFID 安全特征与选型

射频识别（Radio Frequency Identification，RFID）是一种利用无线电波与电子标签进行数据传输交换的技术。其中，电子标签可以附着在物品上，识别电子标签的读写器可以通过与电子标签的无线电数据交换实现对物品的识别与跟踪。读写器可以识别几米以外不在视野范围内的电子标签。同时，RFID 数据通信还支持多标签同时读写，即在很短的时间内批量读出标签数据。

RFID 系统主要包括 RFID 读写器、电子标签及后台支撑系统。RFID 读写器的主要功能是质询电子标签和处理标签信息。此外，RFID 读写器还具备其他通信接口，如串口或网口等，结合读写器内部的嵌入式系统，可以实现 RFID 硬件设备与网络的连接。网络上部署的服务器可以利用 RFID 系统的设备驱动提供的软件接口接收读写器发送过来的电子标签数据，处理数据并通过软件接口向 RFID 读写器发送指令。电子标签的主要部件是存储部件、逻辑处理电路、RFID 收发器、天线和基底。

RFID 在使用中一般经过四个阶段，即感应（induction）、选中（identification，anti-collision）、认证（authentication）和应用（application，R&W），每个阶段都存在相应的安全问题。在进行 RFID 系统安全设计时应统筹考虑。一个广义上安全良好的 RFID 系统应具备三个特征：

一是正确性特征，要求协议保证真实的标签应被认可。

二是安全性特征，要求协议保证伪造的标签不被认可。

三是隐私性特征，要求协议保证未授权条件下的标签不可被识别或跟踪。

RFID系统的隐私性特征相较于正确性特征和安全性特征而言是更难保证的，需要结合多个层次的协议来实现。在多数情况下，隐私性特征建立在正确性特征和安全性特征的基础上。从硬件对安全性特征和隐私性特征的支持程度来看，RFID可分为四类：

第一类是超轻量级（ultralight weight）RFID，此类RFID成本最低，每片人民币几角钱，只具有非常简单的逻辑门电路，实现小数据量的读（写），主要用于对安全无特别要求的领域的识别，如使用范围受控的物流等。它的安全性能几乎可以忽略不计，在此类RFID上构建的系统一般会通过系统的方法去加强安全性。

第二类是轻量级（light weight）RFID，它们在内部实现了循环冗余校验（CRC），因此可以在一定程度上实现对数据的完整性检查。它们可用于开放环境、安全要求很低的应用领域。

第三类是简单（simple）RFID，它们在内部实现了随机数或散列函数，通过随机成分，可能与终端进行交互质询，安全性大大提高，可支持较复杂的协议。这一类RFID也是目前市场上占有量最大的。

第四类是全功能（full-fledged）RFID，此类RFID的硬件支持公钥算法的可应用实现，如RSA和ECC，安全强度最高，可应用于PKI体系，也可应用于基于身份的加密或基于属性的加密，同时成本也较高，每片人民币10元左右。此类RFID可用于对安全要求很高的领域，如金融等。

2. RFID的物理攻击防护

针对标签和阅读器的攻击方法很多，有破坏性的，也有非破坏性的；有针对物理芯片或系统结构的，有针对逻辑和通信协议的；有针对密码和ID的，也有针对应用的。攻击的手段主要包括软件技术、窃听技术和故障产生技术。软件技术使用RFID的通信接口，寻求安全协议、加密算法及其物理实现的弱点；窃听技术采用高时域精度的方法，分析电源接口在微处理器正常工作过程中产生的各种电磁辐射的模拟特征；故障产生技术通过产生异常的应用环境条件，使处理器产生故障，从而获得额外的访问途径。

RFID的通信内容可能会被窃听。从攻击距离和相应技术上，攻击者能够窃听的范围可分为以下几类：

1）前向通道窃听范围：在阅读器到标签的信道，因为阅读器广播一个很强的信号，可以在较远的距离监听到。

2）后向通道窃听范围：从标签到阅读器传递的信号相对较弱，只有在标签附近才可以监听到。

3）操作范围：在该范围内，通用阅读器可以对标签进行读取操作。

4）恶意扫描范围：攻击者建立一个较大的能够读取的范围，阅读器和标签之间的信息交换内容可以在比直接通信距离相关标准更远的范围被窃听到，如图5-1所示。

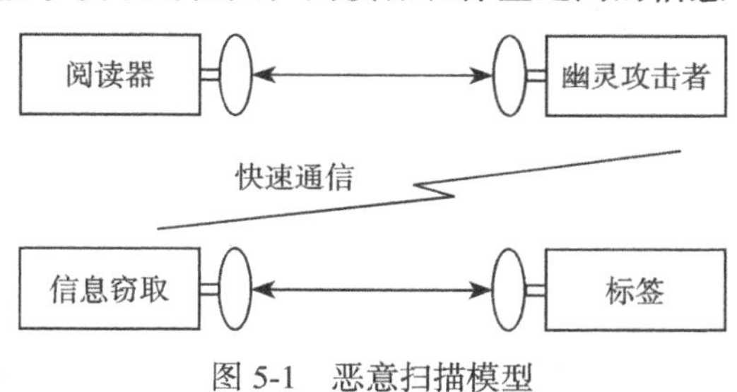

图5-1 恶意扫描模型

无线通信的窃听较难被侦测到。因为窃听只是一个被动的过程，而不发出信号。例如，当RFID用于信用卡时，信用卡与阅读器之间的无线电信号能被捕获并被解码，攻击者可以得到持卡人的姓名、完整的信用卡卡号、信用卡到期时间、信用卡类型、支持的通信协议等信息，可能造成持卡人的经济损失或隐私泄漏。

略读是指通过非法的阅读器在标签所有者不知情和没有得到合法持有者同意的情况下读取存储在 RFID 上的数据。因为大多数标签会在无认证的情况下广播存储的内容。

略读攻击的典型应用是针对电子护照。电子护照中的信息读取采用强制被动认证机制，要求使用数字签名。阅读器能够证实来自正确的护照发放机关的数据。然而，阅读器不被认证，数字签名也未与护照的特定数据相关联，如果只支持被动认证，标签会不加选择地进行回答，那么配有阅读器的攻击者能够得护照持有者的名字、生日和照片等敏感信息。

基于物理的反向工程攻击是一种破坏性攻击，是一种物理攻击，它的目标不仅仅是克隆，甚至可能是版图重构。通过研究连接模式和跟踪金属连线穿越可见模块（如 ROM、RAM、EEPROM、ALU、指令译码器等）的边界，可以迅速识别标签芯片上的一些基本结构，如数据线和地址线。芯片表面的照片只能完整显示顶层金属的连线，而它是不透明的。借助于高性能的成像系统，可以从顶部的高低不平中识别出较低层的信息，但是对于提供氧化层平坦化的 CMOS 工艺，则需要逐层去除金属才能进一步了解其下的各种结构。因此，提供氧化层平坦化的 CMOS 工艺更适合于包括 RFID 在内的智能卡加工。

对于 RFID 设计来说，射频模拟前端需要采用全定制方式实现，但是常采用 HDL 描述来实现包括认证算法在内的复杂控制逻辑，显然这种采用标准单元库综合的实现方法会加速设计过程，但是也给以反向工程为基础的破坏性攻击提供了极大的便利，这种以标准单元库为基础的设计可以使用计算机自动实现版图重构。因此，采用全定制的方法实现 RFID 的芯片版图会在一定程度上加大版图重构的难度。

3. RFID 系统安全识别与认证

RFID 系统的核心安全在于识别与认证，而它的安全性取决于认证协议。在进行 RFID 系统的设计时需要考虑采用合适的认证协议。常用的认证协议有 Hash 锁协议、随机 Hash 锁协议、LCAP 协议、EHJ 协议等，对于有多 RFID 并发认证需求的系统，还需考虑组认证协议。

Hash 锁协议的过程如图 5-2 所示。在初始化阶段，每个标签有 ID 值，并指定一个随机的 Key 值，计算 metaID = Hash(Key)，把 ID 和 metaID 存储在标签中。后端数据中心存储每个标签的 Key、metaID、ID。认证过程如图 5-2 所示。

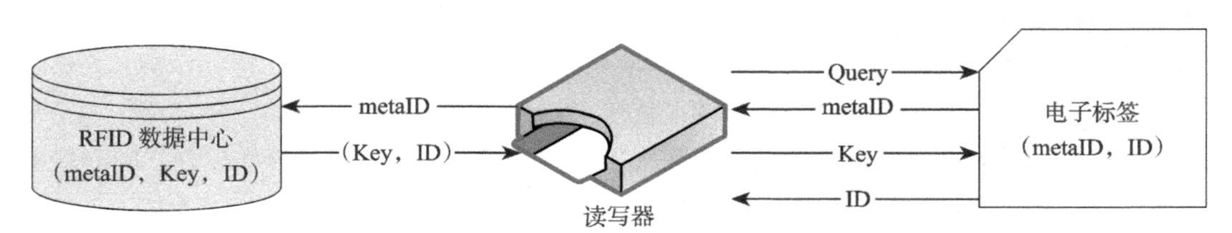

图 5-2 Hash 锁协议认证过程

在该协议中，电子标签的运算量很小，主要是一次 Hash 运算，即对读写器发过来的 Key 进行 Hash 运算，并将结果与所存的 metaID 进行比较即可；同时完成了对读写器的认证（前提是 RFID 数据中心对读写器进行了认证）。

但该协议也有明显的缺点，如传输的数据不变，并以明文传输，标签可被跟踪、窃听和复制，另外该协议也不能防范重放攻击、中间人攻击。

Hash 锁协议的安全问题主要源于整个协议中无随机因子。

随机 Hash 锁协议采用了基于随机数的查询应答机制。标签中除 Hash 函数外，还嵌入了伪随机数发生器，RFID 数据中心仍然存储所有标签的 ID。认证过程如图 5-3 所示。

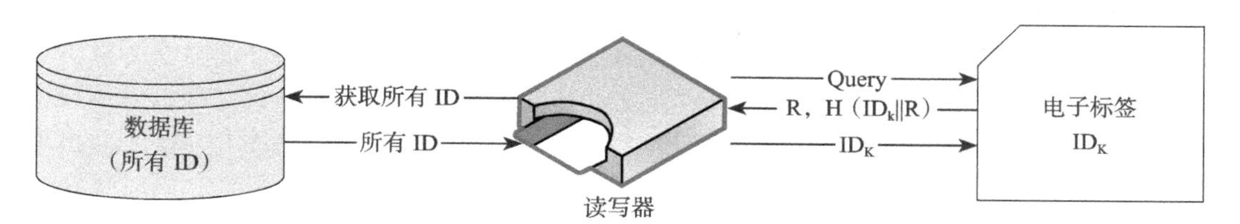

图 5-3 随机 Hash 锁协议认证过程

由于加入了随机数，标签每次响应都有变化，这在一定程度上解决了标签的隐私保护问题，此外，随机 Hash 锁协议也实现了阅读器对标签的认证，同时没有密钥管理的麻烦。

随机 Hash 锁协议的缺点是，标签需要增加随机数产生模块，而一个好的随机数发生器的成本是较高的，也增加了功耗；此外，它需要读写器针对所有标签计算 Hash，对于标签数据较多的应用，其计算量太大，甚至不可应用；该协议不能防范重放攻击；在认证协议的最后一步中，虽然读写器通过把 ID_k 传给标签实现了标签对读写器的认证，但同时也泄漏了标签的信息。

LCAP 协议也是询问应答协议，但是与前面的同类其他协议不同，它每次执行之后都要动态刷新标签的 ID，标签是在接收到消息且验证通过之后才更新其 ID 的，而在此之前，后端数据库已经成功完成相关 ID 的更新。标签需要实现 Hash 函数，并且支持写操作。LCAP 协议认证过程如图 5-4 所示。

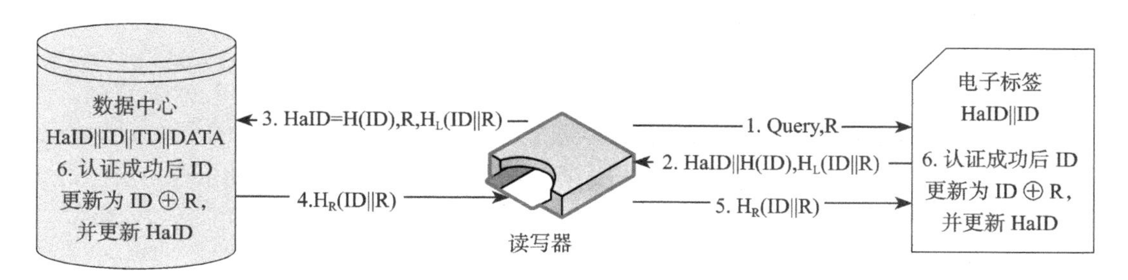

图 5-4 LCAP 协议认证过程

EHJ 协议是一种基于零知识设备认证的 RFID 隐私保护协议，已经被丹麦 RFIDSec 公司实现商业应用。其认证过程如图 5-5 所示。

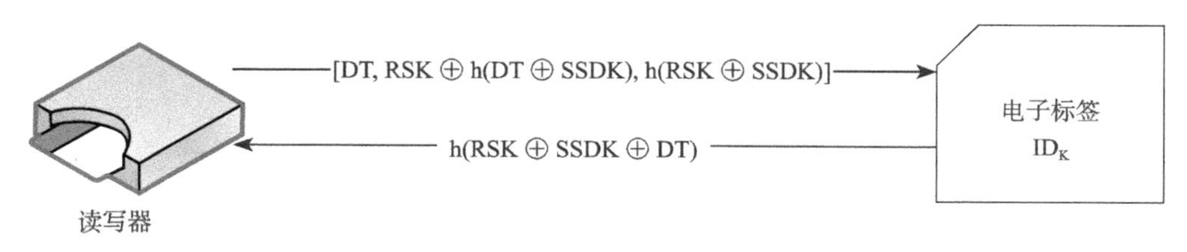

图 5-5 EHJ 协议认证过程

Hash 链协议是基于共享密钥的询问应答协议。在 Hash 链协议中，当使用两个不同

Hash 函数的标签读写器发起认证时，标签总是发送不同的应答，成为了一个具有自主 ID 更新能力的主动式标签。Hash 链协议也是一个单向认证协议，只能对标签身份进行认证。Hash 链协议非常容易受到重传和假冒攻击。认证发生时，后端数据库的计算载荷也很大。同时，该协议需要两个不同的 Hash 函数，增加了标签的制造成本。

基于 Hash 的 ID 变化协议：每一次会话中的 ID 交换信息都不相同。该协议可以防范重传攻击，标签是在接收到消息且验证通过之后才更新其信息的，而在此之前，后端数据库已经成功地完成相关信息的更新。采用这种协议，可能会在后端数据库和 Tag 之间出现严重的数据不同步问题。该协议不适合于使用分布式数据库的普适计算环境，同时存在数据库同步的潜在安全隐患。

David 等提出的数字图书馆 RFID 协议使用基于预共享密钥的伪随机函数来实现认证。为了支持该协议，必须在 RFID 标签中包含实现随机数生成及安全伪随机函数两大功能模块，故该协议完全不适用于低成本的 RFID 系统。

Rhee 等人提了一种适用于分布式数据库环境的 RFID 认证协议，它是典型的询问应答型双向认证协议。执行一次认证协议需要标签进行两次 Hash 运算，标签电路中需要集成随机数发生器和 Hash 函数模块，因此它也不适合于低成本 RFID 系统。

在多个标签需并发认证的时候，可以考虑采用 Yoking Proof，它关注的是多个 RFID 被并发读取的情况，强调多个 RFID 标签要同时刻出现。RFID 标签的计算能力有限，此外，两个 RFID 标签之间不能直接通信，所以对于攻击者而言，Yoking Proof 的所有中间通信内容可被完全控制。Yoking Proof 基于两点假设：一是攻击者不能对 RFID 标签实施逆向工程；二是超时假设，即协议执行只能在一个很小的时间范围内进行，超出该时间范围，协议将自动中断，这意味着 RFID 标签有计时功能。Yoking Proof 的关键思想是：允许标签通过阅读器在通信过程中插入 MAC 消息。标签通过对状态的维持，阻止阅读器通过对消息的篡改转换故意遗漏，或者通过改变协议执行的步骤，从而对认证进行破坏。

为了完善 RFID 技术，保证其不光在数字上难于复制，更在物理上难于复制。因此，除利用逻辑方法进行 RFID 鉴别和认证之外，无线电真实性证书（Certificate of Authenticity，COA）是一种新的鉴别 RFID 通信的技术，它收集 RFID 设备通信使用的无线电信号并提取特征，作为 RFID 设备通信的“指纹”。

COA 是一种经过数字签名的具有固定维数的物理对象。它具有随机的唯一结构，并满足以下条件：

1）创建并签署 COA 的开销很小。

2）制造一个 COA 实例的开销比几乎准确地复制这个唯一随机结构的开销小好几个数量级。

3）验证已签署 COA 真实性的开销很小。

4）在计算上难以构造“指纹”为 y 的具有固定维数的对象，使得 $\|x-y\|<\delta$，其中，x 是一个给定的未知 COA 实例的“指纹”，δ 限定了 x 与 y 之间的距离。

5）为了保证可用性，COA 还必须足够健壮，以应对自然损耗。

实现了 COA 功能的 RFID 电子标签的例子是 RF-DNA。标签上的物品信息可以在相对远的范围内读取，而标签的真实性可以近距离进行有效验证。RF-DNA 读写器的左边是一个天线阵列，右边是一个网络分析仪。天线阵列中的每根天线都可以在一定频率范围用作电磁波的发射器或接收器，并且发送到后端进行计算。通过收集每个读写器上的发射 /

接收耦合5～6GHz频率范围内的传输反应，测量RF-DNA实例的“指纹”的唯一反应。RF-DNA实例放在距离天线矩阵0.5mm的近场位置。创建RF-DNA实例时，发行人使用传统公钥密码体制对实例的电磁反应进行数字签名。首先，“指纹”被扫描、数字化并压缩进一个固定比特长度的字符串f中。f与标签信息t（如产品号、到期日期、分配的值）连接成比特串$w=f\|t$。发行人对w进行签名得到s，并将s和w编码到COA实例中。每个COA实例就可以视为物理上的“数字证书”，与某个对象绑定，用以保证对象的真实性。

发行后，任何人都可以使用带有发行人公钥的读写器对RF-DNA实例进行离线验证。一旦完整性校验通过，原始的反应“指纹”f和相应的数据g就可以从w中提取。

验证者现场扫描与实例相关的实际射频“指纹”f'，即读取一份新的实例电磁场属性，并与f做比较。如果f与f'的相似程度超过预定的统计验证的阈值δ，则验证者声明此实例是真实的并显示t；否则，验证不通过。

廉价的验证开销使得各类卡片、许可证和产品标签、票据、收据、担保、所有权文件、购买/返还证明、修理证明、优惠券、门票、身份证、签证、密封物品、防篡改硬件都可以使用COA生产。必须注意的是，RF-DNA电子标签必须牢固地连接到相关的物品，因为对手可能会随意拆除、替换或附加上有效的RF-DNA电子标签，但可以通过销售时降低RF-DNA电子标签的价值，或在其本身上记录交易内容来解决。

4. RFID系统安全设计原则

应遵循的基本原则如下：

1）根据RFID系统的应用环境、安全性需求，选择相应功能和性能的RFID标签与读写器，设计相应的安全协议。

2）在不能确知安全风险时，尽量选择安全性高的标签、读写器及安全协议。

3）对于安全性敏感的应用，应优先考虑安全性需求，在此条件下进行相匹配的经费预算。

5.1.2 传感器网络安全设计

目前有关无线传感器网络的通用安全工具还较少，多数情况下，还需根据具体应用的需求，设计具体的安全方案。

1. 传感器网络安全设计需求评估

传感器网络通信的基本特征是不可靠的、无连接的、广播的，有大量冲突和延迟。此外，感知网经常部署于远程的无人值守环境，传感器节点的存储资源、计算资源、通信带宽和能量受限，因此，感知网面临的安全威胁问题更为突出。传感器网络通常面临的攻击有分布式被动攻击、主动攻击、拒绝服务攻击、虫孔攻击、洪泛攻击、伪装攻击、重放攻击、信息操纵攻击、延迟攻击、Sybil攻击、能耗攻击等。对非正常节点的识别有Byzantium将军问题、基于可信节点的方案、基于信号强度的方案、基于加权信任评估的方案、基于加权信任过滤的方案、恶意信标节点的发现、选择性转发攻击的发现等问题。不同应用的传感器网络的安全需求不同，其安全目标一般可以通过可用性、机密性、完整性、抗抵赖性和数据新鲜度五个方面进行评价。

传感器网络安全体系结构包括四个部分：加密算法及密码分析、密钥管理及访问控制、认证及安全路由、安全数据融合及安全定位。

无线传感器网络协议栈包括物理层、数据链路层、网络层、传输层和应用层，与互联网协议栈的五层协议相对应。无线传感器网络协议栈与互联网协议栈的不同之处在于，它还需包含能量管理、移动管理和任务管理。这些管理协议和管理平台使得传感器节点能够按照能源高效的方式协同工作，在节点移动的无线传感器网络中转发数据，并支持多任务和资源共享。设计并实现通信安全一体化的传感器网络协议栈，是保证传感器网络安全性的关键。安全一体化网络协议栈能够整体上应对传感器网络面临的各种安全威胁，并通过整体设计、优化考虑将传感器网络的各类安全问题统一解决，包括认证鉴权、密钥管理、安全路由等。

以基于传感器网络的节点定位系统为例，对于存在敌对可能的传感器网络应用而言，其节点定位系统不仅要具有良好的可扩展性、容错性和能量有效性，而且需要考虑安全方面的需求。由于定位过程的各个环节是相互关联的，因此节点定位系统的安全目标应把定位服务的安全作为一个整体属性加以保障，即在保障定位信息的私密性、认证、完整性和可用性的同时，能保障定位系统的安全性和鲁棒性，如确保定位信息的真实性，防止内部欺骗攻击和容忍攻击。传感器网络节点定位系统的安全需求主要有四个方面，一是私密性要求，即保证信标节点或传感器节点的位置消息不会暴露给未授权实体，可采用的方法是加密 / 信息隐藏，采用被动接收方式或保持无线电静默；二是完整性要求，要确保定位消息在传递中未被篡改，可用的方法如 MAC、数字签名，此外还要确保信标的相关物理属性在传递中未被篡改，如采用距离界限协议、基于传输时间或覆盖范围的校验等手段；三是真实性要求，通过身份认证确保定位消息源的真实性，通过位置校验机制确保定位消息的真实性；四是可用性要求，即确保节点能按照需求及时完成定位计算，即使遭受攻击和发生故障仍能正常使用，可采用的技术包括鲁棒计算、资源冗余及重配置等。

2. 传感器网络节点安全设计

传感器节点设计时需要着重考虑入侵检测，设计符合面向物联网的 IDS 体系结构，结合基于看门狗的包监控技术，以抵抗发现攻击和发现污水池攻击等。

一般而言，安全 WSN 节点主要由数据采集单元，数据处理单元及数据传输单元三部分组成，工作时，每个节点通过数据采集单元将周围环境的特定信号转换成电信号，然后将得到的电信号传输到整形滤波电路和 A/D 转换电路，进入数据处理单元进行数据处理。最后由数据传输单元将从数据处理单元中得到的有用信号以无线方式传输出去。

传感器节点电路和天线部分是传感器网络物理层的主要部分。安全 WSN 节点通常采用电池对节点提供能量，然而电池能量有限，可能造成节点在电能耗尽时退出网络。如果大量节点退出网络，网络将失去作用。应在已有节点基本功能基础上分析其他电路组成，测试节点的功耗及各个器件的功耗比例。综合各种节点的优点，以设计低功耗传感器的稳定工作节点，并分析各种传感器节点的天线架构，测试其性能并进行性价比分析，以设计可抗干扰的通信质量好的天线。

为保证节点的物理层安全，需解决节点的身份认证和通信安全问题，目的是保证合法的各个节点间及基站和节点间可以有效地互相通信，不被干扰或窃听。同时需研究多信道问题，防范专门针对物理层的攻击。

传感器节点（如 Mica2、Mote 等）一般由 8 位 CPU、传感器、低功率的无线收发器、片外存储器、LED、I/O 接口、编程接口等组成。其中 CPU 内部含有 Flash 程序存储器、EEPROM 数据存储器、SRAM、寄存器、定时器、计数器、算术逻辑单元、模数转换器

（ADC）等。由于传感器节点应用非常广泛，针对不同的应用，其应用程序各不相同，因此为了提高传感节点的灵活性，各传感器节点都有一个编程接口（JTAG 接口），以便对传感器节点重新编程，这也为传感器节点留下了重大安全隐患，攻击者可利用简单的工具（ISP 软件，如 UISP）在不到一分钟的时间内就可以把 EEPROM、Flash 和 SRAM 中的所有信息传输到计算机中，通过汇编软件，可很方便地把获取的信息转换成汇编文件格式，从而分析出传感器节点所存储的程序代码、路由协议及密钥等机密信息，同时可以修改程序代码，并加载到传感器节点中。

很显然，目前通用的传感器节点具有很大的安全漏洞，攻击者通过这些漏洞，可方便地获取传感器节点中的机密信息、修改传感器节点中的程序代码，从而伪造或伪装成合法节点加入传感器网络中，以达到监听、篡改传感信息，甚至破坏整个网络可用性的目的，因此，也就无法保证传感器网络所收集传感信息的可信性。因此必须在成本允许的情况下，设计出更加安全的传感器节点，单纯地依靠保证传感信息传输过程的安全性，无法实现整个传感器网络系统的安全。一种可行的方法是在传感节点上引入一个安全存储模块（Security Storage Module，SSM），用于安全地存储用于安全通信的机密信息，并且对传感器节点上关键应用代码的合法性进行验证，SSM 可通过智能卡芯片来实现。智能卡具有简单的安全存储及验证功能，结构简单，价格低廉，成本只需几元钱，因而不会为传感器节点的设计增加多少成本，同时对现有传感器节点的系统结构基本上不做任何改动，设计比较方便。SSM 本身是一个高度安全的存储产品，可很好地保证存储在其内信息的机密性、完整性，从而增强了相关安全协议的可靠性与有效性。若攻击者可修改传感节点的启动代码，企图旁路 SSM 模块，可考虑在 SSM 加入自锁功能，使得传感器节点无法在传感器网络中进行正常的通信。同时，验证程序以密文的形式存储在节点的 EEPROM 中，攻击者无法获取或修改其对应的内容，否则验证程序将无法运行，因而无法调用 SSM 模块。此外，由于攻击者无法知道 SSM 将验证应用程序的哪部分代码，因此无法有效地进行代码修改攻击。不过，如果 SSM 对整个应用程序代码可进行完整性校验，需要考虑计算量和节点的能量消耗。

3. 传感器网络安全算法与密钥算法

传感器网络节点的通信加密、认证和密钥交换应使用安全算法。

受环境限制，传感器网络节点的安全算法更多使用 ECC 算法，而不是 RSA 算法。TinyEcc 是北卡罗来纳州立大学开发提供的一个基于 TinyOS、由 NesC 编写的椭圆曲线密码体制的基本运算库。它提供在域 F_p 上的椭圆曲线的所有运算，包括点群的加法、倍乘和标量乘等。TinyEcc 密码库提供的接口有：

1）NN 模块：实现了基本大数运算，同时为 ECC 提供了一些经过优化了的基本模数运算。

2）ECC 模块：提供了基本的椭圆曲线运算，如初始化一条椭圆曲线、点加、标量乘和基于滑动窗口优化的椭圆曲线运算等。

3）ECDSA 模块：提供了签名产生和验证，实现了 ECDSA 签名协议。

椭圆曲线密码库的工作过程分为初始化和基本操作两部分。TinyEcc 系统提供了初始化椭圆曲线参数的接口 CurveParam，它定义了 128 位、160 位和 192 位的椭圆曲线，可根据传感器节点的环境资源和安全要求选择。操作中可调用 call ECC.win_mul( ) 方法实现滑动窗口标量乘，它是 ECC 各类算法的主要运算部分。

TinyTate是由巴西坎皮纳斯大学五位学者在传感器上的“Tate对”运算的一个实现。它基于TinyEcc所提供的椭圆曲线的基本运算，利用优化的Miller算法，在传感器网络上实现了Tate双线性对的运算，可用于属性加密算法中。

密钥管理是传感器网络的安全基础。所有节点共享同一主密钥的方式不能满足传感器网络的安全需求，在工程应用中可以考虑如下传感器网络密钥管理方式：

1）每对节点共享一对密钥。其优点是不依赖于基站，计算复杂度低，引导成功率为100%，被俘获节点不会威胁到其他链路。由于每个传感器节点必须存储与其他所有节点共享的密钥，因此消耗的存储资源大、可扩展性差，只能支持小规模网络。

2）每个节点分别与基站共享一对密钥，计算和存储压力都集中在基站。其优点是计算复杂度低，对普通节点资源和计算能力要求不高，引导成功率高，可以支持大规模的传感器网络，基站能够识别异常节点并及时剔除出网络。缺点是过分依赖基站，传感器节点间无法直接建立安全连接。

3）随机密钥预分配模型，所有节点均从一个大的密钥池中随机选取若干个密钥组成密钥链，密钥链之间拥有相同密钥的相邻节点能够建立安全通道。随机密钥预分配模式由三个阶段组成：密钥预分配、密钥共享发现和路径密钥建立。随机密钥预分配模型可以保证任何两个节点之间均以一定的概率共享密钥。密钥池中密钥的数量越小，传感器节点存储的密钥链越长，共享密钥的概率就越大，但消耗的存储资源就越大，并且网络的安全性也越脆弱。

4）基于位置的密钥管理，在传感器节点被部署之前，如果能够预先知道哪些节点是相邻的，对密钥预分配具有重要意义，能够减少密钥预分配的盲目性，增加节点之间共享密钥的概率。例如，对一个节点认为部署后位置最近的 N 个节点（N 的大小由节点的内存大小决定）进行密钥对预分配。如果部署后，两个相邻节点 u 和 v 没有密钥对，就通过各自的邻居节点 i 建立会话密钥（假设 u、i 和 v、i 有密钥对），然后用会话密钥加密建立 u 和 v 的密钥对。

4. 传感器节点认证

认证是物联网安全的核心，分为实体认证和信息认证。实体认证又称身份认证，是网络中的一方根据某种协议确认另一方身份的过程，为网络用户提供安全准入机制。信息认证主要确认信息源的合法身份及保证信息的完整性，防止非法节点发送、伪造和篡改信息。

实体认证的过程包括如下两个步骤：第一，给实体赋予身份。身份的赋予必须由有更高优先权的实体进行，方法包括为实体分配账号口令、对称密钥、非对称公/私钥、证书等。第二，通信和验证。实体之间通信前，必须认证实体的身份。物联网工程常见的实体认证主要分为两类：一类是基于对称密钥密码的认证体制，另一类是基于公钥的认证体制。

Kerberos是基于对称密钥的认证协议。它是由MIT开发的一种基于可信赖的第三方公证的认证方案，密钥管理采取KDC的方式，包括用户初始认证服务器AS和许可证认证服务器TGS。Kerberos可以提供三种安全级别：①仅在连接初始化时进行认证；②每条信息都认证；③每条消息既加密，又认证。Kerberos在传感器网络感知层实现不太方便。

基于公钥的认证体制要求认证双方持有第三方的认证授权中心（CA）为客户签发的身份证明。通信时首先交换身份证明，然后用对方的公钥验证对方的签名、加密信息等。两种主流的公钥身份认证方式是基于证书的公钥认证系统和基于身份的公钥认证系统。基于身份的公钥认证系统应用流程简单，比较适合于物联网工程应用，但是它面临私钥分发问题，即认证中心掌握 masterkey，负责计算使用者的私钥并分发，这必须通过一个安全的秘密通道将密钥传送给用户，这个过程并不容易实现。

当前在 WSN 存在的一些实体认证方案有 TinyPK 认证方案、强用户认证协议和基于密钥共享的认证方案等。

WSN TinyPK 认证方案基于低指数级 RSA。它需要一个可信任中心 (CA)，一般由基站充当这个角色。任何想要与传感器节点建立联系的外部组织（EP）必须有公 / 私密钥对，同时它的公钥用 CA 的私钥签名，以此来建立其合法身份。TinyPK 认证协议采用请求应答机制。TinyPK 存在一定的缺点，一旦某个节点被捕获了，整个网络将变得不安全。强用户认证协议可以在一定程度上解决这个问题。它采用了密钥长度更短的 ECC。认证方式不是采用传统的单一认证，而是采用 n 认证。传统单一认证是 EP 仅通过任意一个节点上的认证，则即可获得合法身份进入网络。n 认证则要求 EP 至少通过其通信范围内 n 个节点中若干个节点的认证，才能获得合法身份。

基于密钥共享的认证是一种分布式认证。网络由多个子群组成，每个子群配备一个基站，子群间通信通过基站进行。其认证方案的主要思想是：目标节点 t 想通过认证获得合法身份，首先和它的基站共享一个密钥，然后基站将这一密钥分割成 $n-1$ 份共享密钥并分发给除节点 t 之外的 $n-1$ 个节点。收到共享密钥的节点 u 选取其后续节点 v 作为验证节点，然后所有共享了节点 t 密钥的节点都向节点 v 发送其共享密钥，同时 t 也向其发送原密钥 s，v 收到所有共享密钥后恢复出原密钥并与 s 进行比较，相同则广播一个确认判定包，否则广播拒绝判定包；每一个收到共享密钥的节点都进行这一过程，任一节点在收到 $n-2$ 个这样的判定包后，若超过一半的包为确认判定包，则该节点就通过了对节点 t 的认证。该方案的优点是在认证过程中没有采用任何高消耗的加、解密方案，而是采用密钥共享和组群同意的方式，容错性好，认证强度和计算效率高；缺点是认证时子群内所有节点均要协同通信，在发送判定包时容易造成信息碰撞。

总之，传感器网络中实体认证着重需要考虑如下问题：首先是 CA 或 KAC 中心的设置。通常基站在计算能力、存储能力、能源方面均具有比普通节点更为强大的装置。所以一般 CA 或是 KAC 中心设置在基站或是网关节点。其次是预分配机制的选择，因为无线传感器网络节点一般都是在一个固定的区域，为简化整个流程，可以适时考虑使用密钥的预分配机制。再次，由于无线传感器网络节点资源有限制，认证方案的计算量不宜过大，通信次数不宜过多，像椭圆曲线点乘、双线性映射等次数要根据应用需求和实际条件计算出控制参数。

5. 传感器网络路由安全设计

从网络结构的角度，现有的无线传感器网络路由协议可分为平面路由协议、层次路由协议和基于位置的路由协议。根据应用的性质和安全特征，应选择合适的路由方案。

传感器网络最常采用的整体安全解决方案是 SPINS，主要由安全加密协议 SNEP 和认证流广播 μTESLA 两部分组成。SNEP 主要考虑加密、双向认证和新鲜数据。μTESLA 主要在传感器网络中实现认证流安全广播。SPINS 提供点到点的加密和报文的完整性保护。通过报文鉴别码实现双方认证和保证报文的完整性。消息验证码由密钥、计数器值和加密数据混合计算得到。SPINS 提供两种防止 DoS 攻击的方法，一是节点间的计数器进行同步，二是对报文添加一个不依赖于计数器的报文鉴别码。SNEP 的特点是保证了语义安全、数据认证和数据的弱新鲜性，提供重放攻击保护，并且有较小的通信量。

μTESLA 克服了 TESLA 计算量大、占用包的数据量大和耗费太多内存的缺点，继承了中间节点可相互认证的优点（可以提高路由效率）。μTESLA 通过延迟对称密钥的公开，实现广播认证机制。密钥链中的报文鉴别码密钥采用一个公开的单向函数 F 计算得到当前密钥，在节点已经知道当前密钥之后，就能对下一个密钥进行认证鉴别。

由于资源受限及大量的节点被部署在无人照看区域，传感器网络容易受到 DoS 攻击。采用网络协作监测方法来监测物理层的 DoS 攻击是一种可行的方法。邻居节点之间相互监测，如果在监测时间 t_d 内，没有收到邻居节点的心跳信息则产生报警。假设攻击者非法获取节点上的密钥等信息，使用这个密钥制造一个替代者至少需要花费的间为 t_a。监测这类 DoS 攻击的前提是 $t_d < t_a$。有人提出了应用单向 Hash 链来防御路径 DoS 攻击 (PDoS) 的方法。在 PDoS 攻击中，攻击者在长距离的多跳通信链路上通过重放数据包或者注入虚假数据包来淹没链路上的传感器节点。在防御 PDoS 中，每个源节点 S 都维护唯一的单向 Hash 链 HS:< HS_n，HS_{n-1}，… ，HS_1，HS_0>。S 每发送一个数据包均使用 Hash 链中的一个值，被预先分配 HS_0 的路径上的中间节点能够利用单向 Hash 函数来验证 S 发送的数据包。也有人提议使用信息熵估计来检测传感器网络 DoS 攻击，这种方式为检测传感器网络 DoS 攻击提供了新思路。

5.1.3 感知层隐私保护

在物联网工程中，隐私泄露主要发生在智能感知层。例如，一个 RFID 标签号加长的广播范围容易被黑客或者恶意的第三方利用，进行用户不期望的读标签操作。当处理隐私保护问题时，这种情况非常普遍。相关的信息可能是用户的隐私信息，或者是其他需要关注的安全信息；可能是一次信息，即直接读取得到的就是用户的隐私信息，也有可能是二次信息，即通过读取的 ID 等信息，可进一步地结合其他攻击方法从后台数据库或检索系统中获取用户或系统对应的其他信息。从工程设计上防止隐私泄露主要有物理保护、逻辑保护和社会学保护三种方法。其中社会学保护是通过法律、管理、审计等手段进行隐私保护，下面主要讨论前面两种方法。

1. 隐私的物理保护方法

因为物联网感知层的普遍性和终端性，隐私泄露渠道非常丰富，因此在这一层上的隐私保护问题非常普遍。最早用来处理终端隐私的方法是由 EPCglobal 公司提出的，EPCglobal 监督条形码到 RFID 的转换。它们的方法是“杀死”标签，即在标签受到恶意威胁的时候，使其无法继续工作，从而使得标签不被恶意的阅读器扫描。这个过程通过阅读器发送一个特殊的 Kill 命令给标签来完成，命令中包含一个短 8 位的密码。这种方法的应用实例是超市智能购物系统：当消费者推着购物车通过结算通道并付完款后，系统可以向购物车内的所有标签发送该命令，从而使得这些标签完全失效。在这个例子中，虽然“杀死”标签可以解决用户的隐私问题，但这也取消了用户所有售后的好处。例如，有些设备在采购完成之后本来还可利用这些标签进行智能交互，如食物与冰箱的交互。显然，“杀死”标签不是一个很好的方法。

许多尝试建议通过外部设备来对感知终端进行保护，这也是物理保护的主要方法，如法拉第笼、有源干扰设备、拦截器标签等。

法拉第笼是一个用金属网或金属箔片制作的容器，用来阻止一定频率的无线电波。例如，某国的护照外壳通过加装金属材料来限制无线电波的穿透，从而阻止对封闭护照的长距离、大范围扫描。这种方法有明显的缺点，即法拉第笼不方便对体积较大的传感终端进行屏蔽，特别是传感终端嵌入到大型设备的时候，法拉第笼难以得到应用。这个缺点限制了像供应链市场这样的商用投资，或者智能安防等在物联网工程中的应用。

另一种保护隐私的方法是进行有源干扰。它允许个人携带某个设备阻止附近的某些传感器节点或阅读器发送或者广播它的信号。但是，如果干扰信号的能量过高，这种方法可能不合法，将会使干扰机干扰周围合法的传感器节点或者阅读器，可能扰乱系统的正常运行。

在RFID系统中，如果我们希望加入一些干扰，但是又不希望这种干扰过大，那么可以采用拦截器标签。RFID标签的识别协议经常采用二进制树的方法进行防碰撞，从而可以在一个尽量小的时间段内扫描并区别多个标签。这个过程是通过重复地查询区域范围内出现的所有标签来实现的，通过保存阅读器接收的一定数量的碰撞来区分每一个标签。将拦截器标签加入实际应用场景中，在恶意的阅读器进行标签的防碰撞识别时，拦截器标签总是处于检测碰撞状态，从而保护其他用户的标签。这种方法的前提是拦截器标签可以进行阅读器的识别，因此它的功能与普通标签相比更加强大，成本可能更高。

合法阅读器在相当接近标签的情形下，可以采用天线能量分析来识别恶意阅读器，从而保护标签隐私。例如，收款台上的合法阅读器相对恶意阅读器距离标签可能较近。由于信号的信噪比随距离的增加而迅速降低，因此阅读器距离标签越远，标签接收到的噪声信号越强。通过增加一些附加电路，RFID标签可以粗略估计出阅读器的距离，并以此为依据改变自己的动作行为。例如，标签只会给远处的阅读器较少的信息，而给近处的阅读器自己唯一的ID信息。该机制的缺点是：首先，攻击者的距离虽然可能比较远，但其发射的功率不一定小，其天线的增益也不见得小。其次，无线电波对环境的敏感性可能使得标签收到合法阅读器的功率产生巨大的变化。再次，标签需要增加检测和控制电路，增加了成本。

2. 隐私的逻辑保护方法

逻辑保护主要通过密码学手段对隐私信息进行加密，从而保证隐私信息在非授权情形下不可被访问，在前面的RFID系统安全识别与认证一节中，我们已经介绍了几种针对隐私信息进行加密的协议。除了安全识别认证之外，工程设计中常采用的方法还有混合网络、重加密机制、盲签名、零知识证明等方法。

混合网络的方案是使得通信参与方实现外部匿名，并隐藏可用于流量分析的信息。

重加密机制是Juels等人提出的用于欧元钞票上Tag标识的建议方案，他们同时给出了一种基于椭圆曲线体制的实现方案，完成再次加密的实体知道被加密消息的所有知识。Golle等人提出的可用于实现RFID标签匿名功能的方案采用了基于ElGamal体制的“通用再加密”技术，完成对消息的再次加密无需知道关于初始加密该消息所使用的公钥的任何知识。重加密技术是一种RFID安全机制，它可重命名标签，使得攻击者无法跟踪和识别标签，保护用户隐私。顾名思义，重加密就是反复对标签名加密。重加密时，读写器读取标签名，对其进行加密，然后写回标签中。RFID每经过一次合法的读写器（如经过一次银行，或交易一次，或消费一次，总之经过了合法的读写器），其信息就会被加密一次。传统的再加密需要解密之后再加密，这里的再加密在连续加密多次之后仍然能正常解密。重加密机制有如下优点：

1）对标签要求低。加密和解密操作都由读写器执行，标签只是密文的载体。

2）保护隐私能力强。重加密不受算法运算量限制，一般采用公钥加密，抗破解能力强。

3）兼容现有标签。只要求标签具有一定可读写单元，现有标签已可实现。

4）读写器可离线工作，无需在线连接数据库。

盲签名方案允许消息拥有方先将消息盲化，然后让签名方对盲化的消息进行签名，最后消息拥有方对签名除去盲因子，得到签名方关于原消息的签名。它是接收方在不让签名方获取所签署消息具体内容的情况下所采取的一种特殊的数字签名技术。它除了满足一般数字签名条件外，还必须满足下面的两条性质：①签名方对其所签署的信息是不可见的，即签名方不知道它所签署消息的具体内容；②签名消息不可跟踪，即当签名信息被公布后，签名方无法知道这是它哪次签署的。因此盲签名技术是在需要进行消息认证的场合保护用户隐私的有效方法。

在实体认证的场合中保护用户隐私的有效方法是零知识证明。零知识证明要求证明者几乎不可能欺骗验证者，若证明者知道证明，则可使验证者几乎确信证明者知道证明；若证明者不知道证明，则他使验证者相信他知道证明的概率接近于零。此外，验证者几乎不可能得到证明的相关信息，特别是他不可能向其他人出示此证明过程。证明者试图向验证者证明某个论断是正确的，或者证明者拥有某个知识，却不向验证者透露任何有用的消息。

3. 隐私保护系统的设计

因现成的第三方通用系统很少，对感知系统进行隐私保护，设计者应根据应用需求、保护强度、硬件支持能力等条件，结合使用前面介绍的技术，设计可行的保护方案并加以实现。

5.2 网络系统安全设计

5.2.1 接入认证设计

接入认证可使用的协议有 PPP 协议、PPPoE 协议、Web Portal 协议、AAA 协议和 802.1x 协议。

1. PPP 协议和 PPPoE 协议

PPP 协议是一种点对点串行通信协议。PPP 具有处理错误检测、支持多个协议、允许在连接时刻协商 IP 地址、允许身份认证等功能。PPP 网络连接是应用非常广泛的接入方式，很多家庭和中小企业的互联网接入均采用这种模式。在 PPP 接入环境下，客户端身份鉴别的对象可以是终端设备（如 Modem），使用设备数字证书进行身份鉴别，只有授权的设备才能接入；身份鉴别的对象也可以是人，使用个人数字证书进行身份鉴别，只有授权的用户才能接入。

PAP（Password Authentication Protocol，密码认证协议）是 PPP 的一个子协议，是 PPP 协议集中的一种链路控制协议，主要是通过使用二次握手提供一种对等节点的建立认证的简单方法，这是建立在初始链路确定的基础上的。完成链路建立阶段之后，对等节点持续重复发送 ID/ 密码给验证者，直至认证得到响应或连接终止。PAP 并不是一种强有效的认证方法，其密码以文本格式在电路上进行发送，对于窃听、重放或重复尝试和错误攻击没有提供防御功能。

CHAP（Challenge Handshake Authentication Protocol，询问握手认证协议）通过递增改

变的标识符和可变的询问值防止来自端点的重放攻击，限制暴露于单个攻击的时间。

CHAP 通过三次握手周期性地校验对端的身份，在初始链路建立时完成，可以在链路建立之后的任何时候重复进行。

1）链路建立阶段结束之后，认证者向对端点发送 challenge 消息。

2）对端点用经过单向散列函数计算出来的值做应答。

3）认证者根据它自己计算的 Hash 值来检查应答，如果值匹配，认证得到承认；否则，连接应该终止。

4）经过一定的随机间隔，认证者发送一个新的 challenge 给端点，重复步骤 1 ～步骤 3。认证者控制验证频度和时间。

CHAP 认证方法依赖于只有认证者和对端共享的密钥，密钥不是通过该链路发送的。虽然该认证是单向的，但是在两个方向都进行 CHAP 协商，同一密钥可以很容易地实现相互认证。由于 CHAP 可以用在许多不同的系统认证中，因此可以用 NAME 字段作为索引，以便在一张大型密钥表中查找正确的密钥，这样也可以在一个系统中支持多个 NAME/ 密钥对，并可以在会话中随时改变密钥。CHAP 要求密钥以明文形式存在，无法使用通常的不可恢复加密口令数据库。CHAP 不适用于大型网络，因为每个可能的密钥由链路的两端共同维护。事实上，CHAP 的主要作用不是进行用户认证，而是帮助“黑匣子”进行信息传播。CHAP 在现代网关装置中比较常见，如路由器和一般服务器，它们在允许网络连接之前，都要询问和鉴定 CHAP 加密的记忆式密码。CHAP 认证和绝大多数路由器及一般服务器设备兼容，因此可以安装在绝大多数的 Internet 网关上。它也与大部分的 PPP 客户端软件兼容。

如果网络接入设备（如交换机、接入服务器）支持 PPPoE（PPP over Ethernet）协议，那么这种物联网也可以使用基于 PKI 的 EAP 身份鉴别。同样的，数字证书可以与用户绑定，只有授权的用户才能接入；也可以与同终端设备绑定，只有授权的设备才能接入。

PPPoE 并不是为宽带以太网量身定做的认证技术，将其应用于宽带以太网，必然会有其局限性。虽然其方式较灵活，在窄带网中有较丰富的应用经验，但是它的封装方式也造成了宽带以太网的种种问题。在 PPPoE 认证中，认证系统必须将每个包进行拆解才能判断和识别用户是否合法，一旦用户增多或者数据包增大，封装速度可能跟不上，从而造成网络瓶颈。其次，这样大量的封装拆包过程必须由一个功能强劲同时价格昂贵的设备来完成，这个设备就是传统的 BAS（Broadband Access Server，宽带接入服务器），每个用户发出的每个数据包 BAS 必须进行拆包识别和封装转发。为了解决瓶颈问题，厂商想出了提高 BAS 性能，或者采用大量分布式 BAS 等方式，但建设成本就会越来越高。

2. Web Portal 认证方式

Web Portal 认证是基于业务类型的认证，不需要安装其他客户端软件，只需要浏览器就能完成，对于用户来说较为方便。但是由于 Web 认证使用七层协议，从逻辑上来说为了达到网络两层的连接而到七层做认证，这首先不符合网络逻辑。另外，由于认证使用的是七层协议，对设备必然提出更高要求，增加了建网成本。分配 IP 地址的 DHCP 对于用户而言是完全裸露的，容易被恶意攻击，一旦受攻击瘫痪，整个网络就无法认证。为了解决易受攻击问题，就必须加装防火墙，这样又大大增加了建网成本。Web Portal 认证的用户连接性差，不容易检测用户离线，基于时间的计费较难实现。用户在访问网络前（不管是 TELNET、FTP 还是其他业务），必须使用浏览器进行 Web 认证，易用性不够好。

Web Portal 需要一个认证服务器，其通常的工作方式是接入路由器弹出一个 Web 认证页面，用户输入用户名、密码等信息进行合法认证，或者输入手机号等待服务器通过短信发送认证码，用户收到短信后输入认证码进行合法性认证。在机场、宾馆等场合一般采用后者认证方式。

3. AAA 协议

物联网中使用的各类资源需要由认证、授权、审计和计费进行管理。对于商业系统来说，鉴别是至关重要的，只有确认了用户的身份，才能知道所提供的服务应该向谁收费，同时也能防止非法用户（黑客）对网络进行破坏。在确认用户身份后，根据用户开户时所申请的服务类别，系统可以授予用户相应的权限。在用户使用系统资源时，需要有相应的设备来统计用户对资源的占用情况，据此向客户收取相应的费用。后来又加入了审计的需求，扩展为 AAAA。AAAA 指的是 Authentication（鉴别）、Authorization（授权）、Audit（审计）和 Accounting（计费）。

认证、授权和计费一起实现了网络系统对特定用户的网络资源使用情况的准确记录。这样既在一定程度上有效地保障了合法用户的权益，又能有效地保障网络系统安全可靠地运行。考虑到不同网络融合及物联网本身的发展需要新一代的基于 IP 的 AAA 技术，还可以使用 Diameter 协议。

RADIUS 是目前较常用的认证计费协议之一。它简单安全，易于管理，可扩展性好，所以得到广泛应用。

RADIUS 协议描述了一种网络访问服务器与一个共享认证服务器之间的通信规范。按照这种通信规范，网络服务器（NAS）通过共享认证服务器对访问它的用户实现认证。NAS 和服务器依据规范交互它们的认证信息、授权信息和配置信息。RADIUS 还给出了认证服务器和认证客户端（即 NAS）对信息的处理规范。认证服务器通过这些处理规范完成对访问 NAS 的客户的认证、授权和配置。

RADIUS 协议以其功能强大、使用方便、灵活等特点而获了广泛的认可、实现和使用。RFC 2865 和 RFC 2866 定义了 RADIUS 协议标准，为 RADIUS 协议和 RADIUS 记账协议正式分配的端口号分别是 1812 和 1513。

概括地说，RADIUS 认证协议有如下主要特征：

（1）客户 / 服务器模型

RADIUS 将 NAS 作为客户端。客户端的主要任务是完成与请求访问的用户的交互（目的在于收集用户认证信息），之后向服务器发送收集到的认证信息及对服务器发送回的认证结果进行应答。负责对用户进行认证的服务器称为 RADIUS 认证服务器，它依据客户端发送的用户认证请求数据对用户身份进行鉴别，并返回认证结果。

（2）网络安全性

RADIUS 服务器与 NAS 之间共享一对密钥。它们之间的所有通信受到这对密钥的鉴别保护，同时提供一定的完整性保护。在服务器与 NAS 之间传递的敏感数据（如用户口令）受到机密性保护。RADIUS 协议还提供了状态属性及鉴别码（authenticator），以防止对客户端或服务器端的拒绝服务攻击、欺骗攻击等。

（3）可扩展的协议设计

RADIUS 数据包由一个相对固定的消息头和一系列属性构成。属性采用 <属性类型、长

度、属性值 > 三元组表示，用户完全可以自行定义其他的属性，以扩展 RADIUS 认证协议。

（4）灵活的认证机制

RADIUS 服务器支持很多认证方法。它提供了包括 PPP、PAP、CHAP、UNIX login 等在内的甚至更多的认证机制，可以采用其中任一机制对用户的用户名和密码进行认证。

很多公司开发了遵循 RFC 2865 和 RFC 2866 标准的软件产品，如 radiusd-cistron、WinRadius、MyRadiu 等，并且拓展了其应用范围，不仅可用于拨号上网的用户，而且可用于 GSM、CDMA、Cable Modem 等用户。

在 RADIUS 的典型应用中，用户以一定的方式（通过登录程序或 PPP 协议等）把认证信息（如用户名和密码）发送到客户端。客户端一旦收到用户端的认证信息，就会产生包含用户名、密码、客户端标识符和端口标识符等属性的请求接入包，经 MDS 算法加密后发送到 RADIUS 服务器端。如果客户端在一定的时间间隔内没有收到服务器端的响应，客户端会重新发送该数据包或在重发失败了若干次后把该数据包发送到指定的备用服务器上。服务器端在收到来自客户端的请求接入包后，根据用户名查找相应的配置文件或数据库以验证用户的密码等信息，若认证通过，服务器端产生一个包含服务类型（如 SLIP、PPP 和 Login User 等）或某些服务类型所必需的值（对于 SLIP 和 PPP，这些值包括 IP 地址、掩码、MTU 等）等属性的允许接入包。客户端收到这样的数据包后，根据相应的内容为该用户提供服务。若其中有任一条件不满足，服务器端产生一个拒绝接入包，其中除了可以包含文本信息外不可以包含任何其他的信息。另外，服务器端也可能返回一个接入盘问包，在这种情况下，客户端把用户密码用经过加密的响应代替后以新的请求标志符将最初的请求接入包发送到服务器端。对于这个新的请求接入包，服务器端又可能做出上述三种响应。

随着物联网应用中大量新的接入技术的引入（如无线接入、DSL、移动 IP 和以太网）和接入网络的快速扩容，以及越来越复杂的路由器和接入服务器大量投入使用，传统的 RADIUS 结构的缺点日益明显。3G 网络正逐步向全 IP 网络演进，移动 IP 也被物联网的各种应用广泛使用。支持移动 IP 的终端可以在注册的家乡网络中移动，或漫游到其他运营商的网络。当终端要接入网络，并使用运营商提供的各项业务时，就需要严格的 AAA 过程。AAA 服务器要对移动终端进行认证，授权允许用户使用的业务，并收集用户使用资源的情况，以产生计费信息。这就需要采用 IETF 为下一代 AAA 服务器提供的一套新的协议体系 Diameter。此外，在 IEEE 的无线局域网协议 802.16e 的建议草案中，网络参考模型中也包含了鉴别和授权服务器 ASA Server，以支持移动台在不同基站之间的切换。Diameter 协议（RADIUS 协议的升级版本）包括基本协议、NAS（网络接入服务）协议、EAP（可扩展鉴别）协议、MIP（移动 IP）协议、CMS（密码消息语法）协议等。Diameter 协议支持移动 IP、NAS 请求和移动代理的认证、授权和计费工作，协议的实现机制和 RADIUS 类似，采用 AVP，属性采用 < 属性类型、长度、属性值 > 三元组形式表示，但是其中详细规定了错误处理、failover 机制，采用 TCP 协议，支持分布式计费，克服了 RADIUS 的许多缺点，是适合物联网的移动通信特征的 AAA 协议。与 RADIUS 相比，Diameter 有如下改进：

1）拥有良好的失败机制，支持失败替代（failover）和失败回溯（failback）。

2）拥有更好的包丢弃处理机制，要求对每个消息进行确认。

3）可以保证数据体的完整性和机密性。

4）支持端到端安全，支持 TLS 和 IPSec。

5）引入了“能力协商”能力。

4. 802.1x 协议

IEEE 802 LAN/WAN 委员会为解决无线局域网网络安全问题，提出了 802.1x 协议。后来，802.1x 协议作为局域网端口的一个普通接入控制机制应用于以太网中，主要解决以太网在认证和安全方面的问题。IEEE 802.1x 是一种为受保护网络提供认证、控制用户通信及动态密钥分配等服务的有效机制。802.1x 将可扩展身份认证协议（Extensible Authentication Protocol, EAP）捆绑到有线和无线局域网介质上，以支持多种认证方法，如令牌（token card）、Kerberos、一次性口令（one-time password）、证书（certificate）及公开密钥认证（public key authentication）等。

802.1x 协议是一种基于端口的网络接入控制（port based network access control）协议，即它在局域网接入设备的端口这一级对所接入的设备进行认证和控制。连接在端口上的用户设备如果能通过认证，就可以访问局域网中的资源；如果不能通过认证，则无法访问局域网中的资源。

使用 802.1x 的系统为典型的 C/S 体系结构，包括三个实体：恳求者系统（supplicant system）、认证系统（authenticator system）及认证服务器系统（authentication server system），如图 5-6 所示。

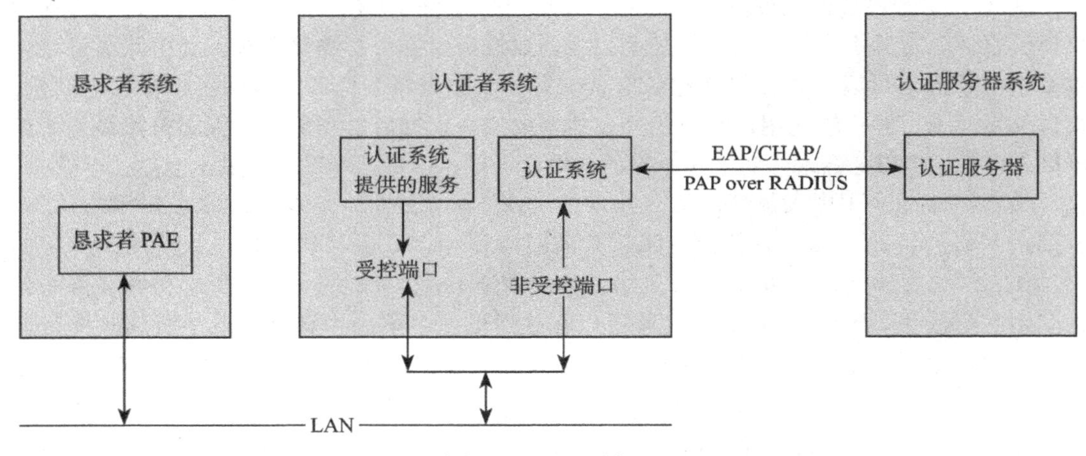

图 5-6 802.1x 认证

恳求系统是位于局域网段一端的一个实体，由该链路另一端的认证系统对其进行认证。恳求者系统一般为用户终端设备，用户通过启动恳求者系统软件发起 802.1x 认证。恳求者系统软件必须支持 EAPOL（Extensible Authentication Protocol over LAN，局域网上的可扩展认证协议）。

认证系统是位于局域网段一端的另一个实体，用于对所连接的恳求者系统进行认证。认证系统通常为支持 802.1x 协议的网络设备（如交换机），为恳求者系统提供接入局域网的端口，该端口可以是物理端口，也可以是逻辑端口。

认证服务器系统是为认证系统提供认证服务的实体。认证服务器用于实现用户的认证、授权和计费，通常为 RADIUS 服务器。该服务器可以存储用户的相关信息，如用户的账号、密码以及用户所属的 VLAN、优先级、用户的访问控制列表等。三个实体涉及如下四个基本概念：PAE（Port Access Entity，端口访问实体）、受控端口、受控方向和端口受控方式。

（1）PAE

PAE 是认证机制中负责执行算法和协议操作的实体。认证系统 PAE 利用认证服务器对需要接入局域网的恳求者系统执行认证，并根据认证结果相应地对受控端口的授权 / 非授权状态进行相应控制。恳求者系统 PAE 负责响应认证系统的认证请求，向认证系统提交用户的认证信息。恳求者系统 PAE 也可以主动向认证系统发送认证请求和下线请求。

（2）受控端口

认证系统为恳求者系统提供接入局域网的端口，这个端口被划分为两个虚端口：受控端口和非受控端口。非受控端口始终处于双向连通状态，主要用来传递 EAPOL 协议帧，保证恳求者系统始终能够发出或接受认证。受控端口在授权状态下处于连通状态，用于传递业务报文；在非授权状态下处于断开状态，禁止传递任何报文。受控端口和非受控端口是同一端口的两个部分。任何到达该端口的帧，在受控端口与非受控端口上均可见。

（3）受控方向

在非授权状态下，受控端口可以被设置成单向受控：实行单向受控时，禁止从恳求者系统接收帧，但允许向恳求者系统发送帧。默认情况下，受控端口实行单向受控。

（4）端口受控方式

一般厂商支持两种端口受控方式：一种是基于端口的认证，即只要该物理端口下的第一个用户认证成功后，其他接入用户无须认证就可使用网络资源，当第一个用户下线后，其他用户也会被拒绝使用网络；另一种是基于 MAC 地址的认证，即该物理端口下的所有接入用户需要单独认证，当某个用户下线时，只有该用户无法使用网络，不会影响其他用户使用网络资源。

IEEE 802.1x 认证系统利用 EAP，在恳求者系统和认证服务器之间交换认证信息。在恳求者系统 PAE 与认证系统 PAE 之间，EAP 报文使用 EAPOL 封装格式，直接承载于 LAN 环境中。

在进行无线接入安全设计时，应选用支持 802.1x 认证协议的接入设备（AP、认证服务器等）。

5. 基于 PKI 的 EAP

在无线通信环境下，为了保证安全，需要对接入用户进行认证，同时用户也需要通过认证 AP，保证接入的 AP 不是假冒的。因此，需要采用类似于传输层安全（transport layer security，TLS）协议这种具有双向认证能力的认证机制。Wi-Fi 联盟在 WPA2 企业版的认证计划内增加了 EAP，以确保通过 WPA2 企业版认证的产品之间可以互通。包含在认证计划内的 EAP 有 EAP-TLS、EAP-TTLS/MSCHAPv2、PEAPv0/EAP-MSCHAPv2、PEAPv1/EAP-GTC、EAP-SIM 等。其中，基于 PKI 的 EAP 身份鉴别方法有许多种，如 EAP-TLS、PEAP、EAP-TTLS 等。

EAP-TLS 是一个 IETF 标准。TLS 在完成身份鉴别的同时交换密钥信息，通过密钥信息可导出会话密钥，用于信息加密。在 EAP-TLS 中，TLS 并不是作为一个安全传输层协议运行在 TCP/IP 层之上，而是将 TLS 的 Handshake Record（握手记录）直接嵌套在 EAP 数据包中，作为 EAP Request/Response 的数据来传送，以完成单向或双向的身份鉴别。EAP-TLS 只利用了 TLS 的身份鉴别功能，并没有利用 TLS 建立的加密通道。

为了能够进一步利用 TLS 建立的安全通道交换 EAP 身份鉴别信息，IETF 出台了 PEAP（Protected EAP Protocol）标准。PEAP 不但通过 EAP Request/Response 数据包传送 TLS 的 Handshake Record 完成身份鉴别，而且完成身份鉴别后进一步通过 TLS 的 Data Record 再传送 EAP 身份鉴别协议。PEAP 可以使用客户端证书，也可以不使用客户端证书，它可在建立起来的 TLS 加密通道的基础上，进一步采用其他的身份鉴别协议，如口令身份验证、动态口令身份验证等。这样既利用了 PKI 的安全特点，又兼顾了目前口令鉴别应用广泛、简单的优点。各种 EAP 的比较见表 5-1。

表 5-1　各种 EAP 的比较

项目	EAP-MD5	LEAP	EAP-TTLS	PEAP	EAP-TLS
服务器认证	否	Hash 密码	公钥（证书）	公钥（证书）	公钥（证书）
客户端认证	Hash 密码	Hash 密码	质询握手身份验证协议，密码认证协议，Microsoft 质询握手身份验证协议 V2，EAP	任何 EAP，如 Microsoft 质询握手身份验证协议 V2，公钥	公钥（证书或智能卡）
认证属性	单向认证	双向认证	双向认证	双向认证	双向认证
支持动态密钥传输	否	是	是	是	是
部署难度	简单	中等	中等	中等	难
安全风险	身份暴露，字典攻击，中间人攻击，会话劫持	身份暴露，字典攻击	中间人攻击	中间人攻击，第一阶段潜在身份暴露	身份暴露

通常，在客户端与 AP 之间，EAP 承载在无线局域网上；在 AP 与认证服务器之间，EAP 承载在 RADIUS 协议之上。因而，AP 对 EAP 报文只是透明传输，需完成 EAPOW（EAP over Wireless LAN）和 EAPOR（EAP over RADIUS）两种不同协议的转换。RADIUS 为支持 EAP 认证增加了两个属性：EAP-Message 和 Message-Authenticator。在含有 EAP-Message 属性的数据包中，必须同时包含 Message-Authenticator。

采用 EAP-TLS 认证方式，所有的无线客户端及服务器需要事先申请一个标准的 X.509 证书并安装。在认证 X.509 的时候，客户端和服务器要相互交换证书。在交换证书的同时，客户端和服务器要协商出一个基于会话的密钥，一旦认证通过，服务器将会话密钥传给无线接入点并通知无线接入点允许该客户端使用网络服务。首先，EAP-TLS 在认证前需要生成 Supplicant 和 Authentication Server 的证书。EAP-TLS 认证协议中采用的证书是 X.509 v3 证书。其次就是客户端和服务器端 EAP-TLS 认证机制的实现。

EAP-TLS 的安全性表现在客户端和服务器之间能相互进行认证，并协商加密算法和密钥，它有如下特点：

1）身份验证：对等方实体可以使用非对称密码算法（如 RSA、DSS）进行认证。

2）共享密钥的协商是保密的，即使攻击者能发起中间人攻击，协商的密钥也不可能被窃听者获得。

3）协商是可靠的，攻击者不能在不被发现的情况下篡改协商通信消息。

对安全性要求较高、需进行双向认证的物联网系统应选用具有双向认证能力、支持 PKI 设备。

5.2.2　6LoWPAN 安全

IEEE 802.15.4 标准用于精密、低功耗、低成本嵌入式设备，如传感器，故又称传感器协议，支持设备供电一到五年。IEEE 802.15.4 无线收发器工作频段为 2.4GHz，与 Wi-Fi

类似，但功耗只是前者的约1%。由于这个特点，它的传输距离有限，要进行远距离传输或绕过障碍物，设备相隔不能太远以有效执行每一跳间路由信息传输。

IETF 6LoWPAN草案标准基于IEEE 802.15.4实现IPv6通信。6LoWPAN的优点之一是支持低功率设备，几乎可运用到所有设备，包括手持设备和高端通信设备。它内植AES-128加密标准，支持增强的认证和安全机制。6LoWPAN最大物理层报文的大小为127字节，MAC层的最大报文长度是102字节。链路层安全也会增加报文开销，最多会占用21字节。针对当前定义的物理层（分别是2.4GHz、915MHz和868MHz）数据率分别是250kbit/s、40kbit/s、20kbit/s。

6LoWPAN结构由低功耗的无线局域网构成，这个网络其实就是一个IPv6的末端网络。有三个不同的LoWPAN网络，分别是简单LoWPAN网络、扩展LoWPAN网络和Ad-hoc LoWPAN网络。一个LoWPAN网络是一群6LoWPAN的节点，这些节点公用一个IPv6地址前缀，即IPv6地址的前64位相同。一个Ad-hoc LoWPAN网络是不与互联网相连接的。一个简单LoWPAN网络是通过LoWPAN的边缘路由器来连接网络的。一个回程线路是点对点的，如GPRS。一个扩展LoWPAN网络包括多个边缘路由器的简单LoWPAN网络，它们是通过主干线路连接起来的，如以太网。

6LoWPAN的LoWPAN适配层实现了IPv6与IEEE 802.15.4 MAC层的无缝连接，使得基于IEEE 802.15.4的IPv6网络成为可能。

802.15.4 MAC层安全架构中ACLEntry的设计对密钥模型的支持有所欠缺，主要表现在以下方面。

（1）不支持组密钥模型

由于每个ACLEntry仅仅与一个特定的目标地址对应，在这种模型下实现组密钥模型并没有好的方法。可能会有以下解决方法。

1）创建多个ACLEntry，每个ACLEntry对应多个节点，这种方法会导致nonce值的重用，进一步导致机密性被破坏。

2）用密钥k创建一个ACLEntry。每次发送报文之前根据不同节点修改ACLEntry中的目标地址，这使得报文的发送过程变得繁琐。真正的问题出在接收端，接收端必须预先知道哪些节点会发报文过来，这使得可行性大大降低。

总之，在802.15.4网络中使用组密钥模型并不合适，因为组密钥模型对于许多应用来说都是不错的选择，这样的限制是802.15.4设计的一个重大缺陷。

（2）网络共享密钥模型与抗重播保护不兼容

当使用网络共享密钥模型时，就无法提供抗重播保护。为了使用网络共享密钥模型，必须使用默认ACLEntry机制。在这种模型下，假设节点S1使用重播计数器0～99发送100个报文给接收者，接收者接收这些报文并且希望得到重播保护，就会根据接收到报文的个数将重播计数器加到大于99的某一特定值。此时，当其他节点（如S2）使用以0开始的重播计数器再次向同样的接收者发送报文时就会被认为是重播报文而被接收端拒绝。而并没有可行的方法使得不同的发送者同步重播计数器，所以网络共享密钥模型无法提供抗重播保护。

（3）两两共享密钥支持度不够

IEEE 802.15.4规范中最多支持255个ACLEntry，但是并没有指明所需的最少的ACLEntry数目。对于大量节点的传感器网络应用，使用两两共享密钥模型是远远不够的。

而且由于传感器节点存储量的限制，两两共享密钥模型不具备可扩展性。

6LoWPAN 适配层安全模块的组网安全部分是在原有协议栈对节点加入和退出 6LoWPAN 网络的过程中引入安全性考虑。根据功能的不同，6LoWPAN 存在三种角色的节点，而每种节点的功能是通过状态机实现的。

在现有的设计中，任何节点都可以通过发送 Associate.Request 原语加入到 6LoWPAN 中，即在当前的节点加入和退出 PAN 的机制中，PAN 对任何节点都是开放的。这样的机制虽然为 PAN 的组织建立提供了高效便捷的方法，但是也为恶意的攻击者创造了很好的攻击环境。例如，恶意攻击节点成为 PAN 的一员后开始向其他节点发送大量报文，消耗其能量，干扰了整个网络的可用性。所以需要加入身份注册机制。

IPv6 的地址是 128 位，包括 64 位的前缀部分和 64 位的接口 ID（nD）。无状态的地址配置（SAA）可以根据无线接口的链路地址生成 IPv6 的接口 ID。为了简化和压缩，6LoWPAN 网络认为 nD 与链路地址是一一映射的，因此避免了地址解析的必要。IPv6 前缀可以通过邻居发现的路由通告消息来获得。6LoWPAN 中的 IPv6 地址的构成通过已知的前缀信息和已知的链路地址获得，这就保证了可以有较高的头部压缩比例。

6LoWPAN 的安全设计目标包括：

1）完整性：大多数的 LoWPAN 需要对传输的数据进行某种形式的完整性保护。

2）机密性：并非所有的 LoWPAN 需要机密性保护，只有那些收集敏感信息的 LoWPAN 才需要机密性保护。

3）保护网络：特别地，对靠电池提供能量的设备进行拒绝服务攻击，如发送大量的垃圾报文，会浪费设备本身就非常有限的资源，对网络造成比较大的危害。

在 6LoWPAN 工作组初始阶段，就认为强制的 IPSec 实现对 IEEE 802.15.4 环境并不可行。6LoWPAN 网络的安全需求的不同之处也不清晰，但是有两种解决安全的基本方法：

1）将安全局限在 LoWPAN 内部，通常称之为 L2 安全。这种方法导致安全服务终止在子网边界，但不能保证作为应用到应用路径一部分的以太网链路的安全。这实际上是 802.15.4 提供的安全，将这部分集成到 6LoWPAN 相对比较简单。未解决的问题就是怎样使链路层取得密钥资料。

2）实现端到端的安全，例如，使用 IPSec、TLS 或与特定应用相关的安全协议。

无论使用何种协议用于加密 / 认证，在代码量和 RAM 使用上开销较大的部分是密钥管理。

以上两种方法在密钥管理方面并没有实质性的区别。

从工程实现的角度，6LoWPAN 系统的安全设计应主要解决如下问题：

1）现有特定协议实现的障碍。IEEE 802.15.4 MAC 层提供了基于 AES 的链路层安全，但是它忽略了关于启动过程、密钥管理和 MAC 层以上层次的安全。从应用的角度来看，6LoWPAN 应用通常要求机密性和完整性保护，这样的功能可以在应用层、传输层、网络层和域链路层提供。在所有的情况下，节点本身功率及计算能力的限制都会影响特定协议的选择，另外代码量、低功耗、低复杂度及小带宽的要求也是实现这些已有的安全协议的障碍。

2）安全强度与开销的折中。考虑到上述限制，首先必须对 6LoWPAN 的安全性进行分析，在风险与开销之间做仔细的权衡。可能的威胁来自中间人攻击和拒绝服务攻击。而当前 6LoWPAN 协议栈本身尚在研究阶段，其应用对象的不确定使得其安全模型的分析也难以入手。

3）6LoWPAN 设备启动时的安全考虑。由于 6LoWPAN 网络本身低功耗、低带宽的特点，必须严格控制外部非法节点对网络的拒绝服务攻击，此类攻击即使不能窃取到 6LoWPAN 网络内部传输的私密信息，却能严重破坏网络的可用性。所以必须考虑 6LoWPAN 设备组网时的安全，即启动时的安全。例如，初始密钥的建立通常需要应用层的交换或者外部通信手段实现，而具体的方法并不属于 6LoWPAN 研究的范围，与具体网络的部署有关。

4）密钥管理问题。在初始密钥建立之后，为了对数据流进行加密，需要特定协议进行后续的密钥管理。必须对现有的安全协议（如 LS、IKE/IPSec 使用的密钥管理协议），在 6LoWPAN 的一系列限制条件下进行可行性评估。

5）使用链路层安全的考虑。IEEE 802.15.4 MAC 层的部分功能有安全缺陷，而 IEEE 也在积极推进 802.15.4 规范的改进与更新。在 MAC 层提供安全服务有着独特的优势，在 MAC 层处理非法报文可以大大减少此类攻击对网络资源的消耗，这也是与传统网络的重要区别。

6）网络层安全实施的困难。网络层有两种可应用的安全模式：端到端的安全，如使用 IPSec 传输模式；局限于网络的无线部分的安全，如使用安全网关和 IPSec 隧道模式。后者会明显加大报文长度，6LoWPAN 帧 MTU 限制不允许这样的操作。IPSec 本身包含的密码算法的开销很大，难以被 6LoWPAN 接受，也给实现带来重重困难。

5.2.3 RPL 协议安全

RoLL（Routing over Lossy and Low-power Networks）工作组于 2008 年 2 月成立，属于 IETF 路由领域的工作组。IETF RoLL 工作组致力于制定低功耗网络中 IPv6 路由协议的规范。RoLL 工作组的思路是从各个应用场景的路由需求开始，目前已经制定了四个应用场景的路由需求，包括家庭自动化应用（home automation，RFC 5826）、工业控制应用（industrial control，RFC 5673）、城市应用（urban environment，RFC 5548）和楼宇自动化应用（building automation，draft-ietf-roll-building-routing-reqs）。

低功耗和有损网络（Low Power and Lossy Networks, LLN）是一种网络，在这类网络中路由器和它们的互连都要受到约束。LLNs 路由器在处理能力（processing power）、内存和能量（电池功率）方面受到限制它们之间的互连具有高损失率、低数据速率和不稳定的特点。

LLN 是由几十人及多达数千个路由器组成的，支持点对点通信（LLN 内部设备）、点对多点通信（从中央控制点到 LLN 内部的子集内的设备）、多点对点通信（从 LLN 内的设备到中央控制点）。IPv6 在 LLN 中的路由协议（Routing Protocol for LLN，RPL）提供了一种实现以上三种通信的机制。

RPL 被设计成高度模块化。主要目标是设计一个高度模块化的协议，其路由协议的核心满足特定应用的路由需求的交集，而对于特定的需求，可以通过添加附加模块的方式满足。RPL 是一个距离向量协议，创建一个 DODAG（Destination Oriented Directed Acyclic Graph，面向目的地的有向非循环图），其中路径从网络中的每个节点到 DODAG 根。使用距离向量路由协议而不是链路状态协议，这是有很多原因的，主要原因是 LLN 中节点资源受限制。链路状态路由协议更强大，但是需要大量的资源，如内存和用于同步 LSDB 的控制流量。

RoLL 工作组文稿 draft-ietf-roll-routing-metrics 包含两个方面的定量指标：一方面是节点选择指标，包括节点状态、节点能量、节点跳数（hop count）；另一方面是链路指标，包括链路吞吐率、链路延迟、链路可靠性、ETX、链路着色（区分不同流类型）。为了辅助动态路由，节点还可以设计目标函数（objective function）来指定如何利用这些定量指标来选择路径。在路由需求、链路选择定量指标等工作的基础上，RoLL 工作组研究制定了 RPL。

RPL 支持三种安全模式：不安全模式、预置安装模式、授权模式。另外，RPL 支持三种类型的数据通信模型，即低功耗节点到主控设备的多点对点通信、主控设备到多个低功耗节点的点对多点通信，以及低功耗节点之间的点对点通信。

2010 年 3 月，CoRE 工作组正式成立，属于应用领域。CoRE 起源于 6LowApp 兴趣组（BOF），主要讨论受限节点上的应用层协议。随着讨论的深入，IETF 技术专家把工作组的内容界定在为受限节点制定相关的 REST（Representational State Transfer，表述性状态转换架构）形式的协议上。REST 是互联网资源访问协议的一般性设计风格。REST 提出了一些设计概念和准则：网络上的所有对象均被抽象为资源，每个资源对应一个唯一的资源标识，通过通用的连接器接口，对资源的各种操作不会改变资源标识，对资源的所有操作是无状态的。HTTP 是一个典型的符合 REST 准则的协议。但是在资源受限的传感器网络中，HTTP 过于复杂，开销过大，更适合这种环境的是 CoRE 工作组制定的 CoAP 协议（Constrained Application Protocol）。应用 CoAP 之后，互联网上的服务能够直接通过 CoAP 协议或者通过 HTTP 与 CoAP 之间的网关来进行资源读取、修改、删除等操作。CoAP 通过网关可与 HTTP 进行转换，传感器节点也可以直接与支持 CoAP 的互联网服务器进行信息交互。在这两种方式中，节点和网关的协议栈都是建立在 IPv6 和 6LowPAN 协议栈之上的。

5.2.4 EPCglobal 网络安全

EPCglobal 协会为在供应链中使用 RFID 技术开发了行业标准。EPCglobal 网络架构描述了用于在服务器之间交换 EPC 相关信息（即用 EPC 号码标识的物品的相关信息）的组件和接口。这些服务器提供组件之一——EPCIS。

EPCIS 提供访问包含事件数据（event data）和管理数据（master data）的存储库的方法。事件数据 是在业务过程中产生的，通过用于消息队列的 EPCIS 的接口的这些数据。在捕捉应用程序或中间件（如 IBM WebSphere RFID Premises Server）产生的 XML 中记录这些事件，然后读取程序就可以读取 XML。可以通过 EPCIS 查询接口查询 EPCIS 中收集的事件。

管理数据描述事件数据的上下文。可以通过 EPCIS 查询控制接口查询这些数据，但是当前的 EPCIS 1.0 标准中没有指定将管理数据输入系统的方法。另一个查询接口是用于 HTTP、HTTPS 和 AS2（Applicability Statement 2）协议的查询回调接口。它由预订结果的接收者实现。AS2 是一个用于互联网的传输协议规范，通常用来发送电子数据交换（Electronic Data Interchange，EDI）消息。

许多系统可以查询 EPCIS，如其他 EPCIS 系统、提取—转换—装载（ETL）系统（它们从 EPCIS 中成批提取数据，并将数据导入业务智能应用程序所用的数据仓库）或者连续监视事件的定制应用程序。EPCIS 为执行特殊查询提供了接口，还允许提交“持续的”查询，从而定期提供新结果。

EPCglobal 标准实际上并不强制要求使用 EPCIS Query Control API 进行查询的授权。但是，标准推荐了 EPCIS 用来实现授权的几种反应方式。在标准文档中，对这些反应方式有如下描述：

1）服务可能完全拒绝请求，这要用 SecurityException 来响应请求。RFIDIC 的公开控制方法为实现这个建议提供了特殊的授权策略规则，这些规则将执行某些类型的查询的权力授予某些用户组。

2）服务可能用比较少的数据进行响应。RFIDIC 用来实现这个建议的方法是在公开控制规则中指定一些条件，从而过滤掉不希望公开的结果对象，尤其是可以使用管理数据表示条件。

3）服务可能隐藏信息。RFIDIC 用来实现这个建议的方法也是在公开控制规则中指定条件，在条件中定义（事件数据或管理数据的）哪些属性可以显示在查询结果中。

通过使用这些方法，可以实现当前 EPCIS 标准对“查询授权”的所有建议。

EPCglobal 网络的三个关键要素是信息服务、发现服务和对象名服务。当一个 RFID 标签被制造成带有 EPC 时，EPC 被注册在 ONS（Object Name Service，域名解析服务）中。随着 RFID 附着于产品，EPC 就成为了产品的一部分而进入供应链。特定的产品信息被加到制造商的 EPC-IS 中，并被传给 EPC 发现服务。

对象名服务是一种分布式的目录服务，为请求关于 EPC 的信息提供路由，这种路由主要基于因特网，ONS 本身在技术与功能上与 DNS 非常相似。当一个查询被传送给包括 EPC 编码的 ONS 时，一个或多个统一资源定位器（Uniform Resource Locator，URL）被返回，提供项目相关的信息链接。ONS 同样分为两层；第一层为根 ONS，包括权威的制造商目录，这些制造商的产品也许有关于 EPC 网络的信息；第二层为本地 ONS，它是特定制造商的产品目录。

正是因为 ONS 与 DNS 在技术上的相似，它在被认为是 DNS 的一个子集的同时，也面临着与 DNS 同样的安全风险。ONS 需要去面对和解决绝大多数 DNS 可能面临的攻击和威胁。

主要域名厂商已经组建了一个行业联盟，宣布共同采用 DNS 安全扩展机制 DNSSEC。DNSSEC 行业联盟包括运营 .com 和 .net 注册业务的 VeriSign、运行 .biz 和 .us 注册业务的 NeuStar、.info 运营商 Afilias Limited、.edu 运营商 EDUCAUSE 及运营 .org 注册业务的 The Public Interest Registry。

DNSSEC 被认为是解决 Kaminsky 缺陷等 DNS 漏洞的较好方法。它可以阻止黑客劫持 Web 数据流或将其重定向至仿冒网站。这一 Internet 标准允许网站使用数字签名和公用密钥加密来验证其域名和对应的 IP 地址，从而防止欺骗性的攻击。Kaminsky 漏洞是 DNS 中存在的一个严重安全缺陷，该漏洞会导致缓存投毒攻击，从而使黑客在用户毫不知情的情况下将流量从合法网站重新定向至仿冒网站。正是由于该威胁的存在，美国政府才在其所属的 .gov 和 .mil 域中推广了 DNSSEC。为了征集在 DNS 根区，即 DNS 层级的最高一级部署 DNSSEC 的建议，美国政府曾向域名行业开放了一个正式建议期。在该建议期结束后几周，DNSSEC 行业联盟正式宣告成立。

此外，由于读写器异常或者标签之间的相互干扰，有时采集到的 EPC 数据可能是不完整的或错误的，甚至出现多读和漏读的情况：标签在阅读器范围内而未被读取，或者不在其范围内却被读到。如果将源数据直接投入到实际应用中，得到的结果大多没有应用价值，所以在对 RFID 源数据进行处理之前，Savant 需要对数据进行清洗。Savant 将负责消除冗余数据，过滤无用信息，只将它认为有用的信息传给应用程序或上级 Savant。

在 EPCglobal 网络设计中，制定安全访问控制策略是非常重要的，它对于用户的访问控制主要有如下几个方面：

1）规定用户定义、获取、取消 ECSpec 的权限，以及控制检验 ECSpec 内容的合法性。在 ECSpec 的合法性中，又主要包含四种访问控制细则：控制可以访问的读写器、规定有权限读取某种模式的标签、规定设置 ECBoundarySpec 的权限、规定设置 ECReportSpec 的权限。

2）规定用户订阅、取消订阅基于某 ECSpec 的 ECReport 的权限。

3）获得 ECSpec 或订阅者名字的权限。

EPCglobal Application Level Event（ALE）Standard 规范介于应用业务逻辑和原始标签读取层之间，它定义出 RFID 中间件对上层应用系统应该提供的一组标准接口，以及 RFID 中间件的最基本功能：收集和过滤。ALE 规范的主要目的是从大量的业务中提炼出有效的业务逻辑。

ALE 规范定义的是一组接口，不涉及具体实现。支持 ALE 规范是 RFID 中间件的基本功能之一。所以，用户或应用系统访问 EPC 中间件的标准方式是通过 ALE 层进行。因此，访问控制策略主要针对中间件 ALE 层的访问请求的内容进行基于权限的控制。这样，既可以使中间件系统具有对用户进行访问控制的安全性，又符合通用标准。

5.3 物联网数据中心安全设计

5.3.1 物联网数据中心安全基础

1. 数据中心安全层次

数据中心安全涵盖了绝大多数的信息安全领域，但是又有其特点。数据中心需要在不同层次上进行保护。

数据中心安全的内容已从原来的保密性和完整性扩展为信息的可用性、核查性、真实性、抗抵赖性及可靠性等范围，更涉及包括计算机硬件系统、操作系统、应用程序及与应用程序相关联的计算机网络硬件设施和数据库系统等计算机网络体系的方方面面。数据中心安全包括三层：基础设施安全、数据中心运行安全、数据备份与容灾（见图 5-7）。

层次	主要内容
数据备份与容灾	灾备系统；数据自动诊断与修复
数据中心运行安全	网络安全（防火墙、IPS 等）；安全审计
基础设施安全	硬件设备安全（环境安全、网络设备安全）

图 5-7 数据中心安全层次

基于云计算的物联网大数据中心方案是物联网数据中心的主流技术。云数据中心的主要安全问题的层次如图 5-8 所示。如图 5-9 所示为基于 VMware 的安全云数据中心网络连接示意图。

周边安全存在的问题主要如下：

1）保护私有云和公有云：迁移到私有云或者公有云中的企业需要扩展与物理数据中心相似的安全分层使用。

2）VLAN 实现隔离：使用交换机或者防火墙建立虚拟系统周边环境十分复杂和昂贵。

混合信任主机会引起一些依从性问题。

3）View桌面用户：外部的负载均衡和防火墙需要与View同时部署，极大提高了解决方案的成本。

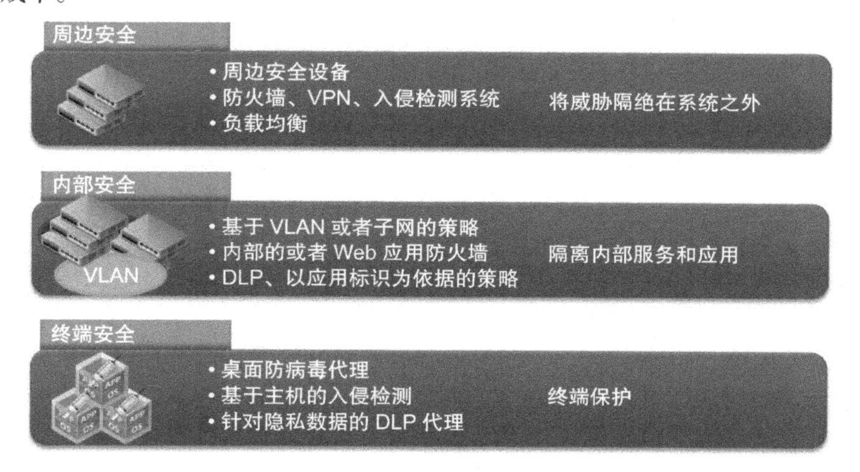

图5-8 云数据中心安全层次

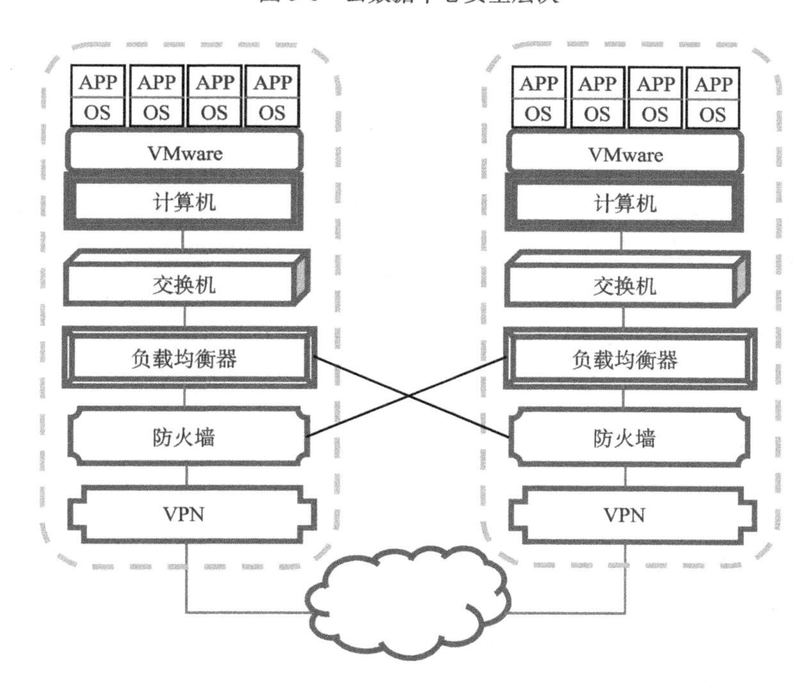

图5-9 基于VMware的安全云数据中心网络连接示意图

内部安全存在的问题主要有：

1）虚拟机之间的数据流缺乏可见性：从系统安全管理员角度看，ESX集群对于虚拟机之间的流量只有很少的可见性和有限的控制。

2）大量VLAN和网络复杂性：客户需要分割集群来创建不同的管辖范围或者应用集合。通过创建VLAN来组织相似的应用非常复杂。大多数客户都有混合信任的主机，可能存在依从性问题。

终端安全存在的问题主要有：

1）物理安全隐患导致信息泄露：终端的暴露导致信息泄露、终端设备被盗导致信息泄露。

2）轻量级终端加密强度太低导致安全隐患：轻量级终端通常只能进行简单的加密。

3）病毒、木马感染：终端易受病毒、木马感染。

2. CSA 云安全指南

云安全联盟CSA自成立后，迅速获得了业界的广泛认可。现在，CSA和ISACA、OWASP等业界组织建立了合作关系，很多国际领袖公司成为其企业成员。CSA成立的目的是在云计算环境下提供最佳的安全方案。

云计算中的安全控制的主要部分与其他IT环境中的安全控制并没有什么不同，然而，基于采用的云服务模型、运行模式及提供云服务的技术，与传统IT解决方案相比，云计算可能面临不同的风险。

CSA把云安全相关问题分成两大类：治理（governance）域和运行域。治理域范畴很宽，解决云计算环境的战略和策略，而运行域关注于更战术性的安全考虑及在架构内的实现。即使有些运行责任落在某个或某些第三方上，云计算的特性在于能够在适度地失去控制的同时能保持可纠责性。在不同云服务模型中，提供商和用户的安全职责有很大的不同。

治理域解决的问题主要有：

1）治理和企业风险管理域：机构治理和评测云计算带来的企业风险的能力。例如，违约的司法惯例、用户机构充分评估云提供商风险的能力、当用户和提供商都有可能出现故障时保护敏感数据的责任、国际边界对这些问题有何影响等都是讨论的一些问题。

2）法律和电子证据发现域：使用云计算时可能的法律问题，关系到的问题包括信息和计算机系统的保护要求、安全性被破坏时的披露法律、监管要求、隐私要求和国际法等。

3）合规性和审计域：考虑保持和证实使用云计算时的合规性，包括评估云计算如何影响内部安全策略的合规性及不同的合规性要求（规章、法规等）。这个域还包括通过审计证明合规性的一些指导。

4）信息生命周期管理域：管理云中的数据，包括与身份和云中的数据控制相关的项、可用于处理数据搬移到云中时失去物理控制这一问题的补偿控制，以及其他项，如谁负责数据机密性、完整性和可用性等。

5）可移植性和互操作性域：将数据或服务从一个提供商搬移到另一个提供商，或将它全部搬移到本地的能力，以及提供商之间互操作性。

运行域解决的问题主要如下：

1）传统安全、业务连续性和灾难恢复域：云计算如何影响当前用于实现传统安全、业务连续性和灾难恢复的操作处理和规程，主要关注点是讨论和检查云计算的潜在风险，希望增加对话和讨论以解决令人生畏的企业风险管理模型的提升需求。如何帮助人们识别云计算在什么地方可以有助于减少安全风险，在某些其他领域则增加了风险。

2）数据中心运行域：如何评估提供商的数据中心架构和运行。主要关注于帮助用户识别对后面服务不利的数据中心特征，以及有助于长期稳定性的基础特征。

3）事件检测、响应、通告和补救域：适当的、充分的事件检测、响应、通告和补救。尝试解决为了启动适当的事件处理和事后分析机制，在用户和提供商两边都需要就绪的一些条目。云给现有的事件处理程序带来的复杂性。

4）应用安全域：保护在云中运行或即将开发的应用，包括识别将某个应用迁移到或设计进云中运行是否适当，如果适当，什么类型的云平台（SaaS、PaaS、IaaS）最适当。该域还讨论了一些跟云有关的具体安全问题。

5）加密和密钥管理域：识别恰当使用加密及可扩充规模的密钥管理的方法。本域并不是规定，而是侧重提供信息，为什么需要这些方法，识别使用过程中出现的问题，包括保护对资源的访问及保护数据。

6）身份和访问管理域：利用目录服务来管理身份，提供访问控制能力。关注点是组织将身份管理扩展进云中遇到的问题。本域提供了就评估组织实施身份访问管理IAM的就绪性的一些见解。

7）虚拟化域：虚拟化在云计算中的应用。本域关系与多租户、VM隔离、VM共居（coresidence）、hypervisor脆弱性等相关的项。特别关注于系统和硬件虚拟化相关的安全问题，而不是对各种形式的虚拟化的综述。

CSA发布的云安全指南第三版相对于2009年年底发布的2.1版对云安全的论述更全面、精确，并增加了一个域——安全即服务。

3. 存储的访问控制

传统的访问控制有自主访问控制、强制访问控制、基于角色的访问控制，普遍使用的是基于角色的访问控制。

在数据中心中，访问控制的对象是密文。上述访问控制模型通常用于未加密的数据，或者访问控制端是可信的。而对于密文数据，则需要使用可能访问该数据的用户的公钥去加密数据加密密钥，必将涉及大量加密运算，控制策略也将变得复杂。

解决思路是把访问控制和数据加密有机结合。例如，加密时即将访问控制策略融入密文中，只有满足访问控制策略的用户才可以正确地解密。这就是密文策略的属性加密（CP-ABE）。

目前基于ABE的访问控制还没有成熟的产品，所以在进行访问控制设计时，依然需要使用传统的产品。

4. 云存储的数据保密性

为了保证数据的保密性，同时由于对云存储服务器的不信任，云存储端通常存储的是加密过的数据。对这些数据进行的操作只能是将密文数据发给客户端，由客户端解密后进行，然后送回云服务器。因此数据必须在云和客户端之间来回传送，通信开销很大。

同态加密（homomorphic encryption）要解决的是针对密文就可以进行操作的问题，这样在云服务器端就可以操作，大大减小了开销，同时不失安全性。

同态加密是指对两个密文进行的某个操作，解密后得到的明文等同于两个原始明文完成的操作的结果。而全同态加密能够在没有解密密钥的条件下，对加密数据进行任意复杂的操作，以实现相应的明文操作。

设x和y是明文空间M中的元素，o是M上的运算，E_k是M上密钥空间为k的加密算法，称加密算法E_k对运算o是同态的，则存在一个有效的算法A，使得$A(E_k(x), E_k(y)) = E_k(x\ o\ y)$。

同态加密的这种性质使得它还可以用于隐私保护的数据聚集（aggregation）上，如智能电表中对智能电表的数据收集、无线传感器网络中感知数据的聚集等。

通常公钥加密算法包含三个子算法，即 KeyGen、Encrypt、Decrypt，这三个算法是安全参数 λ 的多项式时间算法。除上述三个子算法之外，同态加密方案还有第四个子算法，即 Evaluate，它与功能函数集合 F 相关，即对于 F 中的任意函数 f，以及任意密文 $c_1 \cdots c_t$，有 $\text{Evaluate}_{\text{PK}}(f, c_1 \cdots c_t) = \text{Decrypt}_{\text{SK}}(f(m_1 \cdots m_t))$，其中 PK 和 SK 为公钥和私钥。

5. 物联网数据中心基础设施安全

数据中心基础设施安全包括高速带宽、服务器负载均衡、防火墙及虚拟化基础架构安全。

为了使数据中心在激烈的计算机网络竞争中处于领先地位，高质量的网络连接是维持高质量数据中心的基本要素。为避免因计算机网络带宽的共享问题产生冲突而降低数据中心的功能和效率，应该为数据中心的管理者和使用者提供最大限度的带宽利用率。

单一的服务器不能满足数据中心日益增加的用户访问量、数据资源和信息资源。数据中心的应用系统采用了三层结构，数据中心中大量复杂的查询、重复的计算及动态超文本网页的生成都是通过服务器来实现的，而服务器的速度一直都是数据中心数据处理速度的“瓶颈”。为了满足 ISP/ICP 的需求，提高数据中心服务器的访问性能，数据中心建设采用了服务器负载均衡的先进技术。网络负载均衡器是一个非常重要的计算机网络产品，利用一个 IP 资源就可以根据用户的要求产生多个虚拟的 IP 服务器，按照一定协议能够使它们协调一致地工作。不同的用户或者不同的访问请求可以访问不同的服务器，使得多个服务器可以同时并行工作，提高服务器的访问性能。如果当计算机“黑客”攻击某台服务器而导致该服务器的系统瘫痪时，负载均衡器和负载均衡技术会关闭其与该系统的连接，将其访问分流到其他服务器上，保证数据中心持续稳定地工作。

传统 IT 架构下，数据中心被分隔为多个相互独立的安全区域，如基础网络区、数据存储区、数据服务区、应用服务区、局域网用户区、维护管理区等区域。

不同区域采用不同的安全策略，区域之间的访问被严格控制。数据存储区中的不同密级信息分开存储。数据服务区和应用服务区中的不同密级服务器分开设立。应用服务器区可加装专用密码机等专用安全保密设备。安全防护中心管理控制安全保密设备。

在虚拟化物联网平台下区域的划分面对挑战，为了保证系统和数据的安全，还需要关注：

1）物理边界（air gap）消失，为了保证安全，需要划分逻辑边界的有效手段。

2）安全性与合规性保证技术要能够识别逻辑边界，要保证可以随时根据业务或部门的不同将虚拟机划分到相应的区域，并且能够为不同的逻辑分区应用不同的安全策略。

3）当虚拟机的安全状况发生变化（如感染计算机病毒或合规性发生改变等）时，应该将虚拟机置于特定的隔离区域，以保证平台中其他系统的安全。

防火墙技术是位于 Internet 之间或者内部网络之间及 Internet 与内部网络之间的计算机网络设备或计算机中的一个功能模块，主要由硬件防火墙与软件防火墙按照一定的安全策略建立起来的有机组成体，目的在于保护内部网络或计算机主机的安全。原则上只有在内部网络安全策略中合法的通信量才能顺利进出防火墙。具体功能包括保护数据的完整性、保护网络的有效性和保护数据的机密性。防火墙的使用便于数据中心的硬件资源和软件资源的集中安全管理、安全策略的强制执行，从而降低了计算机网络的脆弱性，提高了数据中心的安全保密性。

随着虚拟化技术的应用越来越广泛，虚拟化平台的安全性也开始引起人们的关注，从架构上来说，虚拟化在传统IT架构的基础上增加了虚拟化层，这势必会引入新的安全风险。虚拟化灵活便利，在提高效率的同时也会带来安全挑战，我们必须正视并解决与虚拟化平台相关的安全性问题，以保证企业虚拟化与云计算战略的顺利实施。

与虚拟化架构相关的主要安全性包括以下内容。

（1）虚拟化层安全性

从安全的角度看，虚拟化层的引入会增加安全风险，因此，我们必须对虚拟化层本身的安全性加以特别关注。安全性较高的虚拟化层应该具备下述特征：Hypervisor要精简，越精简则存在漏洞的可能性越小，攻击面越小，安全性越高；专用系统的安全性高于通用系统；系统本身要提供如防火墙一类的安全防护技术；Hypervisor要有完善的验证、授权与审计功能。

（2）虚拟机整固

有了虚拟化技术，我们可以通过模板来置备虚拟机，通过快照来恢复虚拟机状态，这些操作瞬间即可完成，IT流程受此影响会有较大的变化。虚拟机模板创建之后，就很少更新了，而且基本上是不开机的，我们需要特别注意模板的合规性与安全性，因为生产虚拟机是基于模板创建出来的。生产系统的变更会更频繁，因此需要通过技术手段持续保证Guest OS的健康。虚拟化软件本身如果能够为虚拟机提供防病毒、防火墙、入侵检测、配置管理、补丁管理等功能，将对虚拟机保护提供极大的便利。

（3）虚拟机之间的攻击行为及监控盲点

虚拟化对网络安全的影响巨大。传统的安全技术和产品同样可以应用于虚拟化平台，但其保护能力可能不足，有必要对其进行改良以满足虚拟化平台的安全需求。采用传统的物理安全设备，可能无法对虚拟机和虚拟机之间的流量进行监控。虚拟化平台通常提供在线漂移技术，也提供高可用保护功能。虚拟机的动态变化给安全防护带来困难，安全防护系统如果不能自动适应这种变化，将极大地增加管理难度。在虚拟机内部部署主机防火墙可以解决上述问题，但是会增加管理难度，影响虚拟机性能。业界的趋势是采用虚拟的安全设备代替物理的安全设备。

（4）虚拟机加密

虚拟化技术把计算环境转化成了一堆文件，从而使我们可以很方便地管理和使用虚拟机，但是同时也带来了安全性问题，虚拟机中的数据可能更容易被窃取。最有效的手段是虚拟机加密，实时加密比较有效，但是会在一定程度上影响性能，可以有选择地应用这一技术，对于那些需要较高安全性的系统，性能上的牺牲是值得的，如High Cloud Security的解决方案。也可以采用磁盘加密技术，如AlterBoot的解决方案。此外，还应该有虚拟机数据销毁机制，利用虚拟粉碎机彻底清除虚拟机中的文件数据，以免造成数据的泄露。

5.3.2 物联网数据中心运行安全

1. 入侵检测

数据的入侵检测是一种积极的安全防护技术，是继防火墙之后的第二道“安全闸门”，通过把数据中心的关口前移，对入侵行为进行安全检测，让存在安全隐患的数据不能进入数据中心，主要收集和分析用户的网络行为：安全日志、审计规则和数据，网络中计算机系统中的若干关键点的信息，检查进入数据中心及数据中心内部的操作、数据是否违反安全策略及是否存在被攻击的迹象，可采用模式匹配、统计分析和完整性分析等分析策略。入侵检测系统（Intrusion Detective System, IDS）可以根据对数据和操作的分析，检测出数据中心是否受到外部或者内部的入侵和攻击。

入侵检测系统一般部署在防火墙之后靠近内网的位置。

2. 数据中心安全审计

数据安全审计的作用是审计和检查危害数据中心的操作和数据。数据安全审计系统是数据中心中的一个独立的应用系统，主要针对数据中心内部的各种安全隐患和业务风险，根据既定的审计规则（数据审计字典）对数据中心系统运行的各种操作和数据进行跟踪记录，采用误用检测技术、异常检测技术及数据挖掘技术审计和检测数据中心存在的安全漏洞及安全漏洞被利用的方式。

安全审计系统的目标是随着数据入侵检测技术的不断成熟，安全审计系统知识库、规则库及数据库的不断完善，最终实现对数据中心各种操作和数据的实时与准实时的审计和处理，达到数据中心安全防范的整体目标。

3. 数据隔离与恢复

数据隔离与恢复的主要目的是将隐患或者不安全数据和操作迁出数据中心，以保证数据中心的运行安全。

为了避免隐患或者不安全数据和操作造成的数据受损范围的扩大，当发现数据中心存在隐患或者不安全数据和操作时，必须进行数据隔离，禁止所有用户对相关数据的请求，在数据修复之后解除隔离，从而有效地避免在数据恢复阶段由于数据共享导致的数据中心受损范围的扩大，包括物理隔离技术和软件隔离技术两个层面。主要策略包括以下方面：

1）隔离的完整性。数据隔离仅对受损数据有效，而不影响用户合法的数据请求，同时，数据隔离的粒度要尽可能小，数据项级别要达到元组级或者元素级。

2）隔离的有效性。除了受损数据恢复进程，任何用户请求都不能直接访问受损数据，即使是请求中子查询操作也应该被隔离。

3）隔离的效率。隔离数据不需占用太多的系统空间资源，同时，受损数据的隔离应具有较高的执行效率，且不会对数据中心的系统性能造成较大的影响。

数据隔离与恢复层应该具有较强的自愈性，能够及时自动修复受损的数据，以保证数据中心系统的稳定性和数据的完整性。

4. 数据中心的运行安全

通过 IT 资源共享来创造效率和规模效益并不是新概念。云的商业模式的效果取决于对数据中心的运营进行庞大的投资是否能带来更多的客户。传统的数据中心架构设计会特意超出周期性的负载高峰，也就是说在正常或空闲时，数据中心的资源往往闲置很长一段时间而不被充分利用。相反，云服务提供商为了赢得竞争优势最大限度地提高运营利润率，他们通过人力和技术手段寻求资源的优化使用，这与云数据中心的云服务的消费者所追求的安全性是不一致的。

云服务的消费者面临的挑战是如何最好地评估云服务提供商是否有能力提供正确的、安全的和有成本效益的服务，同时又能保护客户自己的数据和利益。有些云计算架构可能对客户的数据完整性和安全性采取相对自主的做法，这时需要消费者有意识地、主动地通过询问相关的问题，并且熟悉基础架构和可能出现安全漏洞的地方，如了解云服务提供商如何实现云计算的关键特征，以及它的技术架构和基础设施是否会影响满足服务水平协议（Service Level Agreement，SLA）和解决安全问题的能力。云服务提供商可能将IT产品和其他云服务的组合作为自己的某个具体技术的基础架构，如利用其他云服务提供商的IaaS存储服务。

此外，由于不同云服务提供商的技术架构和基础设施可能会有所不同，但是为了符合安全要求，必须能够展示系统、数据、网络、管理、部署和人员方面的全方位相互隔离。为了不互相干扰，每一层基础设施的控制隔离需要适当加以整合。例如，检查存储划分是否可以很容易地通过管理工具或不好的密钥管理绕过。

对于客户方IT资产在物联网云数据中心的安全运行，我们给出如下建议：

1）获得云服务提供商承诺或授权进行客户方或外部第三方审计的权利。

2）了解云服务提供商是如何实现云计算的关键特征的，以及技术架构和基础设施如何影响他们满足SLA的能力。要确保SLA被清晰定义、可衡量、可强制执行。

3）为了符合安全要求，云服务提供商的技术架构和基础设施必须能够展示系统、数据、网络、管理、部署和人员方面的全方位相互隔离。

4）客户应该清楚自己的云服务提供商的补丁管理政策和程序及这些可能对他们系统环境的影响。

5）由于针对某个客户进行的任何政策、流程、程序或工具的改进都可能会导致所有客户服务的改善，因此在云服务环境中持续改进显得尤为重要。寻找那些标准的持续改进流程的云服务提供商。

6）从IT视角去审视业务连续性和灾难恢复计划如何与人力和流程关联。例如，云服务提供商的技术架构在故障切换上是否采用了未经验证的方法。

5.3.3 数据备份与容灾

1. 数据复制

实现容灾的关键是数据复制。数据复制的技术有很多，从实现复制功能的设备分布可分为三层：服务器层、存储交换机层和存储层。

服务器层的数据复制是在生产中心和灾备中心的服务器上安装专用的服务器数据恢复软件，以实现远程复制功能。两中心间必须有网络连接作为数据通道。可以在服务器层增加应用远程切换功能软件，从而构成完整的应用级容灾方案。这种数据复制方式投入相对较少，主要是软件的采购成本；兼容性较好，可以兼容不同品牌的服务器和存储设备，较适合硬件组成复杂的用户。但这种方式要在服务器上运行软件，不可避免地对服务器性能产生影响。

存储交换机层的数据复制基于存储交换机技术的发展，如存储虚拟化技术。在生产中心和灾备中心同时部署这种交换机，并在交换机之间通过专用链路连接起来。由于交换机可以管理和复制的数据是存放在存储层内的，因此，用户需要将生产数据都存储在交换机所连接的存储设备中，这样就可以实现交换机对数据的管理和复制。具有这种功能的交换机价格相对较高。

存储层的数据复制主要利用存储设备的RAID数据恢复管理功能实现。远程数据复制功能几乎是现有中高端产品的必备功能。要实现数据的复制需要在生产中心和灾备中心都部署一套这样的存储系统，数据复制功能由存储系统实现。如果距离比较近（几十千米之内)，则之间的链路可由两个中心的存储交换机通过光纤直接连接；如果距离在 200 千米内，则可通过增加 DWDM 等设备直接进行光纤连接；如果距离超过 200 千米，则可增加存储路由器进行协议转换途径 WAN 或 Internet 实现连接。在存储层实现数据复制功能是很成熟的技术，而且对应用服务器的性能基本没有影响。在应用层增加远程集群软件后就可以实现自动灾难切换的整体容灾解决方案。目前，这种容灾方案的稳定性高，对服务器性能基本无影响，是容灾方案的主流选择。

根据数据复制的发起端不同，容灾可分为数据库方式、卷管理方式、虚拟存储方式和存储控制器方式等。

数据库方式容灾由第三方软件或数据库附属工具软件，通过传输 SQL 指令或者重做日志文件实现，属于热容灾方式，可支持异构环境，其缺点是只针对数据库，在吞吐量较大时有明显的传输延迟。

卷管理方式容灾通过逻辑卷的数据复制实现。例如，VVR（VERITAS Volume Manager）软件可实现基于主机逻辑卷的同步数据复制。其原理是，当应用程序向逻辑卷层发起 I/O 请求时，逻辑卷层同时向本地硬盘和异地存储系统发出 I/O 请求。该方式对网络性能的要求比较高，实施和维护也比较复杂。

虚拟存储方式容灾使用虚拟化数据管理产品实现数据的远程复制。应用程序向本地硬盘发出 I/O 请求必须经过虚拟化数据管理产品，虚拟化数据管理产品向本地硬盘写入数据的同时，把数据的变化量保存到特定区域，再通过不同的方式灵活地把数据同步到灾备中心。

存储控制器方式容灾可实现设备级数据远程镜像或复制。当应用服务器发出 I/O 请求后，IO 进入本地存储控制器，控制器一方面在本地存储系统处理 I/O，同时通过专用通道或 FC 通道等将数据从本地存储系统同步复制到异地存储系统。这种方式的远程复制对应用服务器透明，但对通信线路的要求比较高。

2. 数据备份

数据的安全备份是数据中心容灾的基础，是指防止数据中心的数据由于操作失误、系统故障或者恶意攻击而导致的丢失，将数据全部或部分复制的过程。为了保证数据的安全，数据中心通常使用两个或者多个数据库，互为主、备用，包括数据库的实时同步和数据库的备份两个方面。

数据库的实时同步主要指根据需要使数据库操作部分或者完全一致。数据库的实时同步有两种实现方式。一种实现方式是根据数据库中的访问日志，采用镜像技术使主用数据库与备用数据库中的数据保持绝对一致，当主用数据库发生故障或损坏时，备用数据库可以自动代替其功能，并作为恢复主用数据库的数据源。这种方式往往比较适合同一种类型的数据库，并且数据库的数据结构完全一致的情况。如果要把这种数据库的同步方式应用于不同类型的数据库或者不同的数据结构时会遇到困难。另一种实现方式是通过分析主、备用数据库中的内容，找出两者之间的差异，并将差异部分的记录写入对方数据库中，达到数据同步的目的。这种方式对数据库的类型及数据库的数据结构没有严格要求，这是因为当数据从一个数据库中调出，在写入另一数据库中之前，可以做适当的数据类型转换，从而实现数据库中的数据一致，而且可以使用 ODBC 接口来访问数据库，因而这种数据库同步的实现方式适用于各种类型数据库及各种数据结构的数据库之间的数据同步。

常用的数据备份方式有定期磁盘（光盘）备份数据、远程数据库备份、网络数据镜像和远程镜像磁盘。数据中心建设主要采用网络备份方式，网络备份主要通过专业的数据存储管理软件结合相应的硬件和存储设备来实现，采用如下策略和手段：

1）完全备份。每天对数据中心的数据进行完全备份，保证数据库的实时同步，主要优点是数据恢复及时、完整，缺点是备份繁琐、费时，且占用大量的空间资源。

2）增量备份。指定每周的一天进行一次完全备份，其余时间只进行新增或者修改数据的备份，主要优点是节省备份时间和空间资源，缺点是数据恢复比较麻烦。

3）差分备份。指定每周的一天进行一次完全备份，其余时间只进行所有与这天不同数据的备份，差分备份可以较好地避免完全备份和增量备份带来的缺陷。

数据中心的建设通常综合使用以上三种策略，即每周一至周六进行差分备份或者增量备份，每周日进行完全备份，每月、每季与每年进行一次数据库的完全备份。

3. 数据容灾

物联网的数据容量大，为了防范由于各种灾难造成物联网系统的数据损失，在系统工程中经常会考虑数据容灾，以便在数据灾难发生后，可以有效地恢复数据。衡量恢复过程的关键指标有两个：RTO（Recovery Time Objective）和 RPO（Recovery Point Objective）。灾难发生后，从系统宕机导致业务停顿之时开始，到系统恢复至可以支持各部门运作、恢复运营之时，这两点之间的时间称为 RTO。RPO 是指对系统和应用数据而言，要实现能够恢复至可以支持各部门业务运作，系统及生产数据应至少回溯到哪种更新状态，如是上一周的备份数据，还是上一次交易的实时数据。

数据容灾技术总体上可以分为离线容灾（冷容灾）和在线容灾（热容灾）两种类型。离线容灾主要依靠备份技术来实现，将数据通过备份系统备份到存储介质上，再将存储介质运送到异地保存管理。离线容灾的部署和管理比较简单，相应的投资也较少，但数据恢复较慢，实时性比较差。对资金受限、对数据恢复的 RTO 和 RPO 要求较宽泛的用户可以选择这种方式。在线容灾要求生产中心和灾备中心同时工作，生产中心和灾备中心之间由传输链路连接。数据自生产中心实时复制传送到灾备中心。在此基础上，可以在应用层进行集群管理，当生产中心遭受灾难、出现故障时，可由灾备中心自动接管并继续提供服务。应用层的管理一般由专门的软件来实现，可以代替管理员实现自动管理。

在线容灾可以实现数据的实时复制，因此数据恢复的 RTO 和 RPO 可以满足较高的用户要求，其投入也相对较高。对数据重要性要求很高的用户应选择这种方式，如金融行业的用户。

据国际标准 SHARE 78 的定义，灾难备份解决方案可根据以下列出的主要指标所达到的程度而分为七级，从低到高有七种不同层次的对应的灾难备份解决方案，称为 Tier 0 至 Tier 6。在分层存储的方案中，应针对数据的访问频率高低而配置不同的存储媒体，以节省工程造价，提高存储性能，称为 Tier 0 存储、Tier 1 存储、Tier 2 存储和 Tier 3 存储等，它们与这里的灾备级别方案的含义是不相同的。

Tier 0 是无异地数据（no off-site data）备份，被定义为没有信息存储，没有建立备份硬件平台，也没有发展应急计划的需求，数据仅在本地进行备份恢复，没有数据送往异地。这种方式是最为低成本的灾难备份解决方案，但事实上这种灾难备份并没有真正灾难备份的能力，因为它的数据并没有被送往远离本地的地方，而数据的恢复也仅是利用本地的记录。

Tier 1 是车辆转送方式（ Pickup Truck Access Method，PTAM）。作为 Tier 1 的灾难备

份方案需要设计一个应急方案，能够备份所需要的信息并将它存储在异地，然后根据灾难备份的具体需求，有选择地建立备份平台，但事先并不提供数据处理的硬件平台。PTAM是一种用于许多中心备份的标准方式，数据在完成写操作之后，将会被送到远离本地的地方，同时具备数据恢复的程序。在灾难发生后，一整套系统和应用安装动作需要在一台未启动的计算机上重新完成。系统和数据将被恢复并重新与网络相连。这种灾难备份方案相对来说成本较低（仅仅需要传输工具的消耗及存储设备的消耗），但同时有难于管理的问题，即很难知道什么样的数据在什么样的地方。一旦系统可以工作，标准的做法是首先恢复关键应用，其余的应用根据需要恢复。在这样的情况下，恢复是可能的，但需要一定的时间，同时依赖于硬件平台什么时候能够准备好。

Tier 2 是 PTAM + 热备份中心（hot site）方式，相当于 Tier 1 再加上具有热备份能力中心的灾难备份。热备份中心拥有足够的硬件和网络设备来支持关键应用的安装需求。对于十分关键的应用，在灾难发生的同时，必须在异地有正运行着的硬件平台提供支持。这种灾难备份的方式依赖于用 PTAM 方法将日常数据进行异地存储，当灾难发生的时候，数据再被移动到一个热备份的中心。虽然移动数据到一个热备份中心增加了成本，但明显降低了灾难备份的时间。

Tier 3 是电子传送（electronic vaulting）方式，是在 Tier 2 的基础上用电子链路取代了 PTAM 的灾难备份。接收方的硬件平台必须与生产中心的物理地相分离，在灾难发生后，存储的数据用于灾难备份。由于热备份中心要保持持续运行，因此增加了成本，但是消除了运送工具的需要，提高了灾难备份的速度。

Tier 4 是活动状态的备份中心（active secondary site），它要求两个中心同时处于活动状态并管理彼此的备份数据，允许备份行动在任何一个方向发生。接收方的硬件平台必须保证与另一方的平台物理地相分离，在这种情况下，工作负载可以在两个中心之间被分担，两个中心之间彼此备份。在两个中心之间，彼此的在线关键数据的副本不停地相互传送着。在灾难发生时，需要的关键数据通过网络可迅速恢复，通过网络的切换，关键应用的恢复时间也可降低到小时级。

Tier 5 是两个中心两阶段确认（two-site two-phase commit），是在 Tier 4 的基础上在镜像状态上管理被选择的数据（根据单一 commit 范围，在本地和远程数据库中同时更新数据），即在更新请求被认为是满意之前，Tier 5 需要生产中心与备份中心的数据都被更新。我们可以想象这样一种情景，数据在两个中心之间相互镜像，由远程 two-phase commit 来同步，因为关键应用使用双重在线存储，因此在灾难发生时，仅仅丢失传送中的数据，恢复的时间被降低到小时级。

Tier 6 是零数据丢失（zero Data loss），可以实现零数据丢失率，同时保证数据立即自动地被传输到备份中心。Tier 6 被认为是灾难备份的最高的级别，在本地和远程的所有数据被更新的同时，利用了双重在线存储和完全的网络切换能力。Tier 6 是灾难备份中最昂贵的方式，也是速度最快的恢复方式，恢复的时间被降低到分钟级。

4. 云数据中心的业务连续性和灾难恢复

传统的物理安全、业务连续性计划（BCP）和灾难恢复等形成的专业知识与云计算仍然有紧密关系。由于云计算的迅速变化和缺乏透明度，这就要求在传统的安全、业务连续性计划和灾难恢复领域的专业人员不断审查和监测您所选择的云服务供应商。

云数据中心和与之配套的基础设施可以用于减少某些安全问题，但也可能会增加某些安全问题。随着业务和技术领域的重要变革的深入，传统安全原则依然存在。

这里针对物联网云数据中心的业务连续性和灾难恢复给出如下建议：

1）数据的集中意味着云服务提供商内部人员的“滥用”是一个重大的问题。

2）云服务提供商应考虑采纳大多数客户的最严格的需求作为一个安全基准。在一定程度上，这些安全实践不会对客户的体验产生负面影响。从长远来说，在降低风险及客户驱动的安全领域的关注方面，严格的安全实践应当被证明有很好的成本效率。

3）云服务提供商应对工作职责建立强健的隔离制度，并且要对员工进行背景调查，要求/强制员工签订非雇员的保密协议，并且按照“履行职责的绝对需要”来限定员工对客户知识的了解。

4）客户应尽可能对云服务提供商的设施进行现场检查，应该检查云服务提供商的灾难恢复和业务连续性计划。客户应辨识方提供商基础设施的实际物理的相互依存关系。

5）确保在合同中，对安全、恢复及数据访问有一个权威的分类，明确地阐明有关安全、恢复及对数据的访问等内容。

6）客户应该要求提供商提供内部和外部的安全控制文件，并要求其遵守某些行业标准。

7）确保恢复时间目标（RTO）已经被客户充分理解并且已经订立契约关系，并且已经在纳入技术规划过程。确保技术路线图、政策和运作能力能够满足这些要求。

8）客户需要确认提供商提供的现有的BCP政策已经被提供商的董事会批准。

9）确保云服务提供商已经通过该公司销售商安全过程（VSP）的审核，以便清楚了解共享的数据及采用的控制手段。VSP决定将风险是否可以接受反馈给决策过程和决策评估。

5.3.4 数据管理

1. 数据一致性安全

不管是RFID还是传感器，标感元件实体或采集信息源可能被伪造。当它们应用于如护照、制药等敏感领域的时候，其安全性已经引起了人们的关注。例如，尽管伪造标签很难，但是有些场合下，标签会被复制，就如同信用卡被不法分子拿去后进行复制造成在某个时刻被多人在多个场合应用的情况。当复制的标识元件或感知元件在使用的时候很难被区分出来的时候，数据中心与后台应用在设计时可以充分考虑进行这种情况的实时或后期处理，即后端数据中心应考虑不同的安全个例在这种情况下，所产生的汇聚数据的冲突。例如，后台数据中心进行标感元件上传信息的数据比对和一致性检查。

此时，与物联网中间件的协作处理不可忽视。物联网中间件在进行数据融合时可能已经进行了数据筛选和数据清洗，从数据处理的高效性的角度，这是必要的；但是从安全性来说，这在某种程度上造成了安全日志分析困难，也使得数据中心在进行数据一致性检查时需要利用更多的经验知识、规则库和判断条件。

数据中心的数据一致性检查可实时或定时进行，常用的方法有相似或重复记录的判断触发、异常值判断触发、单一标感源的轮询、单一标感量的时间序列完整性检查等。

数据中心在保证数据一致性安全的同时，可以对标感元件的伪造和复制进行检查和警告，同时在一定程度上避免外界对脏数据的访问。

2. 云数据中心的数据安全生命周期

数据安全生命周期与信息生命周期管理是不同的，其反映了安全受众的不同需要。数据安全生命周期可分为六个阶段，如图 5-10 所示。

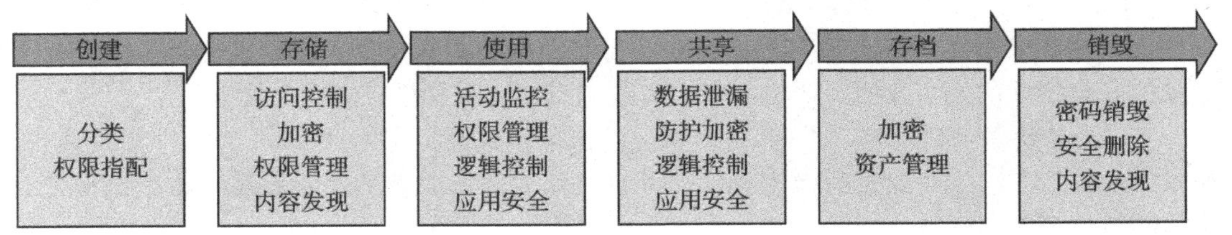

图 5-10 数据安全生命周期

关于在云计算数据安全生命周期的关键挑战包括：

1）数据安全。数据安全主要指保密性、完整性、可用性、真实性、授权、认证和不可抵赖性。必须保证所有的数据包括所有副本和备份，存储在合同、SLA 和法规允许的地理位置。例如，使用由欧洲联盟（简称欧盟）的“法规遵从存储条例”管理的电子健康记录，可能对数据拥有者和云服务提供商都是一种挑战。

2）数据删除或持久性。 数据必须彻底有效地去除才被视为销毁。因此，必须具备一种可用的技术，能保证全面和有效地定位云计算数据、擦除 / 销毁数据，并保证数据已被完全消除或使其无法恢复。

3）不同客户数据的混合。数据（尤其是保密 / 敏感数据）不能在使用、储存或传输过程中，在没有任何补偿控制的情况下与其他客户数据混合。数据的混合在数据安全和地缘位置等方面增加了安全的挑战。

4）数据备份和恢复重建（recovery and restoration）计划。必须保证数据可用，云数据备份和云恢复计划必须到位和有效，以防止数据丢失、意外的数据覆盖和破坏。不要随便假定云模式的数据肯定有备份并可恢复。

5）数据发现（discovery）。由于法律系统持续关注电子证据发现，云服务提供商和数据拥有者将需要把重点放在发现数据并确保法律和监管当局要求的所有数据可被找回。这些问题在云环境中是极难以回答的，需要管理、技术和必要的法律控制互相配合。

6）数据聚合和推理。当数据在云端时，会有新增的数据汇总和推理方面的担心，可能会违反敏感和机密资料的保密性。因此，在实际操作中，应要保证数据拥有者和数据利益相关者的利益，在数据混合和汇总的时候，避免数据遭到任何损失，哪怕是轻微的泄漏（例如，带有姓名和医疗信息的医疗数据与其他匿名数据混合，两边存在交叉对照字段）。

根据 CSA 的规范，我们给出以下设计要求和建议：

1）理解如何维护完整性、如何检测违反完整性、如何提交报告给客户。同样的建议适用于数据的机密性。

2）云服务提供商必须向数据所有者保证按照 SLA 中定义的安全实践和规程提供“全面披露”（即透明性）。

3）确保在数据的生命周期中所使用的所有控制的都是规范和可识别的。对于所有控制来说，确保数据拥有者和云服务提供商应有明确的职责分工。

4）维持一个关于数据具体位置的基本原则。确保有能力知道数据存储的地理位置，并在 SLA 和合同中约定。在地理位置定义和强制执行方面，需要有适当的控制来保证。

5）理解什么情况下存储可以由第三方或政府机构进行抓取。当数据拥有者的信息已经或将被抓取，需确定 SLA 中是否规定云服务提供商要预先通知数据拥有者（如果可能）。

6）在某些情况下，传票或取证书面命令可能会发给云服务提供商。在这种情况下，当云服务提供商具有客户数据的监护权时，此提供商应告知数据拥有者，他们将不得不披露数据拥有者的数据。

7）服务惩罚的制度应包含在数据拥有者和云服务提供商之间的合同中。具体而言，合同中的数据保护条款应遵从国家和国际数据违反条例，由云服务提供商提供保护。

8）数据拥有者有责任决定谁应该获得权限和特权访问数据，以及在何种条件下可以访问数据。数据拥有者应该保持一个策略：默认状态下，所有数据拥有者的雇员和云服务提供商没有任何访问权限。

9）云服务提供商应通过合同化语言或合同条款，保证无权访问作为基本原则（即否认"默认拒绝所有"）。这一原则适用于云服务提供商的员工和其他顾客，而不是数据拥有者的雇员和授权访问人员。

10）数据拥有者有责任定义和识别数据分类。云服务提供商有责任在数据拥有者制定的数据分类基础上执行数据访问控制需求，这些责任应体现在合同中，并按遵从性强化和审计。

11）当客户被迫披露数据时，必须避免"污染"数据。数据拥有者不仅必须确保所有数据是完整的，并正确披露，而且必须确保没有其他数据受到影响。

12）确定整个 IT 架构和抽象层的信任边界。确保子系统只有在需要时才跨越信任边界，并需要配合适当的保障措施，以防止未经授权的披露、更改或销毁数据。

13）理解云服务提供商使用什么隔离技术来实现客户的彼此隔离。云服务提供商可能根据服务的类型和数量而使用不同隔离技术。当尝试进行数据发现时，应了解云服务提供商在数据搜索方面的能力和限制，了解多租户存储环境中是如何进行加密管理的，是否所有数据拥有者共享一个密钥，每个数据拥有者是否各自拥有一个密钥，或者一个数据拥有者是否使用多个密钥，是否有制度或系统防止不同的数据拥有者使用相同的密钥。

14）数据拥有者应要求云服务提供商确保他们的备份数据不与其他云服务的客户数据混合，理解云服务提供商存储的回收流程。在多租户环境中，数据销毁是非常困难的，云服务提供商应使用加强型加密，避免存储被任何授权以外的应用、进程和实体等非法回收、分解或读取。

15）数据保存和销毁的计划是数据拥有者的责任。根据客户要求销毁数据是云服务提供商的责任，需要强调的是，销毁数据时，应该包括所有位置和所有形式的数据。如有可能，数据拥有者应强制执行并审计这些操作。

16）了解信息的逻辑隔离和已实施的保护控制。

17）理解自己公司委托管理的数据的固有隐私限制，数据拥有者可能需要在把数据托管给某个云服务提供商之前，先选定其作为合作伙伴。

18）了解云服务提供商的数据保存、销毁策略和程序，并与其内部组织策略对比。注意，云服务提供商对数据保存的保证较容易演示，对数据销毁的演示非常困难。

19）需要严肃对待并约束云服务提供商发生数据外泄的相关惩罚。如果可行，客户应该要求赔偿其作为云服务提供商的合同中涉及的数据恢复的所有费用。如果不切实际，客户应探讨确定转移风险的媒介，如通过保险。

根据 CSA，结合信息生命周期管理的每个阶段，我们提出一些通用建议及其他的具体控制。建议和控制方法与云服务模式（SaaS、PaaS 或 IaaS）相关，有些建议需要客户进行实施，另一些需要由云服务提供商实施。

在创建阶段，应识别可用的数据标签和分类。企业数字权限管理（DRM）可能是一种选择。

数据的用户标记在 Web 2.0 环境中应用已经非常普遍，可能对分类数据会有较大帮助。

在存储阶段，识别文件系统、数据库管理系统（DBMS）和文档管理系统等环境中的访问控制。采用加密解决方案，涵盖如电子邮件、网络传输、数据库、文件和文件系统。在某些需要控制的环节上，内容发现工具（如 DLP 数据丢失防护）会有助于识别和审计。

在使用阶段，可以通过日志文件和基于代理的工具进行活动监控；启用应用逻辑管理，采用基于数据库管理系统解决方案的对象级控制。

在共享阶段，同样可以通过日志文件和基于代理的工具进行活动监控；启用应用逻辑管理，采用基于数据库管理系统解决方案的对象级控制，同时考虑识别文件系统、数据库管理系统和文档管理系统等环境中的访问控制。采用加密解决方案，涵盖如电子邮件、网络传输、数据库、文件和文件系统，并通过 DLP 实现基于内容的数据保护。

在归档阶段，加密后存储于如磁带和其他长期储存介质，并进行有效的资产管理和跟踪。

在销毁阶段，考虑加密和粉碎，即与所有加密数据相关的关键介质的销毁，同时通过磁盘“擦拭”和相关技术实现安全删除，也可以进行物理销毁，如物理介质消磁，可结合内容发现以确认销毁过程。

5.3.5 VMware 安全

VMware 是主机虚拟化的重要工具。如果数据中心不提供云计算服务，通常不需要安装和维护 VMware，因此，本节仅对使用 VMware 提供云计算服务的环境，提出虚拟机安全设计应考虑的因素。

1. vSphere 安全特性

vSphere 是 VMware 推出的基于云的数据中心虚拟化套件，提供了虚拟化基础架构、可用性、集中管理、监控等一整套解决方案。

实现虚拟化的两种主要方法是基于已有操作系统（hosted），或者基于裸金属（bare-metal）。基于已有操作系统的虚拟化平台以应用的形式运行于通用操作系统上，而基于裸金属的交互界面则是计算机硬件，不需要 host 操作系统。VMware 是基于裸金属架构的，具有一定的安全优势。VMware 的安全防护结构如图 5-11 所示。

在 vSphere 中，VMware 为 ESXi 增加了一些增强安全功能。

1）改进的安全性。在 ESXi Shell 中工作时不再依赖共享 root 用户账户。 分配了管理特权的本地用户自动获得完全 Shell 访问权限。

2）改进的日志记录和审核功能。在 vSphere 中，Shell 和直接控制台用户界面中的所有主机活动现在都记录在登录用户的账户之下，这可以确保落实用户责任，从而方便监控和审核主机上的活动。

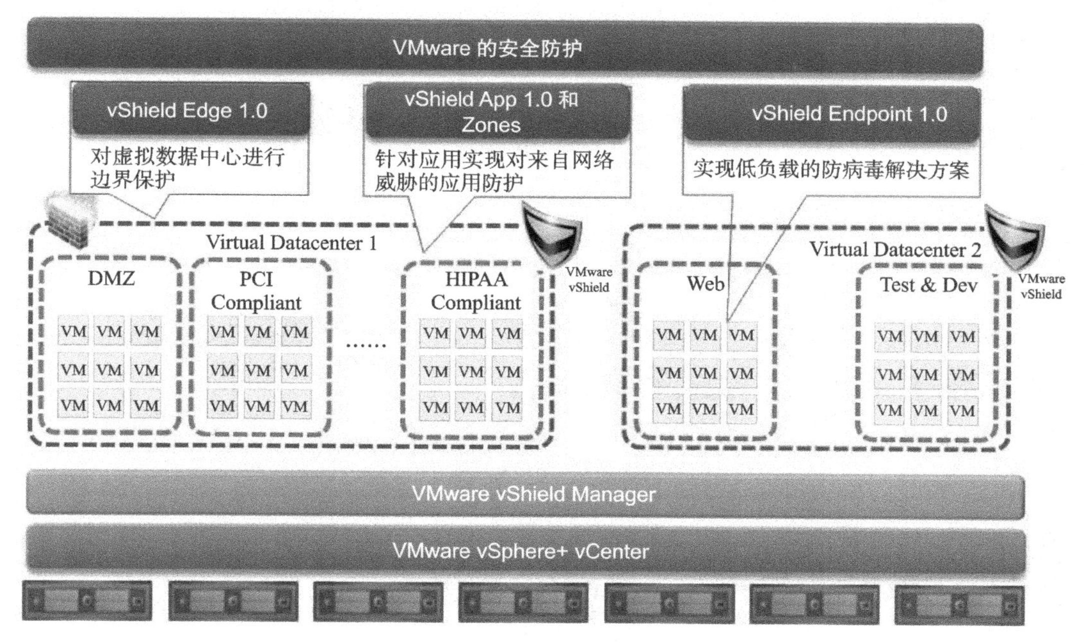

图 5-11 VMware 安全体系

3）vSphere 防火墙。vSphere 主机管理界面通过一种面向服务的无状态防火墙加以保护，用户可以使用 vSphere Client 或在 ESXCLI 命令行界面中通过命令行对该防火墙进行配置。采用新型防火墙引擎，无需使用 iptable，并允许管理员为每个服务定义端口规则。对于远程主机，用户可以指定允许访问每个服务的 IP 地址或 IP 地址范围。

4）新的安全 Syslog。所有日志消息由 Syslog 处理，并且可以记录到本地和/或一个或多个远程日志服务器中，可以使用安全套接字层（SSL）或 TCP 连接远程记录日志消息。

图 5-12 表现了 vShield 各组件的功能区别。

在实施时，一般在数据中心部署一个 vShield Manager，对安全服务组件进行分别安装，而每台主机上分别安装 vShield App、vShield Edge、vShield Endpoint，它们之间的层次关系如图 5-13 所示。

2. VMware 数据中心外围防护

vShield Edge 是专为虚拟数据中心提供的边缘网络安全解决方案。它可提供网络安全网关服务和 Web 负载均衡等基本安全功能，以提高性能和可用性。此解决方案直接嵌入 vSphere 中，可利用容错和高可用性等功能获得无可比拟的恢复能力。

管理员可通过随附的 vShield Manager 控制台集中管理 vShield Edge，该控制台与 vCenter Server 无缝集成，以便对虚拟数据中心进行统一的安全管理。此外，vCloud Director 产品中包含 vShield Edge，vCloud Director 授权码可用于激活 vShield Edge 的相关功能。vShield Edge 可与 VMware vCloud Director 协同使用，以便在多租户云计算基础架构中自动执行和加快虚拟数据中心的安全调配速度。安全管理员和虚拟基础架构管理员的职责分离使他们只能访问有限的授权资源。

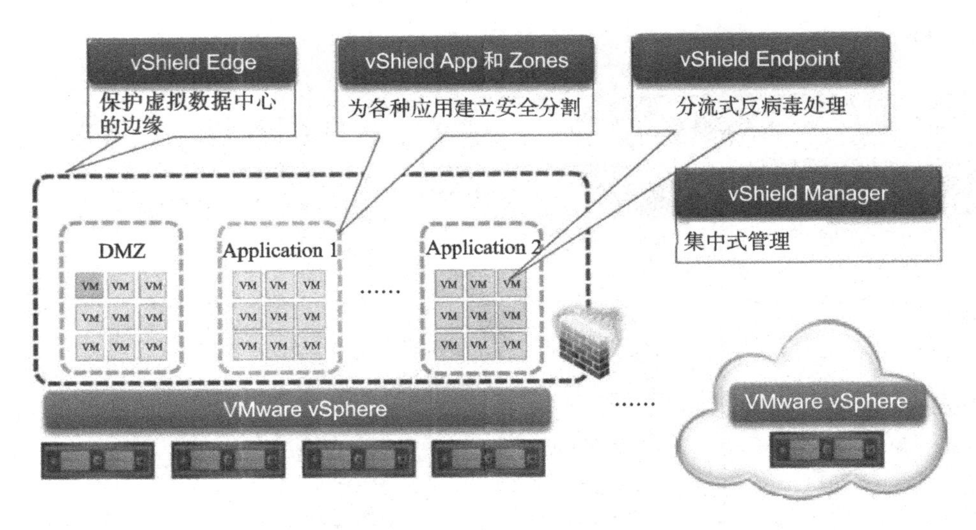

图 5-12 vShield 的组件

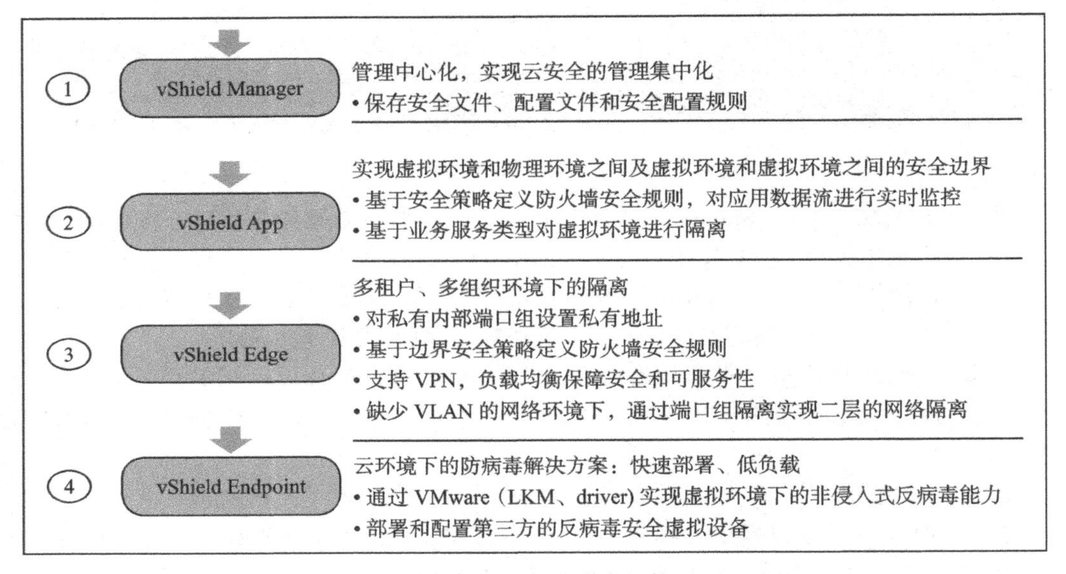

图 5-13 vShield 安全组件

VMware 把 vShield 定位为用于 ESX 和 ESXi 的安全保护套件，涵盖 vShield Manager、Zones 和 App。VMware vShield Zones 和 App 保障的是虚拟系统内的安全性，而 vShield Edge 的作用范围在外围网络上。它通过安全和网关服务实现对虚拟机的隔离，提供控制区、外网 VPN 和参数保护等功能，实现对多租户云应用环境的支持。由于可以省去多种专用设备并可以快速调配网络网关服务，因此可以降低成本和复杂性。利用内置的边缘网络安全解决方案及服务，可以确保策略得到执行。每个组织或租户拥有一个边缘，因而可以提高可扩展性和性能。VMware 外围防护体系如图 5-14 所示。可通过详细的日志记录简化 IT 遵从性工作。

vShield Edge 具备如下安全功能：

1）防火墙功能。实现外围（第三层）防火墙，不需要进行网络地址转换，有状态检测防火墙。

2）保护共享网络中的数据机密性。vShield Edge 支持在 Edge 和远程站点间的 IPSec VPN 连接，可对站点间 VPN 提供 256 位加密，以保护在虚拟数据中心边界内传输的所有数据的机密性。同时可以支持共享密钥模式，IP 地址单向传播而不是采用在 vShield Edge 和远程 VPN 路由器之间的动态路由方式。在每个远程 VPN 路由器之下，还可以设置多个子网络通过 IPSec 通道连接到 vShield Edge 保护下的内网。此外，Edge 支持证书身份验证，以及基于 Internet 密钥交换（IKE）协议的共享密钥。

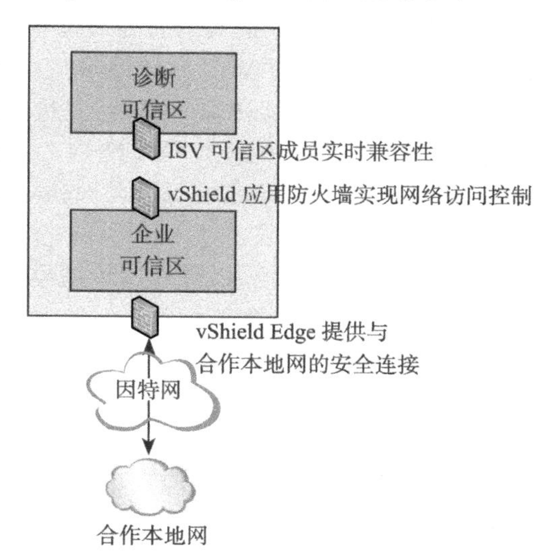

图 5-14 VMware 外围防护体系

3）可有效整合虚拟数据中心安全边界的硬件资源。vShield Edge 支持在虚拟数据中心环境周边创建安全、逻辑、独立于硬件的边界（即“边缘”），从而可利用多租户 IT 基础架构中的共享网络资源，不需要使用边缘安全硬件在 vSphere 主机之间进行物理隔离。

4）提升 Web 服务的性能和可用性。vShield Edge 可跨多个虚拟机集群高效管理入站 Web 流量，并且包含可供客户与边缘安全性功能一起部署或独自部署的多种 Web 负载均衡功能。vShield Edge 提供包括 Web 流量（HTTP）在内的所有流量的入站负载衡功能，以支持 Web 应用自动扩展。用户可以把外部（或公网）IP 地址映射到一组内部服务器上实现负载均衡。负载均衡器可以接受外部 IP 地址的 HTTP 请求并决定使用哪台内部服务器。支持循环算法和“粘性”会话。

5）隔离端口组。在受 Edge 保护的虚拟机和外部网络之间设置隔断，隔离端口组和 VLAN 具有相同的效果，但是不需要交换机链路聚合带来的复杂连接和端口映射规则。

6）简化管理 vShield Edge 可为企业提供证明其遵从公司策略、行业和政府法规所需的事件详细日志记录及流量统计信息等的控制措施，简化遵从性管理。边缘流量统计信息用来计量虚拟数据中心资源的使用量，并确定各个租户的使用量比例，这些统计信息可通过表述性状态转移（REST）API 访问，在 AAA 应用程序中加以使用。Edge 可通过 vShield Manager 进行全面的管理。许多功能也可通过 vCenter Server 界面访问，界面可自定义，以便使用 REST API 进行管理，支持与企业其他 IT 安全管理工具集成。日志基于业界标准的 syslog 格式，可通过 REST API 和 vShield Manager 用户界面访问。

vShield Edge 适用于以下场合：

1）在每个安全域中都有 IP 地址重复，因此需要 NAT 服务。

2）需要安全连接到外部网络（VPN），如合作公司的外联网、云用户的数据中心网络等。

3）需要 Web 负载均衡服务。

4）虚拟机快速启动和关闭的 DHCP 服务支持。

3. VMware 数据中心内部防护

vShield App 是超级防火墙，部署在虚拟网卡级别上的进出连接安全控制，具备弹性的安全组，即当虚拟机迁移到新的主机上时的自动扩展，可进行网络流监控，具备策略管理功能，如简单的基于业务的策略，或通过 UI 和 REST API 进行管理。此外，它可提供基于业界标准 Syslog 格式的日志记录和审计。VMware 内部防护体系如图 5-15 所示。

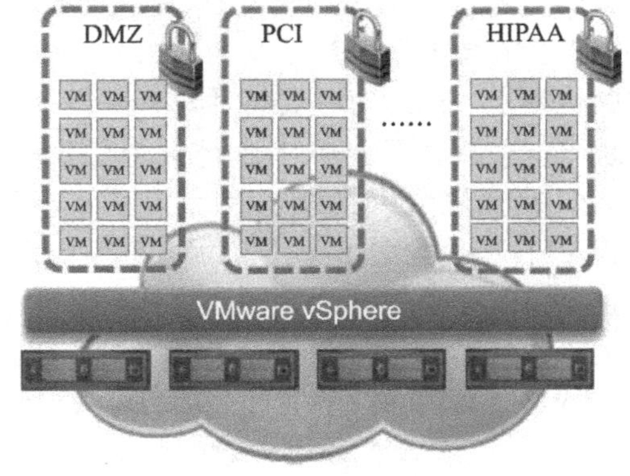

图 5-15　VMware 内部防护体系

vShield App 安装在每个 ESX 主机上，可控制和监控主机上的所有网络数据，甚至包括没有通过物理网卡的数据包。vShield App 使用直观的策略管理，vCenter 中的资源池、vShield App 及虚拟机可以直接用于创建基于业务的策略，提供基于 IP 的带状态的防火墙并为 Oracle、FTP、Sun/Linux/MS RPC 等多种协议提供应用层网关，用以网络活动的网络数据流的监控，它的虚拟机帮助定义和提取虚拟机防火墙策略，并可通过详细的应用程序（应用、会话、字节）数据流报告识别僵尸网络和保护业务流程。

vShield App 适用于以下场合：

1）需要使用任意的逻辑分域或者基于非网络元素的分组（如资源池、vShield App 等）。

2）基于应用分域。

3）需要信任域中的 VM 之间的防火墙功能。

4）没有重复 IP 地址的需求。

当需要避免使用 VLAN 作为网络分割技术，或者需要 DHCP、NAT 等又同时需要域内防火墙时，需 vShield Edge 共同承担对数据中心的保护。

vShield Endpoint 是 VMware 的反病毒（AV）/ 反恶意软件。代替传统的在每台虚拟机内安装极其消耗资源的反病毒 / 反恶意软件代理程序的方式，vShield Endpoint 把反病毒软件功能卸载到一台专用的虚拟安全设备上。vShield Endpoint 驱动在子 OS 内被加载并链接到某台运行于被保护 vSwitch 上的专用安全强化虚拟机，通过位于虚拟化管理层上的 vShield Endpoint 的可加载内核模块（LVM）。

通过这种机制，该专用于安全保障的虚拟机可以透过 Endpoint 驱动对虚拟机进行病毒和恶意软件监控（目前还不能支持虚拟机内存扫描。）同时，防病毒引擎和签名系统的升级只需在供应商的 AV 设备上进行一次就可以，不再需要对运行于每台虚拟机上的 AV 代理端进行操作。另外，通过 AV 设备可以进行集中策略管理，这样 Endpoint 瘦代理端可很快决定如何处理客户端 OS 内的恶意文件。

vShield Endpoint 去除每个虚拟机中的反病毒代理，将反病毒的功能交给由反病毒厂商提供的安全 VM 处理，它使用虚拟机中的驱动强制实施，具备策略和配置管理（通过 UI 或者 REST API）、日志记录和审计功能。

VMware 提供了知识库和 API，方便安全厂商把自己的产品集成到 vShield Endpoint 中。

5.3.6　IBM 物联网解决方案 RFIDIC 安全

IBM 的 RFID 中间件产品提供了一套完整的端到端的电子商务解决方案，主要分为 WebSphere RFID Device Infrastructure、WebSphere Premises Server、WebSphere RFID Information Center（RFIDIC）三部分。如图 5-16 所示为 RFIDIC 组成示意图。

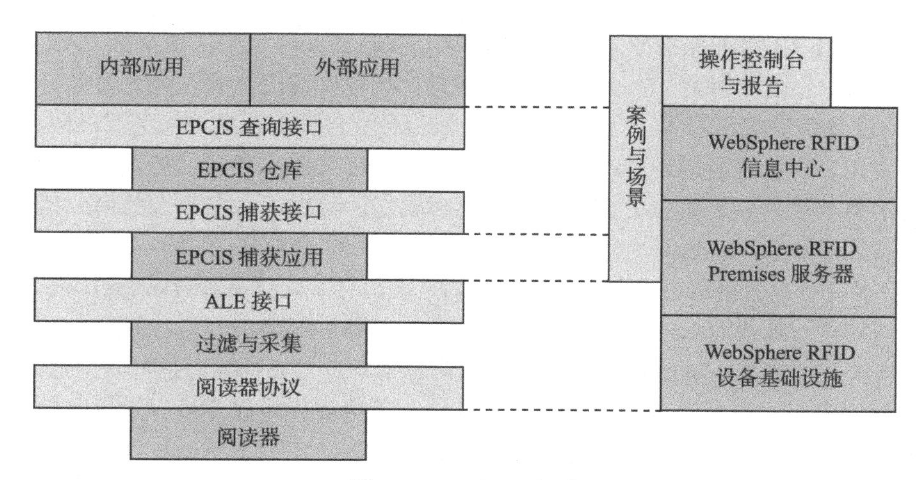

图 5-16 RFIDIC 组成

WebSphere RFIDIC 是 EPCIS 规范的一种实现，并在规范之上做了一些改进。RFIDIC 附带了三个用户界面：Data Browser、Failed Event UI 和 Security Policy Editor，可以从 Web 浏览器访问这些界面。其中，Security Policy Editor 允许开发人员创建安全策略。

RFIDIC 的安全特性包括：

1）WebSphere Application Server 的安全基础结构，如基于角色的访问控制和加密。

2）对存储库的查询进行数据公开控制，例如，根据 EPCglobal 的 EPCIS 标准控制简单事件查询。

RFIDIC 包含两个可以受保护的主要组件：捕捉和查询。对于捕捉，希望保护对消息队列（Message Queue, MQ）的访问，以避免将无效的消息发送给 RFIDIC。查询的保护比较复杂，可以在发送查询请求消息的地方对传输进行保护，具体地说，对于 Web 服务是保护 HTTP，对于 AS2 是保护 MQ。还可以用基于规则的公开机制保护系统中查询的数据。第二层安全措施构建在传输上，因为使用的授权是在传输上提供的。要注意的是，因为 AS2 没有能够提供调用者的弱身份的任何机制（不提供身份或密码的证明），所以不能直接应用安全规则。

WebSphere Application Server 对 Web 服务和 Web UI 进行保护。在服务传输层上，有以下安全概念：

1）身份验证（authentication）：用户需要证明自己的身份，通常使用用户 ID 和密码。在身份验证方面，WebSphere Application Server 使用用户注册表存储用户的信息。WebSphere Application Server 支持本地操作系统和 Lightweight Directory Access Protocol（LDAP）身份验证，以及提供用户信息的程序接口。WebSphere Application Server 从用户注册表获得所有用户和角色信息。

2）授权（authorization）：根据用户的身份，授予对特定资源的访问权。在这种情况下，资源就是 RFIDIC + Web 服务和 Web UI。

3）消息完整性和私密性：以确保第三方在传输期间无法读取或修改消息，通常使用 SSL 加密实现。

在工程应用场景中，可利用 RFIDIC 为 EPCIS 定义和实施安全策略。

1）部署 RFIDIC 附带的 Enterprise Application Archive（EAR）文件，在其中定义对

Web 服务和 Web UI 进行保护的角色和安全约束。在自己的环境中部署这个 EAR 时，开发人员必须将这些角色映射到 LDAP（或者选用的其他用户注册表）中的用户和角色。

2）经过身份验证和授权之后，EAR 文件已经为上面所有接口打开了 SSL。默认的 SSL 设置使用一个自签名的证书，可以根据 WebSphere 文档中的说明修改这个设置。这意味着所有消息都被加密，第三方无法读取或篡改它们。实现消息完整性的另一种方法是对 Web 服务使用 WS-Security。

3）使用策略为数据的查询和公开定义授权。如果在 WebSphere Application Server 中启用了全局安全，那么对 RFIDIC 的访问就受到安全策略中指定的授权的控制。RFIDIC 定义的所有安全策略都具有 ALLOW 语义，这意味着策略定义哪些数据是可以公开的。因此，如果特定数据没有对应的策略，就不允许公开它。无论查询是以专用方式提交的，还是预订的，策略都会应用于查询。用户可以在安全策略中创建两种类型的规则，从而防止泄露事件数据和管理数据。第一种类型是查询授权规则，用于指定一个用户可以执行哪些类型的查询。例如，贸易伙伴只能执行简单的事件查询。第二种类型是公开规则，用于指定在一个查询结果中可以公开哪些信息，以及公开结果对象的条件。例如，贸易伙伴能够看到数量信息，但只是关于某个对象的那些事件的数量信息。

可以为同一用户组定义多个策略，这使安全管理员能够通过启用多个策略组合出更复杂的公开效果，同时保持各个策略简单且直观。在至少有一个策略允许公开特定查询结果对象的某个属性值的情况下，这个属性值将可以公开。或者说，如果特定信息必须受到保护，那么给定用户组的所有策略都必须排除这些值。

5.4 物联网安全管理

5.4.1 物联网信息安全管理内容

物联网信息安全管理的范围十分广泛，如标准的制定和技术的进步，同时系统工程的方法和组织结构的理论在管理中也经常使用。信息安全管理是指在整个信息安全体系中，除了纯粹的技术手段以外的、由人进行管理进而解决一些安全隐患的手段。这包括三个方面的内容：一是针对信息安全技术的管理，如对防火墙、入侵检测系统等技术手段的应用规则的制定等技术管理内容；二是需要对人进行约束和规范的管理，如各种规章制度、权限控制等内容；三是涉及技术和人员的综合性管理，如信息安全解决的总体规划的制定、信息安全策略的制定等内容。

物联网信息安全管理包括风险管理、安全策略和安全教育。风险管理识别企业的资产，评估威胁物联网资产的风险，评估假定这些风险成为现实时工程项目所承受的灾难和损失。通过降低风险（如安装防护措施）、避免风险、转嫁风险（如买保险）、接受风险（基于投入产出比考虑）等多种风险管理方式得到的结果来协助管理部门根据业务目标和业务发展特点制定物联网安全策略。

随着工程规模、业务发展、安全需求的不同，安全策略可能繁简不同，但是安全策略都应该简单明了、通俗易懂并直接反映主体，避免含糊不清的情况出现。

安全管理通过适当地识别物联网信息资产，评估信息资产的价值，制定、实施安全策略、安全标准、安全方针、安全措施来保证企业信息资产的完整性、机密性、可用性。

5.4.2 物联网信息安全管理标准

国际上已经形成了许多的信息管理标准，如ITSEC、ISO 17799（BS 7799）和IATF等，其中的信息安全部分的标准可被物联网借鉴使用。

ITSEC标准指出信息技术安全意味着机密、完整和有效。标准主要涉及在硬件、软件和固件方面实现的技术安全措施，而不包括硬件安全的物理方面，如电磁辐射的控制。标准主要从安全的功能、安全的保证和安全的效果几个方面进行定义，旨在证明评估对象（Target of Evaluation，TOE）和安全目标（Security Target，ST）的一致性。

ISO 17799（BS 7799）在安全问题的范围上是全面的。它包含大量实质性的控制要求，有些是极其复杂的。ISO/IEC 17799信息安全管理标准要求建立一个完整的信息安全管理体系。ISO 17799（BS 7799 PART 1）包含36个控制目标和127个安全控制措施，以帮助组织识别在运作过程中对信息安全有影响的因素。这些控制措施被分成10个方面，成为组织实施信息安全管理的实用指南，这10个方面分别是信息安全方针、组织安全、资产归类和控制、人员安全、实物和环境安全、通信和操作管理、访问控制、系统开发和维护、商业连续性管理、遵守性。在这127个控制措施中有8个关键的控制措施：知识产权保护、保护组织的记录、数据保护和个人信息隐私、与公认实践有关的控制措施、信息安全方针文件、落实信息安全责任、信息安全教育与培训、安全事故汇报及业务连续性管理。BS 7799 PART 2是一个规范，用于对组织的信息安全管理体系进行审核与认证。通过该规范，组织可以建立信息安全管理体系，包括以下三个步骤：

1）建立信息管理框架。

2）评审组织的信息安全风险。

3）选择和实施控制措施，使确定的安全风险减少到可接受的程度。

1998年美国国家安全局（NSA）制定了《信息保障技术框架》（Information Assurance Technical Framework，IATF），提出了“深度防御策略”，并确定了网络与基础设施防御、区域边界防御、计算机环境防御和支撑性基础设施防御的深度防御目标。

5.4.3 物联网工程安全实施方法

物联网工程面临的问题复杂，在实施时进行安全问题的综合性考虑是比较困难的，可以采取一些方法提高安全性。

一种常用的方法是采用特定安全因素枚举法，根据各类安全评估指南，同时针对具体工程需求，进行安全因素的权重排列，并分析每种安全因素的实施方式和技术路线，最终实现安全因子的包涵和全覆盖。

另一种方法是评估与审计结合法。这种方法在系统中提供实时或定时安全评估接口，并在实施时一并考虑予以实现。很多安全问题是逐渐积累，从而导致安全事故的，在安全评估接口中对评估项进行评分或二次处理，提供在系统运行时的实时报警功能。这种方法是一种应用中行之有效的安全实施方法。

5.4.4 安全评估

物联网工程设计之后及运营之前，应进行安全评估。安全评估结合主要的安全评估标准和一些安全评估工具进行。目前国内各大安全厂商纷纷推出信息安全风险评估服务，由安全工程师凭借经验、借助已有漏洞扫描工具、结合人工调查得出评估结论，但相关风险评估基础理论还比较薄弱，更缺乏成熟的安全性评估自动化工具。国外在信息系统安全性评估方面的研究开始比较早，目前已经有了较好的评估工具，如 Asset-1、CC 评估工具、COBRA（Consultive Objective Bi-Functional Risk Analysis）评估工具、RiskPAC 评估工具、RiskWatch 评估工具、XACTA 工具等。

CC 评估工具有 NIAP 发布，共由两部分组成：CC PKB(CC 知识库）和 CC ToolBox(CC 评估工具集)。CC PKB 是进行 CC 评估的支持数据库，基于 Access 构建。使用 Access VBA 开发了所有库表的管理程序，在管理主窗体中可以完成所有表的记录修改、增加、删除，管理主窗体以基本表为主，并体现了所有库表之间的主要连接关系，通过连接关系可以对其他非基本表的记录进行增加、删除、修改等操作。CC ToolBox 是进行 CC 评估的主要工具，主要采用页面调查形式，用户通过依次填充每个页面的调查项来完成评估，最后生成关于评估所进行的详细调查结果和最终评估报告。CC 评估系统依据 CC 标准进行评估，评估被测信息系统达到 CC 标准的程度，评估主要包括 PP 评估、TOE 评估等。

1991 年，C&A Systems Security Ltd 推出了自动化风险管理工具 COBRA 1 版本，用于风险管理评估。随着 COBRA 的发展，目前的产品不仅具有风险管理功能，而且可以用于评估是否符合 BS 7799 标准、是否符合组织自身制定的安全策略。COBRA 系列工具包括风险咨询工具、ISO 17799/BS 7799 咨询工具、策略一致性分析工具、数据安全性咨询工具。COBRA 采用调查表的形式，在 PC 上使用，基于知识库，类似专家系统的模式。它评估威胁、脆弱性的相关重要性，并生成合适的改进建议，最后针对每类风险形成文字评估报告、风险等级（得分），所指出的风险自动与给系统造成的影响相联系。COBRA 风险评估过程比较灵活，一般包括问题表构建、风险评估（回答问题表）、报告生成（根据问题的回答进行风险分析评估）。每部分分别由问题表构建、风险评估、报告生成 3 个子系统完成。

5.4.5 安全文档管理

物联网安全工程项目中的安全文档管理工作非常重要，对于信息安全项目管理文档系统而言，它既隶属于信息安全项目管理本身，贯穿于整个项目管理的始终，是它的一个有机组成部分，也是项目管理中最零乱、最复杂的一部分，同时，它又凌驾于信息安全项目管理之上，不但是一个信息安全项目管理成功与否的见证，而且对后续的此类项目的管理具有很重要的参考价值。它应该具备以下几个特点：

1）安全可靠性：安全性包括有实体安全（计算机、通信设备、项目实施场所等物理设备的安全性）、数据安全（主要是文件和重要信息的安全性、机密性）及管理安全（管理制度、保密措施、操作规程等的安全性）3 个方面。因此工程信息安全文档应尽量覆盖以上内容。除了具有信息安全项目管理的安全性要求以外，还要具有身份验证、病毒防范、信息加密等一般的信息安全防范措施，以保证数据和程序的安全可靠，防止项目信息被不法者盗取。它具有其自身的安全性和规范性特征。

2）规范性：参照国际相关信息安全管理标准中关于信息安全管理的操作规则和信息安全管理体系规范的叙述，文档应能体现信息安全项目的管理规程，使帮助信息安全项目管理达到规范化、标准化。

3）完备性：内容涵盖整个项目管理过程的所有相关资料，包括文字、数字、表格、图像等，并且尽量保持数据的原有格式；功能上实现一般文档操作及数据库操作所要求的浏览、打印、修改、查询、统计、报表及图表化输出等。

4）易操作性：图形化操作界面，菜单、工具栏、功能按钮等设计合理美观，对常用操作定制相应的快捷键，状态栏、按钮功能提示信息要及时、准确，提供在线帮助。

5）易扩充性：信息安全管理本身是一个动态的过程，因此信息安全项目管理文档系统也不会一成不变，这就要求管理文档系统要具有较强的扩充性和灵活性。

5.5 物联网安全设计文档的编制

将物联网安全的设计方案撰写成规范的文档，供实施、运维与管理人员阅读。文档的主要内容如下：

1. 物联网安全设计要求
2. 感知系统安全设计
3. 网络与传输系统安全设计
4. 数据中心安全设计
5. 物联网安全管理设计

附录　本方案用到的主要安全设备与软件系统

第 6 章 软件工程基础

软件工程是开发与维护大型软件的工程方法。本章按照软件生命周期定义的各个阶段，介绍大型软件开发、维护过程中涉及的基本概念、原理和技术，包括软件生产所需的需求分析建模、软件系统的设计、软件的编码实现、软件测试方法及软件维护的相关知识等。同时从软件开发过程管理的角度，介绍制订软件计划必需的软件成本、规模估算与进度安排方法，软件开发过程的人员组织管理，软件质量保证措施，以及软件配置管理的相关知识。

6.1 软件工程概述

软件工程是研究指导大型计算机软件开发和维护的技术、方法、工具、环境和管理的一门工程学科。软件工程关注大型软件的开发和维护，其中心课题是控制由于问题分解出现大量细节而导致的复杂性。软件经常变化，开发软件的效率非常重要，和谐地合作是开发软件的关键。软件必须有效地支持它的用户。软件开发是由具有一种文化背景的人替具有另一种文化背景的人创造工具产品的过程。软件工程的宗旨是用工程化方法开发软件，以求解决软件生产效率低、代价高、可靠性差等问题。

通常把在软件开发、维护全过程中使用的技术方法的集合称为软件工程方法学。

软件工程方法学包含三个要素：方法、工具和过程。方法是完成软件开发的各项任务的技术方法，回答“怎样做”的问题。工具是为运用方法而提供的自动的或半自动的软件工程支撑环境。过程是为了获得高质量的软件所需要完成的一系列任务的框架，规定了完成各项任务的工作步骤。

最常见的软件工程方法学有传统结构化方法学和面向对象方法学。

传统结构化方法学从问题最高的抽象层次开始，自顶向下，逐步求精，采用结构化分析、结构化设计、结构化实现技术完成软件开发，其特点是分阶段顺序完成各任务，每个阶段结束前都必须进行严格的技术审查和管理复审，每个阶段都应该提交高质量的文档。采用这种方法，软件开发成功率高、生产率高，但是由于数据和操作人为地分离，维护困难。传统结构化方法学仍然

是人们开发软件时使用得十分广泛的软件工程方法学。

面向对象方法学的基本原则是，尽量模拟人类习惯的思维方式，使开发软件的方法与过程尽可能接近人类自然认识世界、解决问题的方法与过程。面向对象方法学认为：对象是融合了数据及在数据上的操作的统一的软件构件；所有对象都划分成类；相关的类按继承关系组织成一个层次结构系统；对象间仅通过发送消息互相联系。面向对象方法学使描述问题的问题空间（也称为问题域）与实现解法的解空间（也称为求解域）在结构上尽可能一致。面向对象方法学在概念和表示方法上的一致性，提高了软件的可理解性，有利于提高开发过程各阶段的沟通效率，简化了软件的开发和维护工作，也促进了软件重用。

6.2 软件开发过程

6.2.1 软件生命周期

通常把一个软件从定义开始，经历开发、使用和维护，直到最终被废弃的整个过程称为软件生命周期。软件生命周期经历了3个时期、若干个阶段。

1. 软件定义时期

（1）软件计划阶段

软件开发相关任务开始之前，在初步了解软件需求的基础上，进行可行性研究，理解工作范围和所花代价，估算项目的成本和工作量，做初步的进度安排，并据此制订软件初始计划。

（2）软件需求分析阶段

深入具体地了解用户的要求，就待开发系统必须“做什么”这个问题与用户取得完全一致的看法，包括功能需求、性能需求、环境要求与限制等内容，并用规格说明书表达出来。同时根据详细需求修订软件开发计划。

2. 软件开发时期

（1）软件设计阶段

软件设计分为总体设计和详细设计。在总体设计阶段确定系统的实现方案，设计出软件系统结构，确定软件各部分之间的关系，给出模块间传送的数据结构及每个模块的功能说明。在详细设计阶段设计出每一模块的内部实现细节。

（2）软件编码阶段

根据软件项目的特点、开发团队的条件等因素，选择合适的语言与相应的支持环境，按软件设计说明书的要求为每一部分编写程序代码。

（3）软件测试阶段

测试的任务是发现和排除软件中存在的错误和缺陷，软件测试包括阶段文档的评审和对程序执行检查。测试步骤通常分为单元测试、集成测试、系统测试和验收测试。经过测试和排错，得到可运行的软件。

3. 软件运行和维护时期

软件维护是指对已交付运行的软件继续进行排错、修改、完善和扩充。

软件生命周期是“分而治之”思想在软件开发中的具体实现。由于软件的非实物性、软件开发过程的不可见性，导致软件的生产过程难以检查、度量。软件生命周期的思想是，将软件的生产过程分成若干个阶段，每个阶段都要得出最终产品的一个或几个组成部分，并且以文档形式体现，有利于在软件生命周期的早期发现问题，及时修改，可以有效地减少软件定义、开发时期的错误造成的危害在后续阶段放大。

6.2.2 软件开发过程模型

软件过程定义了软件开发过程中一组适合于项目特点的任务集合，包括所要完成的任务、任务的顺序、标志任务完成的里程碑、采取的管理措施、应该交付的产品等。

1. 瀑布模型

瀑布模型是软件工程中应用最广泛的过程模型。瀑布模型如图 6-1 所示。

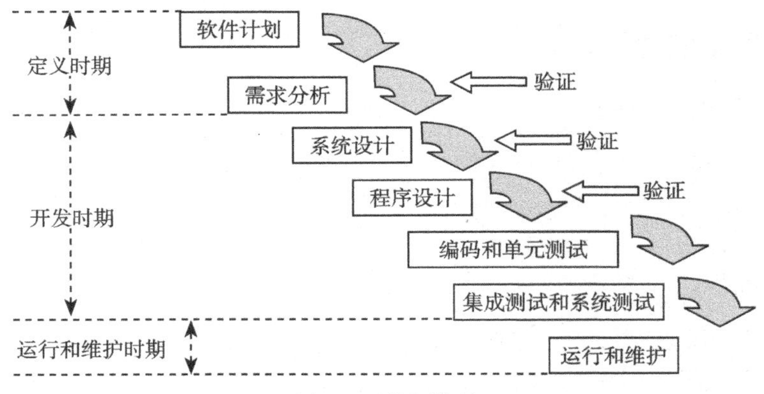

图 6-1 瀑布模型

按照传统的瀑布模型开发软件，有下述特点。

1）阶段间具有顺序性和依赖性。每一阶段的任务必须等待前一阶段完成后才能开始。

2）推迟实现的观点。瀑布模型在编码之前必须完成需求分析与软件设计，这两个阶段主要考虑目标系统的逻辑模型，不涉及软件的物理实现。因此，按照瀑布模型开发软件，尽可能推迟程序的物理实现，这有利于保证质量，但在产品交付之前，用户只能通过文档了解产品，难以全面评估软件产品，很可能导致最终的软件产品不能真正满足用户需要。

3）质量保证的观点。由于瀑布模型要求每个阶段必须完成规定的文档，每个阶段结束前都要对所完成的文档进行验证、评审，以便尽早发现问题，改正错误。及时审查有效保证了软件质量。

传统瀑布模型过于理想化，实际的瀑布模型是带“反馈环”的，如图 6-2 所示。在某个阶段发现前面阶段的错误时，可以反馈到前面阶段修改产品之后再回到后面阶段。

瀑布模型适用于需求变化少、低风险、使用环境稳定或者开发人员熟悉的应用领域的项目开发。

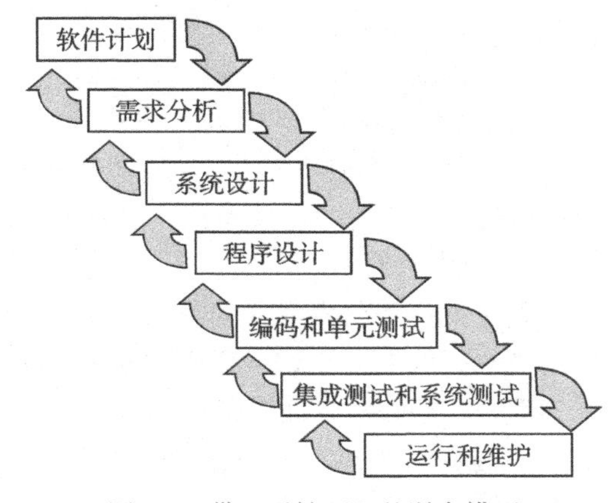

图 6-2 带“反馈环”的瀑布模型

2. 原型模型

原型模型指导软件开发的基本想法是，快速建立原型，通过原型引导用户逐步表达出需求，直至得到完全满足用户需要的系统需求，如图 6-3 所示。

原型有多种，例如，模拟软件系统人机交互的界面，可以运行的类似软件，实现软件系统部分功能的子系统等。

原型模型指导软件开发的优点在于：用户参与需求的获取过程，可及早验证系统是否符合其需要；开发人员在构建原型的过程中经历了业务学习，有助于减少设计和编码阶段的错误。但是快速原型法需要快速建立原型，对开发环境要求高。所以快速原型法适合于指导已有类似产品（作为原型）、简单且开发人员熟悉的领域、有快速原型开发工具的项目，或者用于指导产品移植或升级。

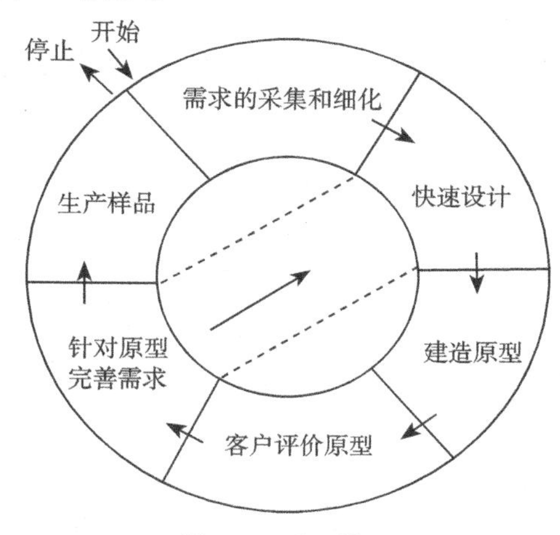

图 6-3 原型模型

3. 螺旋模型

不同类型的软件存在着不同的开发风险。螺旋模型是在每一阶段引进了风险分析的原型模型，如图 6-4 所示。

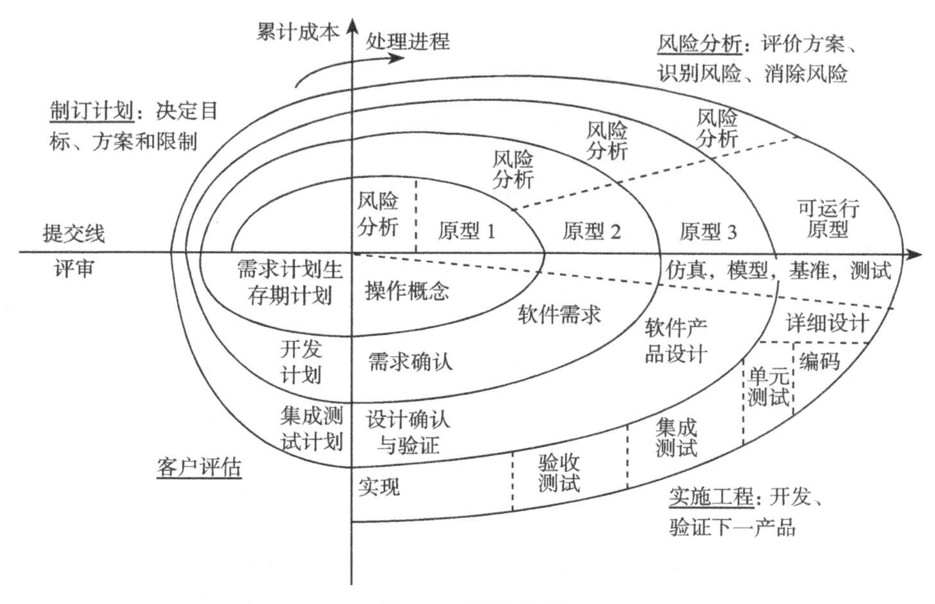

图 6-4 螺旋模型

螺旋模型以风险驱动软件开发，有利于软件质量的保证，但要求开发人员具备风险分析和控制的相关知识。另外，用户接受“演化”方法较难。所以，螺旋模型适合于庞大、复杂、高风险的系统或者内部开发的大规模软件项目，便于在风险过大时及时终止。

4. 增量模型

采用增量模型指导软件开发，把软件设计成若干个部分，这若干个部分共同构成整个软件，每一部分都经历单独的设计、编码、集成和测试，然后增加到前面已经完成的软件部分，如图 6-5 所示。这种方式可逐步向用户提交产品，使用户有足够的时间逐渐适应新系统。

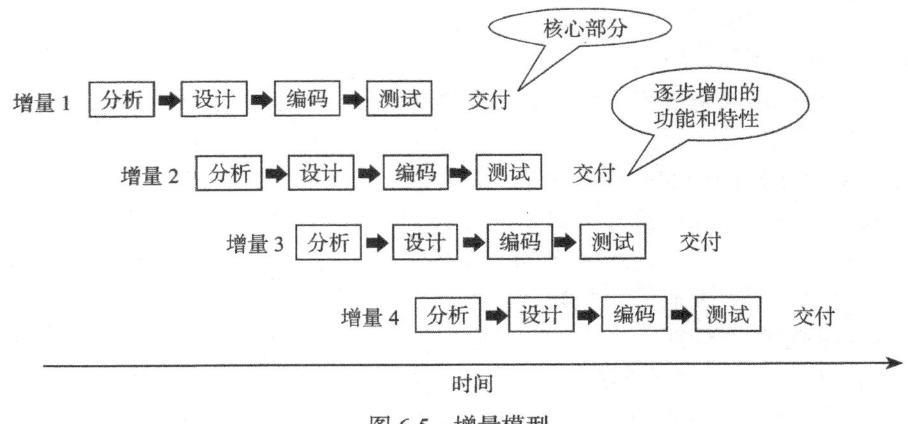

图 6-5　增量模型

采用增量模型开发软件，软件体系结构必须是开放的，每增加一个新的部分，不能破坏原来已经提交的产品。因此，增量模型对设计提出了很高的要求。增量模型适合用于指导这样的软件开发：在整个开发过程中，需求随时可能变化，客户接受分阶段交付；分析设计人员对应用领域不熟悉，难以一步到位；中等或高风险项目；软件公司自己有较好的类库、构件库。

5. 喷泉模型

采用面向对象的开发方法，各阶段使用统一的概念和模型，使得整个开发过程“无缝”连接，每个阶段的工作都是在前一阶段的基础上的完善和修改，但是模型在各阶段没有本质变化。各阶段模型的一致性，提高了开发过程的可理解性。喷泉模型如图 6-6 所示。

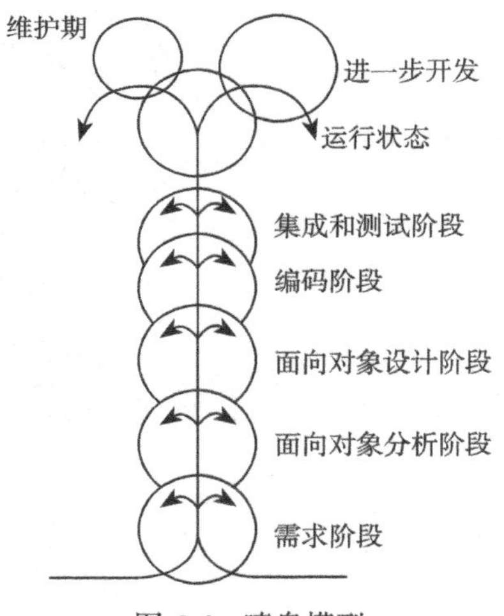

图 6-6　喷泉模型

图中圆圈相互重叠，代表不同阶段的工作和模型存在交迭，各阶段的开发活动间没有明显界线。一个阶段内的向下箭头代表该阶段内的迭代（或求精）。图中较小的圆圈代表维护，圆圈较小表示采用了面向对象方法后维护时间缩短了。

6. RUP 模型

RUP（Rational Unified Process，统一过程）模型是Rational 提出的基于 UML 及相关过程的一种现代过程模型，基于 Rational 公司在长期商业化软件开发中总结出的 6 项经验：迭代式开发、管理需求、基于构件的体系结构、可视化建模、验证软件质量、控制软件变更。

RUP 将软件的开发描述成一个二维模型，如图 6-7 所示。

从时间的角度，RUP 模型将软件的开发分成若干个迭代（iteration），每个迭代完成一个独立的项目。每个迭代又分成 4 个阶段：初始（inception）、细化（elaboration）、构建（construction）和交付（transition）。每个阶段都有明确的目标。初始阶段的任务是为系统确定项目的目的和范围。细化阶段的任务是分析问题领域，在理解整个系统的基础上，设计系统的体系结构。构建阶段的主要任务是实现系统和测试软件。交付阶段的主要任务是将软件从开发环境安装到最终用户的实际环境中。

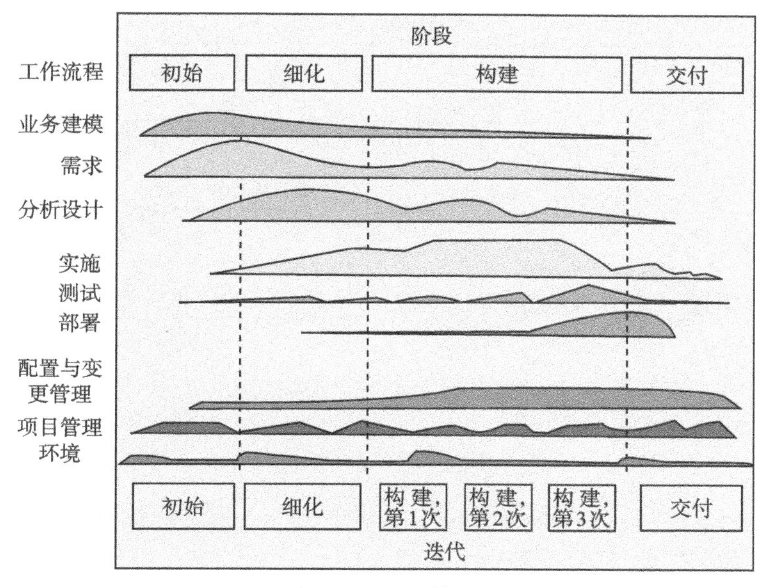

图 6-7 RUP 模型

从工程任务的角度，RUP 将项目的开发描述成九个核心工作流，包括六个过程工作流（业务建模、需求、分析设计、实施、测试、部署）和三个支持工作流（配置与变更管理、项目管理、环境）。这九个核心工作流在项目中轮流使用，在每一次迭代中以不同的重点和强度重复。

RUP 模型将阶段与工程任务分离，使得项目在规划方面有了更大的灵活性。

RUP 模型严格定义了软件开发过程中的许多规则、流程和相关文档工作，适用于指导中、大规模软件研发。也可以将 RUP 裁剪以适应小规模的软件开发。

6.2.3 敏捷软件开发与 XP

现代软件的开发面临一些新挑战，如要求快速的市场进入时间、高生产率，能够适应快速变化的需求，需要采用快速发展的技术等。但是传统的软件开发方法强调过程，强调文档，开发人员负担过重，被称为重载（heavyweight）方法。针对上述问题，产生了一系列轻载（lightweight）方法，如敏捷方法等。

在众多敏捷软件开发方法中，XP（Extreme Programming，极限编程）是富有成效的方法之一，该方法认为更加现实有效的做法是开发团队有能力在项目周期的任何阶段去适应变化，而不是像传统方法那样在项目起始阶段定义好所有需求再努力地控制变化。因此，XP 强调若干实践原则：现场客户、项目计划、系统隐喻、简单设计、代码集体所有、结对编程、测试驱动、小型发布、重构、持续集成、每周 40 小时工作制、代码规范等。

XP 将复杂的开发过程分解为一个个相对比较简单的小周期——迭代，项目开发过程如图 6-8 所示，迭代开发过程如图 6-9 所示。

在整个项目开发过程中，首先由终端用户提供用户故事，开发团队据此讨论后提出隐喻。在此基础上，根据用户设定的用户故事优先级制订交付计划，然后开始多个迭代过程。

在迭代期内产生的新用户故事不在本迭代内解决，以保证本次迭代开发不受干扰。项目通过验收测试后交付使用。

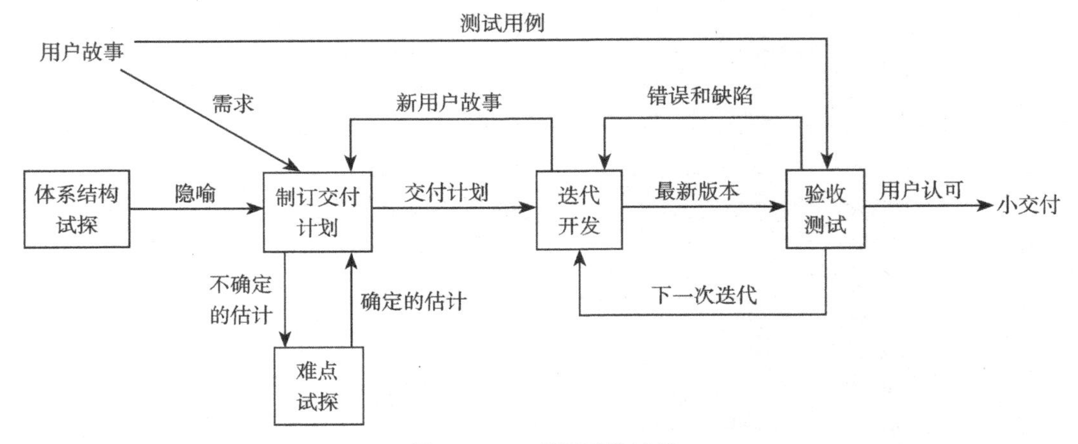

图 6-8 XP 项目开发过程

图 6-9 中的 CRC（Class-Responsibility-Collaborator）卡是目前比较流行的面向对象分析建模方法。CRC 卡是一个标准索引卡集合，每一张卡片表示一个类，包括三个部分：类名、类的职责、类的协作关系。在 CRC 建模中，用户、设计者、开发人员共同参与，完成对整个面向对象工程的设计。

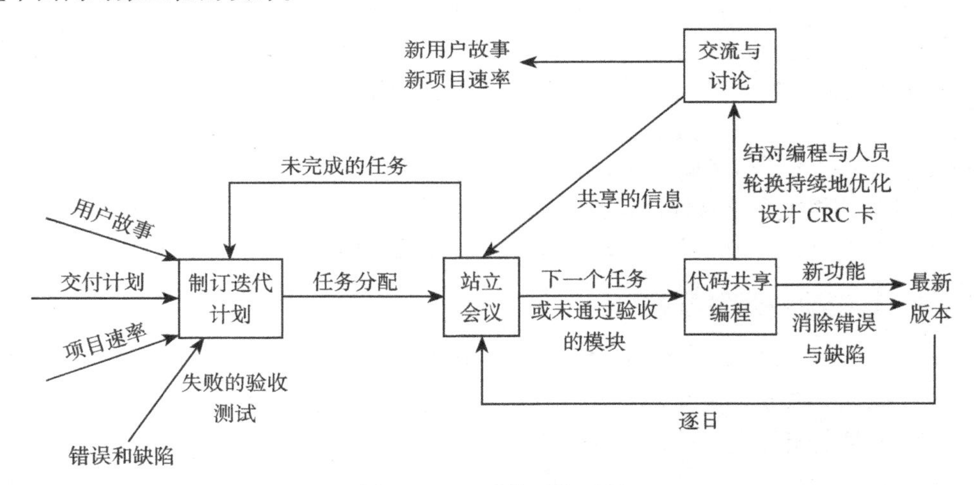

图 6-9 XP 迭代开发过程

在每一个迭代过程中，根据交付计划和项目速率，选择要优先完成的用户故事或待消除的错误和缺陷，将其分解为 1 ～ 2 天内完成的任务，制订本次迭代计划，然后通过每天的站立会议解决碰到的问题，调整迭代计划，会后是代码共享式的开发工作。开发人员要确保新功能 100% 通过单元测试，并立即集成，形成新的可运行版本，由用户代表进行验收和测试。

XP 广泛用于小团队进行规模小、进度紧、质量要求高、需求模糊且经常改变的软件开发。

实际从事软件开发时，应该根据所承担项目的特点来选择软件过程模型。

6.3 软件计划

软件开发工作开始之前，需要制订软件计划。在后续各个阶段中，要根据实际情况不断调整软件计划。

6.3.1 问题定义

接到一个软件项目，首先应该做的工作是进行问题定义，即弄清问题性质、工程目标、软件规模，并编写问题定义报告（项目任务说明书）。

问题定义报告需要描述：工程项目的名称、使用方（用户单位）、开发方、对问题的概括定义、项目的目标、项目的规模、对项目的初步设想、对可行性研究的建议。

例如，某校财务处有1名主任会计师、2名会计和2名出纳，共5人。由于职工人数增加，每月发工资前几天，会计的工作量会增大，往往要花一周时间才能把职工工资表做出来，同时由于学校规模不断扩大，财务工作量日益繁重。为减轻财务处的工作量，改善工作条件，学校决定采用计算机进行工资管理，请某软件公司帮助分析解决问题的可行性，则问题定义报告可如图6-10描述。

问题定义报告

用户单位：×× 学校财务处

负责人：×××

分析员单位：×× 软件公司

分析员：×××

项目名称：工资管理系统

问题概述：财务处每月的工资管理工作太忙，在工资管理事务上花费精力太大。希望通过工资管理软件减轻每月工作计算及发放问题。

……

项目目标：开发一个有效的工资管理系统

项目规模：开发成本约 ×× 万元

可行性研究建议：进行一周，费用不超过 ×××× 元

×××× 年 ×× 月 ×× 日　签字：×××

图6-10　问题定义报告示例

6.3.2 可行性研究

可行性研究的主要任务是了解客户的要求及现实环境，从技术、经济和社会因素等方面研究并论证本软件项目的可行性，编写可行性研究报告，制订初步项目开发计划。如果项目可行，还需要评述为合理地达到开发目标可能选择的各种方案。

可行性研究的目标是，以最小的代价，在最短的时间内，确定所定义的问题是否值得解决，在预定的规模内是否有可行解。可行性研究工作的支出占总成本的5%～10%。

1. 经济可行性

经济可行性分析主要做项目成本估算、成本/效益分析、投资回收期计算、项目工期估算等工作。项目的开发代价和产出效益在项目未完成之前是难以估测的，只能相对于一个当前的运行模式来估算待开发项目的成本和经济效益。

2. 技术可行性

技术可行性分析是从可能需要的开发技术角度分析待开发系统的可行性。例如，考虑：

- 相关技术是否已进步到足以支持该系统的实现？
- 是否有可直接利用的成熟技术？
- 是否有仅做适当改进即可使用的技术？
- 是否有成功开发过类似系统的熟练技术人员？
- 开发项目需要的所有硬、软件资源是否能按期得到？

……

3. 法律可行性

软件的开发需要考虑社会影响和社会效益，需要从法律的角度研究待开发软件项目的可行性，包括分析与评价：

- 项目是否存在潜在的破坏问题？
- 项目是否会侵犯他人、集体或国家的利益？
- 是否会违反国家的法律，并由此而承担法律责任？
- 项目是否有不好的社会影响（如游戏项目不能对青少年有不好影响）？

……

可行性研究的结果是可行性研究报告，主要包括以下内容：

- 可行性研究的前提：主要说明对所建议的开发项目进行可行性研究的基本要求、目标、假定、限制、可行性研究的方法、评价尺度等。
- 对现有系统的分析：包括现有系统的基本处理流程和数据流程、工作负荷、费用开支、人员的专业技术类别和数量、所使用的各种设备、系统的主要局限性等。
- 所建议的系统：说明所建议系统的目标和要求将如何被满足，包括基本方法及理论根据、处理流程和数据流程、改进之处、预期将带来的影响、局限性、技术条件方面的可行性。
- 可选择的其他系统方案：概述曾考虑过的系统方案，并说明其未被选中的理由。
- 投资及效益分析：对于所选方案，说明其所需费用，包括基本建设投资、其他一次性支出、非一次性支出、一次性收益、非一次性收益、不可定量的收益、收益 / 投资比、投资回收期等。
- 社会因素方面的可行性：包括法律方面的可行性、使用方面的可行性。
- 结论：可以立即开始进行，需要推迟到某些条件（例如资金、人力、设备等）落实之后才能开始进行，需要对开发目标进行某些修改之后才能开始进行，不能进行或不必进行（如技术不成熟、经济上不合算等）。

可行性研究报告应作为投标书的主要部分，或上报管理部门审核。

如确定软件项目具有可行性，则可进入软件计划阶段。

6.3.3 软件规模估算

进度、成本和质量是制订软件开发计划的三要素，而进度、成本的估算依赖于软件规模的估算。

常用的软件规模度量技术有代码行（Line of Code，LOC）技术和功能点技术。

1. 代码行技术

代码行技术的主要思想是将软件系统划分成若干个可以独立估算的子系统，由专家与有经验的开发人员组成一个估算小组，依各自开发类似产品的经验及历史数据，估计实现一个子系统所需要的源代码行数，把实现每个子系统所需要的源代码行数累加起来，就可得到实现整个软件所需要的源代码行数。

具体做法：由专家或软件开发人员分别估计程序的最小（乐观）的行数（a）、最大（悲观）的行数（b）和最可能的行数（m），采用式（6.1）计算程序的最佳期望行数：

$$L=\frac{a+4m+b}{6} \quad (6.1)$$

另外还有一个行数误差公式：

$$L_d=\sqrt{\sum_{i=1}^{m}\left(\frac{b-a}{6}\right)^2} \quad (6.2)$$

其中 m 为块数。当程序规模较小时，常用的单位是代码行数（LOC），当程序规模较大时，常用的单位是千行代码数（KLOC）。

式（6.1）和式（6.2）不仅可用来估算软件的规模，而且也可用于软件成本估算。

例如，为计算机辅助设计（CAD）应用开发一个软件包，该软件包是一个以微型计算机为基础的、与各种计算机图形、外部设备（如显示终端、数字仪、绘图仪等）相连接的软件系统。表 6-1 列出了软件包各部分的规模估算。

表 6-1 某 CAD 应用软件包各部分的规模估算表

软件成分	最小值（a）	最可能值（m）	最大值（b）	期望值（L）	误差（L_d）
用户接口控制	1800	2400	2650	2340	140
二维几何图形分析	4100	5200	7400	5380	550
三维几何图形分析	4600	6900	8600	6800	670
数据结构管理	2950	3400	3600	3350	110
计算机图形显示	4050	4900	6200	4950	360
外部设备控制	2000	2100	2450	2140	75
设计分析	6600	8500	9800	8400	540
总计	26100	33400	40700	33360	2445

软件产品最终以代码形式体现，且代码行数计算容易。代码行技术简单易行，由多位专家估算，避免了单独一位专家的偏见。但是，在软件开发过程中，为得到代码，必须事先做许多准备工作，如需求分析、系统设计、详细设计等，这些工作量无法在代码行数中很好地体现出来。不同语言开发同一个系统所得到的代码行数也不相同，特别是对于非过程性语言，用代码行数更难如实反映实际的工作量。

为弥补代码行技术的不足，可以使用功能点技术。

2. 功能点技术

功能点技术用功能点（Function Point，FP）作为软件规模的度量单位，依据对软件信息域特性和软件复杂性的评估结果估算软件规模。

（1）软件信息域特性

软件具有五个信息域特性：

- 输入项数（Inp）：用户向软件输入的项数，用于查询的输入单独计数。
- 输出项数（Out）：软件向用户输出的项数，报表内的数据项不单独计数。
- 查询数（Inq）：查询是一次联机输入，它使得软件以联机输出方式产生某种即时响应。
- 主文件数（Maf）：逻辑主文件的数目。逻辑主文件是数据的一个逻辑组合，表现为大型数据库的一部分或一个独立的文件。

- 外部接口数 (Inf)：机器可读的全部接口的数量，用这些接口可以把信息传送给另一个系统。例如，存储学生成绩单的数据文件就是一种外部接口。

（2）估算功能点

按如下步骤可估算出一个软件的功能点数，从而估算出软件规模。

1）计算未调整的功能点数 UFP。根据软件产品信息域特性等级 (分为简单级、平均级或复杂级) 分配功能点数，例如，简单级输入项分配 3 个功能点，平均级输入项分配 4 个功能点，复杂级输入项分配 6 个功能点。

用式（6.3）计算未调整的功能点数 UFP：

$$UFP = a_1 \times Inp + a_2 \times Out + a_3 \times Inq + a_4 \times Maf + a_5 \times Inf \quad (6.3)$$

其中，a_i $(1 \leqslant i \leqslant 5)$ 是信息域特性系数，其值由相应特性的复杂级别决定，如表 6-2 所示。

2）计算技术复杂性因子 TCF。有 14 种技术因素可能影响到软件的规模，如表 6-3 所示。

表 6-2 信息域特性系数

特性系数 \ 复杂级别	简单	平均	复杂
输入系数 a_1	3	4	6
输出系数 a_2	4	5	7
查询系数 a_3	3	4	6
文件系数 a_4	7	10	15
接口系数 a_5	5	7	10

表 6-3 影响软件规模的技术因素

标识	名称	标识	名称
F_1	数据通信	F_8	联机更新
F_2	分布式数据处理	F_9	复杂的计算
F_3	性能标准	F_{10}	可重用性
F_4	高负荷的硬件	F_{11}	安装方便
F_5	高处理率	F_{12}	操作方便
F_6	联机数据输入	F_{13}	可移植性
F_7	终端用户效率	F_{14}	可维护性

根据软件的特点，为每个因素分配一个对软件规模的影响值（0 表示不存在或对软件规模无影响，5 表示影响很大)，用式（6.4）计算技术因素对软件规模的综合影响程度 DI：

$$DI = \sum_{i=1}^{14} F_i \quad (6.4)$$

用式（6.5）计算技术复杂性因子 TCF：

$$TCF = 0.65 + 0.01 \times DI \quad (6.5)$$

因为 $DI \in [0,70]$，所以 $TCF \in [0.65,1.35]$。

3）计算功能点数 FP。用式（6.6）计算功能点数 FP：

$$FP = UFP \times TCF \quad (6.6)$$

采用功能点技术估算软件规模比代码行技术更合理，因为功能点数与所用编程语言无关。但是，在采用功能点技术时应注意，信息域特性复杂级别和技术因素对软件规模的影响程度均为主观给定的度量值，会在一定程度上影响软件规模的估算结果。

当项目复杂性发生变化，或增加了新的开发人员，或出现其他影响软件开发的因素时，需要修正或重新估算软件规模。

6.3.4 软件成本和工作量估算

工作量是对完成一项任务所需劳动量的计算，计算单位是人月数或人日数。

软件规模直接影响软件开发的工作量，可根据软件规模来推算工作量。

不同类型的软件，或者在不同条件下开发软件，所遇到问题的难易度与所花费的工作量是不一样的。软件开发方式主要有3种。

1）有机（organic）方式：开发人员较少，开发组织内部自用的软件，大部分人员具有类似项目的经验，能够比较彻底地理解产品需求，对产品性能容易做到重新修改。

2）嵌入（embedded）方式：在软硬件环境、运行规程等方面都已施加了十分严格规定的条件下，开发出一个具有预定功能的软件，嵌入这个条件苛刻的大系统中去。这种方式接口有严格的限制，软件内容常常是不熟悉的领域，软件需求的修改影响重大，一般而言项目比较大，如空中交通管制系统。相比之下，软件是整个系统中最难、又是最后加入的成分，如果其他部分要修改，费用十分昂贵，因此一切难点都希望通过软件来弥补，开发人员很少有讨价还价的余地。

3）半分离（semidetached）方式：介于有机方式和嵌入方式中间的一种情况。开发人员对该项目具有中等的经验，对接口有一定的限制。

这3种方式的特征、相应工作量和开发时间计算如表6-4所示。

经验表明，程序的大小和所需的人月数不是成比例的，而是呈指数关系。

表6-4　3种开发方式的特征、相应工作量和开发时间计算

特征	方式		
	有机	半分离	嵌入
开发部门对产品目标的理解程度	彻底	有相当的程度	一般
对有关软件系统的已有工作经验	有广泛的经验	相当程度的经验	中等
软件遵循预定需求的必要性	基本上	相当程度	全面地
软件遵循外部接口规格的必要性	基本上	相当程度	全面地
有关新型硬件与操作过程是否应同时开发	有一些	中等	广泛
是否要开发新的数据处理算法与体系结构	很少	有一些	相当多
提前完成可获得的奖励	不多	有一些	相当多
产品规模	< 50KDSI	$\geqslant 300$KDSI	无上限
典型示例	批处理数据浓缩	大多数事务处理系统	大型复杂事务处理系统
	科学、商务模型	新OS、DBMS	大型OS
	熟悉的OS与编译程序	简单的指挥控制系统	大型指挥系统
	简单的库存管理、生产控制	大型库存管理生产控制系统	
工作量计算公式MM/人月	$2.4\times(\text{KDSI})^{1.05}$	$3.0\times(\text{KDSI})^{1.12}$	$3.6\times(\text{KDSI})^{1.28}$
开发时间计算公式TDEV/月	$2.5\times(\text{MM})^{0.38}$	$2.5\times(\text{MM})^{0.35}$	$2.5\times(\text{MM})^{0.32}$

根据Boehm的统计，对于最常见的软件可按式（6.7）计算工作量：

$$MM = 2.4\times(\text{KDSI})^{1.05} \quad (6.7)$$

其中，KDSI（Kilo-Delivered Source Instruction）表示源程序的大小，即机器指令的多少，以千行源指令为单位（注解行除外），且不包含借用别人已开发好的部分程序；MM是开发该软件所需的人月数。

由于参与开发的人员数目与软件规模有内在关系，需要300人月的项目一般不会只让一人去连续干25年（300/12），也不可能一次投入300人要求在一个月内完成，所以开发进度（或者工期）也与软件规模有一定的关系。其关系如式（6.8）所示：

$$\text{TDEV} = 2.5 \times (\text{MM})^{0.38} \tag{6.8}$$

其中，TDEV是以月为单位的开发时间，指从产品设计阶段开始（需求说明完成之后）直到测试工作完成为止。

由式（6.7）和式（6.8）便可估算出项目大致需要投入的人数，如式（6.9）所示：

$$\text{FSP} = \frac{\text{MM}}{\text{TDEV}} \tag{6.9}$$

其中，FSP（Full-time Software People）指直接参与项目的工作人员数，包括项目管理员、程序员和资料员。

一位全时投入的软件工作人员应每天工作8小时，每月有效工作天数为19天，每人月152小时（19×8）。例如，为了开发一个具有3.2万行（32KDSI）源程序的软件，需要：

工作量：

$$\text{MM} = 2.4 \times (32)^{1.05} \approx 91 \text{（人月）}$$

生产率：

$$\frac{32000}{91} \approx 352 \text{（行/人月）}$$

工　期：

$$\text{TDEV} = 2.5 \times (91)^{0.38} \approx 14 \text{（月）}$$

平均投入人数：

$$\frac{91}{14} \approx 6.5 \text{（人）（全时软件开发人员）}$$

下面采用功能点来估算软件的工作量。假设某项目计算出总的FP估算值是310，已有的项目的平均FP生产率是5.5FP/PM，则项目的总工作量为

$$\text{工作量} = 310 / 5.5 \approx 56\text{PM（人月）}$$

软件的开发要经历多个不同阶段，上述公式计算出来的工期是指由产品设计、编码到测试所需花费的时间和工作量。可进一步估算每一阶段所需时间和工作量，以及同一阶段所需的各类人员。

需要说明的是：

1）大多数估算模型的经验数据是从有限个项目样本集中总结出来的，没有一个估算模型可以适用于所有类型的软件和开发环境。

2）影响软件开发工作量和工期的因素很多，上述方法计算的结果只能供管理人员决策参考。

6.3.5 软件开发进度安排

进度安排是给软件项目管理者提供如何组织、安排开发所需人力资源和设备，对软件开发进度实施控制的依据，是软件管理不可缺少的一份文档资料。

在软件开发进度表中，必须明确每项任务的起讫时间、每项任务的工作量。另外还可给出每个任务完成的标志、每个任务与工作的人数、工作量和各个任务之间的衔接情况。

1. 软件进度安排的工具

常见的反映进度计划的工具有普通进度表、甘特图（Gantt Chart）和PERT（Program

Evaluation & Review Technique）图。

（1）普通进度表

用普通进度表描述任务的进度非常简单明了，如图 6-11 所示。

月份 任务	1	2	3	4	5	6	7	8	9	10	11	12
子任务 1	▲	▲	▲									
子任务 2		▲	▲	▲	▲	▲	▲	▲				
子任务 3				▲	▲	▲	▲	▲	▲			
子任务 4							▲	▲	▲	▲	▲	
子任务 5										▲	▲	▲

图 6-11　普通进度表

图 6-11 中的▲表示子任务对应的时间段（如月份）。

（2）甘特图

甘特图是应用广泛的制订进度计划的工具。在甘特图中，用水平的矩形条表示每个任务的工作时间段，矩形条的左端对应任务的开始时间点，矩形条的右端对应任务结束的时间点，矩形条的长度表示完成任务需要的时间。

如图 6-12 所示的甘特图表明，截至 2015 年 6 月 25 日，子任务 1 已经完成，子任务 2 已经开始尚未完成，任务完成时间比计划延迟，子任务 3 进度正常，子任务 4、5 根据计划安排尚未启动。

任务	开始时间	完成时间	持续时间	2015 年												2016 年	
				1	2	3	4	5	6	7	8	9	10	11	12	1	2
子任务 1	2015-01	2015-04	4														
子任务 2	2015-02	2015-06	5														
子任务 3	2015-03	2015-08	4														
子任务 4	2015-04	2015-11	5														
子任务 5	2015-05	2015-02	4														

图 6-12　某项目 2015 年 6 月 25 日的甘特图

需要说明的是，每一个任务完成的标准是，必须提交相关文档并通过评审，即每一阶段文档的提交与通过评审是软件开发进度的里程碑。里程碑为管理人员提供了指示项目进度的可靠依据。当一个任务成功地通过了评审并产生了合格的文档，一个里程碑就达到了，从甘特图中看，就是每个矩形条结尾处的三角形由空心变成了实心。

（3）PERT 图

较大规模的软件项目需要团队的共同努力才能完成。在项目参加者不止一人的情况下，开发工作往往会出现并行。为了显式地描绘各项任务之间的相互依赖关系，可以采用 PERT 图来描述项目的进度安排。

采用 PERT 图安排任务进度的做法是：把一个项目从开始到结束所应当完成的任务用图的形式表示出来，图中用节点表示子任务和完成该任务所需时间，用箭头表示各子任务在时间上的依赖关系。

例如，图 6-13 给出的是一个有 8 个任务的 PERT 图。

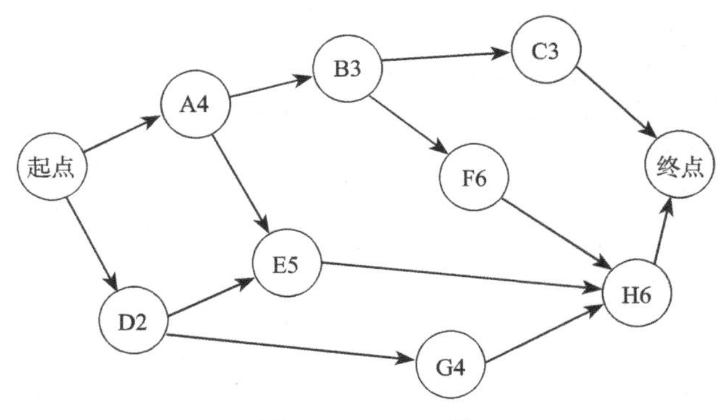

图 6-13 PERT 图

2. 软件进度安排的步骤

通常联合使用甘特图和 PERT 图制订进度计划并监督项目进展状况，其步骤如下。

（1）制订子任务关系时间表

根据已有信息确定软件项目各子任务之间的依赖关系和工作时间，可用表格予以描述。

（2）建立 PERT 图

从项目的终点开始，按照从后往前的方向，依次画出代表每个任务的节点，直到项目的起点，并用箭头标出任务间的依赖关系（箭头从前导任务指向后续任务）。

（3）在 PERT 图中标出最早起止时间

在 PERT 图中，从起点开始，从前往后依次在每个子任务上方标出该子任务的最早开始时间和最早结束时间。若某个任务有若干个前导任务，则取那些前导任务中的最早结束时间作为该任务的最早开始时间。

（4）在 PERT 图中标出最迟起止时间

从终点开始，从后往前依次在每个子任务的下方标出该子任务的最迟开始时间和最迟结束时间。若某个任务有若干个后续任务，则取那些后续任务中的最迟开始时间中最早的那个作为该任务的最迟结束时间。

（5）找出 PERT 图中的关键路径

关键路径法（Critical Path Method，CPM）就是找到从起点到终点之间消耗时间最长的路径，它决定完成整个项目所需要的时间。最早起止时间和最迟起止时间相同的子任务构成的路径就是关键路径，这条路径上的子任务是不能延误的。

（6）利用 PERT 图优化开发活动安排

- 合理分配项目组所拥有的各种资源，以确保关键路径上的各项子任务按时完成。
- 根据实际情况，充分利用优质资源（如安排技术骨干等），科学地缩短关键路径上子任务所需要的时间，从而缩短整个项目的开发时间。
- 利用机动时间调整任务安排。一个子任务的机动时间等于它的最迟结束时间减去它的最早开始时间。不处于关键路径上的子任务都是有机动时间的。可以根据需要调整其起止时间，如让完成该任务的人员先去做一些更重要或需要更早完成的工作，稍后再来完成该任务，只要保证该任务在其最迟开始时间前启动即可。

（7）用甘特图描述进度安排

在甘特图中，用不同的颜色分别标记每个子任务的实际进度和计划进度。张贴或以其他合适的方式实时展示甘特图，使项目组每个成员能时刻清楚整个项目的进展和自己所承担的任务对整个项目进度的影响。

下面举例说明软件进度的安排。

1）假设某项目各子任务间的依赖关系和工作时间如表 6-5 所示。

表 6-5　某项目各子任务间的依赖关系和工作时间

子任务	前导任务	所需时间 / 月	子任务	前导任务	所需时间 / 月
A	—	4	E	A、D	5
B	A	3	F	B	6
C	B	3	G	D	4
D	—	2	H	E、F、G	6

2）根据表 6-5 建立 PERT 图，如图 6-14 所示。

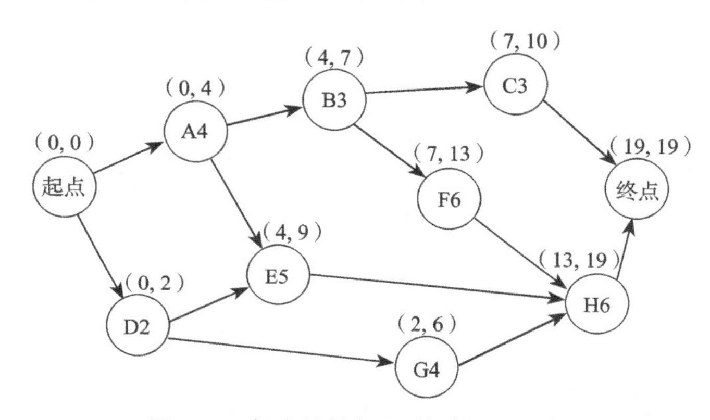

图 6-14　标出最早起止时间的 PERT 图

3）在图 6-14 所示的 PERT 图中标出各子任务的最早起止时间。

4）在图 6-14 所示的 PERT 图中标出各子任务的最晚起止时间，如图 6-15 所示。

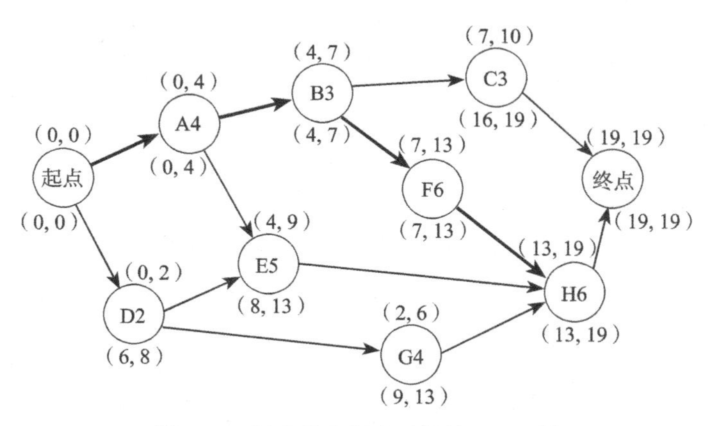

图 6-15　标出最晚起止时间的 PERT 图

5）找出 PERT 图中的关键路径。

从图 6-15 可以看出，子任务 A、B、F、H 的最早起止时间和最晚起止时间是一样的，因此，关键路径为起点→ A → B → F → H →终点，如图 6-15 中粗线箭头所示。

6）利用 PERT 图优化开发活动安排。

- 将项目组的优质技术人员安排到任务 A、B、F、H 的工作中，以确保这些任务按时保质完成。
- 研究任务 A、B、F、H，寻找适当的方法尽可能地缩短这些任务所需要的开发时间。
- 适当延迟任务 D 的开始时间，但保证该任务在任务 A 启动后的第 6 个月之前开始。

7）利用甘特图动态显示项目的进展。

6.3.6 软件计划文档

软件计划文档主要包括以下内容：
- 项目概述：简要地说明在本项目的开发中须进行的各项主要工作、参加人员、生产的产品内容（包括程序、文件、服务和非移交产品）、产品和服务验收标准、完成项目的最迟期限、计划的批准者。
- 实施计划：包括工作任务的分解与人员分工、接口人员、进度、预算、影响整个项目成败的关键问题及其影响。
- 支持条件：项目实施所需要的各种条件和设施。
- 专题计划要点：描述除整个项目计划外的各个专题计划（如分合同计划、开发人员培训计划、测试计划、安全保密计划、质量保证计划、配置管理计划、用户培训计划、系统安装计划等）的要点。

可以参照国家标准 GB/T 8567—2006 或者 IEEE 软件工程标准制定适合项目实际需要的软件计划文档。

6.4 需求分析

进入软件生产过程后，首先要做的工作是软件需求分析，即明确软件具体要做什么事情及做到什么程度。这一工作的结果比软件计划阶段对软件的定义更加细致、精确。

6.4.1 需求分析概述

需求分析的目标是确定待开发的软件系统必须完成哪些工作，其工作的结果是一个完整、准确、清晰、具体的目标系统。

在该阶段，需求分析人员通过与用户的沟通，完成以下工作。

1）确定对系统的综合要求，包括：
- 系统的所有功能，即系统必须向用户提供的所有服务。
- 性能需求。指定系统必须满足的技术性指标，如存储容量限制、执行速度、响应时间、吞吐量、安全性等。
- 可靠性和可用性。
- 出错处理需求，即系统对环境错误（并非该应用系统本身造成的）怎样响应。
- 接口需求，即应用系统与其环境通信的格式。常见的接口需求有用户接口需求、硬件接口需求、软件接口需求、通信接口需求。
- 环境。如系统的硬件设备、支撑软件（所需要的操作系统、数据库及网络环境）等。
- 用户特点。用户特点包括用户的类型、理解和使用系统的难度等。
- 约束。常见的用户或环境强加给项目的限制条件有精度、工具和语言约束、设计约束、应该使用的标准、应该使用的硬件平台。
- 逆向需求。针对可能发生误解的情况，描述说明软件系统不应该做什么。

- 将来可能的需求。明确地列出那些虽不属于当前系统开发范畴，但据分析将来很可能会提出来的要求。

2）分析系统的数据要求：主要分析和描述系统所涉及的数据对象及其关系。

3）导出系统的逻辑模型：包括系统的功能模型、数据模型和控制模型。

4）修正系统开发计划：相对于计划阶段的工作，需求分析阶段对系统的认识更清晰、准确，可以在此基础上比较准确地估计系统的成本和进度，并据此修改得到更切实可行的软件计划。

5）书写软件需求分析文档，提交评审。

6.4.2 需求分析工具

需求分析阶段采用分析建模的方法，即通过构建一系列模型来获得系统的详细需求。在传统的软件需求分析方法中，通常得到图 6-16 所示的分析模型。

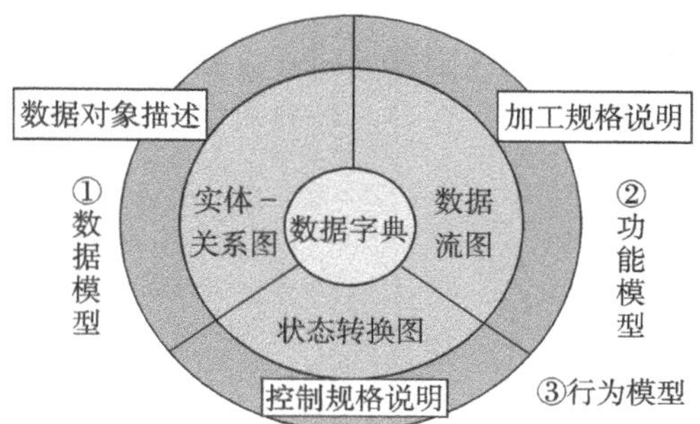

图 6-16　传统方法得到的需求分析模型

图 6-16 所示的分析模型采用了以下工具。

1. 数据流图和数据字典

数据流图（Data Flow Diagram, DFD）采用的符号如图 6-17 所示。数据存储可以采用两种方式中的任一种表示。

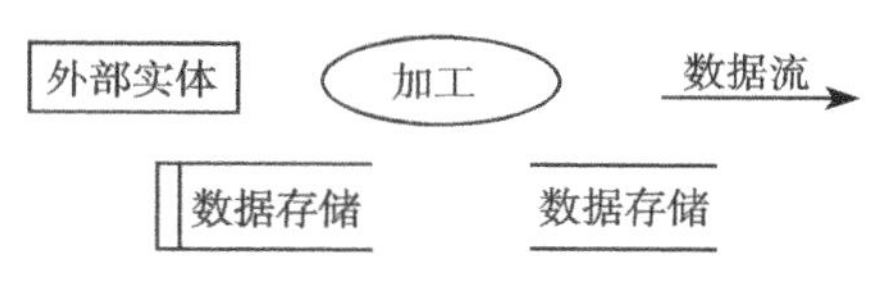

图 6-17　数据流图的符号

数据流图用来描述系统对数据的加工处理过程。例如，表示银行业务系统储户用存折取款功能的数据流图如图 6-18 所示。

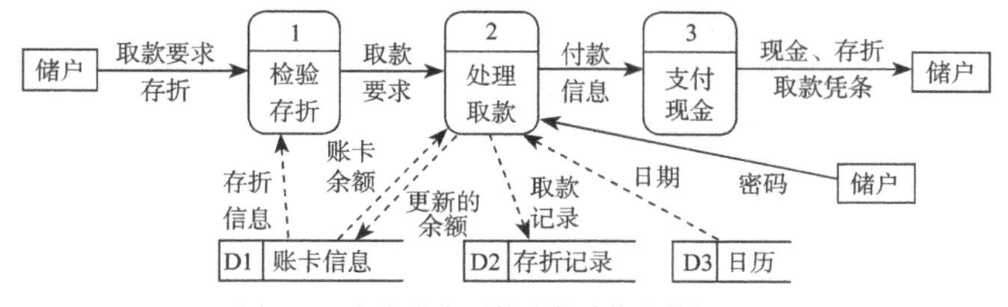

图 6-18　银行业务系统取款功能的数据流图

每一份数据流图需要给出相应的文字描述。例如，银行业务系统取款功能的数据流图相应的文字描述可以为：储户提供存折取款；系统根据“账卡”中的信息检验存折，如存折有效且取款要求合理，更新“账卡”，给出付款信息；柜员向储户支付现金，并将存折、取款凭条交给用户。

数据流图中的所有内容需要用数据字典加以定义。数据字典常用符号如表 6-6 所示。

表 6-6　数据字典常用符号

符号	含义	举例	符号	含义	举例
=	被定义为		(…)	可选	$x=(a)$
+	与	$x=a+b$	“…”	基本数据元素	$x=$“a”
[…,…] 或 […|…]	或	$x=[a, b]$，$x=[a\|b]$	..	连接符	$x=1..9$
{…} 或 m{…}n	重复	$x=\{a\}$，$x=3\{a\}8$			

对于每一个数据流，需要描述数据流的名称、别名、来源、去处及组成。例如，在图 6-18 所示的银行业务系统数据流图中，“储户”与加工“1 检验存折”间的数据流“存折”的定义如图 6-19 所示。

数据存储名称：存折
数据流的来源：储户
数据流的去处：加工“1 检验存折”
数据流的组成：
存折 = 账号 + 户名 + 开户网点名称 + 凭证号 + 签发日期 + 属性 + 通存通兑 + 印密 +1{ 存取记录 }120
账号 = “00000000000000000001” .. “99999999999999999999”
户名 = 2{ 汉字 }4
开户网点名称 = 4{ 汉字 }20
凭证号 = “000000001” .. “999999999”
签发日期 = 年 + 月 + 日
属性 = 多币种用户 | 双币种用户
通存通兑 = 非 | 通
印密 = 密 | 无
……

图 6-19　数据流“存折”的定义

对于系统中需要较长时间保存的内容，即数据存储，需要描述其流入和流出的数据流、组成、组织方式。例如，在图 6-18 所示的银行业务系统数据流图中，数据存储“存折记录”的定义如图 6-20 所示。

数据存储名称：存折记录
流入数据流：取款记录 / 存款记录
流出数据流：无
组成：存折记录 = { 取款记录 | 存款记录 }
组织方式：按存、取款发生日期顺序排列

图 6-20　数据存储“存折记录”的定义

对于系统中的每一个加工处理，除了要给出简要的描述外，还需要定义激发条件、优先级、输入数据流、输出数据流、处理逻辑等。例如，在图 6-18 所示的银行业务系统数据流图中，加工“2 处理取款”的定义如图 6-21 所示。

处理名：处理取款
处理编号：2
输入数据流：取款要求、账卡余额、日期、密码
输出数据流：取款记录、付款信息、更新的余额
处理逻辑：根据取款要求和账卡余额，更新账卡信息中的余额信息，将取款记录登记到存折记录中

图 6-21　加工“2 处理取款”的定义

2. 实体 – 关系图

实体 – 关系图（Entity-Relationship Diagram, ERD）描述了系统所涉及的数据对象及其之间的关系。例如，某教学管理系统的实体 – 关系图如图 6-22 所示。

其中，矩形框中描述的是实体对象，椭圆框描述的是实体对象的属性，菱形为实体对象间的关系。“教师”与“课程”间是“一对多”关系，而“学生”和“课程”间是“多对多”关系。关系也可能有属性，例如，图中关系“学”的属性为成绩。

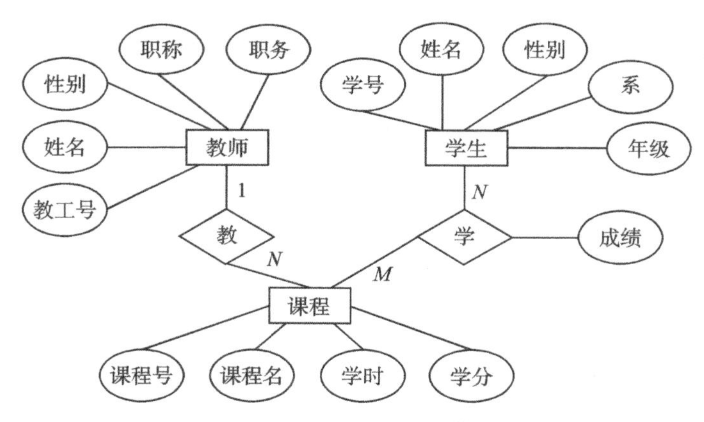

图 6-22　某教学管理系统的实体 – 关系图

3. 状态转换图

状态转换图（State Transition Diagram, STD）通过描绘系统的状态及引起系统状态转换的事件来表示系统的行为，还指明了作为特定事件的结果系统将做哪些动作。例如，电话系统的状态转换图如图 6-23 所示。

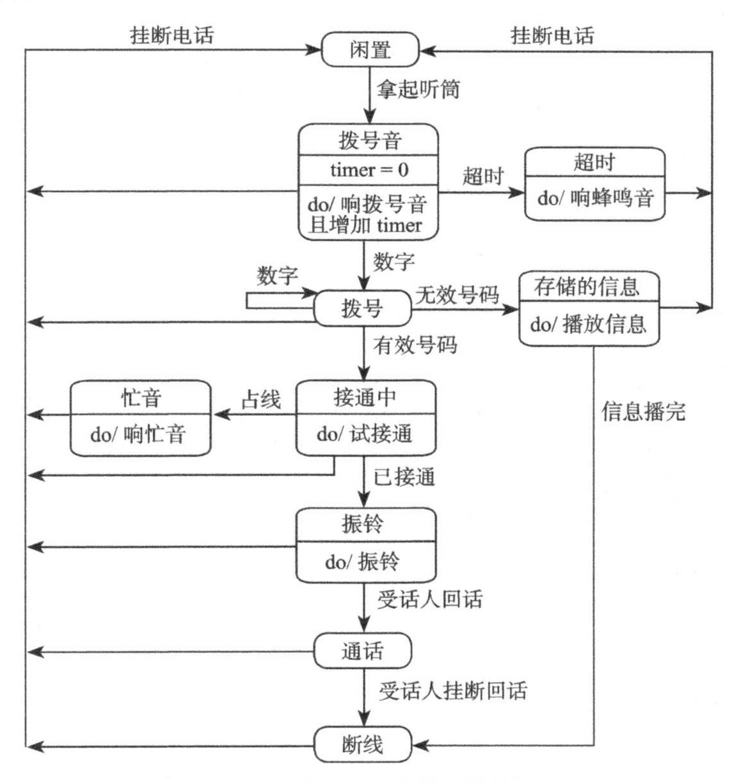

图 6-23　电话系统的状态转换图

4. 层次框图

层次框图用树形结构描绘数据的层次结构：顶层是一个单独的矩形框，代表完整的数据结构；下面的各层矩形框代表这个数据的子集；最底层的各个框代表组成这个数据的实际数据元素（不能再分割的元素）。例如，“图书”的层次结构如图 6-24 所示。

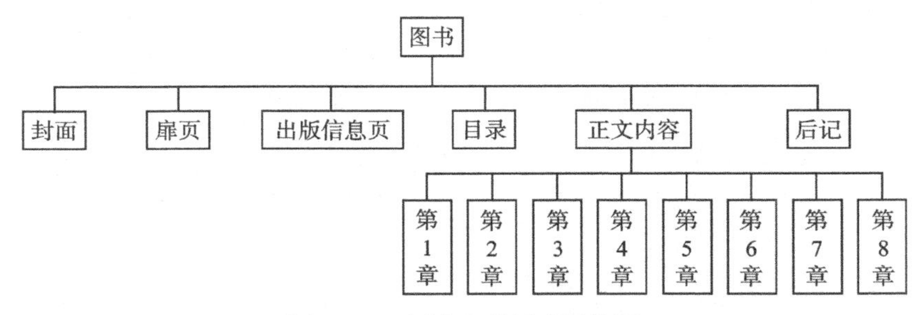

图 6-24 “图书”的层次结构图

6.4.3 需求分析过程

1. 获取初步需求

软件需求分析人员通过与用户的沟通获取系统初步需求。沟通的形式有小组会议（正式）与访谈（非正式）、调查表、情景分析、观察用户工作流程、阅读与行业相关的标准或规则，以及阅读同类产品的用户手册、操作说明、演示版本等。

初步需求可以是用户关于系统需求的陈述，或者系统需求分析人员通过与用户沟通后提供的需求描述，也可以是用户的招标文件。

例如，某学院希望开发一个课程选修系统，提供的需求陈述如图 6-25 所示。

> 学院打算开发一个在线课程注册系统。系统允许学生通过任何 Internet 浏览器选修课程。教师可通过系统确定所教课程和登记学生成绩。
>
> 学生可要求打印包含该学期全部课程的课程目录列表。学生可在任何时间在线获取每门课程的信息，包括任课教师、开课系、学分、学时及前导课程信息等。
>
> 选课时，每个学生有两次第二志愿选择，以防止学生在第一志愿选择中没有机会获选。一门课程最多允许 40 名学生选修，若少于 10 名学生，则不开课。
>
> 选修注册的时间安排在每学期正式上课时间的头两周之内进行。如果一门课程在选修注册时间结束时少于 10 人选修，这门课程将被取消。如果一门课在注册时间结束时没有教师选择任课，该课程也将被取消。注册了这些被取消课程的学生将得到课程取消通知，他们的课表上关于这门课程的信息也将被删除。
>
> 学期开始的两周，学生还可以修改选课。在这段时间，学生可以在线访问系统增加或删除课程。
>
> 学期结束时，学生可以登录系统查看成绩报告单。由于学生成绩是比较敏感的信息，系统应该采取一定的安全措施，以防止非法访问。所有的学生、教师、管理人员都有各自的账号和密码。
>
> 教师必须在线注明希望上哪一门课。教师也可以查看哪些学生选修了该教师所开设的课程。教师可以通过系统为每一个所教班级的学生登记成绩。

图 6-25 课程选修系统的需求陈述

需求分析人员可以从需求陈述中获得系统的基本需求。例如，上述选课系统的需求陈述可以为分析人员提供系统的用户类型、系统为每一类用户提供的功能等。

2. 获取详细需求

初步需求只是对系统需求的基本描述，缺乏很多细节，不足以为软件开发提供足够信息。为获得详细需求，一般采用需求建模技术，即构建图 6-16 所示的系统需求分析模型。

3. 需求分析文档

建立需求分析模型后，可以完成需求分析文档（也叫需求规格说明），即完整、准确、具体地描述系统的功能需求、数据要求、控制规格说明、性能需求、可靠性和可用性要求、出错处理需求、接口需求、约束、逆向需求及将来可能提出的要求。其中的功能需求可用一组数据流图和相关的数据字典，配上相应文字说明来描述；数据要求可用实体－关系图配上相应文字说明描述；控制规格说明可用状态转换图配上相应文字说明描述。

6.4.4 需求分析文档

软件需求分析文档描述了系统的详细需求，是用户验收系统的标准，可以作为软件项目开发合同的附件。

软件需求分析文档一般包括以下内容。

1）任务描述：叙述软件开发的意图、应用目标、作用范围、与其他软件的关系等。

2）最终用户特点：描述操作、维护人员的教育水平和技术专长，以及软件预期使用频度。

3）软件功能：对软件每一个功能的详细描述，包括输入内容、经过的处理和输出结果。如果采用传统结构化分析方法，通常采用数据流图和数据字典及相应文字来描述软件功能。

4）软件性能：软件的输入/输出数据精度要求，软件的时间特性要求等。

5）输入输出要求：逐项说明输入/输出数据的媒体、格式、数值范围、精度等，并举例。

6）数据管理能力要求：说明需要管理的数据及存储要求，要考虑可预见的数据增长。

7）故障处理要求：列出可能的软、硬件故障及对各项性能所产生的后果，对故障处理的要求等。

8）运行环境规定：该软件所需要的硬件设备、支持软件，同其他软件之间的接口、数据通信协议等。

9）控制：说明控制该软件运行的方法和控制信号等。

可以参照国家标准GB/T 8567—2006或者IEEE软件工程标准等制定适合项目需要的软件需求分析文档内容。

6.4.5 需求阶段的质量保证工作

1. 需求验证

需求分析的结果必须通过评审才能进入开发环节。大量数据表明，软件系统的15%错误源于不正确的需求。需求评审主要检验需求的完整性和有效性，这一工作需要最终用户的密切合作。自然语言书写的需求分析结果主要靠人工技术审查验证，必要的时候可以做仿真或性能模拟。

需求评审主要从四个方面审查需求分析文档：

- 一致性：所有需求必须一致，不能前后矛盾或相互矛盾。
- 完整性：说明书应包括用户需求的每一方面。
- 现实性：所有需求在现有基础上是可实现的。
- 有效性：必须证明需求有效，能解决用户提出的问题。

2. 测试准备

在需求工作基本完成后，可以为验收测试和系统测试做相关准备工作。

（1）制订测试计划

软件计划中制订了软件测试的专题计划要点。在需求分析工作结束后，对软件系统有了详尽、准确的认识，可以制订更准确、切实可行的验收测试（acceptance testing）计划和系统测试（system testing）计划。

验收测试的目的是向最终用户证明软件可以完成的既定功能和任务，主要验证软件的有效性。验收测试的依据是需求分析文档，即验证软件系统是否达到了需求分析文档中的要求。

系统测试是将已经确认的软件、计算机硬件、外设、网络等其他元素结合在一起进行的测试，在实际使用环境下进行。

测试计划的内容包括测试标准、测试环境、测试人员、测试内容及测试策略等的安排。

（2）设计测试用例

根据需求分析文档，整理出足够的需求，并依此设计测试用例。

验收测试面向客户，从客户使用系统的角度出发，使用客户习惯的业务语言，根据业务场景来组织测试用例和流程。验收测试采用黑盒测试技术，以客户关心的主要功能点和性能点作为测试的重点。通常由客户代表完成或参与完成验收测试用例的设计。

例如，对银行业务系统的验收测试，可以对银行的主要业务，如“取款”、“存款”、“查询”、“转账”等逐个设计功能测试用例。

对于系统测试，则可以从性能测试、恢复测试、安全测试、压力测试等角度设计系统的测试用例。例如，对银行业务系统的测试，需要测试系统在用户操作后做出响应，在短时间内接受大批量用户同时访问的能力等。主要采用黑盒测试方法设计测试用例。

6.5 软件设计

6.5.1 软件设计概述

进入开发时期后，第一项工作就是软件设计，包括总体设计和详细设计。

1. 软件设计的原理

（1）模块化

模块是数据说明、可执行语句等程序对象的集合。模块化就是把程序划分成独立命名且可独立访问的模块，每个模块完成一个子功能，把这些模块集成起来构成一个整体，可以完成指定的功能以满足用户需求。软件模块化的好处在于：软件结构清晰，易于阅读和理解；软件错误通常局限在相关模块及它们之间的接口处，易于测试和调试；变动往往只涉及少数模块，提高了软件的可修改性；有助于组织管理，分工编写不同的模块。

（2）抽象

抽象就是抽出事物的本质特性而暂时不考虑它们的细节。

（3）逐步求精

软件设计采用忽略细节的方法分层理解问题，自顶向下，层层细化，从最高抽象层次的问题环境语言概述问题的解法，到较低抽象层次的结合面向问题和实现的术语来叙述问题的解法，最后得到最低抽象层次的可直接实现的描述方式，即详细叙述问题的解法。

（4）信息隐藏和局部化

一个模块内包含的信息（过程和数据）对于不需要这些信息的模块来说，是不能访问的。这样，修改软件时偶然引入的错误所造成的影响只局限在一个或少量模块内部，可维护性、可修改性得到提升，易于测试、维护。

（5）模块独立

模块独立性指每个模块只完成系统要求的独立子功能，并且与其他模块的联系少且接口简单。模块独立性用模块间的耦合度和模块的内聚度予以度量。

2. 软件设计的启发规则

1）提高模块独立性，尽量做到模块内部高内聚，模块之间低耦合。

2）模块规模适中。模块规模过大，软件不易被理解，说明分解不充分；模块规模太小，则会导致模块间接口开销过大。

3）深度、宽度、扇入、扇出适当。深度过大，表示分工过细，管理模块过分简单；宽度过大，表示系统复杂。

4）作用域在控制域内。控制域指模块本身及所有直接或间接从属于它的模块的集合。作用域是受该模块内一个判定影响的所有模块的集合。

5）降低接口的复杂程度。

6）单出单入，避免内容耦合。

7）模块功能可预测，即相同输入必产生相同输出。

6.5.2 总体设计

总体设计阶段给出系统的实现方法，并确定软件结构，即模块间的关系。

首先需要从实现角度分解复杂功能，即进一步细化数据流图，使每个功能对于大多数程序员而言都是清晰易懂的，然后从精炼后的数据流图导出软件结构。

从用户的角度来说，界面友好、易学易用的软件是好软件；从开发、测试、维护人员的角度来说，好的软件是内部结构清晰、方便修改和维护的软件。通常具备层次结构、无回路块调用的软件结构被称为良结构。

1. 总体设计的工具

软件结构可以用层次图（hierarchy diagram）或结构图来描绘。

利用层次图描述软件结构时，图中的矩形框表示一个模块，连线表示调用关系，而非组成关系。图6-26所示为正文加工系统的层次图。

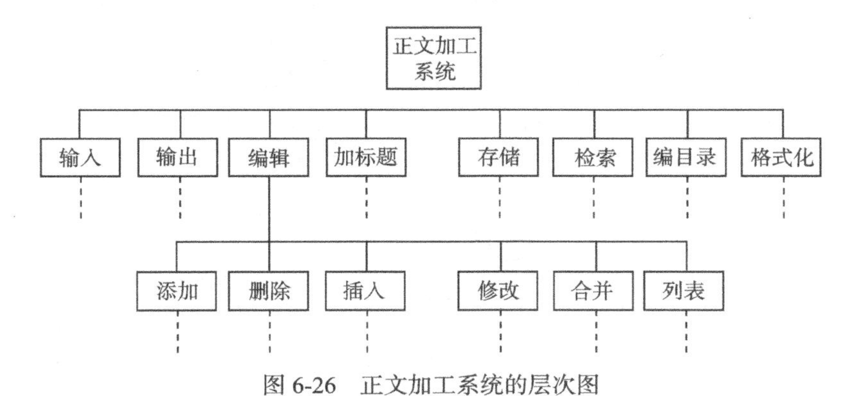

图6-26 正文加工系统的层次图

层次图描述了软件系统各模块之间的关系。通常在得到层次图后，为每个模块提供一张IPO图，描述模块的具体信息，这样就得到HIPO图。每张IPO图内都应明显地标出它所描绘的模块在层次图中的编号，以便追踪这个模块在软件结构中的位置，如图6-27所示。

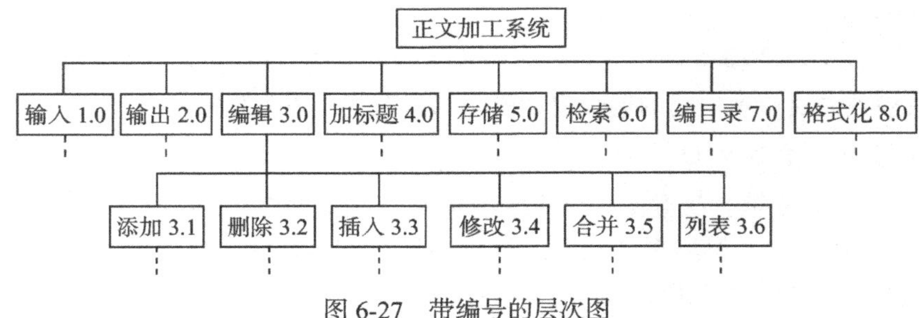

图 6-27 带编号的层次图

在软件设计过程中，还可以用软件结构图来帮助检查设计的正确性和模块独立性。在软件结构图中，通常用带注释的箭头表示模块调用过程中传递的信息，如图 6-28 所示。

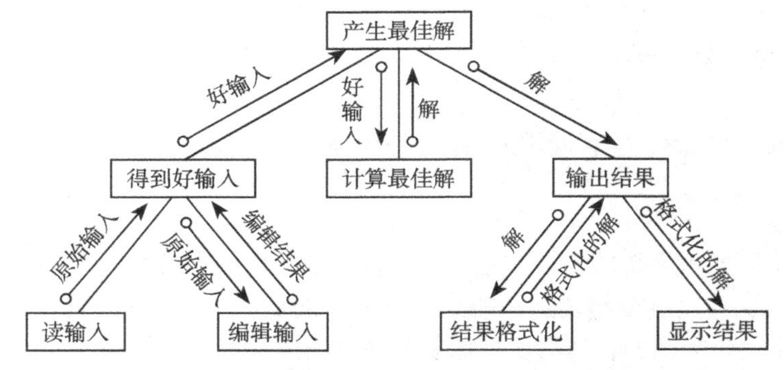

图 6-28 软件结构图示例——产生最佳解系统的一般结构

在图 6-28 中，空心圆表示传递的是数据，如果是实心圆，则表示传递的是控制信息。

2. 面向数据流的设计方法

传统软件结构设计根据数据流图的类型推导软件的模块结构，其过程如图 6-29 所示。

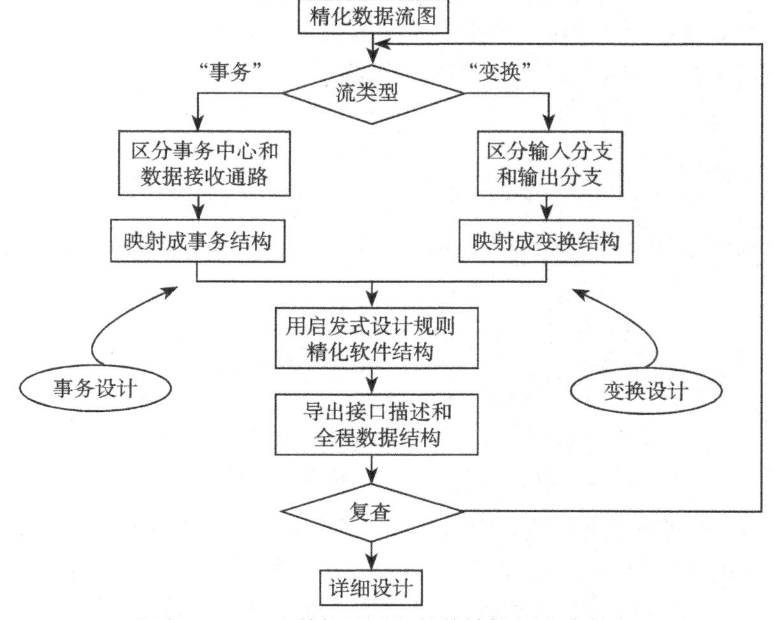

图 6-29 面向数据流图的软件结构化设计方法

设计软件结构前，需要精化数据流图，再根据数据流的类型确定软件结构。

如果一个数据流图描述的进入系统的信息通过变换中心，经加工处理以后再沿输出通路变换成外部形式离开软件系统，这种信息流称为变换流。如果数据沿输入通路到达一个处理T（图6-30的节点A），这个处理根据输入数据的类型在若干个动作序列中选出一个来执行，这类数据流称为事务流。

如果是事务型数据流，则要区分出事务中心、数据接收通路；如果是变换型数据流，则要区分出输入分支和输出分支。然后映射成对应的软件结构，再用启发式设计规则精化软件结构。对于每一个模块，需要描述模块的接口和全程数据结构。通过复查的软件结构可用于下一步的详细设计。

如果一个数据流图中既有变换型数据流，又有事务型数据流，则在转换得到软件结构时，遵循“变换为主、事务为辅”的原则。

例如，图6-30所示的数据流图可以变换得到图6-31所示的软件结构图。

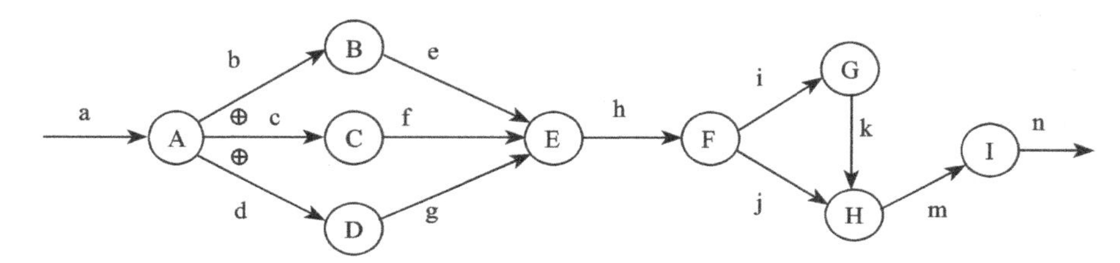

图6-30　混合型数据流图

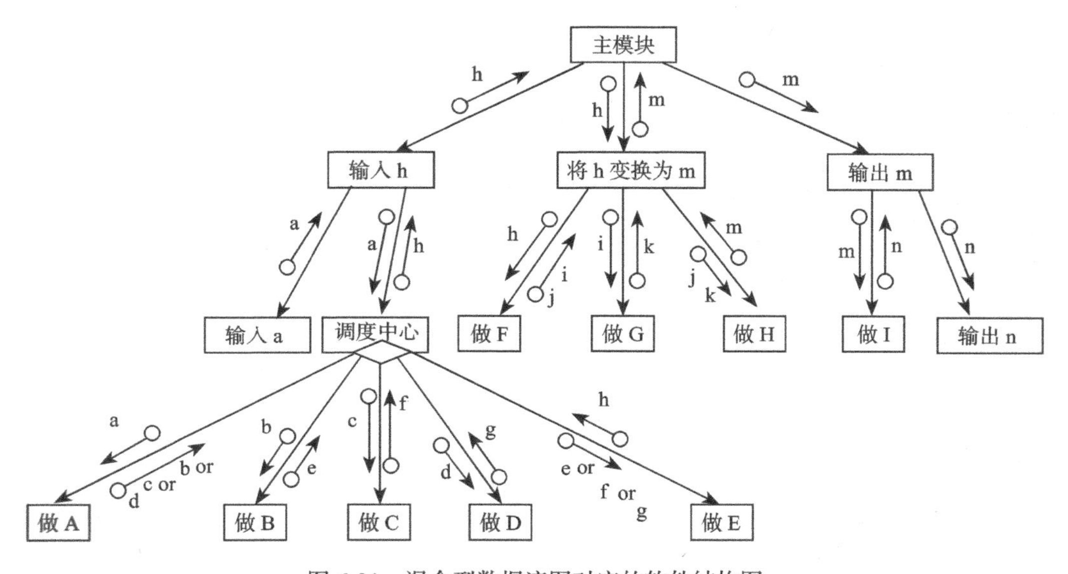

图6-31　混合型数据流图对应的软件结构图

3. 总体设计阶段提交的文档

总体设计阶段需要提交的文档是软件概要设计说明书和数据库/数据结构设计说明书。

软件概要设计说明书主要描述以下内容：

1）需求规定：描述系统的主要功能需求和性能要求。

2）运行环境：描述对系统运行环境（包括硬件环境和支持环境）的规定。

3）基本设计概念和处理流程：一般用图表形式。

4）软件结构：这是文档的重点，主要用图的形式说明系统元素（各层模块、子程序、公用程序等）的划分，扼要说明每个系统元素的标识符和功能，分层次地给出各元素之间的控制与被控制关系。

5）功能需求与程序的关系：说明各项功能需求的实现同各块程序的分配关系。

6）人工处理过程：说明软件系统工作过程中不得不包含的人工处理过程（如果有）。

7）尚未解决的问题：说明在概要设计过程中尚未解决而设计者认为在系统完成之前必须解决的各个问题。

8）接口设计：描述系统的用户接口，系统同外界的所有软、硬件接口，以及系统内各个系统元素之间的接口。

9）运行设计：说明系统的每一种运行控制方式、方法和操作步骤。

10）系统数据结构设计：包括逻辑结构设计要点和物理结构设计要点，以及数据结构与程序的关系。

11）系统出错处理设计：说明每种可能的出错或故障情况出现时系统输出信息的形式、含意及处理方法，以及补救措施。

12）系统维护设计：说明为了系统维护的方便而在程序内部设计中做出的安排，包括在程序中专门安排用于系统的检查与维护的检测点和专用模块。

4. 总体设计阶段的质量保证工作

（1）总体设计复审

对总体设计的复审集中在两方面：一是软件顶层结构；二是需求设计的可追溯性，即所有的设计都可以追溯到软件的需求。主要参加人员有结构设计负责人和设计文档的作者、课题负责人和行政负责人、负责技术监督的软件工程师、技术专家和其他方面的代表。

（2）测试准备

系统总体设计完成后，可以准备集成测试（integrated testing）。

集成测试也叫组装测试或联合测试，是在单元测试的基础上，将所有模块按照设计要求（如软件结构〕逐步组装成子系统或系统，进行测试。软件在某些局部反映不出来的问题，在全局上很可能暴露出来。

集成测试主要测试模块之间的接口，以及检查代码实现的系统设计与需求定义是否吻合。测试人员不需要了解被测对象的内部结构，主要采用黑盒测试方法设计测试用例。

6.5.3 详细设计

在详细设计阶段，需要为每个模块确定实现的算法；确定模块使用的数据结构和模块接口的细节（包括内部接口、外部接口、输入、输出及局部数据等）；设计一组测试用例，以便在编码阶段对模块代码进行预定的测试。

1. 详细设计的工具

IPO图是描述算法的有效工具。图6-32是IPO图的一个例子，图6-33是改进的IPO图。

在设计模块的内部处理逻辑时，应注意采用结构化程序设计方法。如果一个程序的代码块仅仅通过顺序、选择和循环这3种控制结构进行连接，并且每个代码块只有一个入口和一个出口，则称这个程序是结构化的。结构化程序设计尽可能少地使用GOTO语句，最好仅在检测出错误时才使用 GOTO 语句，而且总是使用前向 GOTO 语句。为了实际使用方便，常常还允许使用 DO_UNTIL 和 DO_CASE 两种控制结构。

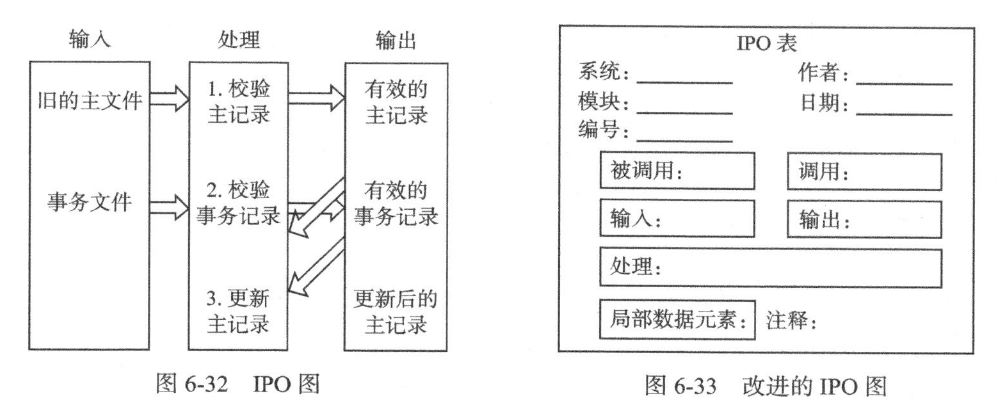

图 6-32 IPO 图　　图 6-33 改进的 IPO 图

常见的程序处理逻辑工具有程序流程图、盒图、PAD 图、判定表、判定树、过程设计语言 / 伪码。例如，如果程序功能是求 N 个元素中的最大值，则程序的盒图、流程图如图 6-34 所示。

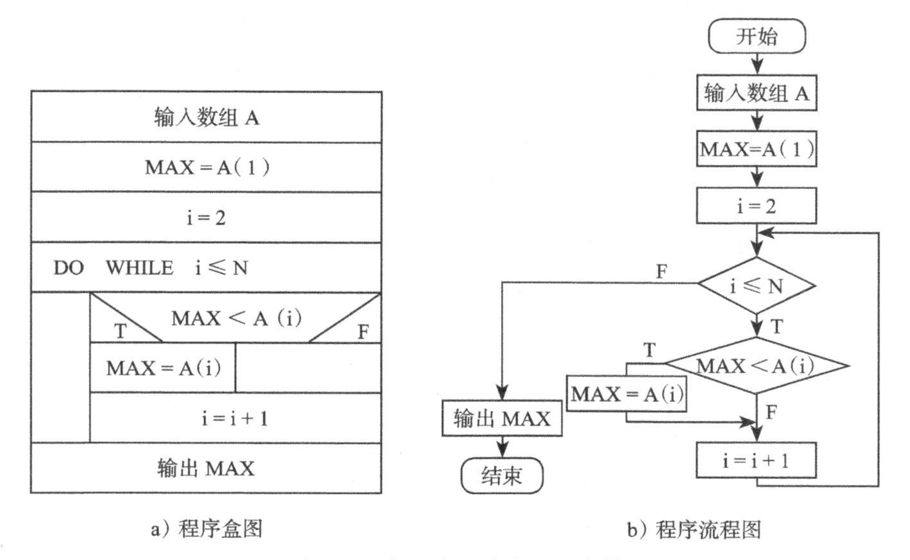

a）程序盒图　　b）程序流程图

图 6-34 求 N 个元素中的最大值

详细设计阶段还需要考虑人机界面设计。在人机界面设计时，通常考虑 4 个方面的问题：系统响应时间、用户帮助设施、出错信息处理和命令交互问题。

2. 详细设计阶段提交的文档

详细设计阶段需要提交详细设计说明书和初步的用户手册。

详细设计说明书又叫程序设计说明书，描述软件系统各个层次中每一个程序（模块或子程序）的设计考虑。对每个模块需要描述以下内容：

1）模块描述：简要描述安排设计本模块的目的意义，说明本模块的特点（如是常驻内存还是非常驻？是否是子程序？是可重入的还是不可重入的？有无覆盖要求？是顺序处理还是并发处理等）。

2）功能：说明该模块应具有的功能，可采用 IPO 图。

3）性能：说明对该模块的全部性能要求，包括对精度、灵活性和时间特性的要求。

4）输入项：给出每一个输入项的特性，包括名称、标识、数据的类型和格式、数据值的有效范围、输入方式、数量和频度、输入媒体、输入数据的来源和安全保密条件等。

5）输出项：给出每一个输出项的特性，包括名称、标识、数据的类型和格式，数据值的有效范围、输出形式、数量和频度、输出媒体、对输出图形及符号的说明、安全保密条件等。

6）算法：详细说明本模块所选用的算法、具体的计算公式和计算步骤。

7）流程逻辑：用图表（如流程图、判定表等）辅以必要的说明，描述本模块的逻辑流程。

8）接口：用图的形式说明本程序所隶属的上一层模块及隶属于本程序的下一层模块、子程序，说明参数赋值和调用方式，说明与本程序直接相关联的数据结构（数据库、数据文卷）。

9）存储分配：根据需要，说明本模块的存储分配。

10）注释设计：说明准备在本模块中安排的注释，包括加在模块首部的注释，加在各分枝点处的注释，对各变量功能、范围、默认条件等所加的注释，对使用的逻辑所加的注释等。

11）限制条件：说明本模块运行中所受到的限制条件。

12）测试计划：说明对本模块进行单元测试的计划，包括对测试的技术要求、输入数据、预期结果、进度安排、人员职责、设备条件驱动程序及桩模块等的规定。

13）尚未解决的问题：说明在本模块的设计中尚未解决而设计者认为在软件完成之前应解决的问题。

3. 详细设计阶段的质量保证工作

（1）详细设计复审

详细设计文档需要提交审查。

详细设计复审的重点是设计的正确性和可维护性，主要是对每个模块的处理逻辑、数据结构和界面的复审。

详细设计复审时，正确的态度应该是揭露出设计中的缺点、错误，不为设计做辩护。

（2）测试准备

详细设计完成后，可以准备单元测试（unit testing）。

单元测试对软件中的每一个模块进行检查和验证，主要检查单元编码与设计是否吻合，测试的重点是接口、局部数据结构、边界、出错处理、独立路径等。主要采用白盒测试方法设计测试用例。

6.6 软件编码

完成软件设计之后，通过编码实现软件功能。

1. 程序设计语言及其选择

程序设计语言按语言的基本机制可分为过程式程序设计语言、函数式程序设计语言、逻辑程序设计语言和面向对象程序设计语言；按语言的演变可分为第一代与机器相关的机器语言和汇编语言、第二代的高级程序设计语言（如 Fortran、COBOL、Basic）、第三代的结构化程序设计语言（如通用语言 Pascal、C、Ada、C++、Smalltalk、Java 和专用语言 LISP、Prolog）、第四代的不涉及算法细节的语言（如 SQL 等）。

语言的选择应考虑应用领域的特点、系统性能需求、数据结构的复杂性、算法和计算复杂性、软件开发人员的知识水平、软件运行环境等因素。

通常选择高级程序设计语言，因为高级语言编写的程序易读、易修改、易维护。除了在特殊的应用领域，或者大型系统中执行时间非常关键的（或直接依赖于硬件的）一小部分代码可能需要用汇编语言之外，一般情况下都选用高级语言。

从软件开发和维护的角度考虑，为了使程序容易测试和维护，应选用具备可读性好的控制结构、数据结构及模块化机制的高级语言。

在实际选用语言时，必须同时考虑实用方面的各种限制，如是否需要通过网络等。

2. 编码风格

在大型软件的开发过程中，源代码是开发人员沟通的重要工具之一。编码风格在一定程度上决定了沟通效率。好的编码风格强调节俭、模块化、简单化、结构化、文档化、格式化。具体到编码过程中，标识符的命名应直观、易于理解和记忆，包括模块名、变量名、常量名、过程名及数据区名。程序的书写格式应有助于阅读，每个语句力求简单而直接，不能为了提高效率而使程序过于复杂。程序在模块的首部应有序言性注释，在重要程序段应该有功能性注释。程序的输入信息和输出信息应与用户的使用直接相关，输入和输出的方式、格式应方便用户使用。

例如，模块序言性注释一般包括如下内容：

```
/**************************************************
// 版权说明:
// 文件名:
// 文件编号:
// 项目名称:
// 对应设计文档:
// 主要算法:
// 接口:
// 子程序:
// 开发简历:
// 设计者:
// 设计日期:
// 复审者:
// 复审日期:
// 修改记录:
    * 修改人:〈修改人〉
    * 修改时间: YYYY-MM-DD
    * 跟踪单号:〈跟踪单号〉
    * 修改单号:〈修改单号〉
    * 修改内容:〈修改内容〉
// 摘要:
// 版本:
// 作者:
// 更新日期:
**************************************************/
```

函数的序言性注释应包括函数的目的 / 功能、输入参数、输出参数、返回值、调用者、被调用者等内容。例如，可能的序言性注释模板可描述如下：

```
/**************************************************
// 函数名:
```

```
// 函数功能、性能等的描述:
// 被本函数调用的函数:
// 调用本函数的函数:
// 被访问的表（此项仅对于牵扯到数据库操作的程序）:
// 被修改的表（此项仅对于牵扯到数据库操作的程序）:
// 输入参数说明，包括每个参数的作用、取值说明及参数间关系:
// 输出参数的说明:
// 函数返回值的说明:
// 影响全局或局部的静态变量:
// 测试建议:
// 修改记录:
// 其他说明:
**************************************************/
```

需要说明的是，对于简单的函数，注释可以从简，重点描述输入参数及其说明、输出参数及其说明、影响全局或局部的静态变量等。

全局变量要有较详细的注释，包括对其功能、取值范围、哪些函数或过程存取该变量及存取时注意事项等的说明。例如：

```
/**************************************************
// 变量的作用、含义:
// 取值范围:
// 可以读该变量的函数:
// 可能修改该变量的函数:
// 其他说明:
**************************************************/
```

对于一个开发团队来说，应该建立团队共同遵守的代码规范，如标识符命名规则（如采用匈牙利命名规则）、注释规范、程序格式规范、代码修改规范等。

3. 编码阶段的质量保证工作

编码完成后，需要对源代码进行评审，包括源代码是否正确理解了设计文档的要求，是否正确地实现了设计思路，以及代码是否符合代码规范等。

编码完成后，就可以进入动态测试阶段了。因此，在编码的同时，需要设计结构和功能的测试用例。

6.7 软件测试

6.7.1 软件测试概述

测试工作量约占软件开发总工作量的 40% 以上，特别是大型软件项目，软件测试会占用软件开发一半以上的时间。

1. 测试的目的

G. Myers 在《软件测试技巧》中给出了软件测试的目的：程序测试是为了发现错误而执行程序的过程。好的测试方案是极可能发现迄今为止尚未发现的错误的方案。成功的测试是能够发现以前尚未发现的错误的测试。

软件测试应遵循以下原则：

1）预先确定测试结果。测试方案必须由两部分组成：测试的目的、输入数据及其预期应产生的结果。

2）软件的开发者（或部门）不应测试自己的程序。目标影响行为，人们潜意识中会期望看到有利于自己工作的结果，从而会不自觉地选择有利于证明自己工作成果的行为。设计者盲目的自信心，或者设计者对问题理解的深度和广度不够甚至对需求的误解，都有可能降低软件错误和缺陷被发现的可能性。

3）制订严格的测试计划，防止测试的随意性。程序执行路径不确定，不可能对全部路径进行测试，只能选择部分测试数据实施测试。实践证明，没有计划的测试会遗漏很多问题。

4）设计和选择测试方案要有利于发现错误。为发现错误，测试时应选择不合法、异常的、临界的、可能引起问题的输入或操作。

5）集中力量测试容易出现错误的程序段。错误有群集现象，程序存在错误的概率与这段程序中发现的错误数成比例。

6）保存测试文档。测试文档可以为维护工作提供方便，为可靠性分析提供有力的数据说明，因此要保存所有测试相关文档，包括测试计划、测试方案、错误数据统计和分类、最终的分析报告等。

2. 测试的对象

软件测试并不等同于程序测试。软件开发过程各阶段的工作对软件产品的质量都有直接或间接影响，因此，软件测试应贯穿于软件定义与开发的整个过程。软件开发各阶段需要做评审与测试工作，如图6-35所示。在需求分析完成后，要评审需求规格说明书的描述是否正确理解了用户要求，表达是否正确。在概要设计完成后，要检查设计说明书中描述的内容是否是对需求规格说明书的正确理解，设计是否正确，表达是否正确。在详细设计完成后，要检查每一个模块的实现设计是否符合概要设计的要求，设计是否正确，表达是否正确。在编码完成后，要检查源代码是否正确理解了设计文档的内容，编码是否正确。在模块集成后，要测试集成的模块组件是否存在接口问题。在软件系统构建完成后，要测试软件运行的正确性和输入正确性。当系统在用户环境安装后，要检测运行的软件系统是否满足用户的要求。

所以，软件测试的对象包括各阶段所得到的文档，如需求规格说明书、概要设计规格说明书、详细设计规格说明书、源程序等。

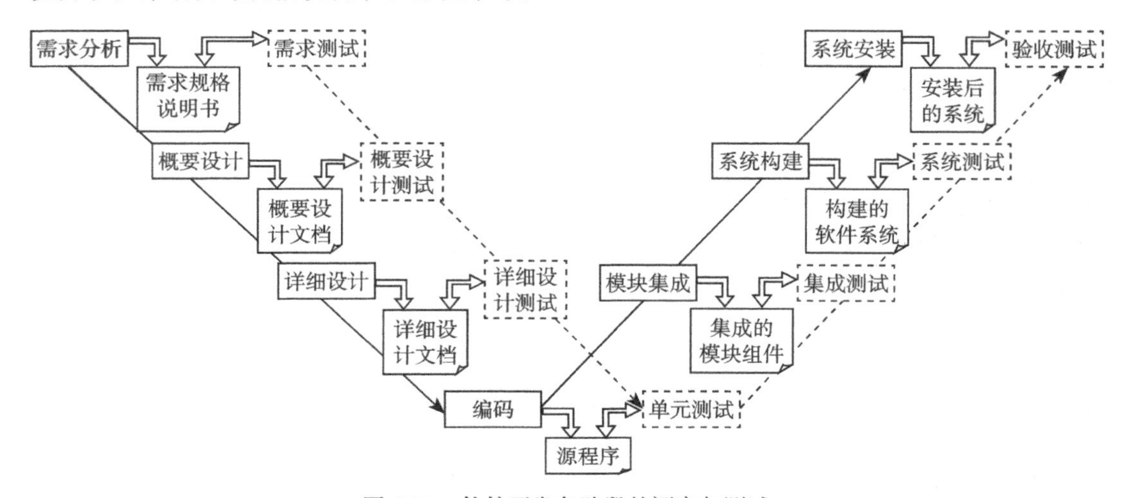

图6-35 软件开发各阶段的评审与测试

3. 测试的步骤

测试阶段的信息流向如图 6-36 所示。

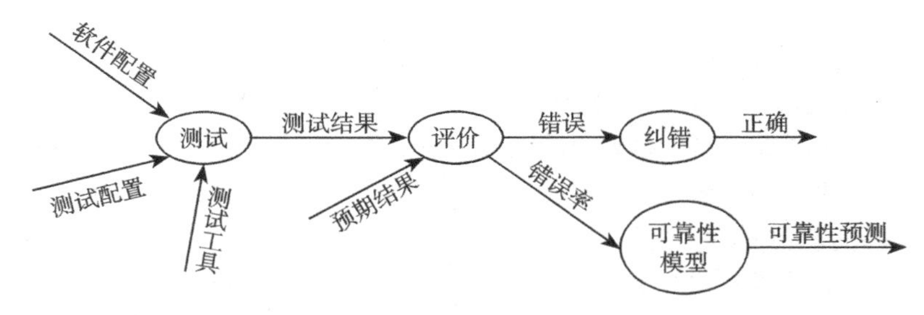

图 6-36 测试阶段的信息流向

软件配置包括需求规格说明书、设计规格说明书、源程序代码。测试配置包括测试计划、测试方案、测试程序。执行测试时，需要将实际测试结果与预期结果进行比较，如果二者存在差异，则说明软件有错误或缺陷，需要纠错和修改。根据错误率可以预测软件的可靠性。

软件系统测试过程如图 6-37 所示。

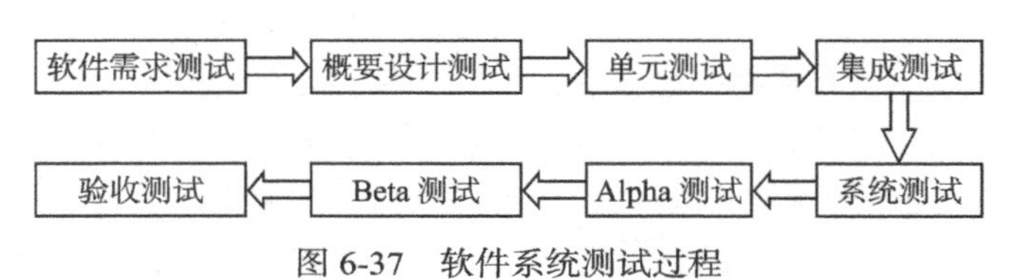

图 6-37 软件系统测试过程

1）软件需求测试是对软件需求文档的评审，包括文档内容和文档规范，主要从一致性、完整性、现实性和有效性四个方面评审文档。

2）概要设计测试是对系统的总体设计进行评审，集中在两个方面：一是软件的顶层结构设计，二是需求设计的可追溯性。

3）单元测试对软件中的每一个模块进行检查和验证，主要检查单元编码与设计是否吻合，测试的重点是接口、局部数据结构、边界、出错处理、独立路径等。

4）集成测试是在单元测试的基础上，将所有模块按照设计要求逐步组装成子系统或系统，进行集成测试。

5）系统测试是将已经确认的软件、计算机硬件、外设、网络等其他元素结合在一起进行的测试，在实际使用环境下进行。

6）Alpha 测试在开发环境中进行，由用户在开发者的指导下进行，开发者负责记录发现的错误和使用中遇到的问题。

7）Beta 测试由最终用户在软件实际运行环境进行，不需要开发者参与，用户记录测试过程中遇到的问题并定期报告给开发者。

8）验收测试是向最终用户证明软件可以完成既定功能和任务，主要验证软件的有效性和软件配置审查。

任何一种程序都必须经过由测试计划到实施的完整过程，如图 6-38 所示。

每一种测试都需要根据测试的目的分析测试需求；制订测试计划，包括测试时间、人员、环境、内容的安排；设计测试用例并通过评审；按照测试计划构建测试环境，准备或制作测试工具；执行测试；根据实际测试记录撰写测试报告；根据修改建议，修正软件缺陷。开发人员根据测试中发现的问题修改软件，并交由测试人员重新测试，即回归测试。

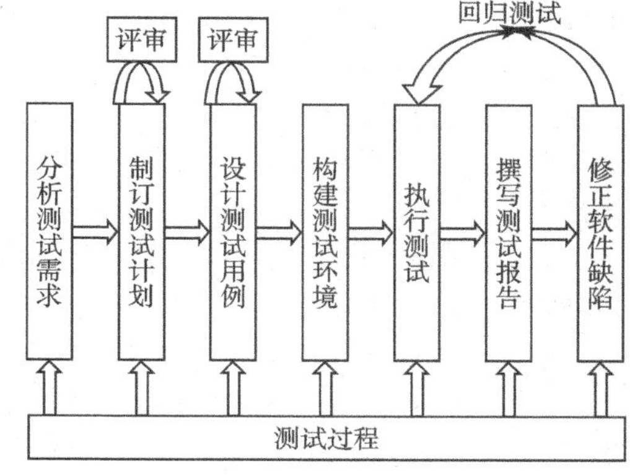

图 6-38　测试的过程

4. 测试的方法

程序正确性证明只能证明程序功能是正确的，不能证明程序的动态特性是否符合要求。程序正确性证明过程复杂，本身可能出错，故未达到大规模软件验证的实用阶段。所以，软件质量一般主要靠软件测试来保证。

软件测试主要有静态测试方法和动态测试方法。静态测试就是不执行被测试程序而发现软件的错误。动态测试通过执行程序来发现软件的错误与缺陷，又分为逻辑性测试和功能性测试。前者通过一系列逻辑覆盖（语句覆盖、判定覆盖、条件覆盖、条件组合覆盖、独立路径覆盖等）测试程序，后者通过输入数据或相关操作来检查程序的功能及应满足的性能。

静态测试主要以人工的、非形式化的方法分析和测试各阶段的文档，不依赖于计算机。执行时间为每个阶段的末尾、程序已编制完毕、实施动态测试之前。静态测试可发现30% ～ 70% 的逻辑设计错误和编码错误。

静态测试方法主要有三种：

1）功能检查（自我测试）：通过阅读模块功能、流程图、编码，检查语法、逻辑错误，模拟单步执行，由程序员之间交换进行检查。

2）群体检查：一组人听取设计者对功能说明、流程图、程序编码的自我测试等情况的汇报后，对程序进行静态分析的过程。许多错误会在讲述过程中被讲述者自己发现。

3）人工运行检查：由人扮演计算机来执行程序，将测试方案按程序的逻辑执行一遍，找出程序的错误供测试者分析，着重于借助流程图对数据流和控制进行分析。

动态测试主要有两种：

1）以数据驱动的黑盒测试方法：测试软件的功能，着眼点是模块的接口，在软件开发的后期进行，如集成测试、确认测试等。

2）以逻辑驱动的白盒测试方法：测试程序的内部逻辑结构、处理过程，着眼点是程序内部，在测试的早期进行，如单元测试。

6.7.2　黑盒测试

利用黑盒测试方法测试软件的功能，着眼点是模块的接口，在软件开发的后期进行。主要的测试用例设计方法有划分等价类方法、边界值方法、错误推测法和因果图法。

1. 划分等价类方法

使用划分等价类方法设计测试方案，首先需要划分输入数据等价类，即从软件的功能说明中（通常是一句话或一个短语）划分出输入数据的合理等价类和不合理等价类，也可以划分输出数据的等价类，以便根据输出数据的等价类导出对应的输入数据的等价类。

等价类的划分在很大程度上是试探性的，与设计者的经验有关，下述规则可供参考。

1）值的范围。如果规定了输入数据的范围（如“年级”取值是 1 ～ 12），则可划出一个合理等价类（1 ≤ “年级” ≤ 12），由此可导出两个不合理等价类（“年级”大于 12 和“年级”小于 1）。

2）值的个数。如果规定了输入数据的个数（如规定每个学生可以选修 1 ～ 3 门课程），则可划分出一个合理等价类（选修 1 ～ 3 门课程）、两个不合理等价类（未选修课程和选修超过 3 门课程）。

3）值约束。如果系统规定了输入数据的一组值（如职工性别的输入值可以是“男性”、“女性”），对不同的输入执行不同的处理，则每一个允许的输入值（“男性”、“女性”）就是一个合理等价类，这两类之外的任意值就构成了一个不合理等价类。

4）值的规则。如果规定了输入数据必须遵循的规则，如文件名的第一个字符必须是英文字母，则可划分出一个合理等价类（文件名的第一个字符是字母）和一个不合理等价类（第一个字符不是字母）。

5）等价类的进一步细化。由规定的输入数据导出某个合理等价类后，在处理这个等价类中的各种例子时，如有可能，可将这个等价类再划分成若干个更小的等价类。例如，如果规定的输入数据为“整数”，则可将“整数”再划分为三个子类：正整数、零、负整数。

划分等价类以后，可根据等价类设计测试方案，其主要步骤如下：

1）为每个等价类规定一个唯一的编号。

2）包含合理等价类。设计一个新的测试方案时，应尽可能多地覆盖尚未被覆盖的合理等价类。重复这一步骤，直至测试方案覆盖了所有的合理等价类为止。

3）包含一个不合理等价类。设计一个新的测试方案，使它仅覆盖一个尚未被覆盖的不合理等价类，重复此步骤，直至测试方案已包含了所有的不合理等价类时为止。

在步骤 3 中，应使每个测试方案仅包含一个不合理等价类，因为多个不合理等价类交叉在一起会影响测试效果。例如，文件名规定是“以字母开头的字母数字字符串”，如果测试方案选用的文件名为“9A*B”时，程序运行就会出现文件名报错，但无法从错误信息中判断造成文件名错误的原因是文件名中的第一个字符不合法，还是其余的字符不合法。因此这个测试方案实际上不能检测程序中是否包含对文件名的有效检查。

下面用划分等价类方法设计一个简单的测试方案。假设某程序功能是用海伦公式计算三角形面积，现需要对该程序的功能予以测试。

1）分析测试需求：海伦公式计算三角形面积，输入数据为三个非负数（代表三个边长），且任两个数之和大于第三个数，输出数据为非负数。因此，该问题有三个测试点：输入数据个数、输入数据类型、输入数据间的关系。

2）划分等价类，如表 6-7 所示。

3）为每个等价类规定一个唯一的编号，如表 6-7 中的编号。

4）为合理等价类设计测试用例，如表 6-8 中编号为“1”的测试用例。

5）为不合理等价类设计测试用例，如表 6-8 中编号为“2”～“8”的测试用例。

6）进行适当的等价类细化。

表 6-7 划分等价类

测试点	合理等价类	不合理等价类
输入数据个数	（1）3 个输入数据	（2）没有 （3）1 个 （4）4 个

（续）

测试点	合理等价类	不合理等价类
输入数据类型	（5）输入数据为非负数	（6）有0 （7）有负数
输入数据间的关系	（8）输入数据任两个数之和大于第三个数	（9）两边之和等于第三边 （10）两边之和小于第三边

表 6-8 设计测试用例

测试用例编号	覆盖的等价类	输入数据	预期结果
1	（1）、（5）、（8）	3，4，5	输出：面积＝6
2	（2）	—	出错提示：无输入
3	（3）	3	出错提示：输入数据不够
4	（4）	3，4，5，6	出错提示：输入数据太多
5	（6）	3，0，5	出错提示：输入数据不能为0
6	（7）	3，-4，5	出错提示：输入数据不能有负数
7	（9）	3，4，7	出错提示：不满足“三角形两边之和大于第三边”
8	（10）	3，3，7	出错提示：不满足“三角形两边之和大于第三边”

2. 边界值方法

实践经验表明，大量错误常常会出现在边界位置，如数组下标、循环控制变量取值越界等。因此，设计测试方案时选取一些边界值，将有助于暴露程序的错误。这里所说的边界值是指相对于输入等价类和输出等价类而言的，边界值方法就是针对等价类的边界值设计测试方案的方法。

使用边界值方法设计测试方案时，首先确定边界条件，然后选取刚好“等于”、“稍小于”和“稍大于”等价类边界值的数据作为测试数据。

采用边界值方法需要一定的经验和创造性，以下几点可供参考。

1）如果输入条件规定了取值范围，首先选取这个范围的边界设计测试用例，然后选取一些刚好超过此范围的值设计测试用例。例如，若整数 x 的取值范围为 $a < x < b$，则合理等价类的边界值为 $a+1$ 和 $b-1$，而不合理等价类的边界为 a 和 b。

2）如果输入条件规定了输入数据的个数，则应分别为最小个数、最大个数、比最小个数少1、比最大个数多1设计测试用例。例如，计算职工加班工资时，每个人在一个月内的加班天数最多为16，则应分别设计加班天数为 -1、0、16、17 的测试用例。

3）除考虑输入等价类之外，还可以从输出等价类的角度设计测试用例，例如，计算 sin 函数的边界值为 1、0 和 -1，其相应的角度值也应该成为测试用例的输入数据。

4）如果程序的输入和输出是有序集，例如，对于一个顺序文件或线性表，应把注意力集中在集合的第一个元素和最后一个元素上。又如，录入职工工资计算表时，应特别考虑职工中第一个编号和最后一个编号录入是否正确，否则就会“错位”。

边界值方法与划分等价类方法的主要区别在于：

1）边界值方法不是从某个等价类中任意选取一个作为代表，而是选取一个或几个元素，划分等价类方法中的每个边界值都是边界值方法的选取对象。

2）边界值方法不仅要考虑输入条件，而且要把输出等价类作为测试方案。

3. 错误推测法

错误推测法就是根据人们的经验，推测程序中可能存在的错误和容易发生的特殊情况，并依此设计测试方案。错误推测法主要凭借测试者在实践中积累的经验。

例如，变量使用前可能未赋初值，开平方根的数可能为负数，栈的下溢和上溢等都是容易出现错误的情况。此外，还应该仔细阅读程序规格说明书，针对其中遗漏或者省略的部分设计测试方案，以检测开发人员对这些部分的处理是否正确。

4. 因果图法

因果图法即因果分析图，用于描述质量问题与原因之间的关系。根据输入条件的组合、约束关系和输出条件的因果关系，分析输入条件的各种组合情况，从而设计测试用例，它适合于检查程序输入条件涉及的各种组合情况。因果图法一般和判定表结合使用。

6.7.3 白盒测试

白盒测试法（又称为逻辑覆盖法或结构测试法）是从软件内部逻辑结构的分析导出测试用例，以检查模块的实现细节。

1. 基于逻辑覆盖的白盒测试

使用白盒测试法时，测试方案对程序逻辑覆盖的程度决定了测试完全性的程度。

（1）语句覆盖

语句覆盖就是选择足够的测试数据，使程序中每个可执行的语句至少执行一次。

如图 6-39 所示，为了使被测试程序中的每个语句都能执行一次，程序执行的路径应为 SabcdE，因此可以设计通过此路径的测试数据为 $A=2$，$B=0$，$X=3$，使得每个语句都能执行一次。

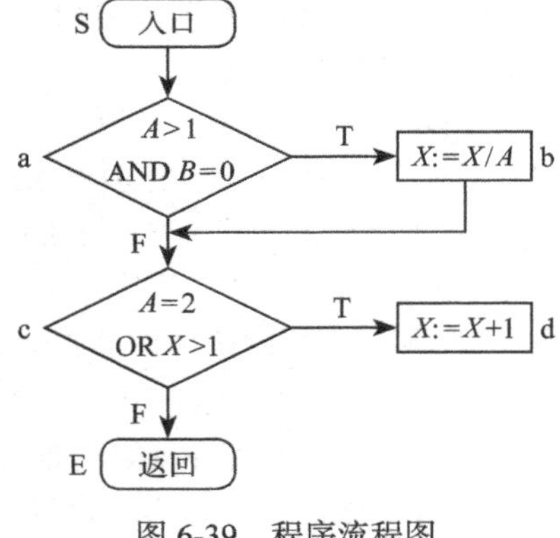

图 6-39 程序流程图

语句覆盖对程序中的逻辑覆盖是很少的。如上例，两个判断条件都只测试了为“真”的情况，而不能发现条件为“假”时可能存在的错误。此外，如果沿着路径 SacE 执行，X 的值应该保持不变，如果这方面存在错误，则上述测试数据也不能发现该错误。

另外，如果第一个条件语句中的 AND 被错误地写成 OR，给定的测试数据不能发现这个错误。又如，把第二个条件语句中的“$X>1$”误写成“$X<1$”，使用上面的测试数据也不能检查出此错误。由此可见，语句覆盖实际上是很弱的逻辑覆盖，不容易发现判断中逻辑运算的错误。

（2）判定覆盖

判定覆盖也称为分支覆盖，通过设计足够多的测试数据，使得程序中每个判断的取“真”分支和取“假”分支至少执行一次。

对于图 6-39 所示的程序，如果可以编写出两组测试数据分别覆盖路径 SabcdE 和 SacE，或者分别覆盖路径 SabcE 和 SacdE，都可以满足判定覆盖的要求。例如，测试数据：

① $A=4$，$B=0$，$X=4$（覆盖路径 SabcE）

② $A=2$，$B=1$，$X=3$（覆盖路径 SacdE）

判定覆盖比语句覆盖严谨，但也只检查了程序的一半路径，不能判断内部条件存在的错误。例如，上面两组测试数据不能检查执行路径 SacE，因而 X 的值是否保持不变还是不知道。又假如 c 判定条件有错（即错写成“$X<1$”），覆盖路径 SabcE 和 SacdE 也无法查出。

（3）条件覆盖

条件覆盖即用足够多的测试数据，使得判定中每个条件的所有可能结果至少出现一次。

一个判定表达式中常常有若干个条件，如图6-39所示的例子，每个判定表达式都有两个条件，共有4个条件：$A>1$，$B=0$，$A=2$和$X>1$。

为了实现条件覆盖，应该在a判定条件中给出足够多的测试数据满足$A>1$、$A\leqslant 1$、$B=0$、$B\neq 0$的要求，在c判定条件中给出满足$A=2$、$A\neq 2$、$X>1$、$X\leqslant 1$的测试数据。为此，设计出下面两组测试数据就可满足上述覆盖标准：

① $A=2$，$B=0$，$X=4$（执行路径SabcdE）

② $A=1$，$B=1$，$X=1$（执行路径SacE）

条件覆盖使判定表达式中的每一个条件都可获得两个不同的结果，一般情况下比判定覆盖严格，因为判定覆盖只关心整个表达式的值而不关心表达式中某个条件的值。上面两组测试数据恰好同时满足判定覆盖，但并非所有条件覆盖都满足判定覆盖，例如，下述测试数据：

① $A=1$，$B=1$，$X=3$（执行路径SacE）

② $A=2$，$B=0$，$X=1$（执行路径SabcdE）

虽然它们满足了判定a判定条件为“真”和为“假”的情况，但未能满足判定c判定条件为“假”的情况。

（4）判定–条件覆盖

由于条件覆盖不一定包含判定覆盖，判定覆盖也不一定包含条件覆盖，如果将两者结合，要求既满足判定覆盖也满足条件覆盖，这就是判定–条件覆盖。判定–条件覆盖就是设计足够的测试数据，使得判定表达式中每个条件取到所有可能的值，并且使每个判断表达式也获得各种可能的结果。

对于图6-39所示的程序，给出下述两组测试数据：

① $A=2$，$B=0$，$X=4$（执行路径SabcdE）

② $A=1$，$B=1$，$X=1$（执行路径SacE）

这两组测试数据满足判定–条件覆盖。

判定–条件覆盖看起来比较合理，但大多数计算机不具有一条指令对多个条件做出判定的功能，因此必须把源程序中的多个条件的判定分解为对多个简单条件的判定，所以更加完善的测试覆盖应该检查每一个简单判定的所有可能的结果。

（5）条件组合覆盖

为了解决上述问题，提出了一种更严格的逻辑覆盖标准——条件组合覆盖，它要求选取足够多的测试数据，使得每个判定表达式中的条件的各种可能组合至少被执行一次。显然，满足条件组合覆盖的测试数据一定能满足判定覆盖、条件覆盖和判定–条件覆盖。

仍以图6-39所示程序为例，根据各判定表达式中的条件可得到如下8种条件组合：

① $A>1$，$B=0$；　② $A>1$，$B\neq 0$；

③ $A\leqslant 1$，$B=0$；　④ $A\leqslant 1$，$B\neq 0$；

⑤ $A=2$，$X>1$；　⑥ $A=2$，$X\leqslant 1$；

⑦ $A\neq 2$，$X>1$；　⑧ $A\neq 2$，$X\leqslant 1$。

与其他逻辑覆盖标准中的测试数据一样，在条件组合⑤～⑧中，X的值是表示第二个判定表达式的X值，因为X的值在第二个判定表达式之前可能发生变化，所以必须在此之前把所需要的X的值，通过逻辑回溯的办法找到相应的输入值。要测试这8种组合的结果并不意味着需要测试这 8 种情况，只要如下 4 组测试数据就可以覆盖它们：

① $A=2$，$B=0$，$X=4$（执行路径 SabcdE，是①、⑤的组合）

② $A=2$，$B=1$，$X=1$（执行路径 SacdE，是②、⑥的组合）

③ $A=1$，$B=0$，$X=2$（执行路径 SacdE，是③、⑦的组合）

④ $A=1$，$B=1$，$X=1$（执行路径 SacE，是④、⑧的组合）

仔细分析之后会发现，上述 4 组测试数据虽然能满足条件组合覆盖，但未能覆盖程序中的每一条路径，如没有测试到路径 SabcE。由这个极其简单的实例可看出，要想充分测试一个程序是很难的。同时，测试的条件越强，测试的代价越高。测试时应分主次，在测试的代价和充分性之间做出权衡。

2. 基于控制结构的白盒测试

常见的基于控制结构的白盒测试有基本路径测试、条件测试和循环测试。

（1）基本路径测试法

基本路径测试法是在程序控制流图的基础上，通过分析控制构造的环路复杂性，导出基本可执行路径集合，从而设计测试用例的方法。从该基本路径集导出的测试用例能保证程序中的每一个可执行语句至少执行一次。基本路径集不是唯一的。

程序控制流图是描述程序控制流的一种图示方法。图中以节点表示一个或多个无分支的语句、一个处理框序列加一个条件判定框（假设不包含复合条件），以带箭头的边表示控制流。程序控制流边和点圈定的部分叫做区域。当对区域计数时，图形外的一个部分也应记为一个区域。常见的程序控制流图如图 6-40 所示。

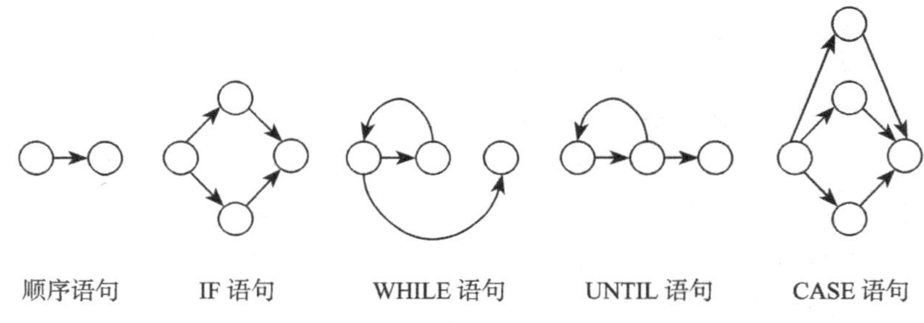

图 6-40　程序控制流图

如果条件表达式是由一个或多个逻辑运算符连接的逻辑表达式（a AND b），则需要改变复合条件的判断为一系列只有单个条件的嵌套的判断。

完成路径测试的理想情况是达到路径覆盖。对于复杂性高的程序，要做到所有路径覆盖是不可能的。基本路径测试方法的思想是：如果某一程序的每一个独立路径都被测试过，那么可以认为程序中的每个语句都已经检验过了，即达到语句覆盖。

基本路径测试方法的步骤为：

1）从详细设计或源代码导出程序控制流图。

2）计算控制流图 G 的环形复杂度 $V(G)$（也叫 McCabe 复杂度）。

3）导出基本路径集，确定程序的独立路径。

4）生成测试用例，确保基本路径集中每条路径的执行。

程序控制流图的环形复杂度用于计算程序中基本的独立路径数目。独立路径必须包含一条在其定义之前不曾用到的边。

程序控制流图的环形复杂度 $V(G)$ 有三种计算方法：

- 控制流图中区域的数量对应于环形复杂度。
- $V(G)=E-N+2$。其中，E 是控制流图中的边的数量，N 是控制流图中的节点数量。
- 流图 G 的环形复杂度 $V(G)=P+1$，其中，P 是流图中判定节点的数目。

例如，由图 6-41 所示的程序流程图可以得到图 6-42 所示的程序控制流图。

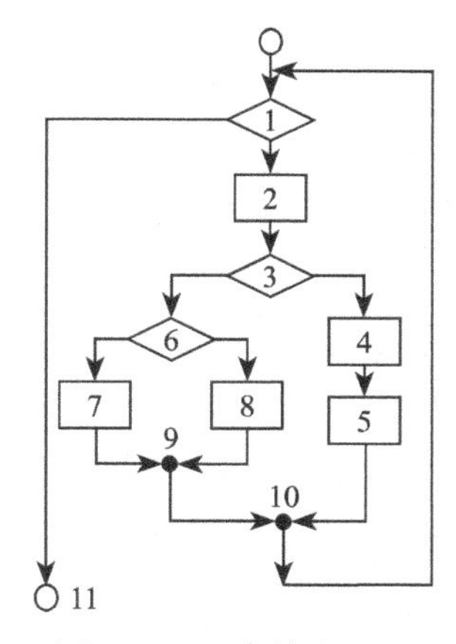

图 6-41　程序的流程图

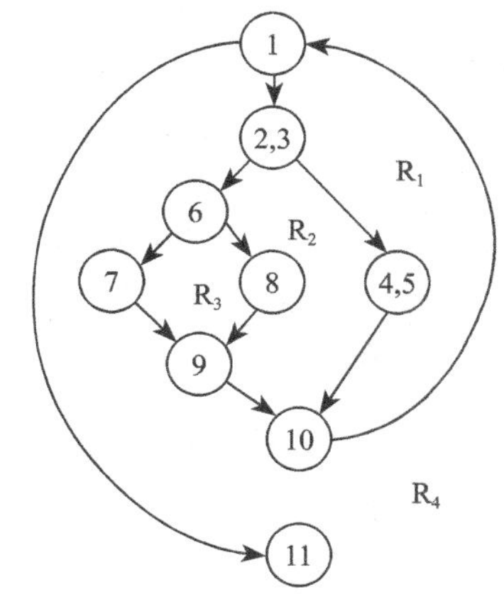

图 6-42　程序控制流图

根据图 6-42 所示的程序控制流图计算程序的环形复杂度为 4，说明基本路径集最多只需要包含 4 条独立路径即可完成路径覆盖。为此，可确定只包含独立路径的基本路径集如下：

路径 1：1–11；

路径 2：1–2,3–4,5–10–1–11；

路径 3：1–2,3–6–7–9–10–1–11；

路径 4：1–2,3–6–8–9–10–1–11。

根据这个基本路径集，选择合适的输入数据，使得程序的执行路径按照该基本路径集中的路径执行，就可以设计出相应的测试用例，以保证测试时实现路径覆盖。

（2）条件测试

利用条件测试技术设计出的测试用例，能够检查程序模块中包含的逻辑条件。

条件表达式中的成分包括布尔运算符、布尔变量、括弧、关系运算符和算术表达式。如果条件表达式有误，则至少有一个成分不正确。因此，条件表达式的错误类型有：布尔运算符错（又分为遗漏布尔运算符、布尔运算符多余、布尔运算符不正确三种）、布尔变量错、括弧错、关系运算符错、算术表达式错。

布尔运算符有 OR（ | ）、AND（&）和 NOT（¬ ）。

条件测试技术着重测试程序中的条件。K.C.Tai 提出了 BRO(Branch and Relational Operalor) 测试的条件测试策略。如果条件中的所有布尔变量和关系算符都只出现一次而且没有公共变量，则 BRO 测试保证能发现该条件中的分支错和关系算符错。

BRO 测试利用条件 C 的条件约束来设计测试用例。包含 n 个简单条件的条件 C 的条件约束定义为（D_1，D_2，…，D_n），其中 D_i（$0<i\leqslant n$）表示条件 C 中第 i 个简单条件的输出约束。如果在条件 C 的一次执行过程中，C 中每个简单条件的输出都满足 D 中对应的约束，则称 C 的这次执行覆盖了 C 的条件约束 D。

对于布尔变量 B 来说，B 的输出约束指出，B 必须是真（T）或假（F）。类似地，对于关系表达式来说，用符号>、=和<指定表达式的输出约束。

例如，假设条件 C_1：$B_1\&B_2$（其中，B_1 和 B_2 是布尔变量），那么条件 C_1 的真假与 B_1 和 B_2 的取值关系如表 6-9 所示。

表 6-9 条件 C_1 的真假与 B_1 和 B_2 的取值关系

B_1	B_2	$B_1\&B_2$	$B_1 \mid B_2$
T	T	T	T
T	F	F	T
F	T	F	T
F	F	F	F

C_1 的条件约束形式为（D_1，D_2），其中 D_1 和 D_2 中的每一个都是“T”或“F”。值（T，F）是 C_1 的一个条件约束，并由使 B_1 值为真、B_2 值为假的测试所覆盖。根据 BRO 测试策略要求，约束集｛（T，T），（F，T），（T，F）｝被 C_1 的执行所覆盖。如果 C_1 因布尔运算符错误而不正确，则约束集｛（T，T），（F，T），（T，F）｝中至少有一个约束将导致 C_1 失败。之所以没有将（F，F）作为条件约束是因为：此测试是要测试布尔运算符是否错误，即“&”是否错。如果用（F，F）作为条件约束，不管“&”是否错，C 的结果都是 F，无法通过执行（F，F）达到发现错误的目的。

（3）循环测试

循环测试可以测试循环体结构的正确性。循环可分为结构化循环和非结构化循环，结构化程序中通常有三种循环结构：简单循环、嵌套循环和串接循环，如图 6-43 所示。

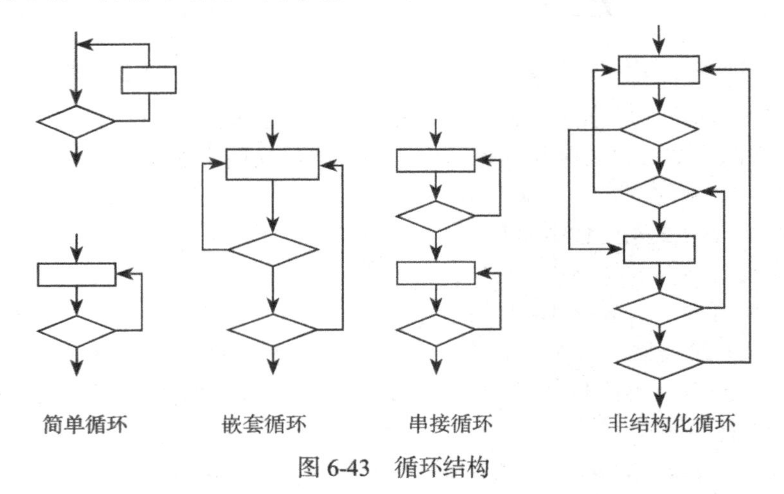

图 6-43 循环结构

1）简单循环测试策略：使用下列测试集来测试简单循环，其中 n 是允许通过循环的最大次数。

- 跳过循环。
- 只通过循环一次。
- 通过循环两次。
- 通过循环 m 次，其中 $m < n-1$。
- 通过循环 $n-1$、n、$n+1$ 次。

2）嵌套循环测试策略：B.Beizer 提出了一种能减少测试数的方法。

- 从最内层循环开始测试，把所有其他循环都设置为最小值。
- 对最内层循环使用简单循环测试方法，而使外层循环的迭代参数（如循环计数器）取最小值，并为越界值或非法值增加一些额外的测试。
- 由内向外，对下一个循环进行测试，但保持所有其他外层循环为最小值，其他嵌套循环为“典型”值。

● 继续进行，直到测试完所有循环。

3）串接循环测试策略：如果串接循环的各个循环彼此独立，则可以使用简单循环测试方法来分别测试每个独立的循环。但是，如果两个循环串接，而且第一个循环的循环计数器值是第二个循环的初始值，则这两个循环并不是独立的。当循环不独立时，建议使用嵌套循环测试方法来测试串接循环。

6.7.4 测试文档

测试工作有很多的成果，均以不同形式的文档体现。

1. 测试计划

每一种测试都需要制订相应的测试计划，不同测试的测试计划各有不同，但都应该包括以下内容：

1）软件说明。用图表的形式逐项说明被测软件的功能、输入和输出等质量指标。

2）测试内容。列出测试任务中的每一项待测试内容的名称标识符、测试的进度安排及测试的内容和目的，如模块功能测试、接口正确性测试、数据文卷存取的测试、运行时间的测试、设计约束和极限的测试等。

3）逐项描述每一项测试的具体计划安排。包括测试项的标识、测试的具体内容、参与的人员、被测试部位、测试时间安排、测试需要的条件（如测试驱动程序、测试监控程序、仿真程序、桩模块等）、测试所需相关文档和资料、测试培训安排等。

4）逐项描述对每一项测试的设计。包括测试控制方式（人工、半自动或自动，以及结果记录方法）、测试中所使用的输入数据及选择这些输入数据的策略、预期的输出数据或测试结果及可能产生的中间结果或运行信息、测试的步骤（准备、初始化、中间步骤和运行结束方式）等。

5）评价准则。包括：测试用例能够检查的范围及其局限性；为便于分析、对比而对测试数据的整理转换要求；判断测试工作是否能通过的评价尺度，如合理的输出结果的类型、测试输出结果与预期输出之间的容许偏离范围、允许中断或停机的最大次数等。

2. 测试用例

设计测试方案是测试阶段的关键。测试方案包括具体测试目的、应该输入的测试数据或执行的操作及预期结果。通常把测试数据或操作及预期结果称为测试用例。测试用例是设计和制定测试过程的基础。

一个测试用例基本包括测试用例编号ID、测试用例标题、测试用例的优先级别、测试的模块、操作步骤、测试输入条件、期望输出结果、其他说明。

针对每个项目的测试用例编号，可以制定一定规则，如项目名–测试阶段–编号。这样做便于测试用例的查找跟踪和管理。

测试用例标题应该清楚表达测试用例的测试目的，如“测试软件对错误输入的反应”。

测试用例的优先级别与需求文档中需求的优先级别一致。

对于复杂的测试用例，需要提供操作步骤，以描述测试执行的过程，即测试用例的输入需要分为几个步骤完成。

测试的预期输出结果应该根据软件需求中的输出得出。如果在实际测试过程中，得到的实际测试结果与预期结果不符，那么测试不通过；反之则测试通过。

软件项目按一定的特征划分为若干类，如按业务类型可分为通信软件、管理信息系统、编译程序等。每一类软件都有若干必须进行的测试，其测试用例也有一些共性。如果新系统与原系统同类型，可以重用原系统的测试用例，或做适当修改，这样可提高测试用例的使用效率。

需要注意的是，测试用例需要及时更新、补充。在测试执行过程中，应该及时补充遗漏的测试用例，剔除无法操作的测试用例，删除冗余的测试用例。

3. 测试报告

在测试过程中，要填写软件测试记录。例如，发现软件问题，应填写软件问题报告单。测试记录包括测试的时间、地点、操作人、参加人、测试输入数据、预期测试结果、实际测试结果及测试规程等。

测试报告主要包括以下内容：

1）测试概要。描述每一项测试的标识符及其测试内容。

2）测试结果及发现。逐项记录每一项测试实际得到的动态输出（包括内部生成数据输出）结果与预期的动态输出并进行比较，陈述其中的各项发现。

3）对软件功能的结论。对于软件的每项功能，说明测试后该功能已被证实的情况，以及存在的缺陷和局限性。

4）分析摘要。包括：对测试已证实的软件功能的分析，软件存在的缺陷及限制对软件性能的全局和局部影响，对每项缺陷的修改建议，对软件是否达到预定目标的评价。在各项评价中，需要说明测试环境与实际运行环境之间可能存在的差异对测试所带来的影响。

5）测试资源消耗。总结测试工作的资源消耗数据，如工作人员的水平、级别、数量，以及机时消耗等。

4. 测试阶段的质量保证工作

测试是保证软件质量的重要措施。测试工作，对软件质量的影响重大。因此，测试的各项工作都需要经过评审。

测试阶段的评审工作包括：

1）评审测试计划。

2）评审与跟踪测试用例。评审测试用例是否符合规范，确定设计了足够的测试用例，参与者包括项目经理、系统分析员、测试设计员、测试员，主要审查测试用例是否覆盖了需求。在测试实施过程中，还需要跟踪测试用例，分析测试用例的执行率、通过率等。

3）检查测试相关关键资源是否到位。

4）确认被测试对象是否已开发完毕并等待测试。

5）检查测试分析报告是否符合规范。

6.8 软件维护

6.8.1 软件维护概述

软件维护是软件生命周期中最后一个阶段，其基本任务是保证软件在一个相当长的时期内仍能够正常运行。

1. 软件维护的意义

软件维护就是当软件产品交付使用之后，维护所使用的软件产品到一个可能的新状态，或者为纠正软件产品的错误和满足新的需要而修改软件的活动。

对于有价值的软件系统，软件维护是历时最长、耗费人力和资源最多的一个阶段，但它也是增强软件生命力的最重要的途径。

软件维护的工作量很大，平均说来，大型软件的维护成本高达开发成本的4倍以上。对于在定义阶段或开发阶段存在缺陷的软件，或者在软件开发过程中没有严格而科学的管理和规划的软件，维护阶段的工作更加重要且繁重。目前国外的许多软件开发组织把60%以上的人力用于维护现有的软件。因此，做好软件维护工作，对用户和开发方是一件非常有意义的事情。

软件工程的目的之一是提高软件的可维护性，减少软件维护所需工作量，降低软件系统总成本。

2. 软件维护的类型

软件维护主要有四种类型。

（1）校正性维护

测试阶段隐藏下来的软件错误和设计缺陷，在软件产品投入实际运行之后，随着时间的推移，逐渐被用户发现并报告给维护人员。对这类错误的测试、诊断、定位、纠正及验证、修改的过程称为校正性维护（corrective maintenance）。

（2）适应性维护

应用软件需要不断调整，以适应频繁更新的运行环境，或适应已变动的数据或文件。为使软件系统适应不断变化的运行环境而修改软件的过程称为适应性维护（adaptive maintenance）。

（3）完善性维护

软件系统投入运行后，用户往往可能提出对软件进行一定的修改，以增强软件的功能，提高软件的性能，使之更加完善，这种情况下对软件的修改或补充称为完善性维护（perfective maintenance）。

（4）预防性维护

预防性维护（preventive maintenance）是为了改善软件将来的可靠性或可维护性，或为将来的改进奠定良好的基础，而对软件进行的修改或补充。

图6-44是对随机选定的2000个软件开发组织调查得到的各类维护活动的比例。

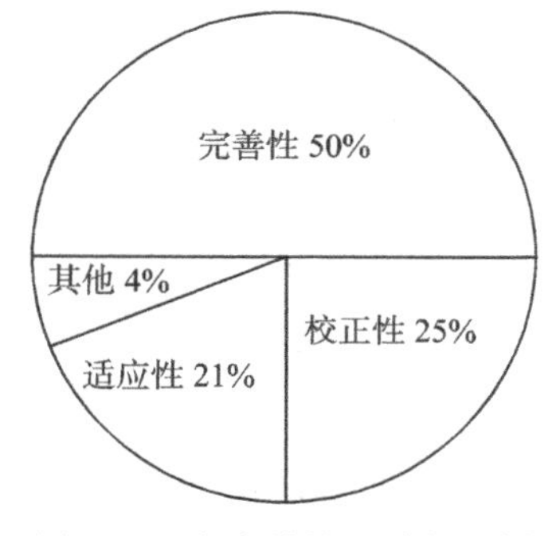

图6-44　各类维护活动的比例

上述四类维护活动必须应用于整个软件配置。维护软件文档和维护软件的可执行代码是同等重要的。

3. 软件的可维护性

软件的可维护性是指能够理解、校正、修改和完善该软件，以适应新的要求、环境和条件的难易程度。提高软件的可维护性是软件开发各阶段应该不断追求和关注的目标。

影响软件可维护性的因素很多，主要体现在以下几个方面。

1）可理解性：软件内部的结构、接口、功能和内部过程被人们理解和阅读的难易程度。模块化、详细的设计文档资料、结构化设计、源代码文档说明与注释的完备与否，以及合适的高级程序设计语言等，都对改进软件的可理解性起着重要作用。

2）可测试性：测试软件以确保其能够执行预定功能所需工作量的大小。

3）可修改性：软件容易修改的程度，对此有影响的因素有模块界面是否清晰，是否便于扩充，信息、运算功能、数据存储区域或执行时间上的物理变更是否方便。

4）可靠性：软件按照设计要求，在规定时间和条件下不出故障、持续运行的程度。

5）可移植性：将一个软件系统从一个计算机系统或环境移植到另一个计算机系统或环境中所需工作量的大小。

6）可使用性：用户学习、使用软件及为程序准备输入和解释输出所需工作量的大小。

7）效率：为了完成预定功能，软件系统所需的计算机资源的多少。

这些质量特性渗透在软件开发的各个步骤中，可以在软件开发的各个阶段着重审核可维护性。例如，建立明确、规范的需求定义，采用有益于软件维护的方法设计软件，注意编码风格，进行尽可能充分的测试，提高文档质量，建立明确的质量保证机制等。

6.8.2 软件维护过程

软件维护是一件复杂而困难的事，必须在相应的技术指导下，按照一定的步骤进行。首先要建立必要的维护机构；建立维护活动的登记、申请制度，以及对维护方案的审批制度；规定复审的评价标准。实际上，在维护活动之前需要做许多与维护有关的准备工作。

图 6-45 给出了响应一项维护请求的事件流。接到维护请求后，需要确认维护类型。对于校正性维护，要评价错误的严重程度。如果是严重的错误，如错误使系统不能正常运行，这时要在系统管理员的指导下，立即组织人员分析问题，实施维护；如果错误不严重，该校正性维护可与其他的软件开发任务一起统筹安排。适应性维护和完善性维护的处理流程同校正性维护。修改后的软件要通过复审才能交付使用。

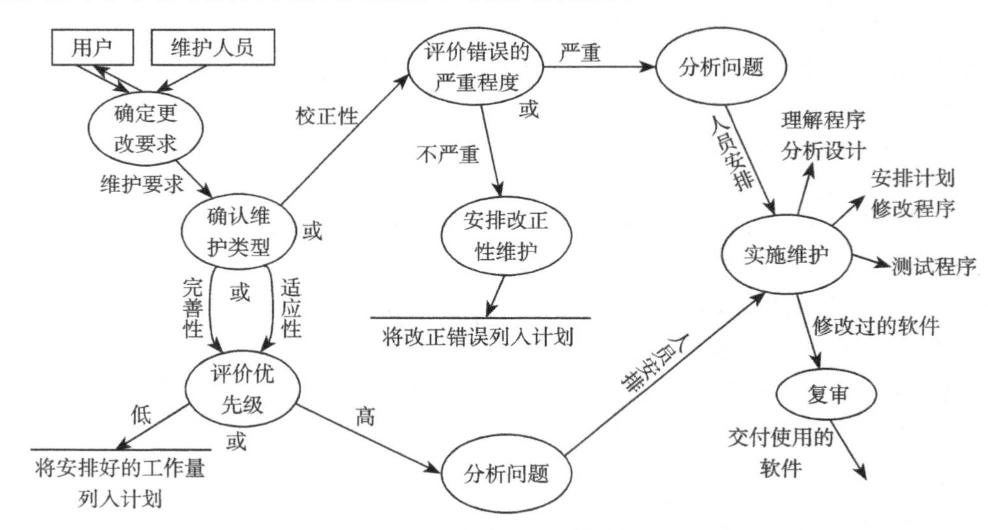

图 6-45 软件维护的事件流

为了更好地做好软件维护，应该在维护的过程中记录好维护全过程，建立维护档案，这对以后的维护活动具有十分有益的指导作用。

6.8.3 软件再工程

软件再工程是指重新处理、调整旧的软件，以提高其可维护性。软件再工程是提高软件可维护性的一项重要技术。

典型的软件再工程过程如图6-46所示。

（1）库存目录分析

仔细分析库存目录，按照业务的重要程度、寿命、当前可维护性、预期修改次数等因素，选出库中拟准备再工程的软件，合理分配需要的资源并实施再工程。

（2）文档重构

采用“使用时建文档”的方法，只对系统中当前正在修改的那些部分建立完整文档。对于完成业务关键工作的应用子系统，必须重构全部文档，但要尽量把文档重构工作量减少到最小。

（3）逆向工程

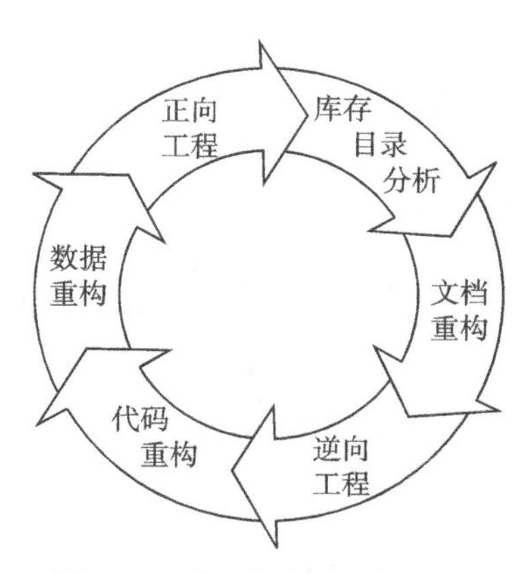

图6-46　典型软件再工程过程

分析源程序，从中提取数据结构、体系结构和程序设计结构等信息，用于软件维护或重构原系统，以改善系统的综合质量。

（4）代码重构

修改源代码的控制结构，使其易于修改和维护，以适应将来的变更。

（5）数据重构

分析、理解现有的数据结构，必要时重新设计数据，包括数据标准化、数据命名合理性、文件格式转换、数据库格式转换等。数据重构必然会导致软件体系结构或代码的改变。

（6）正向工程

从现有程序中恢复系统的设计信息，并运用这些信息，按照软件工程的原理、概念、技术和方法改变或重构现有系统，以提高其综合质量。

图6-46中的六类活动在某些情况下以线性顺序发生，有时也并非如此。例如，为了理解某个程序的内部工作原理，可能在文档重构开始之前先进行逆向工程。

在图6-46所示的循环模型中，每个活动都有可能被重复，而且对于任意一个特定的循环来说，过程可以在完成任意一个活动之后终止。

需要指出的是：软件再工程的目的是改善软件的静态质量，以提高软件的可维护性或帮助人们更好地理解软件，那种纯粹出于改善性能的代码优化或重构都不能算做软件再工程。软件再工程改变的是系统的实现机制（系统结构或数据结构），而不改变系统的功能。

6.9　面向对象的软件开发方法

面向对象的软件开发方法的基本原则是，按照人们习惯的思维方式，用面向对象观点建立问题域（problem domain）的模型，开发出尽可能自然地表现求解方法的软件。问题域是指被开发系统的应用领域。

在面向对象开发的各阶段，开发“部件”是类。类是分析、设计和实现的基本单元。各阶段都是对类的增加、删除、修改和信息细化。

6.9.1　面向对象的软件开发模型

用面向对象方法开发软件，通常需要建立3种形式的模型：描述系统数据结构的对象模型 (Object Model, OM)、描述系统控制结构的动态模型 (Dynamic Model, DM) 和描述系统功能的功能模型 (Function Model, FM)。

这3种模型分别从不同侧面描述系统的特性共同反映了目标系统的需求：

- 对象模型：定义参与系统功能的实体，通过描述对象、类及类的层次和关系来体现，通常用对象图表示。例如，图 6-47 所示的是 ATM 系统的对象图。

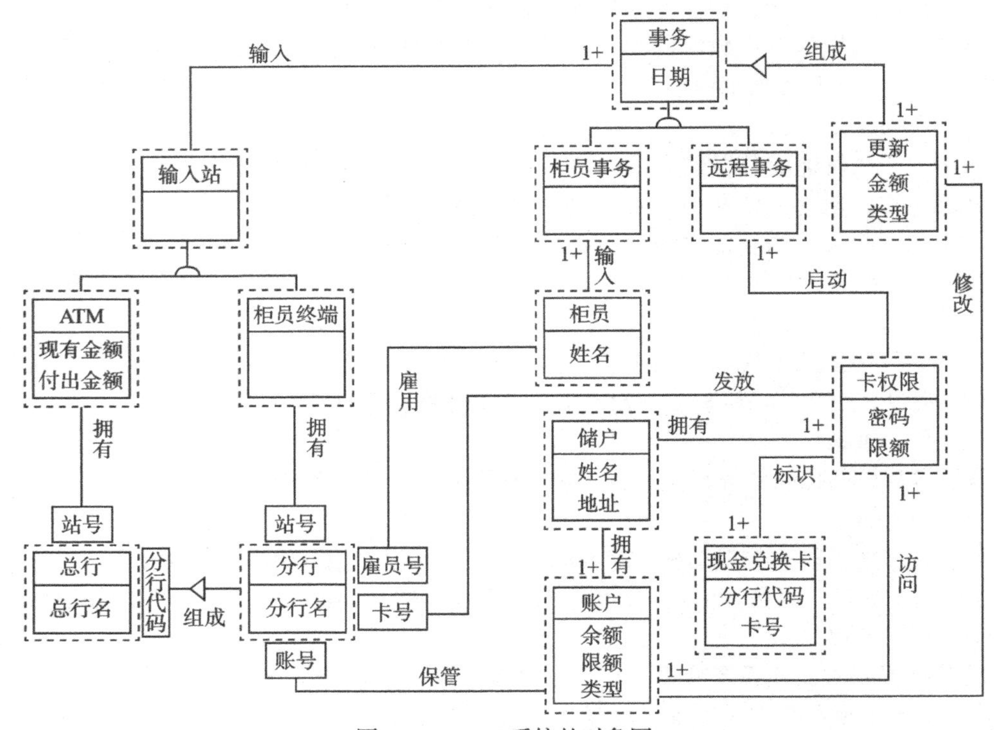

图 6-47 ATM 系统的对象图

- 动态模型：系统功能发生的条件（什么时候、什么状态下发生），通过描述对象和系统的行为来体现，通常用状态图和事件追踪图表示。例如，ATM 系统正常情况下的事件跟踪图如图 6-48 所示，ATM 类的状态图如图 6-49 所示。
- 功能模型：指明系统应该“做什么”，通过描述穿越系统的信息流来体现，通常用功能级数据流图表示。例如，ATM 系统的功能级数据流图如图 6-50 所示。

整个软件开发过程所做的工作都是对这三种模型的不断细化和完善：面向对象的分析，构造出完全独立于实现的问题域模型；面向对象的设计，把求解域的结构逐渐加入模型中；面向对象的实现，选择合适的语言实现问题域和求解域的结构，并进行严格的测试验证。

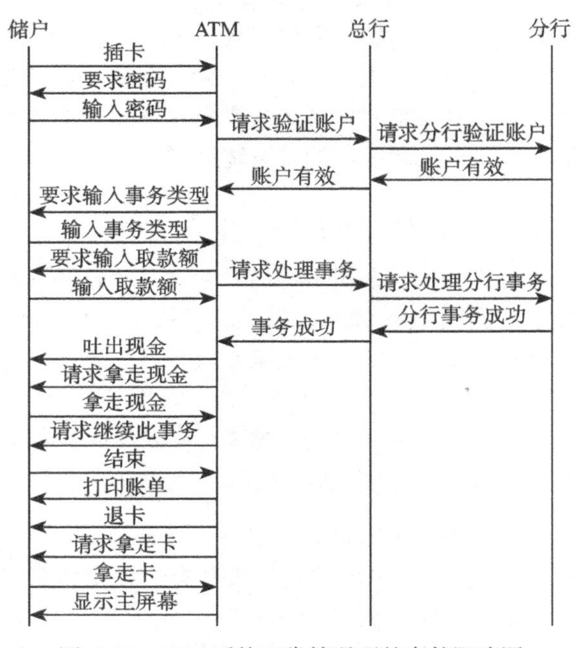

图 6-48 ATM 系统正常情况下的事件跟踪图

通过建立分析模型能够纠正在开发早期对问题域的误解。

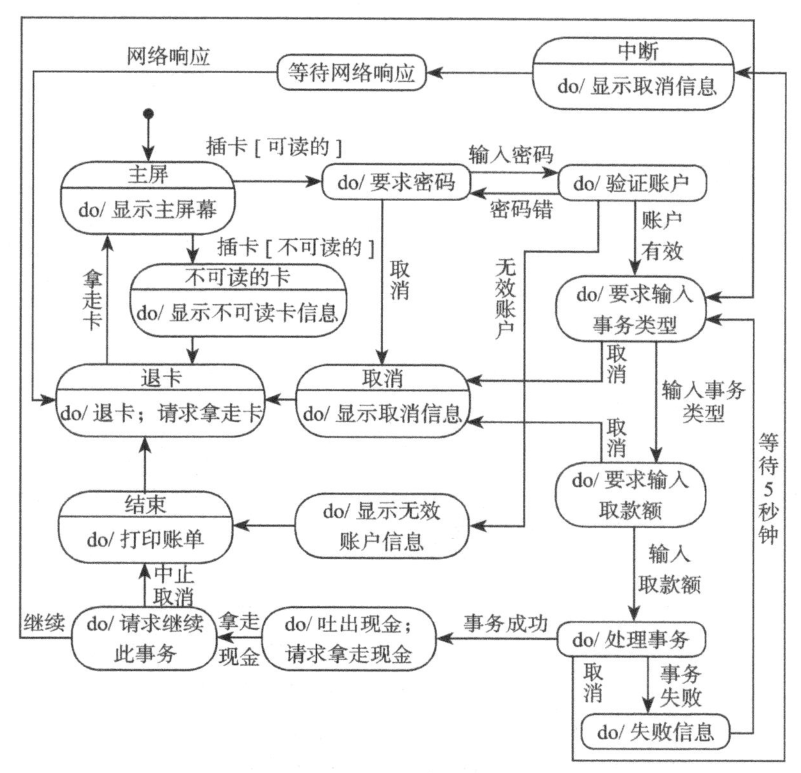

图 6-49　ATM 类的状态图

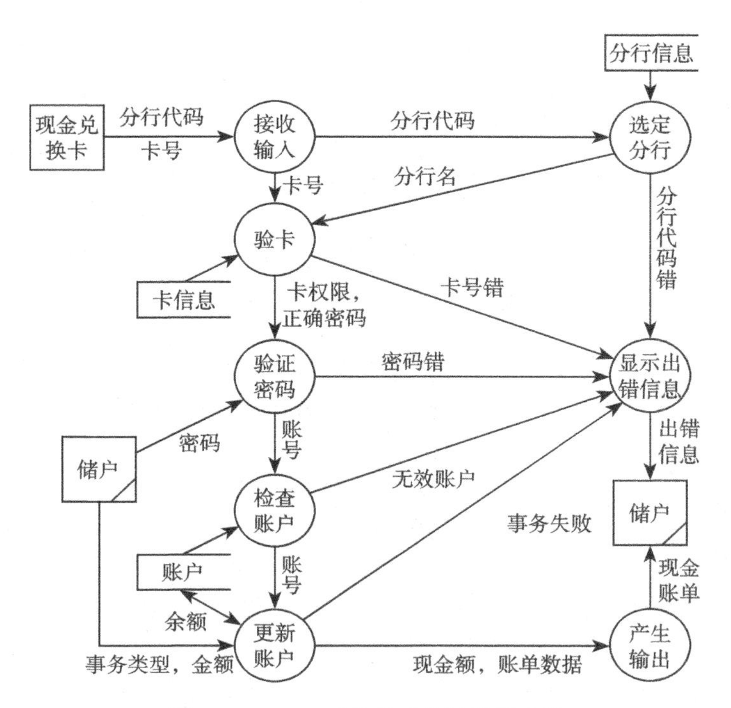

图 6-50　ATM 系统的功能级数据流图

6.9.2 面向对象的软件开发过程

1. 面向对象的分析

面向对象的分析（Object Oriented Analysis, OOA）即利用面向对象的方法首先建立问题域模型：根据用户需求陈述，发现和抽取问题域对象，并建立问题域的 3 个模型。用户需求陈述可能由用户编写，也可能由系统分析员配合用户共同编写，“标书”可以作为初步的需求陈述。

复杂问题的对象模型可以看做由五个层次构成：主题层、类与对象层、结构层、属性层和服务层。

通常按照下面的顺序来构建开发模型：

- 对每个对象（类）建立对象模型。包括确定类与对象、确定关联、划分主题、确定属性、识别继承关系、反复修改。
- 建立动态模型。首先编写脚本，设想用户界面，绘制事件跟踪图。然后绘制状态图，并审查动态模型。
- 建立功能模型。主要是一组高层数据流图。
- 定义服务。

这一构建顺序不是绝对的，因为各部分工作都可能相互影响，相互促进，如图 6-51 所示：action 对应 FM 中的 process 及 OM 中的 method ；FM 中的 process 对应 OM 中的 method ；FM 中的 data storage（数据存储）及数据的源 / 终点对应 OM 中的 object ；FM 中的 data flow（数据流）对应 OM 中的 attribute，或是整个 object；FM 中的 process 对应 DM 中的 event。OM 描述了 FM 中的 process、data storage 及 data flow 的结构。

模型化的过程是不断迭代的过程。每一次迭代都将对这三个模型做进一步的检验、细化和充实。

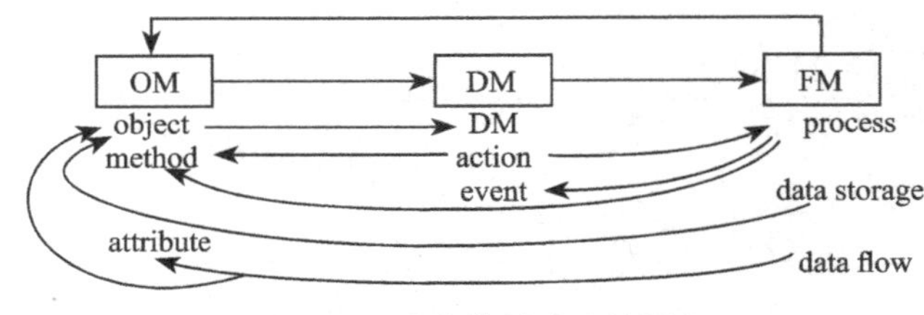

图 6-51 三个模型建立的顺序

2. 面向对象的设计

面向对象的设计（Object Oriented Design, OOD）定义能最终用面向对象程序设计语言实现的软件对象。

OOD 将 OOA 创建的分析模型转换为设计模型，解决“如何做”。OOD 与 OOA 没有明显的分界，采用相同的符号，通过不断迭代的分析与设计使系统中的事务与关系在文档中清晰而准确体现。

OOD 分为高层设计（系统设计 / 概要设计）和类设计（详细设计）两个阶段。高层设计阶段标识在计算机环境中解决问题所需要的概念，增加一批需要的类，构造软件的总体模型，并把任务分配给系统的各个子系统。类设计阶段描述一些与具体实现条件密切相关的对象，如与图形用户界面、数据管理、硬件及操作系统有关的对象。在进行对象设计的同时也要进行消息设计。

高层设计和类设计界线模糊，不严格区分，具体分为四个任务：

- 子系统层设计：将分析模型划分为若干子系统，注意要使子系统具有良好接口，子系统内的类相互协作，同时要标识问题本身的并发性。
- 类及对象层设计：设计并描述系统的类层次和每个对象及其关系。
- 消息层设计：定义每个对象与其协作者通信的细节。
- 责任层设计：设计并描述针对每个对象的所有属性和操作的数据结构和算法。

基本设计任务完成后，需要进一步优化，主要目的是提高效率和建立良好的继承结构，可以通过增加冗余关联以提高访问效率，通过对继承关系的调整实现良好的继承关系。

3. 面向对象的实现

（1）面向对象的程序设计

软件设计质量是影响程序质量的重要因素，但是程序设计语言自身的特点和程序设计风格也是程序质量的决定性因素。

面向对象的程序设计（Object Oriented Programming，OOP）语言并非比非面向对象的程序设计语言功能强，只是在表达面向对象的概念方面更方便。面向对象方法设计的软件既可用面向对象的程序设计语言实现，也可用非面向对象的程序设计语言实现。成熟的面向对象语言的编译程序充分支持面向对象概念，提供了丰富的类库和强有力的开发环境，便于程序员直接将设计映射到程序中的成分，而非面向对象的程序设计语言需要程序员自己实现面向对象的概念。

如果采用面向对象的程序设计语言实现软件设计，则分析、设计、编码阶段的表示方法都是一致的，有利于开发过程各阶段的沟通和问题的追踪，便于维护人员理解软件，从效率的角度看，提高了可重用性。所以在选择编程语言时，首要考虑因素是语言是否能最好地表达问题域语义。一般尽量选用面向对象的程序设计语言来实现面向对象分析、设计的结果。

（2）面向对象程序设计风格

程序是开发团队交流的重要媒介，良好的程序设计风格有利于提高团队的沟通效率。

在面向对象的程序设计过程中，主要从以下角度考虑编写良好风格的程序。

- 提高可重用性。主要措施：提高方法的内聚，即一个方法（服务）应该只完成单个功能；减小方法的规模，即适当分解规模过大的方法；保持方法的一致性，即功能相似的方法在名称、参数特征、返回值类型、使用条件及出错条件等方面要保持一致；把策略与实现分开，即分别有检查系统运行状态、处理出错情况的策略方法和仅仅针对具体数据完成特定处理的实现方法；全面覆盖各种可能的情况，包括边界、极限和异常；尽量不使用全局信息；利用继承机制。
- 提高可扩充性。主要措施：封装实现描述属性的数据结构、修改属性的算法等，对外只提供公有的接口；避免使用多分支语句；利用私有方法来实现公有方法，以降低删除、增加或修改的代价。
- 提高健壮性。主要措施：系统必须具有处理用户操作错误的能力；检查参数的合法性；如果有必要和可能，应使用动态内存分配机制，创建未预先设定限制条件的数据结构；先测试后优化。

（3）面向对象的软件测试

面向对象的软件测试仍然需要使用许多传统的、成熟的软件测试方法和技术，只是测试的对象和内容有不同。

面向对象的测试主要有：

1）面向对象的单元测试。测试单元为封装的类和对象，但不能孤立地测试单个操作，应把操作作为类的一部分来测试。

2）面向对象的集成测试。集成测试的策略有基于线程的测试和基于使用的测试。

3）面向对象的确认测试。类似传统的确认测试和系统测试，根据动态模型和描述系统行为的脚本来设计测试用例，采用黑盒法。

6.10 软件项目管理

6.10.1 软件项目管理概述

软件工程主要包括软件的生产和软件管理两大方面。管理就是通过计划、组织和控制等一系列活动，合理地配置和使用各种资源，以达到预期目标的过程。

1. 软件项目管理的特点与原则

软件项目管理除了具有一般工业产品的管理性质之外，还有其特殊性，主要源于软件产品的特殊性：①知识密集、非实物性；②单品生产、开发过程不确定；③开发周期长；④内容复杂、正确性难保证；⑤生产过程劳动力密集、自动化程度低；⑥用法繁琐、维护困难、费用高。

软件产品的特殊性导致了软件项目管理的特殊性，必须采取一定的措施保证软件项目的正常生产和保障软件产品的质量。软件项目开发的先行者总结出了一些软件项目管理的原则，可以在一定程度上保证软件项目开发的正常实施，这些原则有：①采用软件生命周期法；②逐阶段确认；③坚持严格的产品质量检查；④使用自顶向下的结构化设计方法或面向对象的设计方法；⑤坚持职责分明；⑥人员少而精；⑦坚持不断改进完善。如果在软件生产和使用的全过程中都能坚决遵守上述原则，那么软件的质量一定会得到相当程度的保证。

2. 软件项目管理的内容

软件项目管理的工作覆盖整个软件生命周期，从接手软件项目开发任务开始，直到软件退役的各个阶段，都需要管理人员的精心组织和严格管理。

软件项目管理过程中的工作主要有：①制订项目计划；②实施与监督计划；③评审每个阶段的工作结果；④编写管理文档。

根据具体内容，软件项目管理又分为成本管理、进度管理、质量管理、人员管理、配制管理等。这里仅介绍质量管理、人员管理和配制管理。

6.10.2 软件质量管理

软件质量是指软件与明确确定的功能和性能需求、明确成文的开发标准及任何专业开发的软件都应该具有的隐含特征相一致的程度。

要正确度量软件，必须注意：①软件需求是度量软件质量的基础；②高质量软件的开发过程必须遵守软件开发标准；③高质量的软件应该既满足显式描述的需求，又满足隐含需求。

软件质量是软件内在属性的表现，难于定量度量。从软件管理的角度，可以定义一些影响软件质量的因素，这些因素从产品运行、产品修改和产品转移3个方向评价软件的质量，如图6-52所示。

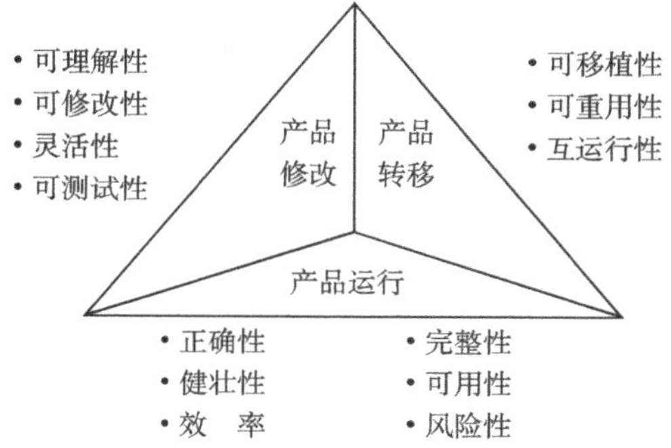

图6-52　影响软件质量的因素

产品运行是指产品的使用，可以用正确性、完整性、健壮性、可用性、效率、风险性等因素度量其质量。产品修改是指产品的变更，可以用可理解性、可修改性、灵活性、可测试性等予以度量。产品转移是指为了让产品在不同的环境中运行而修改软件，其质量度量因素包括可移植性、可重用性、互运行性。

要提高软件产品的质量，就应该抓好质量管理工作，其要点如下：

1）科学地、分阶段地实施软件设计和生产。每个阶段都要确立其工作目标，阶段结束时必须进行设计评审，只有通过评审之后才能转入下一阶段。避免前一阶段将隐患留给后面阶段或交付使用后才被发现，造成极大的修改和维护代价。

2）软件设计及生产过程一定要规范化。软件工程规范面向软件开发和维护过程，规定了各种主要的开发过程和管理行为，按照这些规范要求管理，是软件质量管理的基本方法。

3）软件的设计、生产、测试要分工。合理的分工可使每个人职责分明，增强责任感和提高生产效率。

4）尽可能选择合适的开发工具。并不是所有的人具有科学的软件工程开发思想，也不可能让所有的人在短期时间内完全掌握软件工程的思想。使用根据软件工程思想建立的软件开发工具，可以引导开发人员按照软件工程化开发的过程一步一步完成软件的生产，保证软件的开发过程符合工程化的思想，从而保证软件产品的质量。

为使软件产品尽可能达到用户需求，可以从软件开发角度和软件过程检查角度同时采取相应的措施保证软件产品的质量。从软件开发角度，可以采用结构化的软件开发方法学，应用具有高可靠性的可重用软件，采用容错技术，增强软件健壮性，提高模块设计质量，在条件允许的情况下采用程序正确性证明等。从软件过程检查角度，应尽早建立质量标准，确定质量活动，严格执行每个阶段结束之前的审查，重视每个阶段开始前的复查，尽可能充分地测试软件，并建立独立的质量保证（Quality Assurance，QA）部门。

6.10.3　软件人员管理

软件产业是知识密集型的产业，人是软件生产过程中的第一要素。大规模的软件无法由单个或少数软件开发人员在给定期限内完成，必须借助团队的力量。因此，软件项目成功的关键是合理地组织软件开发人员，有效地分工，使他们能够友好协作，共同完成开发任务。

软件开发的人员一般具有高技术、知识更新快、个人作用突出、多层次、流动性大等特点针对这些特点，在管理中应注意：

1）合理配备各类人员。大型软件项目开发的不同阶段对不同层次的人员要求是不一样的，应依据各阶段时间与人员的关系按需确定人员分配，使初、中、高级技术人员各尽其能。软件开发各阶段人员安排可参照图 6-53 所示的 Putnam-Nordan 曲线。

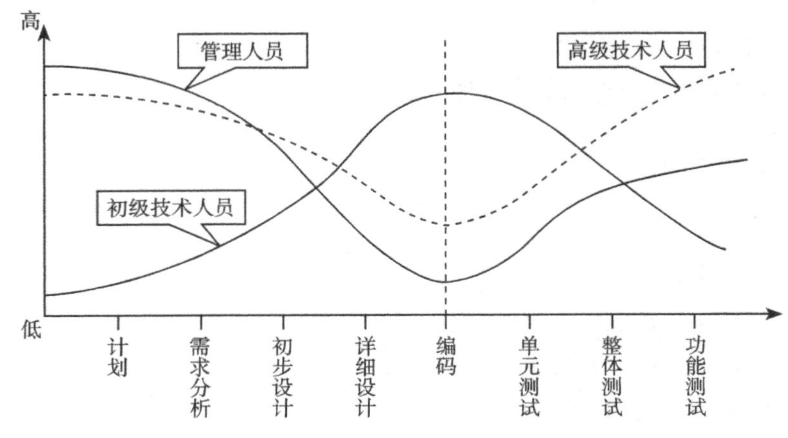

图 6-53　Putnam-Nordan 曲线

2）不要轻易向延误的项目增加人员。Brooks 从大量软件开发实践中得出结论：向一个已延误的项目增加开发人员，可能使它完成得更晚。因为人员的增加，增加了成员间通信的复杂性，必然会带来通信代价和可能的培训成本，从而降低软件的生产率。

3）保持人员相对稳定，重要岗位要有技术后备人员。

软件开发人员的组织对软件产品的质量有直接影响。常见的人员组织方式有以下几种。

（1）民主制程序员组

在民主制程序员组方式中，每个成员具有同等的地位，大家共同编制程序，互相检查、测试。小组成员按需要轮流担任领导，由全体讨论协商决定应该完成的工作，并且根据每个人的能力和经验分配适当的任务。

该方式的特点是，小组成员完全平等，享有充分民主，通过协商做出技术决策。因此，小组成员间的通信是平行的，如果小组有 n 个成员，则可能的通信信道有 $n(n-1)/2$ 条。

采用这种组织方式：小组的人数不能太多，以 2 ～ 8 名成员为宜，否则将产生大量组员间通信的时间成本；不能把系统划分成大量独立的单元，否则将产生大量的接口，增加接口错误的可能性和测试困难。

这种民主方式容易确定被大家遵守的小组质量标准，组员间关系密切，程序较少依赖于个人，增强了程序的可读性和可靠性，但是每个人职责不明确、难考核，意见不统一时无法决断，对外联系也不方便。因此，如果小组内多数成员是经验丰富技术熟练的程序员，采用民主制程序员组有助于解决高难度的技术难题；如果组内多数成员技术水平不高，或缺乏足够经验，则可能由于缺乏权威指导而导致任务难以如期完成。

（2）主程序员组

主程序员组是 IBM 公司在 20 世纪 70 年代初期开始采用的组织方式。主程序员组有比较严密的组织结构，由主程序员、副组长和编程秘书组成核心，成员数一般为 7 ～ 10 人，如图 6-54 所示。

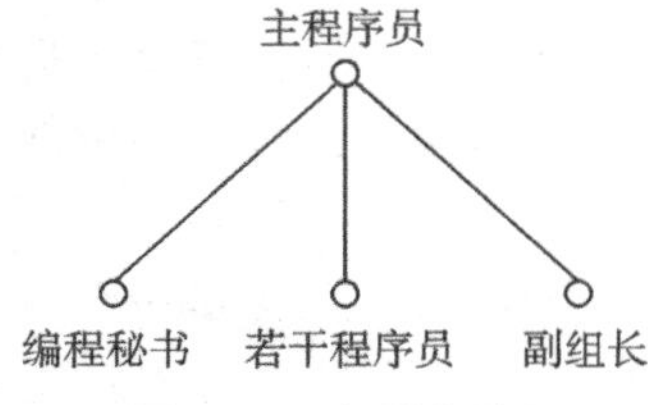

图 6-54　主程序员组

主程序员是项目的技术领导和负责人，一般由技术好、能力强、具有丰富软件工作经验的人员担任，负责小组全部技术活动的计划、协调与审查工作，还负责设计和实现项目中的关键部分。

副组长协助主程序员工作，具有技术熟练和丰富的实践经验，全面了解项目的情况，参与一切重要技术决策，随时可以接替主程序员，承担部分分析、设计和实现的工作。

编程秘书负责管理程序库、全部项目文档、测试数据和测试结果。当文档需要变更时，由他负责保持文档的一致性。

在必要的时候，该组还需要其他领域的专家（如法律专家、财务专家等）协助。

这种组织形式的优点是，集中统一领导，有利于加强工作纪律，提高了规范化，也有利于文档的管理和版本的管理。但这种组织方式过于强调主程序员的作用，不利于发挥其他人的积极性，项目组的工作能否成功很大程度上取决于主程序员的技术水平和管理才能。

（3）改进的主程序员组

在主程序员组方式中，主程序员既是高级程序员又是优秀管理者，这样的高要求，使得很少有人能胜任主程序员。要找到既优秀又甘于做副手的副组长也不容易。于是产生了一种更合理、更现实的组织方法，那将主程序员的职责分由两个人完成：①一个技术负责人，即组长，负责小组技术活动，而不是主要的编码者，负责全面的技术决策、指挥、监督和检查；②一个行政负责人，负责所有非技术性事务，是上级领导与小组之间联系的桥梁。改进的主程序员组如图 6-55 所示。

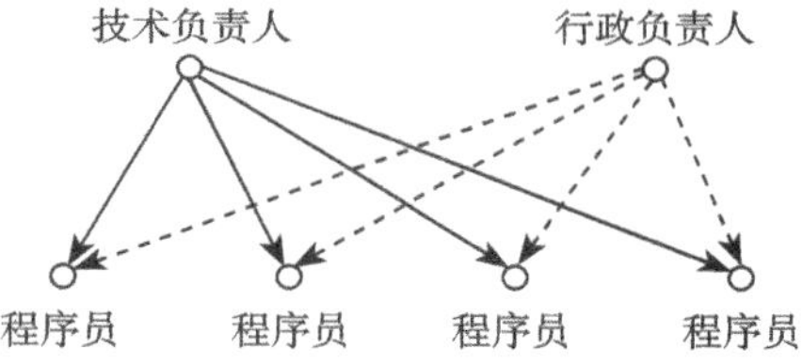

图 6-55 改进的主程序员组

技术负责人要对所有技术问题、软件各方面的质量负责，因此负责对所有阶段的技术审查。行政负责人负责对所有人的业绩进行评价。在通信方面，增加了用户联络者，负责与用户联络。

这样的机制需要特别明确技术负责人与行政负责人的管理权限，如实际工作中不可避免遇到冲突（如对人员的调度与安排）时，可由更高级别的管理人员予以协调处置。

（4）层次型组织结构

开发大型软件需要的人员很多，可以根据项目需要分成若干个小组，各组有组长，在项目经理的指导下进行整个项目的开发工作。如图 6-56 所示，每个成员向组长负责，组长向项目经理负责。当软件规模更大时，还可以在图 6-56 所示的组织结构基础上适当增加中间层次。

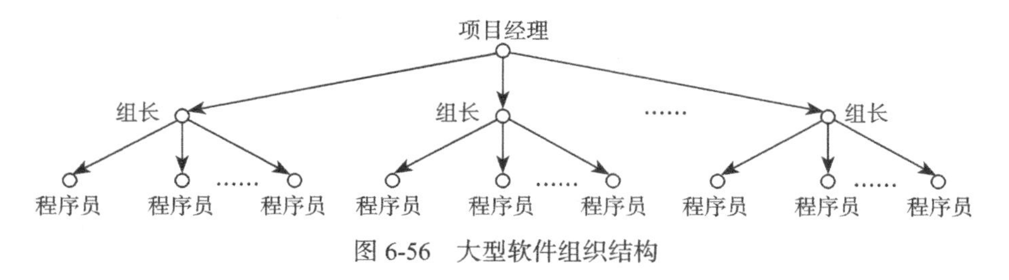

图 6-56 大型软件组织结构

6.10.4 软件配置管理

软件配置管理（Software Configuration Management，SCM）通过一系列技术、方法和手段来维护产品的历史和版本，并在产品的开发阶段和发布阶段控制变化，目标是使产品在必须变化时减少所需花费的工作量。

1. 软件配置项

软件生命周期内需进行配置管理的各种产品（如文档、程序、数据、标准和规约等）统称为软件配置项（Software Configuration Item，SCI）。每个项目的配置项不一定完全相同。

软件配置项的形式有：

- 技术文档：如需求规格说明书、概要设计规格说明书、测试计划、用户手册等。
- 管理文档：如开发计划、配置管理计划、质量保证计划等。
- 程序代码：源代码和可执行文件。
- 数据：程序内包含的或软件开发、运行和维护过程所需要的所有数据。

2. 基线

IEEE 把基线（baseline）定义为：已经通过了正式复审的规格说明或中间产品，它可以作为进一步开发的基础，并且只有通过正式的变化控制过程才允许对其变更。

基线是通过了正式复审的软件配置项。图 6-57 是软件产品开发过程中的典型基线。

如软件需求规格说明书经过评审后，发现的问题已经得到纠正，用户和项目组双方认可，并且正式批准，就可纳入基线。

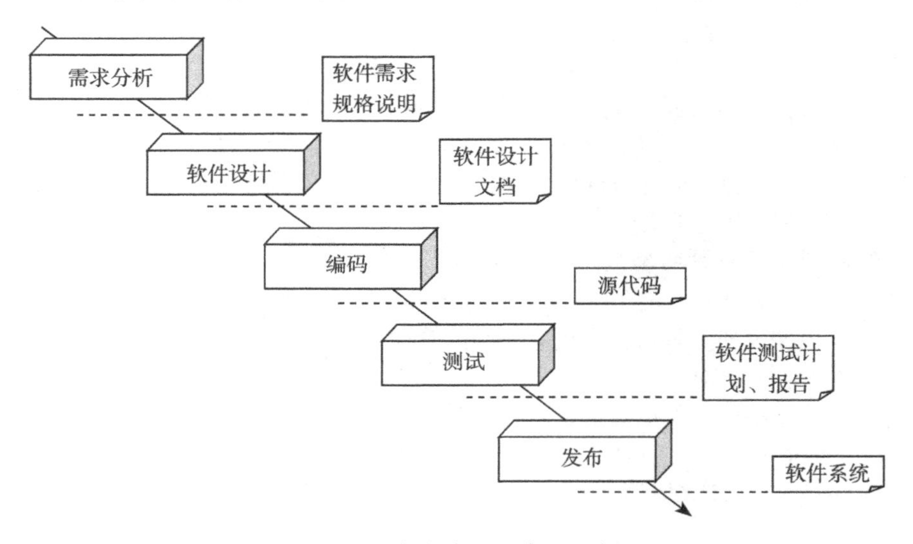

图 6-57　软件产品的典型基线

软件开发过程中的变化是不可避免的，如果这些变化得不到控制，将严重影响软件的开发过程和产品质量，因此需要采取一定措施控制变化，使软件产品保持一定程度的相对稳定。这就是需要基线的原因。在软件配置项成为基线之前，可以非正式地修改它；一旦成为基线，则必须根据特定的、正式的过程（称为规程）来评估、实现和验证每个基线的变化。

除了软件配置项之外，许多软件工程组织也把软件工具作为软件配置项予以管理，如特定版本的编辑器、编译器和其他 CASE 工具，目的是防止不同版本的工具产生的结果不同，以方便今后软件配置项的修改。

3. 软件配置管理的任务

软件配置管理的主要任务是控制变化，负责各个软件配置项和软件各种版本的标识、审计及对变化的报告，目的是最终保证软件产品的完整性、一致性、追溯性、可控性，保证最终软件产品的正确性，提高软件的可维护性。软件配置管理是软件质量的重要保证。

软件配置管理的任务如下：

- SCI 的标识：主要识别软件生命周期中有哪些 SCI，并予以描述。每个配置项必须有唯一的、能无歧义地标识每个配置项的不同版本的标识。
- 版本控制：确定每个 SCI 有哪些版本，以及控制版本的演化。借助于版本控制技术，用户能够通过选择适当的版本来指定软件系统的配置。
- 变化控制：如何对 SCI 进行改变。典型的变化控制过程如图 6-58 所示。

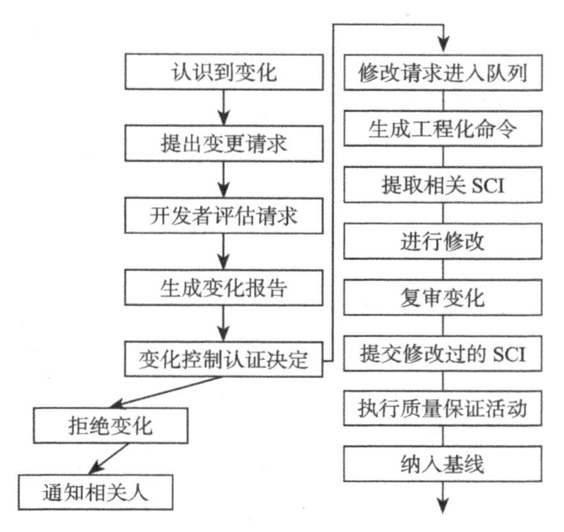

图 6-58　典型的变化控制过程

接到变化请求之后，首先评估该变化在技术方面的得失、可能产生的副作用、对其他配置对象和系统功能的整体影响及估算出的修改成本。评估的结果形成“变化报告”，该报告供“变化控制审批者”审阅。变化控制审批者既可以是一个人，也可以由一组人组成，对变化的状态和优先级做最终决策。如果批准变化，则进入修改队列。为每个被批准的变化生成一个“工程变化命令”，描述将要实现的变化、必须遵守的约束及复审和审计的标准。把要修改的对象从项目数据库中“提取”（check out）出来，修改并应用适当的 SQA 活动。把修改后的对象“提交”（check in）数据库，并用适当的版本控制机制创建该软件的下一个版本。

- 配置审计：检查配置控制手续是否齐全；判断配置变化是否完成；验证当前基线对前一基线的可追踪性；确认各 SCI 是否均正确反映需求；确保 SCI 及其介质的有效性，尤其是要确保文实相符、文文一致；定期复制、备份、归档，以防止意外的介质破坏。配置审计结果应写成报告，通报有关人员或组织。
- 状态报告：为了清楚、及时地追踪并记载 SCI 的变化，需要在整个生命周期中对每个 SCI 的变化进行系统记录，包括发生了什么事、谁导致事情发生、何时发生、产生什么影响等。状态报告要及时发放给各有关人员和组织。

4. 软件配置管理工具

常见的软件配置管理工具有 Rational ClearCase、Rational ClearQuest、PVCS、Harvest、CVS、VSS 等。

6.10.5　软件能力成熟度

软件能力成熟度是对具体软件过程进行明确定义、管理、度量和控制的有效程度。成熟度代表软件过程能力改善的潜力。 成熟度等级用来描述某一成熟度等级上的组织特征。每一等级都为下一等级奠定基础。

卡耐基梅隆大学软件工程研究所（CMU/SEI）发布的软件能力成熟度模型（Capability

Maturity Model for Software，SW-CMM）基于众多软件专家的实践经验，侧重于软件开发过程的管理及工程能力的提高与评估，是国际上流行的软件生产过程标准和软件企业成熟度等级认证标准。CMM 认证已经成为世界公认的软件产品进入国际市场的通行证。

SW-CMM 在改进软件过程中所起的作用主要是，指导软件机构通过确定当前的过程成熟度并识别出对过程改进起关键作用的问题，从而明确过程改进的方向和策略。通过集中开展与过程改进的方向和策略相一致的一组过程改进活动，软件机构便能稳步而有效地改进其软件过程，使其软件能力得到循序渐进的提高。

SW-CMM 把软件过程从无序到有序的进化分成五个阶段，并把这些阶段排序，形成五个逐层提高的等级（maturity level）：初始级（1 级）、可重复级（2 级）、已定义级（3 级）、已管理级（4 级）和优化级（5 级），如图 6-59 所示。这五个级别的特点如表 6-10 所示。

SW-CMM 的每个成熟度级别中都包含一组过程改进的目标，满足这些目标后，一个机构的软件过程就从当前级别进化到下一个成熟度级别。每达到成熟度级别的下一个级别，该机构的软件过程都得到一定程度的完善和优化，也使得过程能力得到提高。随着成熟度级别的不断提高，该机构的过程改进活动取得了更加显著的成效，从而使软件过程得到进一步的完善和优化。SW-CMM 就是以上述方式支持软件机构改进其软件过程的活动。

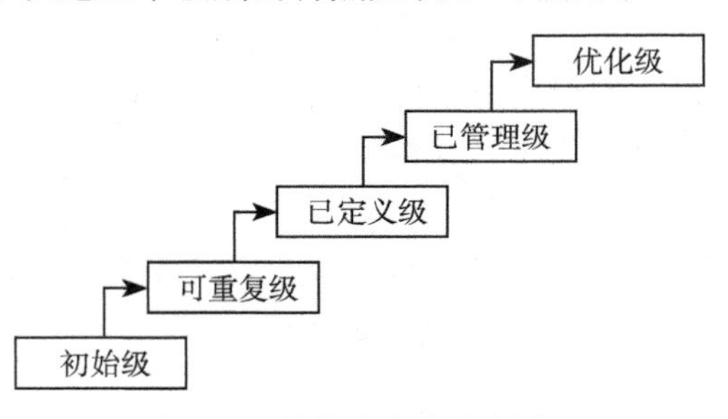

图 6-59　软件能力成熟度模型

表 6-10　五个级别的特点

等级	成熟度	关注焦点	过程特点
1	初始级		没有健全的软件工程管理制度，软件过程几乎没有经过定义，成功依靠的是个人的才能和经验，管理方式属于反应式，组织的软件过程能力不可预测，一般达不到进度和成本的目标
2	可重复级	项目过程管理	建立了基本的项目管理来跟踪成本、进度、功能和质量，制定了必要的过程规范，软件项目工程活动处于项目管理体系的有效控制之下，具备了重复以前成功实践的项目环境
3	已定义级	过程标准化	已经定义了完整的软件过程（过程模型），已经将软件管理和过程文档化、标准化，并综合成该组织的标准软件过程，所有的软件开发都使用该标准软件过程，软件开发的成本、进度、产品功能和质量都受到控制
4	已管理级	量化管理	对软件过程（过程模型和过程实例）和软件产品都建立了定量的质量目标，对软件过程和产品质量有定量的理解和控制，软件过程能力是可预测的，软件过程在可度量的范围内运行，软件产品具有可预测的高质量
5	优化级	持续过程改进	软件机构通过预防缺陷、技术创新和更改过程等多种方式，不断提高项目的过程性能以持续改善组织软件过程能力

第7章 物联网应用软件设计

本章介绍应用软件的设计方法论，并针对物联网中普遍的嵌入式软件、分布式软件的一般设计方法及应用软件的部署方案等进行详细介绍。

7.1 物联网应用软件的特点

物联网应用软件具有一般软件的特点之外，还具有一些自身独有的特点，主要是：

1）交互广泛性。传统的互联网软件通常是一对一的交互，但物联网软件更多地表现为一对多、多对多的交互。因此，软件的设计应充分考虑和处理交互性引起的操作并发性、数据相关性、资源冲突性所导致的错误或效率低下问题。

2）测试困难性。大量的物联网软件运行在智能化物品或微型电子设备中，没有PC那样直观的人机交互界面，不能直观地观察程序运行结果。软件的运行与客观世界相关联，有的还要控制客观对象的行为，不能轻易测试运行。

3）能效敏感性。物联网系统中的大量设备依靠电池供电，对能效非常敏感，因此相关的软件应该设法降低能耗，尽可能保持休眠状态。

4）传输实时性。物联网系统的信息获取、反馈控制等操作，大多具有非常严格的时间限制，实时性要求很高，相关软件应具有很高的运行速度、很准确的时间控制，满足时限要求。

5）批量微型性。大量的应用系统要求每次传输的数据量很小，如只有几字节，但传输频率可能很高，要求这类应用的协议及软件具有针对性和高效率。

6）数据海量性。随着时间的推移，整个系统的数据呈现海量特性，要求软件具有处理海量数据的能力和健壮性。

7）施控忠实性。物联网系统对客观世界的施控要忠实体现设计意图，不能出现偏差或错误，对应的软件需保证正确性、鲁棒性。

8）隐私暴露性。物联网中的大量物品、设备都暴露在公开场合，其隐私性、安全性受到极大挑战，软件系统需充分处理隐私保护问题。

这些特点使得物联网应用软件的设计与传统的基于主机的应用软件设计与实现过程存在一些不同的关注点和方法。

7.2 应用软件设计模式

7.2.1 软件架构设计

物联网应用软件通常是一个大系统，而大系统通常非常复杂，需要有一个良好的设计方法才能保证设计的正确性、有效性、可延续性。

IEEE 对架构的定义是：架构是以组件、组件之间的关系、组件与环境之间的关系为内容的某一系统的基本组织结构，以及指导上述内容设计与演化的原理。

因此，软件架构所探讨的主要内容是：软件系统的组织；选择组成系统的结构元素和它们之间的接口，以及这些元素相互协作时体现的行为；组合这些元素使它们成为更大的子系统的方法；用于指导这个系统组织的架构风格（元素及其接口、协作和组合方式）；软件的使用、功能性、性能、弹性、重用、可理解性、经济与技术的限制与权衡、美学（艺术性）等。

1. 架构设计视图

架构设计视图是对从某一视角看到的系统所做的简化描述，描述中涵盖了系统的某些特定方面，而忽略了与此方面无关的实体。

最常用的架构设计视图是逻辑架构视图和物理架构视图。

（1）逻辑架构

软件的逻辑架构规定软件系统由哪些逻辑元素组成及这些元素之间的关系。通常来说，组成软件的逻辑元素可以是逻辑层、功能子系统、模块。

设计逻辑架构的核心任务是比较全面地识别模块，规划接口，并基于此模块之间的调用关系和调用机制进行。

因此，逻辑架构视图主要是模块 + 接口。

（2）物理架构

软件的物理架构规定组成软件系统的物理元素、物理元素之间的关系及它们部署到硬件上的策略。

物理架构可以反映软件系统动态运行时的组织情况。物理元素是进程、线程，以及类的运行时实例对象。进程调度、线程同步、进程或线程通信反映物理架构的动态行为。

物理架构还需要说明数据是如何产生、存储、共享和复制的。因此，物理元素主要包括：

- 物理层：客户端层、Web 层、业务层、企业信息层。
- 并发控制单元：进程、线程。
- 运行时实体：组件、对象（类的实例化）、消息。
- 数据：持久化数据、共享数据、传送数据。

（3）从视图到实现

架构设计指导后续的详细设计和编程，其关系如图 7-1 所示。

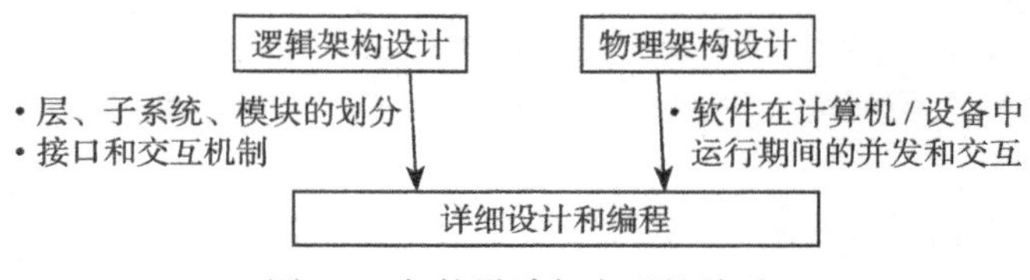

图 7-1 架构设计与实现的关系

2. 架构设计过程

（1）架构设计的原则

软件架构设计应遵循的基本原则与过程是：

1）透彻了解系统需求：这是设计好的架构的前提和基础，需求决定概念架构。要把需求全面地罗列出来，还要找出需求之间的矛盾关系、关联关系。

2）正确建立概念架构：确定正确的概念架构，只要架构基本正确，整个系统就不会偏离方向。概念结构基本确定了系统与系统之间的差异，体现了其独特性。

3）全面设计架构要素：对架构的每一部分进行设计，并进行验证。应使用多视图设计方法，从多个方面进行架构设计。例如，针对性能、可用性方面的需求，应进行并行、分时、排队、缓存、批处理等方面的策略设计；针对可扩展性、可重用性方面的需求，应进行代码文件组织、变化隔离、框架应用等方面的策略设计。系统越复杂，越需要进行分解，对每个方面进行周全的设计。

架构设计原则与过程如图 7-2 所示。

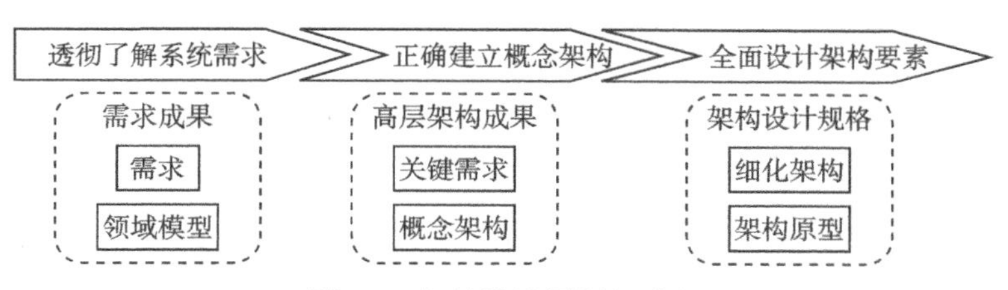

图 7-2　架构设计原则与过程

（2）架构设计的步骤

架构设计一般可分为六步，六个步骤之间的关系可用图 7-3 表示。

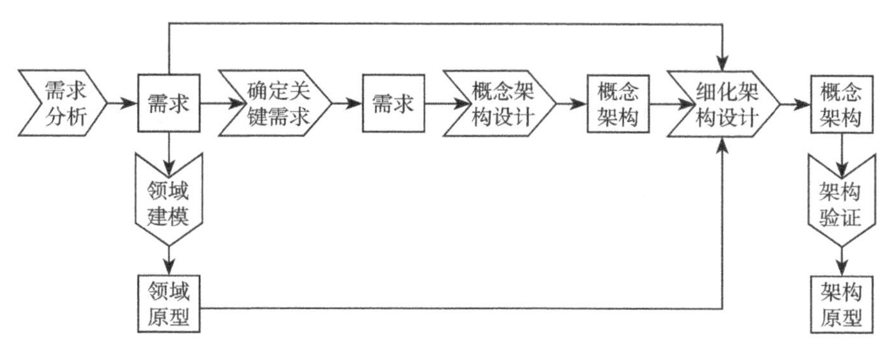

图 7-3　六个步骤之间的关系

1）需求分析：全面、透彻地了解需求，找出需求之间的关系。

2）领域建模：找出本质性的领域概念及其关系，建立问题模型。

3）确定关键需求：找出最关键的需求子集。

4）概念架构设计：需同时考虑共建功能和关键质量，需进行顶级子系统的划分、架构风格选型、开发技术选型、集成技术选型、二次开发技术选型。

5）细化架构设计：分别从逻辑架构、开发架构、运行架构、物理架构、数据架构等不同架构视图进行设计。

6）架构验证：一般开发一个框架来进行验证。

3. 领域建模

领域建模就是将领域概念以可视化的方式抽象成一个或一套模型。

领域建模的目的是提炼领域概念，建立领域模型。领域建模的原则是业务决定功能，功能决定模型。

领域建模的输入是功能和可扩展性需求（即未来的功能），输出是领域模型。

领域模型在软件开发中的作用如图 7-4 所示。

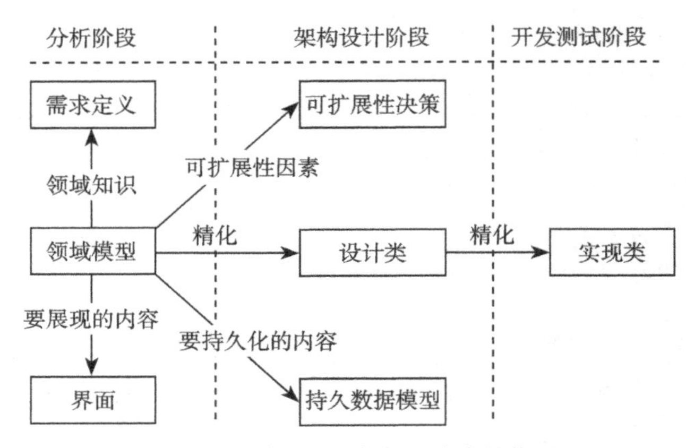

图 7-4　领域模型在软件开发中的作用

4. 概念架构设计

概念架构规定系统的高层组件及其相互关系。概念架构旨在对系统进行适当分解，但不涉及细节。

概念架构即“架构 = 组件 + 交互”。组件是指高层组件，对其功能进行笼统定义。交互只是定义组件之间的关系，不定义接口细节。

概念架构的任务是：

1）划分顶级子系统：确定有哪些顶级的子系统。

2）架构风格选型：例如，选择 C/S 还是 B/S 风格、UI 风格等。

3）开发技术选型：例如，选择 Java 还是 .NET。

4）二次开发技术选型：例如，是否设计成可进行二次开发的形式。

5）集成技术选型：确定是否需用通用的系统集成，是否设计成一体化系统。如用系统集成，选择哪种集成平台和技术。

概念架构设计步骤如图 7-5 所示。

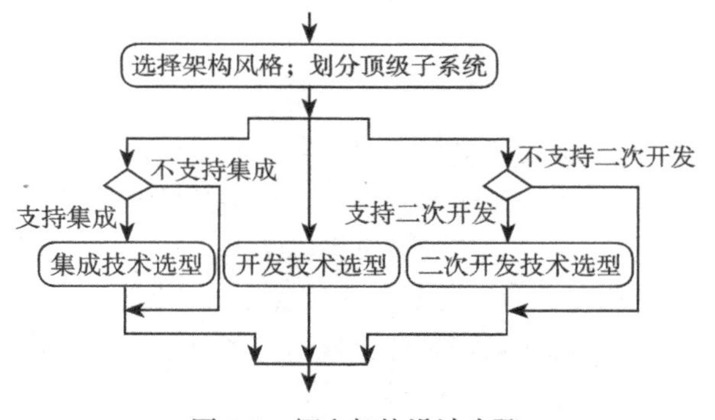

图 7-5　概念架构设计步骤

5. 细化架构设计

架构师需要解决的问题很多，例如，划分子系统、定义接口、设计进程与线程、服务器选型、模块划分与设计、确定逻辑层与物理层、设计程序目录结构、设计数据分布与存储。面对众多的任务，需要一种更加有效的设计方法，五视图方法是一种可用的选择。其关注点及关联关系如图 7-6 所示。

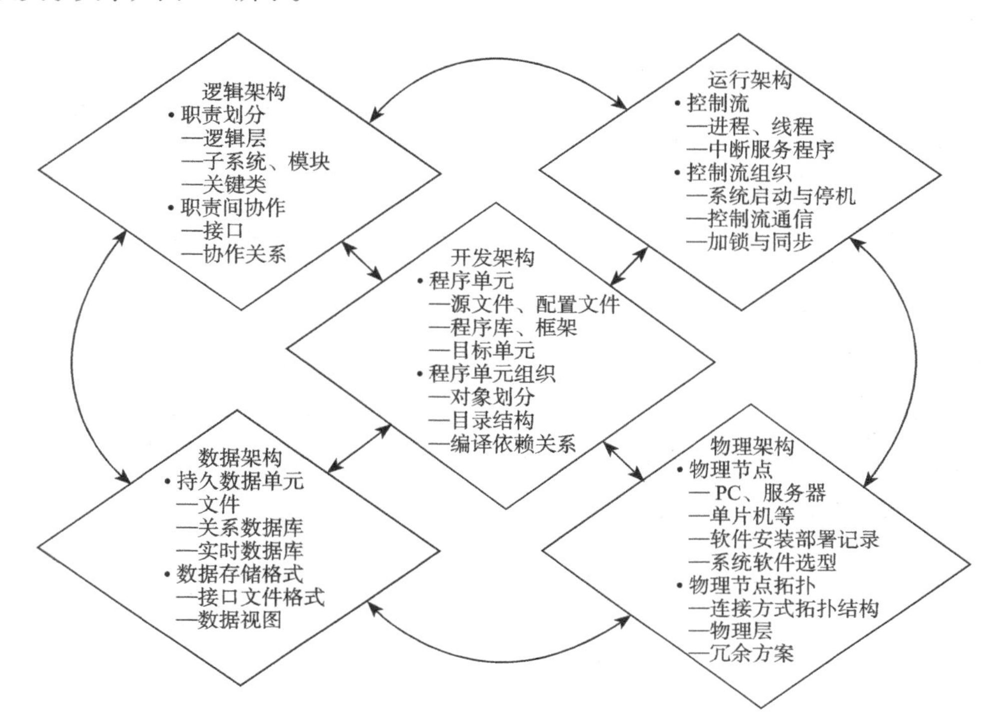

图 7-6　五视图法及其关注点

五种视图分别从不同的方面规划系统的划分、交互及主要结果。

（1）逻辑架构设计

主要目标：定义职责，确定职责间协作关系。

设计任务：进行模块划分，完成接口定义，确定领域模型。

（2）物理架构设计

主要目标：定义物理节点，确定物理节点间的拓扑连接关系。

设计任务：确定硬件分布，制定软件部署方案，进行方案优化。

（3）数据架构设计

主要目标：定义数据单元，确定其关系及数据存储格式。

设计任务：进行技术选型，定义存储格式，设计数据分布。

（4）开发架构设计

主要目标：定义程序单元，确定其关系及编译依赖关系。

设计任务：进行开发技术选型，进行文件划分，确定编译依赖关系。

（5）运行架构设计

主要目标：定义控制流，确定同步关系。

设计任务：进行运行技术选型，定义控制流，确定同步关系。

上述设计的主要结果体现为图 7-6 中的各要素的细化说明。

6. 架构验证

架构设计是软件开发中最为关键的一环。架构是否合理直接关系最终的软件系统能否成功。为此，对所涉及的架构进行验证和评估是一项必不可少的工作。

验证架构的方法主要有原型法和框架法。

（1）原型法

原型法的基本思想是对所关心的问题和技术进行有限度的试验，而不是完整地实现。通过试验，借以确定预计的风险是否存在，是否找到解决风险的办法，项目是否沿着预定的计划推进。

原型法可分为演进原型法和抛弃原型法。演进原型法是指所做的试验用系统将作为继续开发的基础。抛弃原型法是指所做的试验用系统在试验完后抛弃。

实现架构原型一般采用演进原型法，其代码应达到产品级质量。

（2）框架法

框架法的基本思想是将架构设计方案以框架的形式加以实现，并在此基础上进行评估验证。框架是一个与具体应用无关的通用机制及通用组件，可以支持多种版本的开发。因此，在框架上，应有选择地实现一些应用功能。

验证架构的具体步骤如图 7-7 所示。

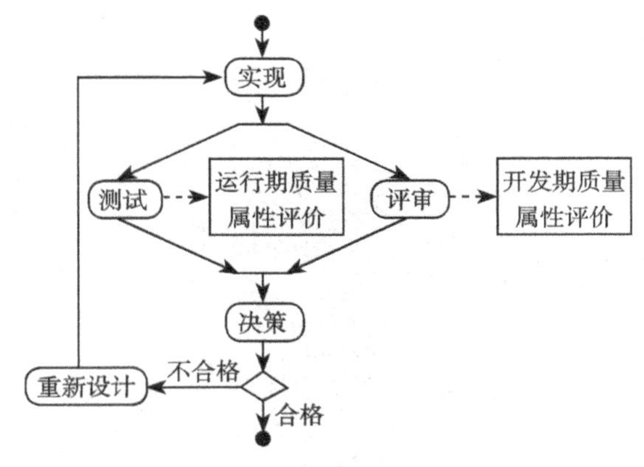

图 7-7　验证架构的步骤

7.2.2　模块划分

模块划分是架构设计的细化工作，是从功能层面给出的架构。

1. 功能模块划分

功能模块划分最常用的手段是功能树。功能树即将功能大类、功能组、功能项的关系以树的形式表示出来。功能树是一种功能分解结构，不是简单的功能模块图；刻画的是问题领域。

图 7-8 是功能树的一个例子，图 7-9 是功能树的常见表示方式。功能树中的功能是粗粒度的。

2. 功能分层

分层架构设计是表达架构设计的一种良好形式。

（1）三层架构

一个软件系统可以分为三个层次：

1）展现层：显示数据、接收用户输入、为用户提供交互式操作的界面。

2）业务层：或称业务逻辑层，处理各种功能请求，实现系统的业务功能。

3）数据层：或称数据访问层，与数据存储交互，包括访问数据库等。

（2）四层架构

四层架构是一种常见的层次划分方法：

1）UI 层（用户界面层）：封装与用户的双向交互。

2）SI 层（系统交互层）：封装与硬件、外部系统的交互。

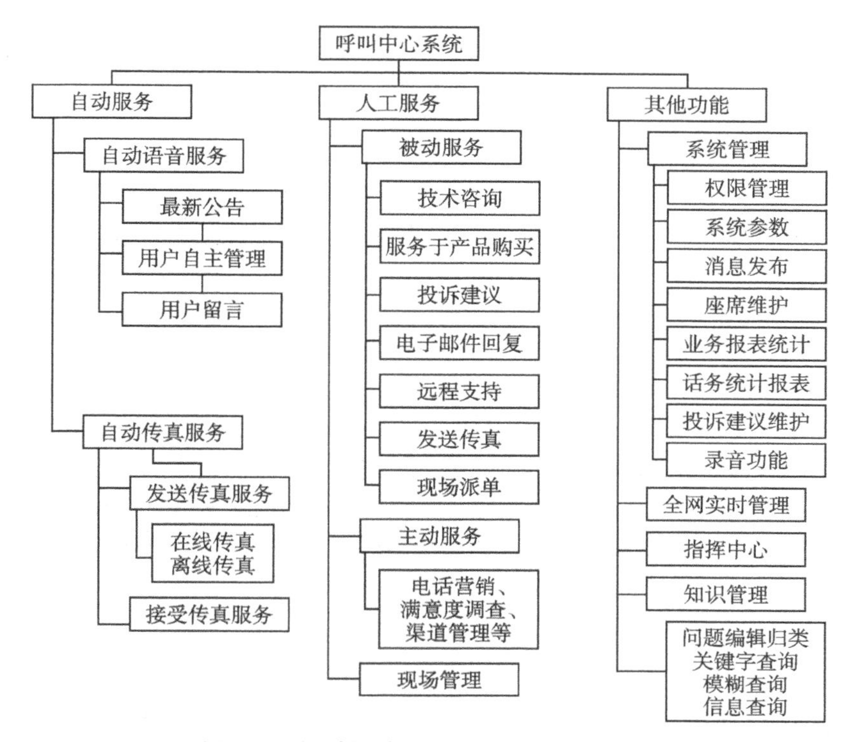

图 7-8 功能树示例（从呼叫中心系统为例）

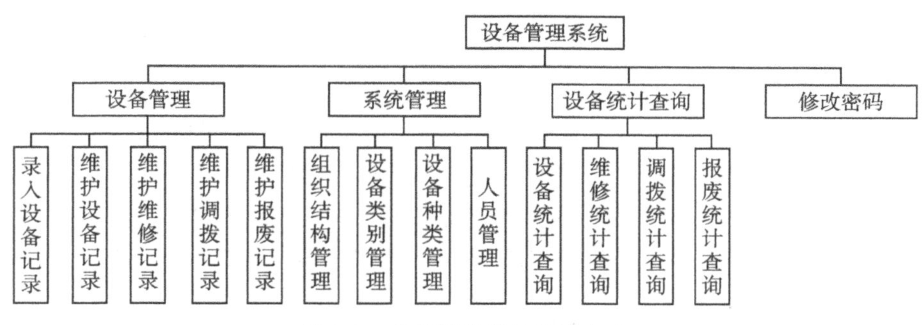

图 7-9 功能树的常见表示方式

3）PD 层（问题领域层）：对问题领域或业务领域的抽象及领域功能的实现。

4）DM 层（数据管理层）：封装各种持久化数据的具体管理方式，包括数据库、数据文件等。

3. 功能划分与层次划分的结合

确定每个层次包含哪些功能模块，并用一种直观的形式展现出来，是架构设计的结果之一，如图 7-10 所示。

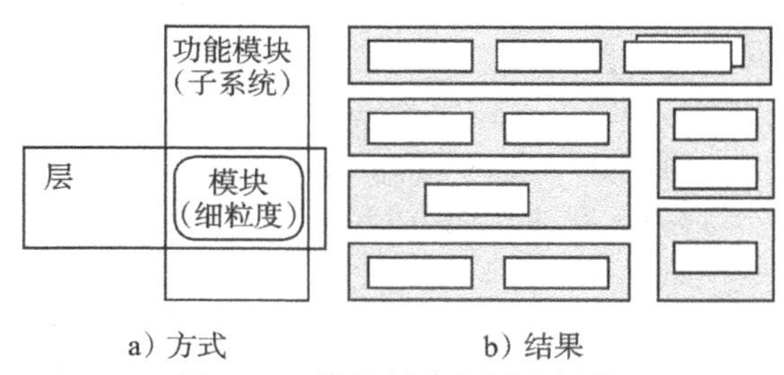

a）方式 b）结果

图 7-10 模块划分与层次划分

7.3 嵌入式软件设计方法

物联网需要实现物物互联，而嵌入式技术与系统是实现物物互联的重要基础之一。嵌入式软件微型化、信息化、网络化、可视化等特征，使得其开发明显不同于 PC 上的软件开发。嵌入式软件需要在一个开发平台上而不是实际运行平台上进行开发，需要在虚拟机上进行调试和测试。

7.3.1 开发工具与平台

目前，应用最多的嵌入式系统是基于 ARM 架构的，因此下面主要针对 ARM 架构的嵌入式系统进行介绍。

ARM 应用软件的开发工具分别有编译软件、汇编软件、链接软件、调试软件、嵌入式实时操作系统、函数库、评估板、JTAG 仿真器和在线仿真器等，而含有编辑软件、编译软件、汇编软件、链接软件、调试软件、工程管理及函数库的集成开发环境 (IDE) 一般来说是必不可少的。使用集成开发环境开发基于 ARM 的应用软件，包括编辑、编译、汇编、链接等工作全部在 PC 上均可完成。调试工作需要配合其他模块或产品才能完成。目前常用的开发工具有 ARM SDT、ARM ADS、Multi 2000、Hitools for ARM、Embedded IDE for ARM 等集成开发环境，EPI 公司的 JEENI、ARM 公司的 Multi-ICE 等 JTAG 仿真器，也可以选择开放源代码的 GNU 工具。

1. 软件开发平台

（1）ARM SDT

ARM SDT 是 ARM 公司为方便用户在 ARM 芯片上进行应用软件开发而推出的一套集成开发工具，可在 Windows 95/98/NT、Solaris 2.5/2.6 和 HP-UX 10 上运行，支持最高到 ARM 9 的所有处理器（包括 StrongARM）。

（2）ARM ADS

ARM ADS 是 ARM 公司推出的新一代 ARM 集成开发工具，用来取代 ARM SDT，它对 SDT 的模块进行了增强，并替换了 SDT 的一些组件。ADS 使用 CodeWarrior IDE 集成开发环境代替了的 APM，使用 AXD 替换了 ADW。ARM ADS 支持 ARM 7、ARM 9、ARM 9E、ARM 10、StrongARM 和 XScale 系列处理器。除了 SDT 支持的操作系统外，ARM ADS 还可以在 Windows 2000/XP 及更新的 Windows 版本、RedHat Linux 上运行。

（3）GNU 开发工具

利用 Linux 操作系统下的自由软件 GNU GCC 编译器，不仅可以编译 Linux 操作系统下运行的应用程序、Linux 本身，而且可以进行交叉编译，即可以编译运行于其他 CPU 上的程序。可以进行交叉编译的 CPU(或 DSP) 涵盖了绝大多数知名厂商的产品，具有较好的通用性。

（4）嵌入式操作系统选择

用于嵌入式芯片的操作系统主要有 Linux、VxWorks、Windows CE。

- Linux 是开源系统，可进行裁剪，具有较大的灵活性；开发难度较大，工具较少。
- VxWorks 以其实时性强著称。
- Windows CE 是基于 Windows 95/98 的嵌入式操作系统，具有 Windows 系统的 GUI，辅助工具较丰富，但占用内存多。

2. 硬件开发工具

（1）JEENI

JEENI 仿真器是专门用于调试 ARM 7 系列的开发工具。它与 PC 之间通过以太网或串口连接，与 ARM 7 目标板之间通过 JTAG 口连接。用户应用程序通过 JEENI 仿真器下载到目标 ARM 中。通过 JEENI 仿真器，用户可以观察 / 修改 ARM 7 的存储器的内容；可以在所下载的程序上设置断点；可以用汇编 / 高级语言单步执行程序；可以观察高级语言变量的数据结构及内容，并对变量的内容进行在线修改。

（2）Multi-ICE

Multi-ICE 是 ARM 公司的 JTAG 在线仿真器。Multi-ICE 支持实时调试工具 Multi-Trace。Multi-Trace 可以跟踪触发点前后的轨迹，并且可以在不中止后台任务的同时，对前台任务进行调试。Multi-ICE 支持多个 ARM 处理器及混合结构芯片的在线调试，支持实时调试。

7.3.2 基于虚拟机的调试与测试

开发在 PC 上运行的软件，可在编程过程中随时调试运行，观察运行结果，判断程序的正确性。对于嵌入式系统的软件，一般在 PC 上编程，但在嵌入式芯片上运行，所以不能简单地像 PC 上的程序一样随时进行调试运行。为了便于调试，一般在 PC 上安装虚拟机，仿真一个嵌入式运行环境，这样也可在编程过程随时启动调试，直观地观察程序的运行结果。

现在广泛使用的虚拟机软件是 VMware Workstation。

7.4 分布式程序设计

7.4.1 分布式计算模型

物联网系统及物联网软件的基本形态是以 Internet 为基础的分布式系统，其计算模型是 C/S（客户机 / 服务器）模型和 B/S（浏览器 / 服务器）模型。

C/S 模型的原理如图 7-11 所示。

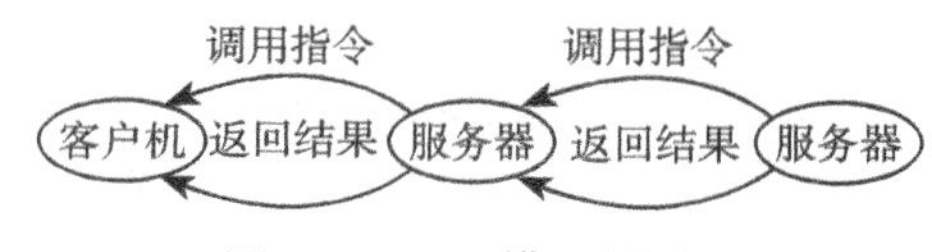

图 7-11 C/S 模型的原理

客户机（client）向服务器（server）发送指令，服务器返回处理结果。服务器和客户机是相对的概念，并不绝对指系统中的服务器。例如，传感网中的数据汇聚节点（计算机）向传感器发出指令，要求传感器传送所感知的数据，此时传感器充当服务器的角色，汇聚节点充当客户机的角色。C/S 可以递归地进行，直到指令到达最终的服务器，此时中间的节点对于上游节点而言是服务器，对于下有节点而言是客户机。

B/S 是 C/S 的一种特定形式，指客户机端运行浏览器，请求的一般是网页。

在网络中实现 C/S 模型，需要利用并遵循网络的相关传输协议。

7.4.2 分布式程序架构

分布式程序至少包括两个相对独立的程序，分别运行在不同的硬件设备上。例如，无线传感器网络中运行在传感器节点上的感知程序、运行在汇聚节点上的数据收集程序、服务器上存储于处理程序的数据，共同构成一个感知软件系统或应用系统。在 RFID 系统中，运行在标签中的程序、运行在读写器中的程序、计算机上的数据存储与处理程序共同构成 RFID 应用系统。

在编写这类分布式程序时，需要分别编写每个程序，分别编译，并部署到对应的硬件设备上。

为保证系统协同工作，根据角色的不同，充当服务器的设备上的程序应具有监听功能，即不间断地（或周期性地）监听来自客户机的请求，并做出响应，类似于事件响应程序。

为实现分布式系统的功能，需要提供通信功能，典型的通信模型是 send( ) 与 receive( ) 原语。发送消息者使用 send( ) 原语发送指令，对方使用 receive( ) 原语接收消息。

在 Internet 中，所有的发送、接收功能均使用数据包传递来实现，一般使用标准的 TCP/IP 协议完成所有功能。但对于传感网等特定的系统，HTTP、TCP 等协议的效率明显很低，因此采用 CoAP 是更好的选择，或者采用系统自己定义的特殊通信功能实现通信和数据传输。基于 CoAP 的一种实现模型如图 7-12 所示。

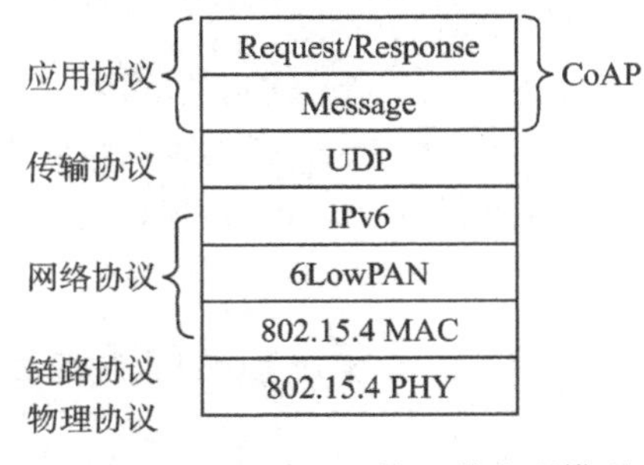

图 7-12 基于 CoAP 的一种实现模型

7.4.3 分布式程序设计方法

在物联网中，分布式程序设计方法主要有基于 B/S 的设计方法和基于 MPI 的设计方法两类。

1. 基于 B/S 的设计方法

基于 B/S 的程序设计需要分别设计服务器端处理程序和客户端的网页程序。

主要设计工具有 .NET 平台和 J2EE 平台，各自都包括语言、编辑、编译工具。这部分内容在其他课程中已有详细介绍。

需要特别强调的是，基于 B/S 的物联网软件并不一定使用 HTTP、TCP 等传统的 Internet 协议，在很多应用中，使用 CoAP 会有更好的运行性能。

2. 基于 MPI 的设计方法

MPI 是一种消息传递接口标准，本身并不是一种程序设计语言，而是可在程序设计语言（如 C、C++ 等）及编译中调用的函数库。MPI 当初的设计目的是实现并行处理，但现在可以用于分布式软件的编程。

MPI 库中包含大量 API 函数，可以实现发送消息、接收消息等功能。

7.5 物联网应用部署

物联网应用软件的部署范围包括末梢终端、服务器、云端等不同设备。

7.5.1 应用在末梢终端上的部署

末梢终端上的软件大多采用 C/C++ 语言编写，也有少量软件采用汇编语言编写。这类软件通常是在专用开发平台上写入终端设备，因此其部署方式比较单一，运行时一般直接执行相应的程序即可（常称为绿色程序），基本上没有特殊的关联环境要求，不像 PC 上的应用软件，需要编写专门的安装程序以安装必要的关联软件、设置运行环境。

末梢终端上的软件也存在升级的问题，因此该类软件应有一个升级模块，周期性检查开发商服务器或后端上的升级信息，在有新版本时可以自动下载新版本以实现软件的升级。

升级程序的一般流程如图 7-13 所示。

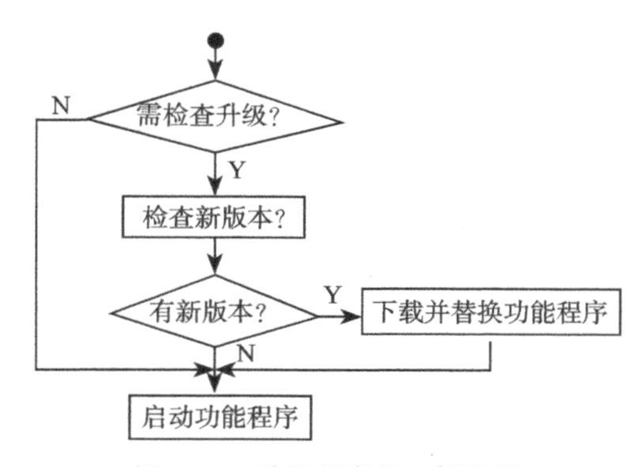

图 7-13　升级程序的一般流程

7.5.2　应用在服务器上的部署

服务器或 PC 上的应用部署具有一些相似性。

通常，服务器上的软件比较复杂，使用 IDE 集成开发工具进行编程和调试，生成的应用程序离开开发环境之后不能独立运行（常称为非绿色程序）。这时，对应用软件需要制作特定的安装程序。安装程序可能是一个单一的可执行程序，其中包括所有的应用功能程序、运行时函数库，同时包括设置运行环境、生成配置参数文件的功能。安装程序也可能包括一组程序，其中一个主程序、一组辅助程序、数据文件等。通过运行安装程序，可以自动将应用软件部署到服务器上，并处于可运行状态。

对于客户端 PC，如果应用软件是基于桌面应用格式的，其部署与服务器上的软件部署类似。但这样的软件存在一个较大的不便之处，即当软件需要升级时，所有的客户机需要进行升级操作。为此，很多应用软件设计成基于 Web 形式，这样客户机不需要进行任何升级操作，只需要对服务器上的单一副本进行升级。

7.5.3　基于云计算的应用部署

云计算的特征之一是将资源封装为服务，用户按需租用服务，主要包括 IaaS（基础设施及服务）、PaaS（平台及服务）、SaaS（软件及服务）。对于物联网应用软件来说，主要是 PaaS 和 SaaS 两种情况下的软件部署问题。

PaaS 和 SaaS 的基础是虚拟化，将集群计算机虚拟化为多台计算机，用户在虚拟计算机上部署应用软件。云服务提供商提供的软件与用户部署的软件一样，也是在虚拟机上部署的。

为了适应应用软件的运行要求，需要选用不同类型的虚拟机，并在其上安装所需要的客体操作系统。典型的虚拟机软件及其部署条件如表 7-1 所示。

表 7-1　典型的虚拟机软件及其部署条件

虚拟机软件	主体 CPU	主体 OS	客体 OS
VMware Workstation	x86,x86-64	Windows, Linux	Windows,Linux,Solaris, FreeBSD,SCO
VMware Server	x86,x86-64	No	Windows, Linux, Solaris, FreeBSD,SCO
XEN	x86,x86-64 IA-64	NetBSD, Linux, Solaris	FreeBSD,NetBSD, Linux,Solaris,Windows
KVM	x86,x86-64 IA64,PowerPC	Linux	Linux,Windows, FreeBSD, Solaris

安装客体 OS 后，在客体 OS 上部署应用软件与在物理计算机上部署软件的方法基本上是一样的。

第8章 物联网工程实施

工程实施是物联网工程的重要一环，通过工程实施，把设计方案变成可用的系统。本章介绍物联网工程实施过程、招投标过程、施工过程管理、质量监控及工程验收等主要内容。

8.1 物联网工程实施过程

一般地，可将项目实施的流程分为6个阶段，分别是项目招投标阶段、项目启动阶段、项目具体实施阶段、项目测试阶段、项目验收阶段、项目售后服务和培训阶段。

1. 项目招投标阶段

该阶段包括下述主要步骤：

1）承建方寻标：承建方通过各种途径，搜罗项目信息，寻求投标、承接工程的机会。

2）建设方招标或邀标或直接委托：按照相关规定，对于金额较大的项目，建设方应通过公开招标的方式确定承建方。对于特殊性质的项目，可以定向邀标，即邀请有限几个潜在的承建方投标，然后从其中挑选合适的承建方。对于金额较小的项目，也可以采用直接委托的方式确定承建方。

3）购买标书：承建方在规定的时间到指定地点购买招标文件。

4）现场调研：承建方组织技术人员到现场调研，进一步了解需求和工程实施中可能遇到的问题。

5）招标咨询会：拟参加投标者可能对招标文件有疑问，会提出很多问题。发标方按规定不应单独进行解答，而是通知所有购买了招标文件的单位在指定时间参加发标方召开的咨询会，统一回答问题。发标方也可以将问题的解答写成书面文档，由招标机构统一分发给各投标单位。

6）承建方投标：承建方组织技术、销售等方面的人员撰写投标书，并在规定时间内投标。

7）评标：招标机构按事先确定的时间、地点组织专家评标，确定中标者，并进行公示。

8）签订合同：承建方中标后，在规定时间内完成合同签署。

2. 项目启动阶段

该阶段包括下述主要步骤：

1）承建方深入调研：承建方组织技术人员对需求进行深入调研。

2）设计详细的技术方案和施工计划：承建方在深入调研的基础上，设计技术方案，制订具体的进度施工计划。

3. 项目具体实施阶段

该阶段包括下述主要步骤：

1）场地准备：承建方对施工现场进行准备，如申报施工许可、腾空场地，有时还需要搭建施工人员的临时住房。

2）采购工程所需设备和辅助材料：购买工程所需要的各种设备及辅助材料。一些进口设备需要较长的到货时间，必须提早安排。根据承建方的单位性质，对于大额的设备或工程，可能需要通过招标方式采购，需要做好招标文件，走招标流程。

3）组织施工：根据施工计划，组织各类人员各司其职，进行项目施工。

4. 项目测试阶段

该阶段包括下述主要步骤：

1）单元测试：承建方对各单元进行测试，并根据测试结果进行完善。

2）综合测试：承建方对整个项目进行综合测试，确定是否达到设计要求。

3）第三方测试：对于大型工程，按照合同约定，承建方可能需要提交第三方的测试报告，这时承建方应邀请有资质的第三方专业机构对整个系统进行总体测试。

5. 项目验收阶段

该阶段包括下述主要步骤：

1）提交验收申请：在经过试运行、确认工程项目达到设计要求后，承建方向建设方提出验收的申请。申请有时是书面形式，小型项目也有口头申请的。

2）准备验收文档：承建方编制验收所需要的各种文档。

3）鉴定验收：建设方或委托第三方组织鉴定验收。

对于大型或复杂的工程项目，验收可分为初验和终验两个步骤，初验通过后会继续试运行一段时间，然后进行终验。

6. 项目售后服务和培训阶段

该阶段包括下述主要步骤：

1）继续进行用户培训：对用户进行深入培训，以保证系统更好地运行。

2）定期巡查：承建方定期巡查，与建设方交流运行过程的各类信息，并对设备进行例行检查和维护。定期巡查有利于提高承建方在业界的美誉度。

3）及时处置故障：在运行过程可能会出现各种问题，承建方按合同要求需及时予以解决。

4）续保：在质保期过后，承建方通常与建设方协商，签订新的服务合同，有偿提供售后服务。这也是承建方增加收入的重要方式。

8.2 招投标与设备采购

8.2.1 招投标过程

1. 招标代理机构选择

按照相关法规和规定，对于政府项目或财政出资的项目，只要金额达到规定的额度，都需要通过招标确定承建方。

招标由具有资质的招标代理机构（如招标公司、招标中心等）具体实施。

招标代理机构通常有其特定的业务范围或擅长的招标业务类型。例如，有的招标代理机构擅长土建项目招标，有的擅长机械设备采购招标，有的擅长电气施工项目招标，有的擅长通信工程项目招标，有的擅长药品采购项目招标。这取决于招标代理机构人员的配置和经验等。

在作出需通过招标确定承建方的决定后，首先应选择一个较好的招标代理机构。选择招标代理机构应考虑的主要因素有：

1）资质。要了解招标代理机构的业务范围、等级、服务质量、人员的业务水平。一个具有良好业务水平的招标代理机构可以为招标方节约大量的人力、时间，并能对技术需求或技术方案提出一些有价值的建议。

2）招标时限。要了解对方在本方期望的时间段，其相关部门有无专业人员承接此项招标工作，因为可能该代理机构正好在该时间段有很多招标项目，没有人承接本方招标任务。

3）收费标准。招标代理机构是盈利机构，靠收取代理费生存。各代理机构的收费标准并不完全相同。招标费用通常由招标方承担，但若招标方没有预算招标费，该笔费用也可约定由中标方支付，因此中标者在报价中会包含招标费用。

2. 招标文件编制与发布

确定招标代理机构后，即着手编制招标文件。

通常，招标方与招标代理机构的相关人员会举行多次会议，确定招标文件的具体内容和相关细节。招标文件应满足如下基本要求：

1）合法性：符合法律法规或规章的相关规定。

2）完整性：完整、详细地说明招标方的目的、需求、评标标准等，以及投标方应提交的文件清单。

3）准确性：不要有二义性、不确定性的内容。

4）公开性：不能保留一些重要信息供私下告知。

3. 投标者购买标书并投标

投标方应满足相关法律法规或规章的规定，如应是企业法人，有些还要求必须是在中国境内注册的企业。

潜在的承建方从相关渠道（如招标机构网站、政府采购网站、招标方网站等，甚至私人交流渠道）获知招标信息，在对招标项目的基本信息经评估后确定是否投标。若决定投标，则安排相关人员前往招标公司或通过网络方式购买招标文件。一般情况下，招标文件不是免费的，一般只有几百元。购买招标文件后，应指定负责人，开始组织技术人员、销售人员、财务人员、项目管理人员等分工负责，共同编制投标文件。

投标文件应按规定的形式进行装订。大型项目的投标文件可能长达数千页甚至上万页，这时应分册装订。

投标文件通常用硬质封面，并加上适当的封面设计，以显示投标方的专业性。应在其中一份文件的封面上注明“正本”，在其余多份文件的封面上注明“副本”。

应按要求在每个需要盖章的地方盖上单位公章（或投标专用章），在每一个需要签署的地方手工签上投标负责人或委托人的全名，在允许只签姓的地方，可只签姓。有的招标文件规定要在投标文件的每一页上签署，这时就应该在每一页上签署，不能用盖章代替签署，也不能签一份之后复印。

装订好投标文件后，在规定的时间之前送达招标机构。投标人在异地的，在招标机构许可情况下，也可通过快递方式邮寄投标文件。

投标时，应按招标文件规定的金额和方式支付投标保证金。通常，投标保证金以网上银行的方式支付，在本地的，也可用支票支付。对于金额很小的，也可以现金方式支付。

投标保证金一般在投标结果公布并公示结束后退还，对于中标的公司，如果已经约定招标代理费由中标者支付，则保证金可冲抵招标代理费，多余部分及时退还，不足部分应按约定及时补齐。

4. 评标及确定中标者

（1）评标委员会的组成

评标委员会的人数为单数，小型项目的评标委员会最少允许为3人，大型项目的评标委员会可能多达十几人，甚至数十人。

评标专家必须是政府相关部门预审通过并录入专家库中的人员。

按照有关规定和惯例，招标方（用户单位）有一人作为评标委员会的成员。

评标委员会的其余成员应在政府建立的评标专家库中自动抽取。计算机抽取后，通过自动语音系统电话通知被抽取的专家，如果被抽取的专家不能参加，则系统继续抽取，直到达到规定的人数。

（2）评标流程

评标开始前，招标代理机构会组织评标委员会选出一名组长，主持评标过程。

依据投标内容及规定的不同，有些招标规定所有投标人开标前都进入开标现场唱标，有些招标规定每次只能有一个投标人进入现场唱标。

评标的流程一般是：

1）确定开标顺序，一般按签到的逆序，或者抽签确定。

2）按照确定的顺序，投标人检查本公司投标文件密封的完好性，工作人员打开封装，交由投标人报告本公司的主要投标内容，如技术方案的关键思想、设备品牌、报价、工期、售后服务等。

3）投标人离场，组长安排评标的具体事务，通常将专家分成多个小组，有的负责商务部分，有的负责技术部分。如果技术部分很复杂，会分成多个小组分别负责不同的部分。各小组审查投标文件，并按评分细则对各投标人打分。

4）对投标文件中有疑问的地方进行讨论，形成统一意见。

5）投票表决中标者。

6）招标代理机构工作人员统计表决票，宣布结果。

7）组长负责撰写评标决议，全体成员签字。

至此，评标工作结束。

随后，招标代理机构将评标结果在网上公示。公示期结束后，若无重大异议，即正式通知中标者，让其与招标方编制并签署合同，招标工作结束。招标代理机构一般不参与合同的签订过程。

在公示期内，如果投标人对招标结果有重大异议，可按事先公布的方式向有关方面（一般是纪委或监察部门）进行书面反映，有关方面在进行调查后会确认或否决招标的有效性。

8.2.2 招投标文件

招标方（即建设方）负责编制招标文件。招标文件的格式并非千篇一律，但典型的招标文件通常包括下列主要内容：

第一章　投标邀请书
第二章　投标人须知
第三章　招标工程 / 货物技术参数、规格及要求
第四章　评标标准及方法
第五章　投标要求
第六章　投标文件格式
第七章　合同参考格式

各部分的内容简述如下：

第一章为投标邀请书，这一部分通常由招标代理机构填写，典型内容如下：

××招标有限责任公司受业主方的委托，对其采购项目中所需的“______”进行国内（或国际）公开招标采购，欢迎符合资质条件并对此感兴趣的制造商或供应商前来投标。

1. 招标编号：______
2. 招标内容：______
3. 合格的投标人
   1）投标人必须提供设备制造商针对本次投标的专用授权。
   2）投标人注册地应为______，或者在______有分支机构或办事处，能稳定地提供技术支持和系统维护。
   3）投标人应具有______资质。
4. 招标文件从即日起到投标截止时间前每天 9:00 时到 17:00 时（节假日除外）在______招标有限责任公司公开出售。
5. 招标文件售价为每套人民币______元。售后不退；若投标人需邮购招标文件，我们将以快递邮寄，邮寄费另收______元人民币。
6. 兹定于______年______月______日 09 :30 时（北京时间）在______公开开标（如开标地点变更，另行通知）。届时敬请参加投标的代表出席开标会。
7. 凡是购买了招标文件但决定不参加投标的投标人，请在开标截止日前 5 个工作日以书面形式通知招标代理机构。若该项目因参与投标的投标人不足 3 家而进行重新招标的，未予书面通知的投标人将被取消重新参加该项目投标的资格。
8. 招标代理机构

   公司名称：______
   地　　址：______
   邮　　编：______
   联 系 人：______
   电　　话：______
   传　　真：______
   E－mail：______

9. 银行信息
户　　名：______
开 户 行：______
账　　号：______

第二章为投标人须知，该部分通常由招标代理机构填写，主要内容包括：

1. 招标人的相关信息：机构名称、地址、联系电话、联系人及其电话。
2. 投标人的资格：公司地址限定条件、产品授权、技术/管理资质及等级、产品产地及等级、实施同类项目的经验等。
3. 是否允许联合投标的限定条件。
4. 报价币种。
5. 投标保证金的数额及支付方式。
6. 投标书的份数、签字要求、送达时限。
7. 开标时间、地点。

第三章为招标工程/货物技术参数、规格及要求，该部分由招标人编制，详细列出工程需求。

第四章为评标标准及方法，该部分一般由招标人起草，与招标代理机构共同审核定稿。如果招标代理机构经验非常丰富，可以起草该部分内容，这样可以减少招标人的一部分工作量。该部分的主要内容包括：

1. 评标方法。在国家法规允许的方法中挑选一种，如综合评标法。
2. 评标分数的组成，如技术、商务、价格等各部分分别占多少分，等等。
3. 分数评定细则，详细给出打分的细则。例如：产品知名度、技术方案（详细列出各部分）、方案整体性（各部分的协调性、均衡性、优化性等）；商务部分的质保期、售后服务措施、过往业绩及案例、技术服务及培训、美誉度（过往用户评价）、制造商业绩、本项目实施方案等；价格部分的评分细则，如以最低价为最高分和基准价，每高出多少减多少分，超出多少得0分等。有的以平均价为基准，即报价每高出多少减多少分，每低于多少加多少分等。
4. 评标委员会的组成。一般5人以上，人数为单数，按惯例，用户单位有一人作为评标委员会成员。
5. 评标程序。
6. 评标结果的公布时间、方式。

第五章为投标要求，该部分列出具体的投标要求，主要内容包括：

1. 投标人资质详细要求及需要提供的证明文件，包括核心技术人员的资质证明。
2. 联合投标的具体规定。
3. 招标文件的语种、计量单位等的约定。
4. 投标文件的格式。
5. 投标文件的印制要求。
6. 投标文件的签署要求。有的要求逐页签署，有的要求逐页盖章。

7. 投标文件的送达方式、时间要求。
8. 投标保证金的缴纳方式。
9. 投标文件中单一数量与合计数量不符、单价与总价不符时及出现其他不一致情况时的处理方法。
10. 投标保证金的退还时间及方式。
11. 中标者签订合同的要求。
12. 法律法规或规章依据。
13. 其他条款。

第六章为投标文件格式，该部分给出投标书的参考格式，投标方应按照该样本填写相关内容，通常包括以下几部分（实际样本包括更多的内容）：

第一部分：投标承诺函。
第二部分：开标一览表，列出所投的各个标段的单价、金额、优惠报价等。
第三部分：投标分项报价，给出详细的报价表，具体到每个分解的工程/项目、设备。
第四部分：技术方案，详细给出针对本项目的技术方案，以及技术规格偏离表。
第五部分：商务部分，包括投标公司的财务状况、资质及证明文件、过往业绩清单及证明文件（签署的合同）、售后服务措施、质保期限、制造商针对本项目的授权文件、商务条款偏离表。对于可进口免税的，需要贸易公司的资质证明文件。

第七章为合同参考格式。给出拟签订的合同的参考样本。

8.2.3 合同

公示期结束且无重大异议，即正式宣告中标者。中标者与招标方开始磋商合同的具体细节时，通常由一方负责起草合同，双方审查、修改合同，直到双方都无异议后，交由各自单位的相关部门（如法务部门、合同管理部门等）进行审查，在审查通过后进行签署。

合同以甲方、乙方的形式指称双方，甲方为建设方/买方，乙方为承建方/卖方。

合同一般包括但不限于这些内容：

______________物联网工程项目合同书

合同编号：________________

甲方：
乙方：

甲方与乙方同意按下述条款签署本合同。
1. 本合同中的词语和术语的含义与“投标人须知”和“合同通用条款”中定义的含义相同。
2. 下述文件是本合同不可分割的组成部分，并与本合同条款具有同等法律效力。
（1）招标文件：（编号为：__________________）；
（2）卖方提交的投标文件；
（3）_______招标有限公司发出的中标通知书；
（4）经双方授权代表签字确认的、在投标期间形成的书面文件；
（5）合同附件：

1）分项价格及合同货物清单（含备品备件、专用工具等）；

2）招标货物技术规格、参数与要求；

3）卖方提供的技术服务及技术培训方案；

4）履约保证金保函；

5）附图等。

（6）在合同文件中若有不一致的地方，如图纸和文字发生矛盾时，以文字说明为准；前后文件有矛盾时，以时间在后者为准；标准或要求不一致时，以标准或要求高的为准。在合同实施过程中，合同各方的一切联系、通知均以书面通知为准，合同各方共同签署的其他文件都属于合同补充文件。

3. 合同范围及条件

本合同范围及条件应与上述规定的合同文件内容相一致。

4. 合同货物及数量 / 工程任务

本合同项下所需货物及数量详情单、工程范围及数量质量要求（见招标文件第一章）。

5. 合同金额

本合同总金额为______________（人民币）。其分项价格详见合同附件一。

6. 合同交货时间及交货地点

本合同货物的交货时间及交货地点的说明。

7. 合同验收

本合同工程、货物的验收方案的说明。

8. 支付方式

本合同支付方式的说明，一般采用分期支付的方式，应写明分几期、每期支付的时间、比例及金额等。

9. 合同生效

本合同应在双方授权代表签字并加盖双方公章和买方收到卖方提交的履约保证金后（如果需要的话）生效。

10. 知识产权

对知识产权的归属做出规定。

11. 免责条款

对不可抗力因素导致的合同延期的免责规定。

12. 合同终止

对合同终止的条件、各方应承担的责任做出规定。

13. 纠纷处理

对双方出现纠纷后的处理机制做出规定，包括仲裁机构、诉讼法院的名称，以及在纠纷未有最终定论前的合同执行约定。

14. 本合同正本一式两份，双方各执一份；副本一式四份，双方各执两份。双方签字盖章后生效，具有同等法律效力。对正副本有疑义时，以正本为准。

甲方（盖章）　　　　　　　　乙方（盖章）

甲 方 名 称：______________　　乙 方 名 称：______________

授权代表签字：______________　　授权代表签字：______________

日　　期：________	日　　期：________
开 户 银 行：	开 户 银 行：________
账　　号：________	账　　号：________
地　　址：________	地　　址：________
电　　话：________	电　　话：________
传　　真：________	传　　真：________
合同签订地址：________	

8.2.4 设备采购与验收

1. 对设备应提出具体的性能指标

同类型设备很多，性能、质量参差不齐，价格相差也很大，兼容性也不尽相同。因此，对拟采购的设备应明确提出具体的性能指标、可靠性、质量及外观、尺寸、安装方式等方面的要求，越具体越好。

2. 对进口设备尽量用好免税政策

国家对有些进口设备规定了可免税的政策，采购单位只要满足相应条件，即可申请并享受优惠政策，这样可以节约一部分资金。

对于进口设备的采购，通常应通过有资质的贸易公司购买并办理免税手续。贸易公司要收取一定的费用，这些费用应包含在招标价格中，在招标文件中应注明进口设备享受的优惠政策。

3. 遵守设备禁止规定

对于一些特定行业和特殊用途的工程项目，国家规定某些设备只能使用国产设备。因此，在制定方案时应仔细研究国家相关政策，不要违反相关规定。

4. 设备到货验收

金额很大的大型设备在到货后，按照有关规定，应组织开箱验收。这不同于工程项目结束后的验收。

8.3 施工过程管理与质量监控

8.3.1 施工进度计划

任务确定后，为保证工程的顺利开展，制订一个具有约束力的进度计划是极其重要而必不可少的一项工作。

1. 进度计划的时间单位

根据项目周期的长短，应确定不同的时间单位。对于很小的项目，总的工期只有一两个月，则可以以天为单位制订计划。如果工期为半年至一年，一般可以以 10 天或星期为单位制订进度计划。如果工期超过一年，一般以月为单位制订总的计划，同时以天为单位制订月度明细进度计划。对于超过 10 年的工期，一般以年为单位制订总的计划，再以月或 10 天或星期为单位制订明细的计划。

2. 进度计划表的格式

进度计划表有很多种格式，其中最常见的是甘特图表示法。

甘特图以图示的方式通过活动列表和时间刻度形象地表示出任何特定项目的活动顺序与持续时间。甘特图基本是一条线条图，横轴表示时间，纵轴表示活动（项目），线条表示在整个期间上计划和实际的活动完成情况。它直观地表明任务计划在什么时候进行，以及实际进展与计划要求的对比。管理者由此可便利地弄清一项任务（项目）还剩下哪些工作要做，并可评估工作进度。典型的甘特图如图 8-1 所示。

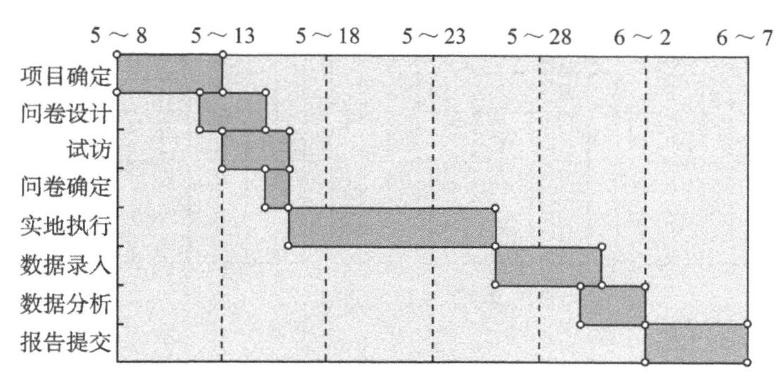

图 8-1 甘特图

甘特图的好处是直观，但只能显示，不方便实时、动态管理。

在实际工作中，管理人员一般按时间单位在进度表上标注实际进度，例如，用红色表示计划进度，在其下方用黑色标注实际进度。对照时间轴，可以明显地知道项目当前的进展是超前了、落后了或者与计划完全一致。

为此，可以制订更加简单的进度计划表，如图 8-2 所示。

项目	负责人	6月																						7月							
		9	10	11	12	13	14	15	16	17	18	19	20	21	22	23	24	25	26	27	28	29	30	1	2	3	4	5	6	7	8
需求调研	章																														
概要设计	张																														
详细设计	李																														
场地勘测	王																														
设备采购	周																														
安装调试	赵																														
验收	吴																														

图 8-2 简易进度计划

上述两种计划有一个共同的缺点，即不能体现人工标出的实际进度是什么时间标出的。为此，可在图 8-2 的基础上，增加标出时间的方式。例如，在 6 月 22 日标出的内容，可用一个起点在 6 月 22 日这一列的垂直线条标注。如果这天已经完成了 6 月 26 日的工作（进度提前了），则用一个终点在 6 月 26 日的垂直箭头（箭头向右）标注。如果 6 月 20 日这天完成的是 6 月 18 日的工作（进度延误），则用一个箭头向左指向 6 月 18 日的垂直箭头标注，如图 8-3 所示。

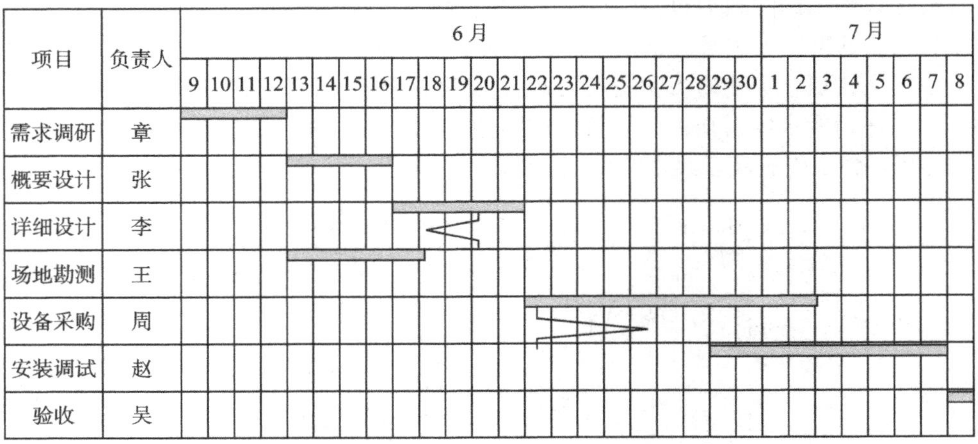

项目	负责人	6月																						7月							
		9	10	11	12	13	14	15	16	17	18	19	20	21	22	23	24	25	26	27	28	29	30	1	2	3	4	5	6	7	8
需求调研	章																														
概要设计	张																														
详细设计	李																														
场地勘测	王																														
设备采购	周																														
安装调试	赵																														
验收	吴																														

图 8-3　改进的进度计划

3. 绘制进度计划表的工具

绘制进度计划表最典型的工具是 Microsoft 的 MS Project。MS Project 可以按照各种条件制作不同式样、不同使用要求的进度计划表。

使用 MS Project 也有不方便的地方，即相关联的多个任务要在前一个任务结束后才能开始下一个任务，在时间上不能重叠或并行。要做到多个任务并行，就要将任务设定为各自独立的项目。

对于比较简单的进度计划，可以使用 Excel 制作，上述图 8-2 和图 8-3 就是用 Excel 制作的。

8.3.2　施工过程管理

施工过程涉及众多方面，管理工作的好坏直接关系项目的成败。通常的办法是：

1）成立项目部，任命项目经理，全权对项目实施全过程进行管理。一般情况下可实行项目制，即将项目部当成独立的核算单位，进行财务核算。

2）协调好与甲方的关系，定期召开项目碰头会，及时解决施工过程中遇到的问题，对下一步的工作预先提出预案。

3）协调与城管、交管、环保等部门的关系。如果工程涉及占道、开挖等内容，需要获得城管部门的批准。如果项目影响到交通，需要获得交管部门的批准，并协助做好交通疏解方案，必要时派出人员协助管理交通。如果项目涉及环境问题，需要获得环保部门的批准。如果项目涉及文物，需要获得文物保护部门的批准。

4）进度管理。项目经理应密切关注工程进度，发现问题，及时召集相关人员商讨解决。

5）质量管理。工程质量涉及很多方面，应严格按照有关的国际标准、国家标准或行业标准、企业标准进行施工，严格检查。

6）安全管理。应制定严格的操作规范并督促执行，杜绝生产事故的发生。

8.3.3　工程监理

物联网工程是一个新型的领域，目前还没有专门的物联网工程监理公司，但我国已经有计算机信息系统工程监理公司，物联网工程可归类为该类监理公司的业务范围。除非特别说明，本书所说的监理公司都是指计算机信息系统工程监理公司。

对于大型物联网工程项目，聘请有资质的监理公司对工程项目的施工进行监控，对工程质量的保证具有十分重要的作用。

1. 监理公司及其聘用

监理公司是具有专业资质、专司工程项目监督的专业性公司。组建监理公司要事先提出申请，由政府监理职能部门确认、批准，在工商行政机关注册并领取营业执照，便可开展业务活动。

监理公司在实施具体的项目监理时，组成工程项目监理组，监理组由总监理工程师、监理工程师、监理技术员组成。总监理工程师是监理公司的代表，也是项目监理的总指挥，拥有对所监理项目的决策权、组织权和指挥权。

通常，监理公司由甲方聘请，如果项目很大、涉及金额很大，应该通过招标确定监理公司。

2. 监理体制

监理即按照相应的规约进行监督，协调理顺建设方（业主）和承建方之间的各种关系。我国建筑行业的建设监理体制的基本框架是一个体系、两个层次，并早已成为我国政府有关职能部门的一项管理制度。物联网工程是工程的一种特定类型，引入监理制度是理所当然的。

（1）一个体系

一个体系是指在组织上和法规上形成一个系统。政府在组织机构和手段上加强及完善对工程建设过程的监督与控制的同时，施行社会监理的开放体制。社会监理工作自成体系，有独立的思想、组织、方法和手段，奉行公正、科学的行为准则，坚持按照工程合同和国家法律、行政法规、规章和技术标准、规范办事，既不受委托监理的建设单位随意指挥，也不受施工单位和材料供应单位的干扰。

（2）两个层次

- 宏观层次。宏观层次即“政府建设监理”。政府机构制定监理法规，对工程行使强制性的监督管理权力，以及定期对社会监理单位进行考核、审批、监督、清理，对监理工程师的资格进行考核、审批、监督。
- 微观层次。微观层次即“社会建设监理”。专业化的工程监理单位经由政府监理机构确认、批准并获取资格证书，向工商行政管理机构申请注册登记，领取营业执照，遵照国家的政策法规、国内外行业标准，遵循独立、公正、科学的准则，以自己的技术基础、长期的工作经验、丰富的阅历及对经济与法律的通晓为工程提供优质服务。

3. 工程监理的主要职能

计算机信息工程 / 物联网工程监理是指在网络建设过程中，为用户提供建设前期咨询、网络方案论证、系统集成商的确定、网络质量控制等一系列的服务，帮助用户建设一个性价比最优的物联网系统。监理的执行者对工程建设参与者的行为进行监控、指导和评价，并采取相应的管理措施保证建设行为符合国家法律法规和有关政策，制止建设行为的随意性和盲目性，促使建设进度、造价、质量按计划(合同)实现，确保建设行为合法、科学、经济合理。

监理的主要职能是依法进行项目监督与管理。根据国家的有关法规、技术规范和标准，采用法律和行政手段，对工程建设项目实施有重点的、全面的、精线条的监理。工程监理具有强制性、执法性、全面性、宏观性，其工作方式主要是审批和抽查。监理单位依托或授权行使建设监理职能，具有服务性、公正性、独立性和科学性等重要特性。

监理工程师遵循科学、公正、遵纪、守法、诚信、守约的职业道德，凭着高度的责任心和智慧，采用建议、协助、检查、督促、协调、审定、确认等方式，以业主要求、委托合同、技术规范与标准等为依据，以控制质量、投资、进度、安全事故为目的，帮助业主全面、深入、细致地进行工程建设管理。

监理工作的主要内容如下：

（1）帮助用户做好需求分析

深入了解用户的各个方面，与用户方各级人员共同探讨，提出切实的系统需求。

（2）帮助用户选择系统集成商

好的系统集成商应具有较强的经济实力和技术实力、丰富的系统集成经验、完备的服务体系、良好的信誉。

（3）帮助用户控制工程进度

工程监理人员帮助用户掌握工程进度，按期分段对工程验收，保证工程按期、高质量地完成。

（4）严把工程质量关

工程监理人员应对工程的每一环节质量把关，包括系统集成方案是否合理，所选设备质量是否合格，能否达到企业要求，基础建设是否完成，综合布线是否合理，信息系统硬件平台环境是否合理，可扩充性是否充分，软件平台是否统一合理，应用软件能否实现相应功能，是否便于使用、管理和维护，培训教材、时间、内容是否合适，等等。

（5）帮助用户作好各项测试工作

工程监理人员应严格遵循相关标准，对信息系统进行包括布线、网络等各方面的测试。

（6）组织工程竣工验收

协调、组织各方进行工程验收，提出竣工验收报告，并负责对规定保修期内工程质量的检查、鉴定及督促责任单位维修。

4. 监理实施步骤

（1）物联网系统需求分析阶段

本阶段主要完成用户网络系统（包括综合布线系统、网络系统集成、网络应用系统）的需求分析，为用户提供一份监理方的网络系统方案。

1）综合布线需求分析。对用户实施综合布线的相关建筑物进行实地考察，由用户提供建筑工程图，了解相关建筑物的建筑结构，分析施工难易程度，了解中心机房的位置、信息点数、信息点与中心机房的最远距离、电力系统供应状况、建筑接地情况等。

2）提供监理方综合布线方案。根据在综合布线需求分析中了解的数据，向用户提交一份监理方的综合布线方案，包括传输介质选型、综合布线系统品牌、价格表等。

3）网络系统集成需求分析。了解用户的网络应用、用户自身对网络的了解情况、用户整体投资概况等，由此初步确定网络选型、网络系统平台、网络服务器品牌、网络设备品牌及数量等。

4）提供监理方网络集成方案。根据在网络系统集成需求分析中了解的情况，向用户提交一份监理方的网络系统集成方案，包括网络物理结构拓扑图、网络系统平台选型、网络基本应用平台选型、网络设备选型、网络服务器选型及系统设备报价等。

5）网络应用系统需求分析。建立网络的目的是应用，不同的行业有不同的应用要求，需了解应用系统的功能、用户数据量的大小、数据的重要程度、网络应用的安全性及可靠性、实时性等要求。对于行业应用软件，需了解该软件对网络系统服务器或特定计算机的系统要求，以提供相应的硬件配置。

（2）物联网工程招投标阶段

本阶段协助用户完成招投标工作，确定网络系统集成商，主要包括以下几个方面工作：

1）根据在物联网系统需求分析阶段提交的监理方网络系统集成方案，与用户共同组织编制网络工程技术文件。

2）协助用户进行招标工作前期准备，编制招标文件。

3）协助起草合同。

（3）网络工程实施建设阶段

本阶段将进入网络建设实质阶段，确保网络工程保质保量完成。网络总监理工程师负责编制监理规则，包括网络综合布线系统和网络系统集成等。

1）网络综合布线建设：网络综合布线系统材料验收，合同执行情况掌控，进度审核；网络布线测试，根据测试结果，判定网络布线系统施工是否合格，若合格则继续履行合同，若不合格则敦促施工单位根据测试情况进行整改，直至测试达标；提供翔实的网络综合布线测试报告；根据合同进行网络综合布线系统验收，包括布线文档。

2）网络系统集成。

①网络设备及系统软件验收：包括网络设备装箱单与实际装箱是否相符、保修单、各设备硬件配置情况、网络设备加电试机情况、系统软件的合法性等。

②审核施工进度：根据实际施工情况，协助系统集成商解决可能出现的问题，确保工程如期进行。

③网络系统集成性能测试：包括丢包率、错包率、网络线速、统计碰撞、帧故障等，提交网络性能测试报告。

④网络应用测试：包括网络应用软件配置是否合理，各种网络服务是否实现，网络安全性及可靠性是否符合合同要求等，敦促系统集成商改进在测试过程中出现的各种问题。

⑤网络系统集成验收：协助用户组织验收工作，验收主要包括合同执行情况、网络系统是否达到预期效果、各种技术文档等。对于存在的问题，督促系统集成商解决。

（4）网络系统保修阶段

本阶段主要完成可能出现的质量问题的协调工作，主要包括定期走访用户，检查网络系统运行状况，出现质量问题时，确定责任方，敦促解决；保修期结束，与用户商谈监理结束事宜，即提交监理业务手册，签署监理终止合同。

8.3.4 施工质量控制

施工质量决定整个系统的质量和水平。为保证工程质量，施工单位应严格按照标准和规范进行施工。

1. 遵守工程质量相关标准

施工单位应培训员工，使所有员工了解下述标准的内容并遵照执行：

- ISO 9000/9001：质量管理体系。
- EIA/TIA 568：商业建筑电信布线标准。
- ISO/IEC 11801：建筑物通用布线国际标准。
- EIA/TIA TSB-67：非屏蔽双绞线系统传输性能验收标准。
- EIA/TIA 569：民用建筑通信通道和空间标准。
- EIA/TIA 606：民用建筑通信管理标准。
- EIA/TIA 607：民用建筑通信接地标准。
- EIA/TIA 586：民用建筑线缆标准。
- GB/T 50311—2000：建筑与建筑群综合布线系统工程设计规范。
- GB/T 50312—2000：建筑与建筑群综合布线系统工程施工及验收规范。

对上述标准 / 规范尚未涵盖的、物联网工程特有的施工领域和过程，施工单位应针对工程的实际情况，制定相应的规章制度和标准操作流程，并在实际施工过程中贯彻实施。

2. 完整的技术交底

技术交底是物联网工程从设计转向实施的重要环节。工程设计文件是工程施工的指导文件。在工程开工前，由建设方组织设计人员、现场监理人员、设备厂商技术负责人进行全面的技术交底。按工程的复杂程度，可根据不同的专业组织项目施工的交底工作。通过专业的技术交底，实现现场的环境情况及各专业的配合情况，校验工程设计文件的可行性及合理性。完成技术交底即确认前期项目设计阶段的工作成果质量符合当前施工阶段的质量的前提条件，为后期工程施工提供适用的指导文件。

3. 施工环境检查

施工环境是工程现场技术交底的内容之一，也是制订工程施工计划的依据条件。工程施工环境检查的内容包括：现场环境是否与设计图纸上标注的尺寸匹配，机房结构是否符合设备安装要求，设备安装配套设施（条件）如工程现场装潢、电力、传输、空调、安全等是否符合施工要求，设备安装位置、走线路由设计是否符合安全、可行及美观等方面的要求。

4. 工程货物管理

在确认工程现场环境符合货物进场要求、配套设施具备工程开工条件后，即可协调安排工程货物进场。工程货物管理包括：货物进场前的分拣及外包装完好检查，货物进场后清点及开箱验货，完成货物的保管责任的移交，货物现场放置应符合消防管理规定，符合通信设备堆放特性要求，符合安全保管管理要求，落实物料管理制度，如施工工具进出登记管理制度、施工物料领用登记制度、工程余料移交登记制度等。

5. 施工过程质量控制

施工过程的质量控制贯穿于整个施工阶段，环环相扣。质量控制管理要求施工人员从进入施工现场开始就要坚持一次性把事情做对。例如，严格遵守工程现场施工管理制度和作业标准，执行现场日清制度、出入登记制度等。

（1）硬件质量控制

机架的安装位置要严格遵循设计图纸，机架安装要求与地绝缘，机架组件的安装顺序要求符合施工规范要求，机架水平对齐误差不超过 5mm，垂直偏差小于 3mm，机架顶部加固符合设计文件要求。设备保护地线线径符合设计文件要求、防雷连接可靠，设备电源线布放符合施工规范，加电前严格执行绝缘和回路检测。机架内部的组件安装、接地线符合产品规范要求，线缆下线及光纤布放按规范做好保护措施。设备内部线缆严格按照产品指导规范连接，线缆布放前逐条做好清晰的标注，线缆两端成端前进行环测确认线序，成端后环测成端质量。线缆路由如涉及隐蔽工程则需检查并签字确认。设备加电严格按照审批流程申请，操作过程严格按照操作流程执行，加电操作前检查准备工具的绝缘性，加电完成后检查、记录并确认各类设备的运行状态。

（2）软件质量控制

按照设计文件完成设备资源分配规划，提交联调资源申请，测试验证方案。调试时需要关注设备软件版本及合同配套的授权信息准确，配置数据科学、合理，在调试过程中确认硬件设备工作正常，线缆连接准确、可靠，系统修补软件、安全软件、常用工具软件安装、调测正常。联网调试阶段需要关注与对端严格按照规划协商互联对接参数，积极主动联系、协助对端对故障进行排查确认，及时汇报联调进展情况。在测试验证阶段，对于有条件的项目，可以和之前的调试和联调同步进行，技术责任人严格按照产品验收测试手册及业务规划配置要求进行测试并记录测试情况。

（3）施工阶段后期质量控制

主要环节包括：工程现场余料的整理、移交并清点记录，工程备件的配置及质量符合合同规定，工程过程中检查、测试记录的整理收集，设备配置资料信息的核对、确认并移交，工程竣工资料信息的收集、整理和确认，对设备操作维护人员的相关技能培训，工程设备操作方案及应急预案的编制及技术审核等。

6. 工程施工管理控制方法

（1）施工管理者负首要责任

对施工项目管理全面负责的管理者是施工项目的管理中心，在整个施工活动中起着举足轻重的作用，因此在具备相关知识和经验的前提下，施工管理者需要抓好施工项目的进度控制、质量控制、成本控制和安全控制，特别是质量控制。这是工程建设质量管理的最重要的一个环节。

（2）质量控制放在首位

由于工程项目施工涉及范围广，是一个极其复杂的综合过程，再加上工程项目的生产流动、结构类型、质量要求、施工方法、建设周期、自然条件等不同情况，因此施工阶段质量控制是工程质量控制的重点。

（3）依规办事

贯彻科学、公正、守法的职业规范。工程项目经理在处理质量问题过程中，应面对事实，尊重科学，正直地、公正地、不持任何偏见地、遵纪守法地处理问题，杜绝不正之风，做到既要坚持原则、严格要求、秉公办事，又要谦虚谨慎、实事求是、以理服人、热情帮助。

（4）严格审查技术文件

通过审核有关技术文件、报告和直接进行现场检查等方法来实施施工项目的质量控制。对技术资质证明文件、施工方案、施工组织设计、器材质量检验报告、工序质量动态统计资料和控制图表、工程质量检查报告、问题处理报告等进行严格审核是对工程质量进行全面控制的重要手段。现场质量检查是通过目测法、实测法、试验检查等对工程质量检查的具体方法，必须经常深入施工现场，对施工操作质量进行巡回检查、追踪检查。

8.4 工程验收

8.4.1 物联网工程验收过程

工程验收是实现投资确认、认定工程质量、确认工程性能的重要环节，是之后维护管理的基础，是项目完成的标志，也是支付工程款的依据。

1. 物联网工程验收的一般流程

验收一般有测试验收和鉴定验收两种方式。

当工程项目完成后，用户和承建方应进行测试验收。测试验收要在有资质的测试机构或专家进行的工程测试基础上，由有关专家和承建方及用户进行共同认定，并在相关文档上签字认可。

通常由政府管理部门或有资质的中介机构或用户单位，聘请专家组成鉴定委员会，进行工程的鉴定验收工作。鉴定委员会组成测试小组和文档验收小组。测试小组根据制定的测试大纲对工程质量进行综合测试，文档验收小组对工程的文档进行审查。在鉴定验收会上，承建方和用户针对该工程的实施过程、使用技术、实施结果及存在的问题进行汇报，专家们对其结果进行评价，对问题进行质询和讨论，并最终做出验收结论。

为防止工程出现未能及时发现的问题，应设定质保期。质保期从通过验收之日起计算，其期限应当在签订的项目合同中约定。根据工程的规模、用途、技术难度、投资额度等，质保期可定为半年、一年或更长时间。通常，用户应留有 5% ～ 10% 的工程尾款，至质保期结束后再支付给承建方。

物联网工程验收通常包括以下内容：

1）确定验收测试内容：主要包括线缆（光缆、铜缆 / 双绞线）性能测试、终端设备及网络性能指标（网络吞吐量、丢包率等）测试、流量分析、协议分析等。

2）制定验收测试方案：主要包括验证使用的测试流程和实施方法等。

3）确定验收测试指标：参照需求所确定的网络性能指标和有关标准，检查系统是否达到预定的指标。

4）安排验收测试进度：验收测试通常要耗费较长时间，应制订详细的进度计划，以保证在验收会之前完成。

5）分析并提交验收测试结果：根据测试所得到的数据进行综合分析，制作验收测试报告。

2. 物联网工程验收的内容

物联网工程验收通常可分为感知系统验收、控制系统验收、传输系统验收、网络系统验收、应用系统验收、数据中心系统验收、机房工程验收等部分。

（1）感知系统验收

对感知系统的各组成部分进行验收，根据具体构成，可能包括 RFID 系统、无线传感网系统、视频监测系统、光纤传感器系统、特殊监测（如交通监测、气象监测等）系统，应对每一个子系统逐一进行测试、验收。

（2）控制系统验收

对于有控制系统的物联网工程，需要对执行系统、控制装置进行测试、验收。

（3）传输系统验收

传输系统包括远距离无线传输系统、干线光缆及附属装置、近距离无线传输系统（如传感网）、园区／建筑物内的结构化布线系统等。结构化布线系统可能是密度最大的一部分，其测试验收标准需要遵从相关的国际、国家标准，如EIA / TIA 568B、ISO 11801、GB / T 50312—2000等。主要包括以下内容：

1）环境要求：包括地面、墙面、天花板内、电源插座、信息插座、信息模块座、接地装置等，以及设备间、管理间、竖井、线槽、打洞位置及活动地板的敷设等是否符合方案设计和标准要求。

2）检查施工材料：检验双绞线、光缆、机柜、信息模块、信息模块面板、塑料槽管、电源插座等的规格和生产厂家是否与合同、技术方案等的规定一致。

3）线缆终端安装：验证信息插座、配线架压线、光线头制作、光纤插座等是否符合规范。

4）双绞线线缆和光缆安装：检验配线架和线槽安装是否正确，线缆规格和标号是否正确，线缆拐弯处是否规范，竖井的线槽和线是否固定牢固，是否存在裸线，竖井层与楼层之间是否采取了防火措施。架空布线时，架设竖杆的位置是否正确，吊线规格、垂度、高度是否符合要求，卡挂钩的间隔是否符合要求。管道布线时，使用的管孔位置是否合适，线缆规格、线缆走向、防护设施是否正确。挖沟布线（直埋）时，光缆规格、深度、敷设位置是否合适，是否加了防护铁管，回填土复原是否夯实。隧道线缆布线时，线缆规格、安装位置、路径设计是否符合规范。

5）设备安装检查：检查机柜的安装位置是否正确，规格、型号、外观是否符合要求，跳线制作是否规范，配线面板的接线是否美观整洁，信息插座的位置是否规范，信息插座及盖子是否平、直、正，信息插座和盖板是否用螺钉拧紧，标志是否齐全。

（4）网络系统验收

网络系统的验收工作主要包括验证交换机、路由器等互连设备和服务器以及用户计算机、存储设备等是否提供应有的功能，是否满足网络标准，是否能够互联互通。重点考察以下方面：

1）所有重要的网络设备（路由器、交换机和服务器等）和网络应用程序能够连通并运行正常。

2）网络上的所有主机全部打开上网并满负荷运转，运行特定的重载测试程序，如“IP网络性能监测系统”中的有关测试功能，产生大量流量对网络系统进行压力测试。

3）启动冗余设计的相关设备，考查它们对网络性能的影响。

验收网络系统时，还需要关注以下方面：

1）网络布线图。网络布线图包括逻辑连接图和物理连接图。逻辑连接图包括各个LAN的布局、各个LAN之间的连接关系、各个LAN与WAN的接口关系及服务器的部署情况。物理连接图包括每个LAN接口的具体位置、路由器的具体位置、交换机的具体位置，以及配线架各插口与哪个房间、方位的具体网络设备的对应关系。

2）网络信息。网络信息包括各网络的IP地址规划和掩码、VLAN、路由器配置、交换机端口配置和服务器的IP地址等。

3）正常运行时网络主干端口的流量趋势图、网络层协议分布图、传输层协议分布图、应用层协议分布图等。这些信息可以作为今后网络管理的测试基准。

（5）应用系统验收

应用系统测试通过运行网络应用程序来测试整个网络系统支撑网络应用的能力。测试的主要项目包括服务的响应时间和服务的稳定性等。

（6）数据中心系统验收

数据中心系统的验收内容包括各服务器的硬件和软件配置、存储系统的容量及结构、服务器间的互连方式及带宽、服务器上的作业管理系统的版本及配置、数据库管理系统配置、容错与容灾配置、远程管理系统等。

（7）机房工程验收

机房工程验收的主要要求包括输入线路是否满足最大负荷，UPS的负载容量及电池容量，三相供电的负载均衡，接地是否符合要求，空调的制冷量及最热条件下的满足程度，消防是否符合规定，漏水检测系统的灵敏度，监控与报警系统的功能及报警方式，有无自动断电保护装置，装修材料是否达标，地板强度是否满足承重要求，地面是否满足承重要求等。

3. 验收测试的注意事项

网络验收测试要求检查已建成的网络工程项目是否达到了要求的水准，该水准是在可以控制的环境下满足用户需求的最低性能，而不是在各种潜在情况下表现出来的最好性能。因此，所有的测试者应当得到不低于要求的性能参数。

由于网络工程和网络应用的复杂性，因此并不存在适合不同环境、不同类型网络的统一的验收标准。目前用系统集成方法完成的网络工程包括具有不同功能的子系统，不能期待用一个标准、几个指标评价整个网络。例如，对于结构化布线系统、路由器、交换机等，应用不同的方法评价它们的性能，将它们连接到一起后，整体所表现出来的性能会受到设备配置、软硬件版本、拓扑结构、用户数量等诸多因素的影响，同时要考虑可能存在的网络瓶颈的影响，最终保证所实现的网络工程达到设计要求。

8.4.2 验收文档

验收文档是物联网工程验收的重要组成部分。工程文档通常包括系统设计方案、布线系统相关文档、设备技术文档、设备配置文档、应用系统技术文档、用户报告、用户培训及使用手册、签收单等。

1）系统设计方案：包括工程概况、系统建设需求、系统设计方案、施工方案、招标文件副本、投标文件副本、合同副本。

2）布线系统相关文档：包括布线图、信息端口分布图、综合布线系统平面布置图、信息端口与配线架端口位置的对应关系表、施工方布线系统性能自检报告、第三方布线系统测试报告（针对大型布线工程），以及设备、机架和主要部件的数量明细表（即网络工程中所用的设备、机架和主要部件的分类统计，要列出其型号、规格和数量等）。

3）备技术文档：包括设备的进场验收报告、产品检测报告或产品合格证明、设备使用说明书、安装工具及附件（如线缆、跳线、转接口等）、保修单。

4）设备配置文档：包括VLAN和IP地址配置表、设备的配置方案、设备参数设定表、配置文档及设备的口令表、施工方的自测报告、第三方测试报告（100万元或以上的合同金额）。

5）应用系统技术文档：包括应用系统总体设计方案、应用系统操作手册、应用系统测试报告。

6）用户报告：包括用户使用报告、系统试运行报告。

7）用户培训及使用手册：包括用户培训报告、用户操作手册、用户维护手册（针对各种可能问题的解决方案）。

8）签收单：包括网络硬件设备签收清单、系统软件签收清单、应用软件验收清单。

第 9 章 物联网运行维护与管理

物联网工程实施过程中及实施完毕后，需要对其进行测试，以检验物联网系统是否正常运行，是否实现了预期功能、达到预期目标。本章主要介绍物联网测试与维护、物联网故障的分析与处理、物联网运行监测与管理的相关内容。

9.1 物联网测试与维护

9.1.1 物联网测试

1. 测试内容

在物联网工程施工完成后，需要对其进行全面测试，对照设计方案，以确定是否达到预期设计目标。通常测试的内容包括以下几个方面。

（1）终端测试

终端包括各种感知设备、控制设备、面向终端的供电设备、面向终端的通信设备等。这些终端设备通常分散在较大的区域甚至是无人区域，测试的工作量很大。

（2）通信线路测试

通信线路包括终端的通信线路、接入通信线路、汇聚通信线路、骨干通信线路、数据中心网络线路（含集中布线系统）。介质类型包括无线线路、红外线路、光纤线路、UTP/STP 线路等。

（3）网络测试

网络设备包括无线 AP、交换机、路由器、防火墙、IDS/IPS、微波设备、卫星地面设备、专用蜂窝设备、网络管理设备等。在对设备进行测试时，不测试设备本身，通常需要测试与其相连的通信线路的协同工作状态。

（4）数据中心设备测试

数据中心设备包括各种服务器、数据存储设备及其软件系统。

（5）应用系统测试

应用系统测试包括应用系统的功能、性能、可靠性等测试。应用系统的测试应与实际的物联网关联，在真实数据环境下进行。

（6）安全测试

安全测试包括终端安全、网络安全、应用系统安全等测试。

2. 测试方法

网络测试有多种测试方法，根据测试中是否向被测网络注入测试流量，网络测试方法分为主动测量和被动测量。

主动测试是指利用测试工具有目的地主动向被测网络注入测试流量，并根据这些测试流量的传送情况来分析网络技术参数的测试方法。主动测试具备良好的灵活性，能够根据测试环境明确控制测量中所产生的测量流量的特征，如特性、采样技术、时标频率、调度、包大小、类型（模拟各种应用）等。主动测试使测试能够按照测试者的意图进行，容易进行场景仿真。主动测量的问题在于安全性。主动测量主动向被测网络注入测试流量，是“入侵式”的测量，必然会带来一定的安全隐患，但如果在测试中进行细致的测试规划，可以降低主动测量的安全隐患。

被动测试是指利用特定测试工具收集网络中活动的元素（包括路由器、交换机、服务器等设备）的特定信息，以这些信息作为参考，通过量化分析，实现对网络性能、功能进行测量的方法。常用的被动测试方式包括：通过 SNMP 协议读取相关 MIB 信息，通过 Sniffer、Ethereal 等专用数据包捕获分析工具进行测试。被动测试的优点是它的安全性。被动测试不会主动向被测网络注入测试流量，因此不会存在注入 DDoS、网络欺骗等安全隐患。被动测试的缺点是不够灵活，局限性较大，而且因为是被动地收集信息，并不能按照测量者的意愿进行测试，受到网络机构、测试工具等多方面的限制。

应遵循从简单到复杂、从局部到整体的过程，分别对各组成部分进行测试。各部分差异较大，应采取不同的有针对性的测试方法。

3. 测试工具

常见的通用网络测试工具有线缆测试仪、网络协议分析仪、网络测试仪。

线缆测试仪用于检测线缆质量，可以直接判断线路的通断状况。典型的线缆测试仪有 Fluke DTX-1800-MS（图 9-1），可以用于测试双绞线的类型、长度、断点、回环噪声、数据率，以及光纤的长度、特性等。对于无线链路，可用 FLUKE、AirCheck、Wi-Fi 之类的测试仪测试信号的覆盖、信道冲突、噪声等。

网络协议分析仪多用于网络的被动测试。利用网络分析仪捕获网络上的数据报和数据帧，网络维护人员对捕获的数据进行分析，可迅速检查网络问题。

网络测试仪多用于网络的主动测试，是专用的软硬件结合的测试设备，具有特殊的测试板卡和测试软件，能对网络设备、网络系统及网络应用进行综合测试。网络测试仪具备三大功能：数据报捕获、负载产生和智能分析。网络测试仪多用于大型网络的测试。典型的网络测试仪为 Fluke 网络测试分析仪，如图 9-2 所示。

图 9-1　Fluke DTX-1800-MS 线缆测试仪

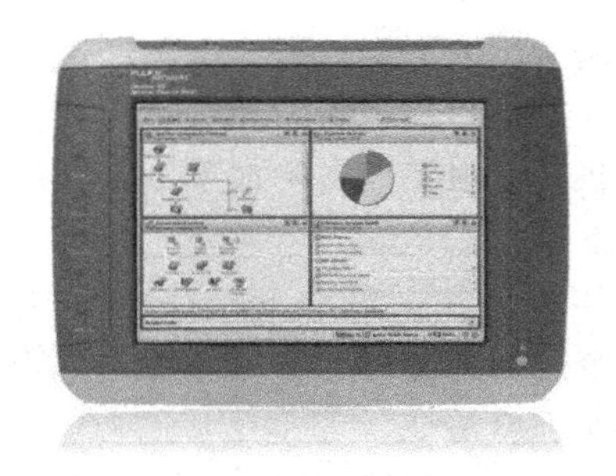

图 9-2　Fluke 网络测试仪

4. 测试计划

在测试之前，应制订详细的测试计划。依据测试计划，选用合适的测试设备或系统进行测试。

（1）终端测试

1）RFID 系统。一种可能的测试计划如表 9-1 所示。

表 9-1　终端测试表

测试时间：________　　测试人员：________　　测试设备：________

序号	终端编号	名称	安装位置	测试内容	测试方法	理论值	实测值
1	1-01-004	RFID 阅读器	大门 1 号位	读标签	实际读写	10m	
1	1-01-004	RFID 阅读器	大门 1 号位	结果显示	现场观察	正确	

2）传感器测试。传感器测试的主要目的是测试各传感器是否正常工作，能否感知设定的对象数据（包括触发条件、数据精度等），能否正确地向外发送感知到的数据。

可以采用类似 RFID 系统的测试方法进行测试。

3）控制装置测试。控制装置测试主要目的是检验控制装置在给定条件下是否正确地执行了预定的控制功能。在实验室条件下，可以采用专用仪器测试各环节的状态是否正确。在应用现场，可以采用注入控制信息观察控制效果的方法进行测试。

（2）通信线路测试

通信线路测试是基础测试。在这个过程中，可以了解跳线、插座、模块等连接部件的实际物理特性，这样就可以清楚地了解每根线缆是怎样安装的，以及其连接是否正确。

统计数据表明，50% 以上的网络故障与布线有关。通信线路的介质很多，如单模光纤、多模光纤、双绞线和同轴电缆等。通信线路的接口类型也很多，如 RJ45 头、RS-232 头、光端机等。有些介质特性可以肉眼识别，如物理外形、长短、大小等，有些就必须借助仪器检测，如线路串扰、传输频率、信号衰减等。绝大多数符合 ANSI/TIA/EIA 568A/B 标准的测试仪都带有识别开路、短路、错对和分叉等线对故障的功能，这些常见故障很可能在压接模块和打线过程中就出现了。通过测试可以尽早地排除故障，以提高网络运行质量。

双绞线和光纤是目前应用较广泛的通信介质。根据 EIA/TIA 568B 布线标准、TSB-67 测试标准，合格的双绞与光纤满足如表 9-2 所示的测试指标。

表 9-2　双绞线与光纤测试指标

双绞线合格指标	线缆长度	线路衰减	阻抗	近端串扰	环路电阻	线路延时
	<100m	<23.2dB	（100±5）Ω	>24dB	<40Ω	<1μs
光纤合格指标	长度		波长		衰减	
	500m		850m		<3.9dB	
	500m		1300m		<2.6dB	

对于通信线路，可制订如表 9-3 所示的测试计划。

表 9-3　线路测试表

测试时间：________　　测试人员：________　　测试设备：________

序号	线路编号	种类	起始位置	测试内容	测试方法	理论值	实测值
1	2-01-001	光纤	大棚 1 号位 – 数据中心	通断	仪器实测	1800	
2	2-02-003	UTP	506 室 #1-5 楼配线架	通断	仪器实测	8 线全通	

（3）网络设备测试

对网络设备（如交换机、路由器防火墙等）进行性能测试，目的是了解设备完成各项功能时的性能情况。性能测试的参数包括吞吐量、时延、帧丢失率、数据帧处理能力、地址缓冲容量、地址学习速率、协议的一致性等。测试主要是验证设备是否符合各项规范的要求，确保网络设备互连时不会出现问题。

常用网络设备测试标准如下：

1）交换机。网络系统中使用的交换机的端口密度、数据帧转发功能、数据帧过滤功能、数据帧转发及过滤的信息维护功能、运行维护功能、网络管理功能及性能指标应符合YD/T 1099—2001、YD/T 1255—2003的规定和产品明示要求。

2）路由器。网络系统中使用的路由器设备的接口功能、通信协议功能、数据包转发功能、路由信息维护、管理控制功能、安全功能及性能指标应符合YD/T 1096—2001、YD/T 1097—2001的规定及产品明示要求。

3）防火墙。网络系统中若使用防火墙设备，则设备的用户数据保护功能、识别和鉴别功能、密码功能、安全审计功能及性能指标应符合GB/T 20010—2005、YD/T1707—2007的规定及产品明示要求。

针对每一个网络设备，可以制订类似表9-1的测试计划表。

5. 网络系统综合测试

网络系统综合测试主要验证网络是否为应用系统提供了稳定、高效的网络平台，如果网络系统不稳定，网络应用就不可能快速、稳定。网络系统综合测试主要包括系统连通性、链路传输速率、吞吐率、传输时延及丢包率等基本测试。

（1）系统连通性

所有联网的终端都必须按使用要求全部连通。

1）系统连通性测试方法。系统连通性测试结构如图9-3所示。

① 将测试工具连接到选定的接入层设备的端口，即测试点。

② 用测试工具对网络的关键服务器、核心层和汇聚层的关键网络设备（如交换机和路由器），进行10次ping测试，每次间隔1s，以测试网络的连通性。测试路径要覆盖所有的子网和VLAN。

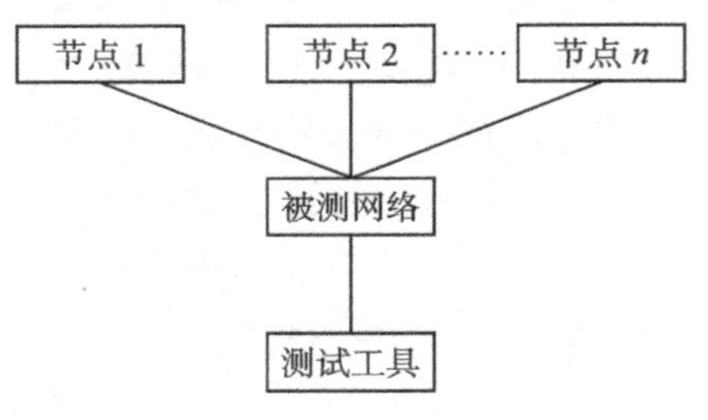

图9-3　系统连通性测试结构示意图

③ 移动测试工具到其他位置测试点，重复步骤②，直到遍历所有测试抽样设备。

2）抽样规则。以不低于接入层设备总数的10%的比例进行抽样测试，抽样少于10台设备的，全部测试。每台抽样设备中至少选择一个端口作为测试点，测试点应能够覆盖不同的子网和VLAN。

3）合格标准。单项合格判据：若测试点到关键节点的Ping测试连通性达到100%，则判定单点连通性符合要求。

综合合格判据：若所有测试点的连通性都达到100%，则判定系统的连通性符合要求，否则判定系统的连通性不符合要求。

（2）链路传输速率

链路传输速率是指设备间通过网络传输数字信息的速率。对于10Mbit/s以太网，单向最大传输速率应达到10Mbit/s；对于100Mbit/s以太网，单向最大传输速率应达到100Mbit/s；对于1000Mbit/s以太网，单向最大传输速率应达到1000Mbit/s。发送端口和接收端口的利用率对应关系应符合表9-4的规定。

表9-4　发送端口和接收端口的利用率对应关系

网络类型	全双工交换式以太网		共享式以太网 / 半双工交换式以太网	
	发送端口利用率	接收端口利用率	发送端口利用率	接收端口利用率
10Mbit/s以太网	100%	≥99%	50%	≥45%
100Mbit/s以太网	100%	≥99%	50%	≥45%
1000Mbit/s以太网	100%	≥99%	50%	≥45%

1）链路传输率速测试方法。链路传输速率测试结构如图9-4所示，测试工具1产生流量，测试工具2接收流量。若发送端口和接收端口位于同一机房，也可用一台具备双端口测试能力的测试工具实现。测试必须在空载网络中进行。

测试工具1 —— 被测网络 —— 测试工具2

图9-4　链路传输率测试结构示意图

① 将用于发送和接收的测试工具分别连接到被测网络链路的源交换机和目的交换机的端口上。

② 对于交换机，测试工具1在发送端口产生100%线速流量；对于半双工系统，测试工具1在发送端口产生50%线速流量（建议将帧长度设置为1518字节）。

③ 测试工具2在接收端口对收到的流量进行统计，计算其端口利用率。

2）抽样规则。对于核心层的骨干链路，应进行全部测试；对于汇聚层到核心层的上联链路，应进行全部测试；对于接入层到汇聚层的上联链路，以不低于10%的比例进行抽样测试，抽样链路数不足10条时，按10条进行计算或者全部测试。

3）合格标准。发送端口和接收端口的利用率若符合表9-4的要求，则判定系统的传输速率符合要求，否则判定系统的传输速率不符合要求。

（3）吞吐率

吞吐率是指空载网络在没有丢包的情况下，被测网络链路所能达到的最大数据包转发速率。

吞吐率测试需按照不同的帧长度（包括64、128、256、512、1024、1280、1518字节）分别进行测量。系统在不同的帧长度情况下，从两个方向测得的最低吞吐率应符合表9-5的规定。

表9-5　系统的吞吐率要求

测试帧长 / 字节	10Mbit/s以太网		100Mbit/s以太网		1000Mbit/s以太网	
	帧 / 秒	吞吐率	帧 / 秒	吞吐率	帧 / 秒	吞吐率
64	≥14731	99%	≥104166	70%	≥1041667	70%
128	≥8361	99%	≥67567	80%	≥633446	75%
256	≥4483	99%	≥40760	90%	≥362318	80%
512	≥2326	99%	≥23261	99%	≥199718	85%
1024	≥1185	99%	≥11853	99%	≥107758	90%
1280	≥951	99%	≥9519	99%	≥91345	95%
1518	≥804	99%	≥8046	99%	≥80461	99%

1）吞吐率测试方法。网络吞吐率测试结构如图 9-5 所示，测试工具 1 产生流量，测试工具 2 接收流量。若发送端口和接收端口位于同一机房，也可用一台具备双端口测试能力的测试工具实现。测试必须在空载网络下分段进行，包括接入层到汇聚层链路、汇聚层到核心层链路、核心层间骨干链路及经过接入层、汇聚层和核心层的用户到用户链路。

测试工具 1
被测网络
测试工具 2

图 9-5　吞吐率测试结构示意图

① 将两台测试工具分别连接到被测网络链路的源交换机和目的交换机的端口上。

② 从测试工具 1 向测试工具 2 发送数据包。

③ 测试工具 1 按照一定的帧速率，均匀地向被测网络发送一定数量的数据包。如果所有的数据包被测试工具 2 正确接收，则增加发送的帧速率，否则减少发送的帧速率。

④ 重复步骤 3，直到测出被测网络 / 设备在未丢包的情况下能够处理的最大帧速率。

⑤ 分别按照不同的帧长度（包括 64、128、256、512、1024、1280、1518 字节）重复步骤 2 和步骤 3。

⑥ 从测试工具 2 向测试工具 1 发送数据包，重复步骤 3 ～ 5。

2）抽样规则。对于核心层的骨干链路，应进行全部测试；对于汇聚层到核心层的上联链路，应进行全部测试；对于接入层到汇聚层的上联链路，以不低于 10% 的比例进行抽样测试，抽样链路数不足 10 条时，按 10 条进行计算或者全部测试；对于端到端的链路（即经过接入层、汇聚层和核心层的用户到用户的网络路径），以不低于终端用户数量 5% 比例进行抽测，抽样链路数不足 10 条时，按 10 条进行计算或者全部测试。

3）合格标准。若系统在不同帧长度情况下，从两个方向测得的最低吞吐率值都符合表 9-5 的要求，则判定系统的吞吐率符合要求，否则判定系统的吞吐率不符合要求。

（4）传输时延

传输时延是指数据包从发送端口（地址）到目的端口（地址）所需经历的时间。通常传输时延与传输距离、经过的设备和信道的利用率有关。在网络正常情况下，传输时延应不影响各种业务的使用。

考虑到发送端测试工具和接收端测试工具实现精确时钟同步的复杂性，传输时延一般通过环回方式进行测量，单向传输时延为往返时延除以 2。系统在 1518 字节帧长情况下，从两个方向测得的最大传输时延应不超过 1 ms。

1）传输时延测试方法。当被测网络的收发端口位于不同的地理位置时，传输时延测试结构如图 9-6 所示，需要由两台工具来完成测试，测试工具 1 产生流量，测试工具 2 接收流量，并将测试数据流环回。当被测网络的收发端口位于同一机房时，测试结构如图 9-7 所示，可由一台具有双端口测试能力的测试工具完成，测试工具的一个端口用于产生流量，另一个端口用于接收流量。测试必须在空载网络下分段进行，包括接入层到汇聚层链路、汇聚层到核心层链路、核心层间骨干链路，及经过接入层、汇聚层和核心层的用户到用户链路。

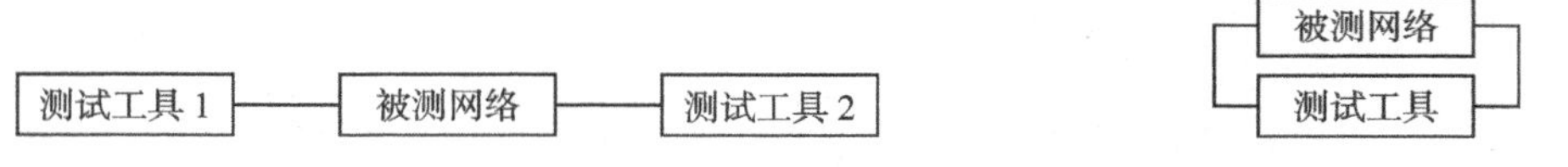

图 9-6　传输时延测试结构示意图（一）　　图 9-7　传输时延测试结构示意图（二）

① 将测试工具（端口）分别连接到被测网络链路的源交换机和目的交换机端口上。

② 从测试工具1（发送端口）向测试工具2（接口端口）均匀地发送数据包。

③ 向被测网络发送一定数目（1518字节）的数据帧，使网络达到最大吞吐率。

④ 在图9-6中，由测试工具1向被测网络发送特定的测试帧，在数据帧的发送和接收时刻都打上相应的时间标记（timestamp），测试工具2接收到测试帧后，将其返回给测试工具1。在图9-7中，测试工具通过发送端口发出带有时间标记的测试帧，在接收端口接收测试帧。

⑤ 测试工具1计算发送和接收的时间标记之差，便可得一次结果。

⑥ 重复20次步骤3～4，传输时延是对20次测试结果的平均值。

⑦ 在图9-6中，从测试工具2向测试工具1发送数据包，重复步骤3～6，所得到的时延是双向往返时延，单向时延可通过除2计算获得。在图9-7中，交换收发端口，重复步骤3～6，所得到时延是单向时延。

2）抽样规则。对于核心层的骨干链路，应进行全部测试；对于汇聚层到核心层的上联链路，应进行全部测试；对于接入层到汇聚层的上联链路，以不低于10%的比例进行抽样测试，抽样链路数不足10条时，按10条进行计算或者全部测试；对于端到端的链路（即经过接入层、汇聚层和骨干层的用户到用户的网络路径），以不低于终端用户数量5%比例进行抽测，抽样链路数不足10条时，按10条进行计算或者全部测试。

3）合格标准。若系统在1518字节帧长情况下，从两个方向测得的最大传输时延不超过1 ms，则判定系统的传输时延符合要求，否则判定系统的传输时延不符合要求。

（5）丢包率

丢包率是指网络在70%流量负荷情况下，由于网络性能问题造成部分数据包无法被转发的比例。在进行丢包率测试时，需按照不同的帧长度（包括64、128、256、512、1024、1280、1518字节）分别进行测量，测得的丢包率应符合表9-6的规定。

表9-6 丢包率要求

测试帧长/字节	10Mbit/s以太网		100Mbit/s以太网		1000Mbit/s以太网	
	流量负荷	丢包率	流量负荷	丢包率	流量负荷	丢包率
64	70%	≤0.1%	70%	≤0.1%	70%	≤0.1%
128	70%	≤0.1%	70%	≤0.1%	70%	≤0.1%
256	70%	≤0.1%	70%	≤0.1%	70%	≤0.1%
512	70%	≤0.1%	70%	≤0.1%	70%	≤0.1%
1024	70%	≤0.1%	70%	≤0.1%	70%	≤0.1%
1280	70%	≤0.1%	70%	≤0.1%	70%	≤0.1%
1518	70%	≤0.1%	70%	≤0.1%	70%	≤0.1%

1）丢包率测试方法。丢包率测试结构如图9-8，测试工具1产生流量，测试工具2接收流量。若发送端口和接收端口位于同一机房，也可用一台具备双端口测试能力的测试工具实现。测试链路应分段进行，包括接入层到汇聚层链路、汇聚层到核心层链路、核心层间骨干链路及经过接入层、汇聚层和核心层的用户到用户链路。

测试工具1 —— 被测网络 —— 测试工具2

图9-8 丢包率测试结构示意图

① 将两台测试工具分别连接到被测网络链路的源交换机和目的交换机端口上。

② 测试工具1按一定的流量负荷，均匀地向被测网络发送一定数目的数据帧，测试工

具 2 接收负荷，测试数据帧丢失的比例。

③ 发送的流量负荷从 100% 至 10% 以 10% 的步长依次递减，如果测得在某一流量负荷情况下丢包率为 0%，则记录此时流量负荷。

④ 分别按照不同的帧长度（包括 64、128、256、512、1024、1280、1518 字节）重复步骤③。

2）抽样规则。对于核心层的骨干链路，应进行全部测试；对于汇聚层到核心层的上联链路，应进行全部测试；对于接入层到汇聚层的上联链路，以不低于 10% 的比例进行抽样测试，抽样链路数不足 10 条时，按 10 条进行计算或者全部测试；对于端到端的链路（即经过接入层、汇聚层和骨干层的用户到用户的网络路径），以不低于终端用户数量 5% 比例进行抽测，抽样链路数不足 10 条时，按 10 条进行计算或者全部测试。

3）合格标准。若系统在不同帧长度情况下测得的丢包率符合表 9-6 的要求，则判定系统丢包率符合要求，否则判定系统丢包率不符合要求。

6. 数据中心设备测试

数据中心设备主要有各种服务器、存储设备、核心网络设备、配电与 UPS、制冷系统、消防系统、监控与报警系统等。

服务器的测试：运行系统软件、典型的应用软件，查看结果（包括网络通信）是否正确。

存储设备的测试：通过重复进行大文件的复制，测试读写的正确性、I/O 带宽及整体性能。

核心网络设备的测试：核心网络设备包括核心交换机、出口路由器、防火墙、IDS 等主要设备，通过进行各种网络操作，检查其是否正常。

配电与 UPS 的测试：检查电压、电流是否在安全范围，满负荷时检查三相电是否基本平衡。

制冷系统的测试：检查空调系统是否正常制冷、有无漏水，室内温度是否达到设定标准。

消防系统的测试：平时并不能进行直接测试，需要人为制造触发条件，如烟雾等，检查消防系统是否自动启动。一旦启动，应立即关闭。

监控与报警系统的测试：可人为制造一些报警条件（如高温、漏水、盗窃等），查看报警系统是否正常报警。对于短信报警系统，要定期检查设定的手机号码是否正常、是否欠费。

7. 应用服务性能测试

（1）应用服务标准

1）DHCP 服务性能指标：DHCP 服务器响应时间应不大于 0.5s。

2）DNS 服务性能指标：DNS 服务器响应时间应不大于 0.5s。

3）Web 访问服务性能指标：Web 访问服务器性能测试包括以下方面。

- HTTP 第一响应时间：内部网站点访问时间应不大于 1s。
- HTTP 接收速率：内部网站点访问速率应不小于 10000B/s。

4）E-mail 服务性能指标：E-mail 服务器主要指 SMTP 服务器和 POP3 服务器，其性能测试包括以下方面。

- 邮件写入时间：1KB 邮件写入服务器时间应不大于 1s。
- 邮件读取时间：从服务器读取 1KB 邮件的时间应不大于 1s。

5）文件服务性能指标：文件服务器性能指标应符合表 9-7 的规定。

6）特定应用性能指标：对于特定的物联网应用系统，应针对系统需求所确定的性能指标制定测试计划表，如RFID的读取/写入时间、传感器的数据回传时间、光纤传感器的精度等。

表9-7 文件服务器性能指标要求

测试指标	指标要求（文件大小为100KB）
服务器连接时间/s	≤0.5
写入速率/B/s	>10000
读取速率/B/s	>10000B
删除时间/s	≤0.5
断开时间/s	≤0.5

（2）应用服务性能测试方法

应用服务性能测试结构如图9-9所示。

① 将测试工具连接到被测网络的某一用户接入端口（网段）。

② 用测试工具仿真终端用户，模拟一个用户访问被测服务器的全过程。

对访问过程中各阶段性能指标进行测试，包括服务器响应时间、写入速率、读取速率、删除时间、断开时间等。

③ 重复步骤2，对下一个服务器进行测试，直到测完所有的服务器。

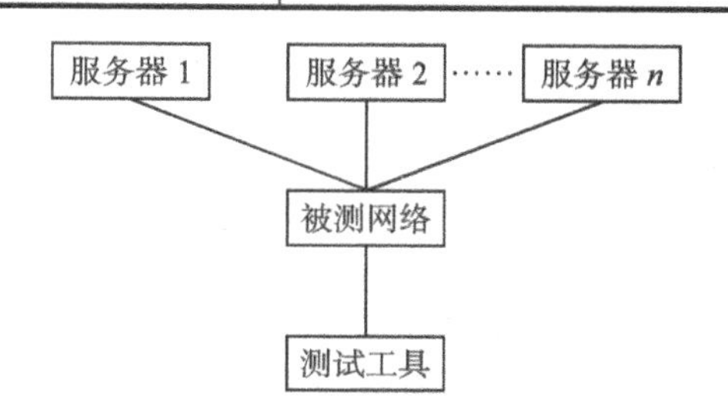

图9-9 应用服务性能测试结构示意图

④ 按照一定的时间间隔，重复步骤2～3，共进行10次测试，记录10次测试结果的平均值。

⑤ 移动测试工具到其他网段，重复步骤2～3，从而测试网络不同接入位置访问服务的性能水平。

测试点符合某应用服务要求时，则判定该服务性能符合要求，否则判定该服务性能不符合要求。

8. 安全测试

安全测试主要包括系统漏洞测试和应用系统安全测试。

（1）系统漏洞测试

利用漏洞检测工具对可能存在漏洞的系统进行测试。典型的漏洞检测工具有360企业版工具。目前的工具主要是针对互联网、操作系统、数据库等系统级的，针对物联网终端自身系统的漏洞检测工具较少。

（2）应用系统安全测试

利用安全检测系统检测应用系统是否存在恶意行为。IDS、网站漏洞监测系统等都具有相应的功能。

通常并不能通过简单的测试就能发现全部安全隐患，需要在运行过程中持续监测。

9. 测试报告

测试完成后最终应提供一份完整的测试报告。测试报告应对测试中的测试对象、测试工具、测试环境、测试内容、测试方法、测试结果等进行详细论述。测试报告是整个物联网工程验收、运行与维护的重要资料，人们对工程的满意程度和对工程质量的认可很大程度上来源于这份报告。

测试报告的形式并不固定，可以是一个简短的总结，也可以是很长的书面文档。通常测试报告包括以下信息。

1）测试目的：解释本次测试的目的。

2）测试内容和方法：简单地描述测试是怎样进行的，包括负载模式、测试脚本和数据收集方法，并且要解释采取的测试方法怎样保证测试结果和测试目，测试结果是否可重现。

3）测试配置：网络测试配置用图形表示出来。

4）测试结果：以数字、图形、列表等方式记录测试结果，包括中间结果。

5）结论：从测试中得到的信息和推荐的下步行动。结论以书面文档方式叙述。

完整、客观的测试报告是物联网运行与维护的重要参考。

9.1.2 物联网维护

物联网维护的主要目的是排除物联网的故障或故障隐患，进行性能优化，以保证物联网持续、稳定地运行。

1. 隐患排除

隐患是指威胁物联网正常运行的一些因素。常见的隐患及处理方法如下：

1）火灾隐患：定期检查数据中心、室外网络设备部署位置、感知设备部署位置、有线通信线路敷设位置等有无导致火灾的可能，如易燃易爆物品、用电负荷过载、线路老化或损坏等，并根据实际情况进行处理。

2）水灾隐患：检查室内有无漏水可能、室外设施有无淹水或被雨水浇湿可能，应采取防护措施，确保不会受到上述因素的影响。

3）通信隐患：检查有线通信线路有无被盗窃、被破坏的可能，应采取安保措施，降低直至杜绝被破坏的可能。检查无线通信环境有无干扰源出现。

4）设备隐患：定期检查设备的运行状态，及时处理异常情况。

5）软件隐患：应审慎对待软件的自动升级，通常应关闭非必要功能的自动升级功能。

6）供电隐患：应定期检查室外设备的电池、UPS 的电池，并及时更换。

7）安全隐患：经常检查有无网络攻击，及时处理各类攻击事件；检查各种密码的有效期是否到期，定期更改系统的有关密码。

8）存储隐患：定期检查存储空间是否有剩余，及时清理无用的数据，保证有足够的存储空间存放有用数据；检查备份 / 容灾系统是否正常，及时处理异常事件。

2. 性能优化

物联网优化的目的是尽量使各部分的性能达到最优，同时消除性能瓶颈，使得整个系统的性能最优。单一设备的最优并不能保证系统整体性能的最优，因此需要保证各部分的性能最佳匹配。主要的优化措施包括：

1）确定性能瓶颈。通过理论计算、实际测试和结果对比分析，找出整个系统的性能瓶颈。

2）对瓶颈进行优化。例如，替换为更高性能的设备（更换为更高主频的 CPU、更高带宽的通信介质和收发器、替换升级版的硬件和软件等），增加配置（内存数量、CPU 数量等）。

3）重复上述过程直到瓶颈基本消除或整体性能达到最优。

9.2 物联网故障分析与处理

物联网环境越复杂，发生故障的可能性越大，引发故障的原因越难确定。故障往往具有特定的故障现象，这些现象可能比较笼统，也可能比较特殊。利用特定的故障排除工具及技巧，在具体的物联网环境下观察故障现象，经过细致分析，最终必然可以查找出一个或多个引发故障的原因。一旦确定引发故障的根源，就可以通过一系列的措施有效地对故障进行处理。

9.2.1 物联网故障分类

物联网系统可能出现的故障很多，按照不同的分类标准，可以分成不同的类别。

1. 按照故障单元功能类别分类

按照故障单元所功能类别分类，物联网故障可分为通信故障、硬件故障、软件故障等，其典型故障特征如表 9-8 ～表 9-10 所示。

表 9-8 通信故障

故障种类	故障原因
有线链路不通	线路断开，线路超过限定长度
无线链路不通	距离太远，超出信号覆盖范围；干扰严重；障碍物阻挡
不能收发数据	网卡故障，网卡连接，协议配置错误，地址配置错误
数据收发不稳定	线路连接不牢，无线干扰严重，网络攻击
交换机不转发数据	VLAN 配置错误，ACL 配置错误，网络形成环路，设备损坏
路由器不转发数据	路由配置错误，地址错误，设备损坏，流量过载

表 9-9 硬件故障

故障种类	故障原因
RFID 不能读写	距离太远，设备故障，标签内损坏，标签内程序 / 数据错误
传感器不发送数据	电池耗尽，传感器故障，通信模块故障，距离超限，存储溢出
执行器不动作	设备故障，接收不到指令，电池耗尽或供电故障
传输网关故障	供电故障，设备损坏，配置错误
交换机故障	供电故障，设备损坏
路由器故障	供电故障，设备损坏，配置错误
计算机故障	部件损坏，软件错误

表 9-10 软件故障

故障种类	故障原因
驱动程序错误	版本错误，软件不兼容，多个程序之间冲突
通信软件错误	协议未正确安装，协议版本不正确，协议配置错误
系统软件错误	权限设置不当，软件版本不兼容，软件配置错误
应用软件运行错误	数据异常，软件 bug，用户操作错误
结果错误	软件错误，网络攻击

2. 按照故障形态分类

按照故障形态分类，物联网故障可分为物理故障与逻辑故障。

1）物理故障：包括设备故障、设备冲突、设备驱动问题、通信线路与设备故障等。

2）逻辑故障：包括协议配置错误、服务安装与配置错误、软件故障等。

9.2.2 物联网故障排除过程

当网络中出现故障时，使用非系统化的方法排除故障，可能会浪费大量宝贵的时间及资源，而使用系统化的方法往往更为有效。系统化的方法流程如下：定义特定的故障现象，根据特定现象推断可能发生故障的所有潜在的问题，直到故障现象不再出现为止。

一般故障排除模型如图 9-10 所示。这一流程并不是解决网络故障时必须严格遵守的步骤，只是为建立特定网络环境中故障排除的流程提供了基础。

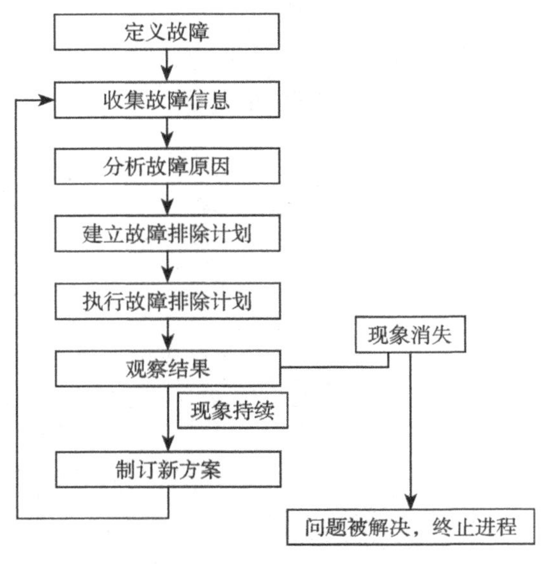

图 9-10 一般故障排除模型的处理流程

步骤 1：定义故障。分析网络故障时，要对网络故障进行清晰的描述，并根据故障的一系列现象及潜在的症结来对其进行准确定义。

要对网络故障做出准确的分析，首先应该了解故障表现出来的各种现象，然后确定可能会产生这些现象的故障根源或现象。例如，主机没有对客户机的服务请求做出响应（一种故障现象），可能产生这一现象的原因主要包括主机配置错误、网络接口卡损坏或路由器配置不正确等。

步骤 2：收集故障信息。收集故障信息有助于确定故障症结的各种信息。可以向受故障影响的用户、网络管理员、经理及其他关键人员询问详细的情况，从网络管理系统、协议分析仪的跟踪记录、路由器诊断命令的输出信息及软件发行注释信息等信息源中收集有用的信息。

步骤 3：分析故障原因。依据所收集到的各种信息考虑可能引发故障的症结。利用所收集到的这些信息可以排除一些可能引发故障的原因。例如，根据收集到的信息也许可以排除硬件出现问题的可能性，于是把关注的焦点放在软件问题上。应该充分地利用每一条有用的信息，尽可能地缩小目标范围，从而制定出高效的故障排除方法。

步骤 4：建立故障排除计划。根据剩余的潜在症结制订故障的排除计划。从最有可能的症结入手，每次只做一处改动。之所以每次只做一次改动，是因为这样有助于确定针对固定故障的排除方法。如果同时做了两处或多处改动，也许能排除故障，但是难以确定到底是哪些改动消除了故障现象，而且对日后解决同样的故障没有太大的帮助。

步骤 5：执行故障排除计划。实施制订好的故障排除计划，认真执行每一步骤，同时进行测试，查看相应的现象是否消失。

步骤 6：观察结果。当做出一处改动时，要注意收集、记录相应操作的反馈信息。通常，采用在步骤 2 中使用的方法（利用诊断工具并与相关人员密切配合）进行信息的收集工作。

步骤 7：分析操作结果。分析相应操作的结果，并确定故障是否已被排除。如果故障已被排除，那么整个流程到此结束。

步骤 8：制订新的方案。如果故障依然存在，那么需要针对剩余潜在症结中最可能的一个症结制订相应的故障排除计划。返回步骤 4，依旧每次只做一次改动，重复此过程，直到故障被排除为止。

如果提前为网络故障做好准备工作，那么网络故障的排除就变得比较容易了。对于各种网络环境来说，最为重要的是保证网络维护人员总能够获得有关网络当前情况的准确信息。只有利用完整、准确的信息才能够对网络的变动做出明智的决策，才能够尽快、尽可能简单地排除故障。因此，在网络故障的排除过程中，最为关键的是确保当前掌握的信息及资料是最新的。

对于每个已经解决的问题，一定要记录其故障现象及相应的解决方案，这样就可以建立一个问题 / 回答数据库。今后发生类似的情况时，公司里的其他人员也能参考这些案例，从而极大地降低网络故障排除的时间，最小化对业务的负面影响。

9.2.3 物联网故障诊断工具

排除网络故障的常用工具有多种，总体来说可以分为三类，即设备或系统诊断命令、网络管理工具及专用故障诊断工具。

1. 设备或系统诊断命令

许多网络设备及系统本身提供大量的集成命令来监视网络并对其进行故障诊断和排除。下面介绍一些常用命令的基本用法：

- show 命令可以用于监测系统的安装情况与网络的正常运行状况，也可以用于定位故障区域。
- debug 命令用于分离协议和配置问题。
- ping 命令用于检测网络上不同设备之间的连通性。
- tracert 命令用于确定数据包在从一个设备到另一设备直至目的地的过程中所经过的路径。

（1）show 命令

show 命令是一个功能非常强大的监测及故障排除工具。使用 show 命令可以实现以下功能：

- 监测路由器在最初安装时的工作情况。
- 监测正常的网络运行状况。
- 分离存在问题的接口、节点、介质或者应用程序。
- 确定网络是否出现拥塞现象。
- 确定服务器、客户机及其他邻接设备的工作状态。

show 命令最常用的一些形式如下：

- show version——显示系统硬件版本、软件版本、配置文件的名称和来源及引导图像的配置。
- show running-config——显示当前正在运行的路由器所采用的配置情况。
- show startup-config——显示保存在非易失随机存储器 (NVRAM) 中的路由器配置信息。
- show interfaces——显示配置在路由器或者访问服务器上的所有接口的统计信息。这一命令的输出信息根据网络接口所在的网络的配置类型不同而有所不同。
- show controllers——显示网络接口卡控制器的统计信息。
- show flash——显示闪存的布局结构和信息内容。
- show buffers——显示路由器上的缓冲池的统计信息。
- show memory summary——显示存储池统计信息，以及关于系统存储器分配符的活动信息，并给出从数据块到数据块的存储器使用程序清单。

- show process cpu——显示路由器上活动进程的有关信息。
- show stacks——显示进程或者中断例程的堆栈使用情况，以及最后一次系统重新启动的原因。
- show debugging——显示关于排除故障类型的信息（路由器允许此种故障类型）。

关于使用 show 命令的细节，可以参阅相关设备的命令参考手册。

（2）debug 命令

利用 debug 命令可以查看大量有用的信息，其中包括在网络接口上可以看到的（或无法看到的）通信过程、网络节点产生的错误信息、特定协议的诊断数据包及其他有用的故障排除数据。

debug 命令可以用于故障的定位，但是不能用于监测网络的正常运行状况。这是因为 debug 命令需要占用处理器的大量时间，可能打断路由器的正常操作。因此，应该在寻找特定类型的数据包或通信故障，并且已经将引发故障的原因缩小到尽可能小的范围内时，才使用 debug 命令。

不同形式的 debug 命令所输出信息的格式也大不相同：有些命令对每一数据包产生一行输出信息，而有些命令对每一数据包产生多行输出信息；有些命令产生大量的输出信息，而有些命令只是偶尔输出信息；有些命令产生文本行，而有些命令产生格式信息。

如果需要将 debug 命令的输出信息保存起来，那么可以将其保存到文件之中。在许多情况下，使用第三方厂商提供的诊断工具更为有效，也比使用 debug 命令带来的负面影响要小。

（3）ping 命令

利用 ping 命令可以检查目的主机可否到达及网络的连通性。

对于 IP 网络来说，可以利用 ping 命令发送 Internet 控制报文协议（Internet Control Message Protocol，ICMP）的 Echo 报文。ICMP 能够报告错误信息，并且能够提供有关 IP 数据包寻址的信息。如果某一站点收到 ICMP 的 Echo 报文，那么它会向源节点发送一个 ICMP Echo 应答（ICMP Echo Reply）消息。

利用 ping 命令的扩展模式可以指定 IP 报头的选项，使路由器可以进行更为完善的测试。在 ping 命令的扩展命令提示符下输入 yes，即可进入 ping 命令的扩展模式。

当网络正常工作时，查看 ping 命令是如何在正常情况下起作用的，这样当网络出现故障时，就可以将故障情况与正常情况进行比较。

（4）tracert 命令

tracert 命令（Linux 中为 trace）用于显示发出的分组向目的地传送时所走的路线。当数据包超过其生命周期（Time to Live，TTL）数值时，产生出错信息，tracert 命令就是利用这一机制实现的。首先，发送 TTL 数值为 1 的探测包，这将导致路径上的第一个路由器丢弃该探测包并返回“超时（time exceeded）”错误信息。随后，tracert 命令继续发送若干个探测包，并分别显示探测包的往返时间。每经过 3 次探测后，TTL 数值加 1。每个送出的分组能产生一个错误信息。其中“超时”错误信息表明，路径中的路由器已经收到该探测包并将其丢弃；“端口不可达（port unreachable）”错误信息表明，目的节点已经收到该探测包，但是由于目的节点无法将其提交给相应的进程而将其丢弃。如果在接收到应答信息之前定时器出现超时，那么 tracert 命令将显示为星号 (*)。当接收到目的节点的应答信息时，或者当 TTL 数值超过允许的最大值时，或者当用户中断 tracert 进程时，tracert 命令就结束了。

与 ping 命令一样，当网络正常工作时，查看 tracert 命令是如何在正常情况下起作用的，这样当网络出现故障时，就可以将故障情况与正常情况进行比较。

2. 网络管理工具

一些厂商推出的网络管理工具（如 Cisco Works、HP OpenView 等）都含有监测及故障排除功能，这有助于网络互联环境的管理和故障的及时排除。下面以 Cisco Works 为例介绍网络管理工具的主要功能。

- Cisco View 提供动态监视和故障排除功能，包括 Cisco 设备、统计信息和综合配置信息的图形显示。
- 网络性能监视器 (Internetwork Performance Monitor，IPM) 使网络工程师能够利用实时报告和历史报告主动地对网络响应进行故障诊断与排除。
- TrafficDirector RMON 应用程序是一个远程监测工具，用于收集数据、监测网络活动并查找潜在的问题。
- VLAN Director 交换机管理应用程序是一个针对 VLAN（虚拟局域网）的管理工具，用于提供对 VLAN 的精确描绘。

3. 专用故障诊断工具

在许多情况下，使用专用故障诊断工具排除故障可能比使用设备或系统中集成的命令更有效。例如，在网络通信负载繁重的环境中，运行需要占用大量处理器时间的 debug 命令会对整个网络造成巨大影响。然而，如果在“可疑”的网络上接入一台网络分析仪，就可以尽可能少地干扰网络的正常工作，并且很有可能在不打断网络正常工作的情况下获取有用的信息。一些典型的用于诊断网络故障的专用工具如下：

- 欧姆表、数字万用表及电缆测试器可以用于检测电缆设备的物理连通性。
- 时域反射计（Time Domain Reflector，TDR）与光时域反射计（Optical Time Domain Reflector，OTDR）可以用于测定电缆断裂、阻抗不匹配及电缆设备其他物理故障的具体位置。
- 断接盒（breakout box）、智能测试盘和位 / 数据块测试器（BERT/BLERT）可以用于外围接口的故障排除。
- 网络监测器通过持续跟踪穿越网络的数据包，每隔一段时间提供网络活动的准确图像。
- 网络分析仪（如 NAI 公司的 Sniffer）可以对不同协议层上出现的问题进行解码，自动实时地发现问题，对网络活动进行清晰的描述，并根据问题的严重性对故障进行分类。

（1）欧姆表、数字万用表及电缆测试器

欧姆表、数字万用表能够测量诸如交 / 直流电压、电流、电阻、电容及电缆连续性之类的参数。利用这些参数可以检测电缆的物理连通性。

电缆测试器（扫描器）可以用于检测电缆的物理连通性。电缆测试器适用于屏蔽双绞线（STP）、非屏蔽双绞线（UTP）、10BASE-T、同轴电缆及双芯同轴电缆等。通常，电缆测试器能够提供下述的任一功能：

- 测试并报告电缆状况，其中包括近端串音（Near End Crosstalk，NEXT）、信号衰减及噪声。
- 实现 TDR、通信检测及布线图功能。

- 显示局域网通信中媒体访问控制（Media Access Control，MAC）层的信息，提供诸如网络利用率、数据包出错率之类的统计信息，完成有限的协议测试功能（如 TCP/IP 网络中的 ping 测试）。

对于光缆而言，也有类似的测试设备。由于光缆的造价及其安装成本相对较高，因此在安装光缆前后应该对其进行检测。测试光纤的连续性需要使用可见光源或反射计。光源能够提供 3 种主要波长（即 850nm、1300nm、1550nm）的光线，配合能够测量同样波长光线的功率计，便可以测出光纤传输中的信号衰减与回程损耗。

（2）TDR 与 OTDR

TDR 能够快速的定位金属电缆中的断路、短路、压接、扭结、阻抗不匹配及其他问题。

TDR 的工作原理基于信号在电缆末端的振动。电缆的断路、短路及其他问题会导致信号以不同的幅度反射回来。TDR 通过测试信号反射回来所需要的时间，就可以计算出电缆中出现故障的位置。TDR 还可以用于测量电缆的长度。有些 TDR 还可以基于给定的电缆长度计算出信号的传播速度。

对于光纤的测试则需要使用光时域反射计（OTDR）。OTDR 可以精确地测量光纤的长度、定位光纤的断裂处、测量光纤的信号衰减、测量接头或连接器造成的损耗。OTDR 还可以用于记录特定安装方式的参数信息（例如，信号的衰减以及接头造成的损耗等）。以后当怀疑网络出现故障时，可以利用 OTDR 测量这些参数并与原先记录的信息进行比较。

（3）断接盒、智能测试盘和 BERT/BLERT

断接盒、智能测试盘和 BERT/BLERT 是用于测量 PC、打印机、调制解调器、信道服务设备 / 数字服务设备（CSU/DSU）及其他外围接口数字信号的数字接口测试工具。这类设备可以监测数据线路的状态，俘获并分析数据，诊断数据通信系统中的常见故障。通过监测从数据终端设备（DTE）到数据通信设备（DCE）的数据通信，可以发现潜在的问题，确定位组合模式，确保电缆敷设结构的正确。这类设备无法测试诸如以太网、令牌环网及 FDDI 之类的媒体信号。

（4）网络监测器

网络监测器能够持续不断地跟踪数据包在网络上的传输，提供任何时刻网络活动的精确描述或者一段时间内网络活动的历史记录。网络监测器不会对数据帧中的内容进行解码。网络监测器可以对正常运作下的网络活动进行定期采样，以此作为网络性能的基准。

网络监测器可以收集诸如数据包长度、数据包数量、错误数据包的数量、连接的总体利用率、主机与 MAC 地址的数量、主机与其他设备之间的通信细节之类的信息。这些信息可以用于概括局域网的通信状况，帮助用户确定网络通信超载的具体位置，规划网络的扩展形式，及时地发现入侵者，建立网络性能基准，更加有效地分散通信量。

（5）网络分析仪

网络分析仪（network analyzer）也称为协议分析仪（protocol analyzer），能够对不同协议层的通信数据进行解码，以便以阅读的缩略语或概述形式表示出来，详细表示哪个层（物理层、数据链路层等）被调用，以及每个字节或者字节内容起什么作用。

大多数的网络分析仪能够实现如下功能：

- 按照特定的标准对通信数据进行过滤，例如，可以截获发送给特定设备及特定设备的所有信息。
- 为截获的数据加上时间标签。

- 以阅读的方式展示协议层的数据信息。
- 生成数据帧，并将其发送到网络中。
- 与某些系统配合使用，系统为网络分析仪提供一套规则，并结合网络的配置信息及具体操作，实现对网络故障的诊断与排除，或者为网络故障提供潜在的排除方案。

9.3 物联网运行监测与管理

9.3.1 物联网运行监测

为掌握物联网的运行状态，应对物联网进行实时监测。

对于互联网部分，可以选择功能较完善的网络管理系统（如 WhatsUp Gold 系统）实现监测，可以监测每个交换机 / 路由器的 CPU 利用率、内存（缓冲区）利用率、端口流量及利用率，自动绘制拓扑结构，发现网络处于异常状态的节点、链路。对于物联网终端机链路，常规的网络管理系统并不具备有效的监测功能，需要单独开发。

9.3.2 物联网管理

物联网管理的主要目的是实现故障管理、性能管理、配置管理、安全管理。

现有的网络管理工具一般是针对互联网设计的，对物联网终端类设备可能无法实现有效的管理。为此，在条件许可时，可以自己开发或委托开发物联网管理系统，其方案是：

1）选用功能较完善的网络管理系统（如 WhatsUp Gold 系统），对互联网部分进行有效管理。

2）开发针对物联网终端与线路部分的管理功能，包括监测每个终端的运行状态、每条线路的状态、网络拓扑结构、终端与线路的流量及利用率，这些基本监测功能能极大地方便管理人员对物联网进行维护和管理。

3）根据监测报告，利用管理系统完成故障修复、配置变更、安全策略完善等工作，使系统达到最好的性能。

4）及时处理监测发现的不能自动修复的故障，如及时更换损坏的设备，对断开的链路进行维修。

5）定期制作网络运行报告，根据长期运行态势，有针对性地完善维护与管理方案，使整个系统运行更高效、更可靠、更安全。

第 10 章 物联网工程案例——智能建筑

本章通过具体案例说明物联网工程实施的过程、结果及效果。该案例侧重实现的结果和效果分析，因此这里不再介绍设计的过程及文档的撰写。

10.1 需求分析

10.1.1 智能建筑及其发展背景

1. 智能建筑的定义

智能建筑是多学科和高新技术的高度集成。中国智能建筑专业委员会将智能建筑定义为：利用系统集成方法，将智能型计算机、通信技术、信息技术与建筑艺术有机结合，通过对设备的自动监控、对信息资源的管理和对使用者的信息服务及其与建筑的优化组合，所获得的投资合理、适合信息社会需要并且具备安全、高效、舒适、便利和灵活等特点的建筑物。

2. 智能建筑产生的科学技术背景

进入 20 世纪 80 年代，信息技术的飞速发展极大地促进了社会生产力的变革，人们的生产、生活方式也随之发生了日新月异的变化，全球出现信息革命的高潮，知识经济、可持续发展已引起广泛关注。智能建筑就是在这样的技术背景下产生的。

作为人居住和活动场所的建筑物要适应信息化带来的变化，智能建筑的产生和发展是必然趋势。智能建筑通过配置建筑物内的各个子系统，以综合布线为基础，以计算机网络为桥梁，全面实现对通信系统、建筑物内各种设备（空调、供热、给排水、变配电、照明、电梯、消防、公共安全等）的综合管理。智能建筑产业是以这些技术为基础的。

物联网、云计算等新技术的出现为智能建筑的发展注入了丰富的感知能力和计算服务能力，城市的可持续发展目标推动智能建筑在形态、结构、功能上都出现了新的变化。

10.1.2 建设智能建筑的意义

1. 城市建筑节能降耗的需要

据有关统计数据表明，我国每年新增的建筑中，节能建筑只占3%～5%。大部分的既有建筑为非节能建筑，而且公共建筑能耗指标往往是住宅建筑的10～15倍，例如，北京地区公共建筑单位建筑面积的耗电量已达100～350kW·h。

进入21世纪以来，我国城镇建筑面积增速明显加快，每年城乡新建房屋建筑面积近20亿平方米，其中80%以上为高耗能建筑。既有建筑近400亿平方米，95%以上是高能耗建筑，建筑耗能已占到我国总能耗的40%。其中单位面积能耗最高的是公共建筑，其能耗强度约为住宅的2～3倍，城市“地标”建筑能耗则更大。

建筑节能是一个重大而现实的课题，涉及建筑、结构、热工与热能、能源设备、能源管理和自动化等学科和专业。房间采暖与空调工程是建筑节能设计的重要部分。房间采暖与空调工程设计要在室内营造一定的温湿环境和空气清新条件，选择合理的建筑布局和围护结构，正确配置采暖及空调设备，并恰当地确定采暖及空调的运行方案。采暖和空调的能耗既与气象条件有关，也与环境控制标准有关。在一定的舒适度条件下改变室内温度控制标准，将产生可观的节能效果。例如，夏季室内温度从26℃提至28℃，冷负荷即可减少18%～22%。为达到这一效果，必须借助物联网的实时监测和动态感知功能，动态控制办公区的温度，以便达到节能降耗的根本目标。

2. 城市建筑环境健康的需要

最近美国的研究报告显示，高质量的办公环境可使工作效率提高18%，为公司带来巨大效益。目前在美国，一般的空调设备花费10～15美元／ft^2（$1ft^2 \approx 9.29 \times 10^{-2}m^2$），而高级空调的花费约增加10美元／$ft^2$。然而，因环境不良引起的职员怠工所造成的损失约为5%，相当于每年损失15美元／ft^2。因此优良工作环境的设计，不但具有良好的投资回报，对人们的工作、健康及节约能源也有莫大好处。绿色建筑不但可以减少对地球环境50%的污染，而且可以使人类拥有更长寿、更健康的人生。有效地提供健康、舒适、环保、节能的工作环境，不但需要使用各种不同的设备和设施系统，而且需要搭建智能化的控制平台，将智能化的控制应用于绿色建筑中，依据实际负荷情况，通过组合不同的自动控制策略调节系统，以达到最佳化运行，实现建筑物节能、延长系统使用寿命。通过对绿色建筑内各类设备进行实时监测、控制及自动化管理，达到环保、节能、安全、可靠和集中管理的目的。

3. 智能办公区管理高效的需要

随着智能建筑的快速发展，其应用和管理所面临的问题越来越突出，作为面向客户的系统，应更关注客户的可用度、易用性和友好性，因此应对系统的管理提供必要的约束。在系统设计的过程中，应采用合理的技术手段，为应用和管理做好铺垫。正视这些问题，更好地解决这些问题，才能提升智能建筑的应用程度，开发新的应用模式，提高系统的管理能力，使系统发挥其自身的功能，让客户的投资物有所值。

智能建筑系统地集成办公建筑的考勤、门禁、会议签到、车库管理等日常应用管理；利用RFID标签系统可以无线传感网信息融合，定义对设备的控制方式，从而提高系统实用性，最终充分体现智能办公区的价值，体现智慧城市建设的价值，促进智慧城市进一步发展。

4. 实现智能办公的需要

办公环境的高耗能问题在目前能源危机的背景下变得日益突出，高能耗设备、不良的用电习惯等与国家倡导的低碳生活格格不入；人员工作效率低下、人员流动频繁等对公司的日常管理造成很大的障碍，物质财产和商业机密等遭到威胁。

智能办公环境提供各种电信网络接口，并且能够兼容电子办公设备等新兴技术。技术的变革不断引起空间使用模式的变化。电信与自动办公技术的广泛应用改变了办公环境和工作模式，随着办公业务的高效化，人们逐渐把日常工作交给机器机器，自己则从事更加知识化的工作，脑力劳动强度增大，工作节奏更紧张。这就要求办公空间既要体现高效性，又要提供舒适的工作环境。因此，智能办公环境的基本目标是：

1）提高使用者的工作效率。

2）提高工作环境的舒适度。

3）为将来的技术发展提供灵活性。

10.1.3 智能建筑的发展趋势

到2050年，世界人口将达到90亿，其中75%的人口生活在城市。到那时，气候变化、资源短缺、不断上涨的能源成本及如何预防和减少自然或人为灾害将是人类必须要面对的问题。当城市的扩张达到极限时，延伸交通网络和扩张城市模式将不再是一个有效的解决方案。相反，人口结构和生活方式的改变将会是加大城市人口密度的催化剂。

随着城市生活的蔓延，我们所期待的城市结构及城市建筑的设计和功能将是一个什么样子呢?

未来，人们的生活将到处充斥着各种智能设备与智能材料。人们将经历各种技术变革，这些技术不仅会重新定义人与人之间的交流方式，并且将重新定义人们的周边环境。人们生活的城市中的每一件事情都可以精确操控，城市所有组成部分将由一个个独立的智能系统组成。未来的生活环境即一个通信系统和社会系统无缝交织在一起的地方，并且人们有意识地从事可持续性设计工作。

未来的技术将更集中于为个人解决问题。我们周围的环境能从本质上感知每个人的喜好与需求，即网络建设的方方面面能够响应每个用户的特殊要求。

到2050年，城市居民与城市处于一种要适应不断变化的环境的状态。未来的城市建筑将会有一种先天的本能，即本能感知本地的环境和用户。从某种意义上来说，建筑物的结构有很强的适应性，并且有很多不确定的功能结构。其空间与形态由时间与对应的人群所决定。反馈回路的动态网络系统能识别一个不断变化空间条件。反馈回路的动态网络由智能材料、传感器、数据交换和自动化系统组成，实质上相当于一种人工合成的、高度敏感的神经系统，并能对用户的活动和周边环境做出快速反应。结构系统由能源系统、照明系统和幕墙系统组成。结构系统能超越物理条件的限制，进而塑造一种新型的城市生活。未来城市建筑的特点如图10-1所示。

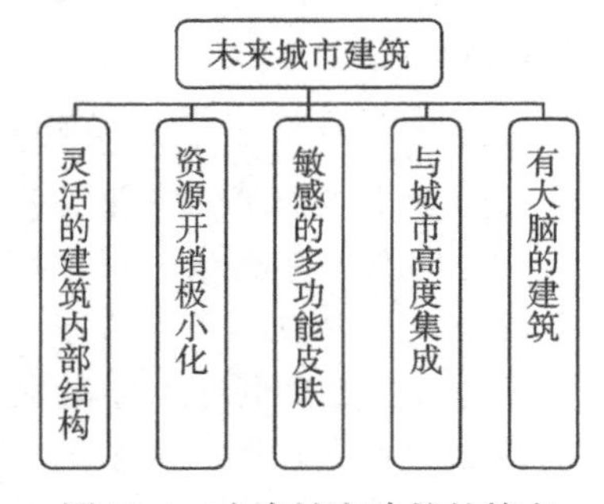

图10-1 未来城市建筑的特点

1. 灵活的建筑内部结构

机器人移动与组装好建筑预制模块，然后进行安装、测试、维修和升级建筑系统组件。技术、空间、外墙能够快速修改与操纵，如程序的加减、居民的密度、周边环境。

建筑材料是由再生和可回收的元素合成的高性能智能材料，能够自我修复和净化周围空气。

建筑的持续性适应能力是靠多层方法实现的，这些层在每个阶段有不同的生命周期。第一层是永久结构层，如楼板层。永久结构层被设计成能永久适应不同的用途，并且在建筑的不同生命周期阶段有不同的功能。第二层由特殊元素组成，这些元素有 10 ～ 20 年的寿命，包括门面、初级装修墙、饰面和地板上的机械植物。第三层由能快速改变的装修元素组成，包括信息基础设施。系统需要适应未来设备的技术发展。

2. 资源开销极小化

通过整合基础设施与智能电网，城市住宅能收集信息，并对复杂环境做出反应。例如，光伏表面部件能现场生产和储存能源。能量通过备用装置燃料电池获取与传输，使用垂直输送系统利用能量，藻类生产燃料豆荚。改良过的风力涡轮机装置从潮湿的空气中提炼饮用水。水资源优化后可以循环使用和重新使用，过滤器与光伏表面能清洁空气，减少环境污染。绿地和开放空间成为高层建筑体系的有机组成部分，并通过结构分散开，允许生物多样性的存在，鼓励不显眼的城市景观植物、鸟类和昆虫物种进行互动。到 2050 年，会利用风力发电。

建筑有助于优化全市范围内的食物、能源和水等物资的生产、储存和消费。消耗自然资源、缺乏物理空间、剧烈的气候变化、粮食生产系统成为可持续发展与智能城市必须关注的问题。城市规划者可以利用垂直农业技术和都市农业系统来应对未来可能出现的世界粮食危机。

3. 敏感的多功能皮肤

未来的幕墙系统与城市基础设施合并后功能更加多样化。外部膜为综合通信网络、食物和能源生产提供多种可能性。光伏发电大范围覆盖成为可能，继而提供一种更有意义的能源提供方式。城市交通系统可使用藻类系统作为生物燃料，而由此构成的自然通风系统既允许空气流通，也能拦截经过窗户的热量。纳米粒子可以消除空气中的污染物，捕获二氧化碳，并净化周围的空气。建筑物内的敏感单元能够感知环境因素，如温度的变化、风向、大气中的水分含量和最佳的光照度，并最大限度地利用可再生资源。

4. 与城市高度集成

未来的建筑系统连接与整合交通系统，提供绿色空间，培育和鼓励可持续行为。建筑成为社会的重要组成部分，并重新定义什么是城市与自然。

城市住宅是密集并且嘈杂的，建筑的结构在公共区域发挥重要的作用，使人们在一个不断变化的背景下生活、探索与交流。现场数字制造设施为人们定制物件。基础材料可回收利用，用于将来的生产制造。必要的建筑构件在原地制造，避免转运与关闭工厂。

5. 有大脑的建筑

城市以高度敏感的、能直接反馈的网络框架的形式存在。系统在整合周边城市基础设施的情况下，使个体建筑具有自我调节功能。

利用收集到的数据信息（如能源消耗、天气和入住质量要求），系统能够告知和计算出资源的最优利用和结构的最佳组成。所以，建筑有能力根据人、环境和城市创造出一套环境居住方案。建筑系统能监测发射率、吸收热量和热平衡，最大限度地减少如城市热岛效应的现象。内部空间完全可以定制，并可以修改，以适应特定的气候条件和照明需求。利用传感器与声学技术能产生一个均匀的光源，照亮建筑的整个表面，可以实现“净零能源”的人造光。用户体验可以完全按照功能需求进行量身定制。

总之，在生态系统中，建筑物不是简单地创造空间，而且改造环境。建筑是城市生态系统的一部分，对环境变化更敏感，提供有效的资源管理，满足每个个体独立的需要。通过产生食物和能源，提供清洁的空气和水，建筑成为一个无源的壳体，具有适应能力和反应能力的器官。

10.2 方案设计

智慧办公楼按照物联网层次架构，包括感知层、通信层、数据层和应用层。感知层获取区域内的各种信息。通信层将信息汇聚到数据层，也将指令转发到受控设施。所有的智能应用构成应用层，支持 Web、手机客户端等多种方式访问。

智慧办公楼系统架构如图 10-2 所示。

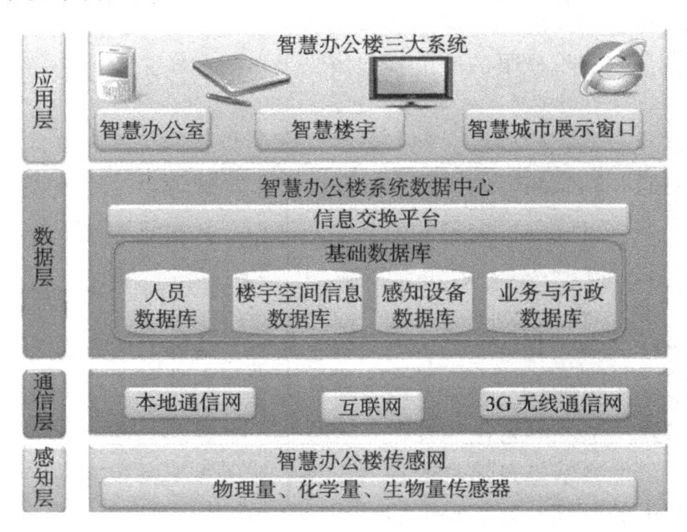

图 10-2 智慧办公楼系统架构

10.2.1 办公楼生态环境感知系统

1. 总体架构

办公楼生态环境感知系统的总体架构如图 10-3 所示，由三层组成，最底层是基础软件服务，第二层是应用平台支撑，顶层为与绿色低碳有关的应用系统。

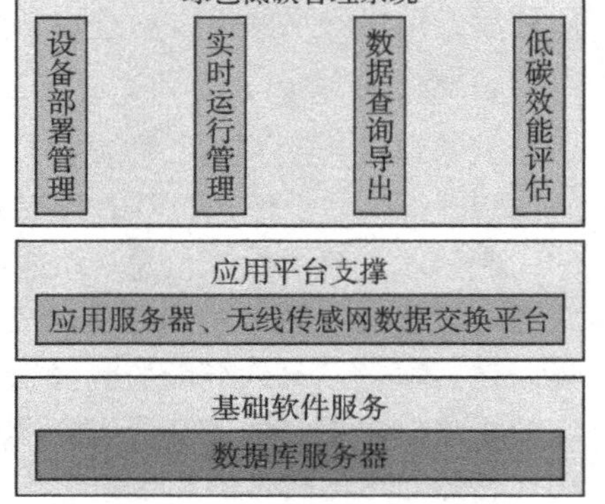

图 10-3 绿色低碳管理系统结构

2. 低碳设施配置与管理

智慧办公楼各项设施需要在物理空间和信息空间一一对应，需要为此设计相关传感器等基础设施的配置与管理系统，图 10-4 给出了一个传感器的管理界面。主要功能如下：

- 根据行政中心的空间结构和设备的安装位置，以部门和办公室为区域单位，对红外设备和传感器进行部署，设定编号，统一管理。
- 对每一个划分区域内的监测设备和耗能设备指

定对应的负责人和管理权限，当出现警报时，系统能通知指定的负责人。

- 数据的采集、发送和接收需要通过由许多传感器组成的无线传感网来完成，所以需对每个传感器进行 ID 注册，将接收到的数据和传感器及采集对象对应起来。
- 对监测的设备可能出现的故障进行编号管理，防止系统因某个检测设备出现故障而不能正常运行。
- 对系统可能出现的异常和错误进行设定，当系统出现问题时，给出相应的提示，从而以最短时间恢复系统正常运行状态。

传感器管理界面如图 10-4 所示。

传感器管理

	传感器编号	节点物理地址	部署位置	传感器类型	是否已添加
▶	TL-0001	00:13:a2:00:40:33:9b:c6	二楼E区	温亮度一体传感器	☑
	TL-0002	00:13:a2:00:40:60:42:d5	二楼F区	温亮度一体传感器	☑
	TL-0003	00:13:a2:00:40:62:a5:3b	二楼G区	温亮度一体传感器	☑
*					☐

图 10-4 传感器管理

3. 实时运行管理

传感器采集的信息需要实时监管，图 10-5 给出了典型智慧楼宇生态环境状况的显示界面。主要功能如下：

- 通过传感器实时采集室内外温度、湿度、照度及设备的当前参数设置等信息。
- 将采集到的信息通过无线传感网发送到服务器并存储到数据库。
- 系统能分析采集到的数据，判断当前设备设置是否造成能源浪费。
- 当出现能源浪费状况时，系统以短信的方式通知对应设备的管理人员，并提供最佳设置建议。
- 将警报信息自动存储到数据库，用于总结统计。
- 系统能将实时数据以表格、图表等形式动态显示到监测页面。
- 楼宇内的设备按楼层划分区域，当要查看某办公室内设备的数据时，先选中楼层，则显示该楼层的信息，然后选中对应办公室的编号即可看到温度、亮度等实时数据，如图 10-5 所示。

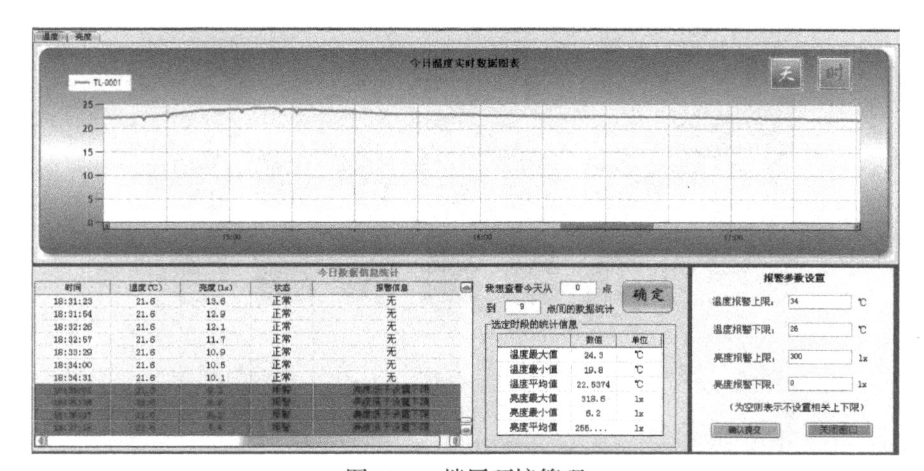

图 10-5 楼层环境管理

10.2.2 办公楼基础设施智能监管系统

利用物联网技术，大楼的基础设施（如中央空调、照明设备、窗帘、电梯和出入口）嵌入感知和通信能力，具备可监可管的能力，从而实施程序化、模型化、个性化的控制模式，定向发布运行状况。后台系统具备可配置、学习和数据分析功能，根据办公楼的能耗历史数据提供分时段节能效果评估，在遵守规章的前提下也能自适应工作人员的使用习惯，自动控制基础设施的运行。图 10-6 给出了办公楼基础设施与相关信息系统的部署图，图 10-7 给出了一个典型的操作界面。

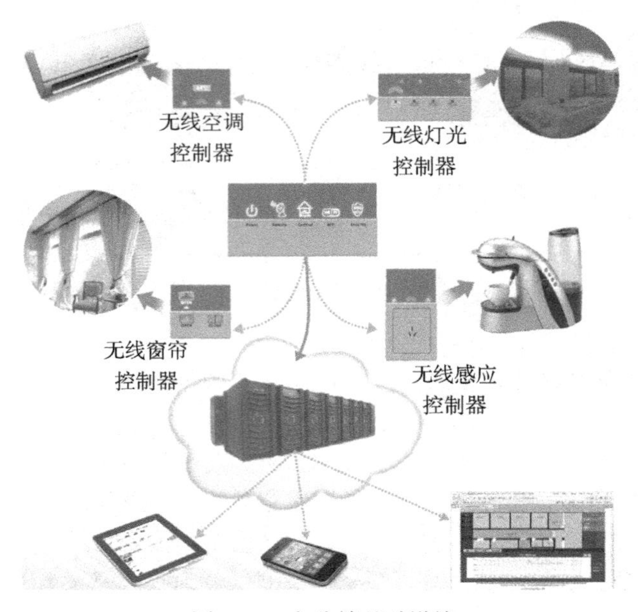

图 10-6 办公楼基础设施

1. 灯光控制

- 所有的灯光开关均具备遥控功能，采用 RF 传输控制技术，用户可在任何地方通过无线方式进行灯光控制，且不受方向限制。
- 可通过多媒体智慧终端（参见图 10-7）和便携式遥控器对办公室的所有无线灯光进行开、关、场景等控制和管理。

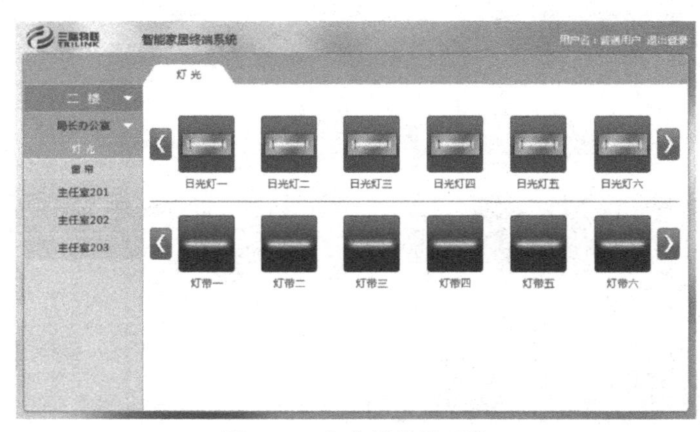

图 10-7 办公楼终端系统

- 接入互联网后，可通过互联网对办公室的所有无线灯光进行开、关、场景等控制和管理（需智能家居服务平台支撑）。
- 具备现场手动控制功能。
- 所有灯光开关具备双向信息传输。操作开关时，各灯光开关的状态即时反馈于移动智能中控器上，用户可直观地了解实际情况。
- 可由保安室 / 传达室集中控制和管理。

2. 空调控制

- 通过学习并存储空调设备的红外码进行控制。
- 实时信息状态显示。
- 遥控控制。
- 手动控制。
- 具备电流检测功能。
- 具备有线红外功能。
- 具备数据上传下载功能。
- 具备数据存储功能。
- 具备停电自动切断功能。
- 接入互联网后，可通过互联网对办公室的所有无线灯光进行开、关、场景等控制和管理（需智能家居服务平台支撑）。
- 可通过遥控器控制和多媒体智慧终端控制。
- 可由保安室 / 传达室集中控制和管理。

3. 窗帘控制

- 所有的窗帘控制器均具备遥控功能，采用 RF 传输控制技术，用户可在任何地方通过无线方式进行窗帘控制，且不受方向限制。
- 用户可通过多媒体智慧终端和便携式遥控器对办公室的所有窗帘控制器进行开、关、场景等控制和管理。
- 接入互联网后，用户可通过互联网对办公室的所有窗帘控制器进行开、关、场景等控制和管理（需智能家居服务平台支撑）。
- 所有窗帘控制器具备联动控制和场景控制功能，场景控制模式可按需求预设定及由用户自定义，如离家场景（办公室照明、电器、电动窗帘是否关妥，直接在液晶面板操作就能实现全部关闭）、回家场景（在将要回家前远程启动该模式，启动通风设备更换空气，自动按设定温度开启空调，开启窗帘）等。
- 所有窗帘控制器既支持批处理控制（如纳入预设定场景或自定义组合设置后自动启动或关闭），也支持独立控制。
- 具备现场手动控制功能。
- 所有窗帘控制器具备双向信息传输。操作窗帘时，各窗帘控制器的状态即时反馈于多媒体智慧终端上，用户可直观地了解实际情况。

4. 电器控制

- 通过中控器界面，可学习并存储电器设备的红外码和 RS-232 码。
- 通过多媒体智慧终端发射红外指令或 RS-232 接口指令，控制电器设备（电视机、播放器、投影仪等)。
- 具备双向433MHz RF收发、电流检测工作状态功能。
- 使用万能芯片，能控制红外通信的主流电器设备。
- 可与中控器通信，进行数据配置。
- 接入互联网后，用户可通过互联网对办公室的所有电器进行开、关、场景等控制和管理（需智能家居服务平台支撑）。
- 可与灯光、窗帘等系统组成场景控制。

5. 多媒体智慧终端

- 具有LCD触摸屏。
- 具有Android 2.3操作系统。
- 具备可视电话（VOIP）功能。
- 可拨打普通电话。
- 支持网络浏览、搜索查询、视频点播等。
- 支持安卓应用商城：游戏等。
- 支持灯光控制：无线控制、场景控制和集中控制。
- 支持窗帘控制：无线控制、场景控制和集中控制。
- 支持电器控制：智能影音控制器、空调控制器或无线插座控制器作为间接设备，通过无线接口，组成网络家电系统，实现家用电器的集中控制。
- 支持安全报警：具备家庭报警终端功能，支持布/撤防操作、告警、消警、报警处理等。
- 支持视频监视：可监视和控制接入网关设备的摄像机图像。
- 支持情景定制：根据客户需求，由客户自定义情景，实现一键控制情景。

10.2.3 办公楼管理与服务系统

“e城通”系统是针对日益增长的集中控制和智能化管理需求开发而成的综合安全防范控制和管理平台。平台立足于安防管理，同时延伸到环境监控应用领域，大大拓展了其应用空间和智能化程度。该平台涵盖门禁控制、报警监控、考勤管理、就餐消费、电梯控制、车辆出入、人员跟踪、访客管理、在线巡更、视频录像、会议报到、消息中心、日志查询、数据备份、OPC联动等多个应用系统，这些系统可以根据需要配置和适当定制后，形成符合用户需求的行政服务中心工作人员和特定客户的权限、职责、资源分配管理中心。

该平台在Windows操作系统下运行，采用NET开发工具、MSMQ消息队列技术和中间层集中控制数据交换技术。使用MSMQ消息队列进行通信有许多优点：稳定可靠、可设置消息优先级、强大的脱机能力及数据通信的安全性。平台采用SQL数据库，方便与采用同样数据库的第三方系统的数据对接和集成。

平台内所有系统支持单机和网络应用。各个应用客户端可安装在不同的计算机上，通过局域网或广域网及MSMQ消息队列，实现与控制中心（Command Centre，CC）的通信。控制中心和数据库可安装在不同的计算机。SKEPS“e城通”平台架构如图10-8所示。

1. 门禁管理系统

作为SKEPS平台的基本管理模块，DAS门禁管理系统用于管理员工资料、门禁点资料，并给员工分配相应的门禁权限。SKEPS其他应用系统如监控系统、考勤系统、收费系统、会议报到系统、人员跟踪系统等所需要的部门信息和员工资料均来自于 DAS 门禁管理系统。

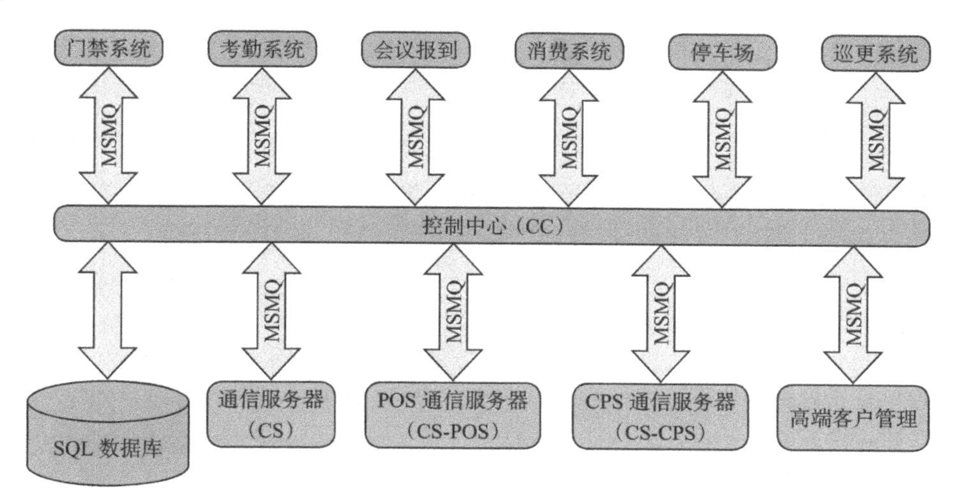

图 10-8 SKEPS“e 城通”平台架构

“e 城通”系统的所有卡片均采用 CPU 卡，满足信息安全需求。典型的门禁管理设备如图 10-9 所示。

员工管理包括部门更换、离职处理、离职恢复、员工代替、员工发卡、指纹采集、电话门禁和制卡打印等功能操作。预留的 15 个自定义员工信息字段充分考虑了不同客户的应用需求。

图 10-9 门禁读卡器与控制器

特有的按门加人和按人加门权限分配方式及权限实时下发功能，使门禁权限操作更加方便、快捷，使门禁权限管制更加细腻，不仅包括时区管制、假日管制、密码管制和反潜回管制，而且包括开关功能、布防 / 撤防、监视管制和控制组。

DAS 门禁管理系统（参见图 10-10）相比其他门禁应用系统，员工信息更全、权限分配更方便、门禁管制更细腻。由于采用 MSMQ 消息队列通信机制和中间层集中控制数据交换技术，DAS 门禁管理系统具有广泛的应用空间，既可以单机使用，也可以供多达 255 个客户端同时使用；既可以应用于几百个员工的小型工厂，也可以应用于多达 10 万人的大型集团公司。

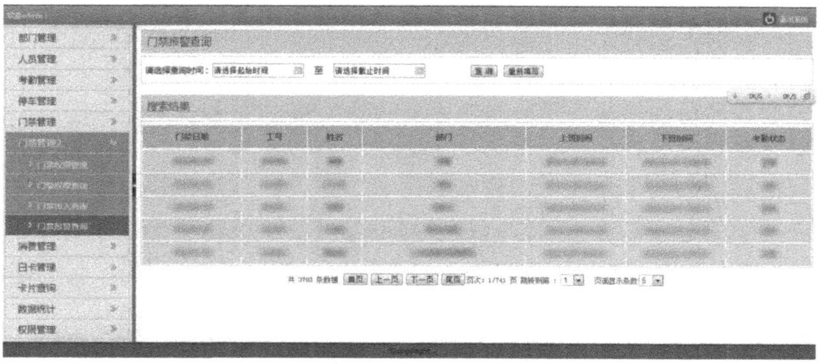

图 10-10 门禁管理系统

2. 考勤管理系统

TC 考勤管理系统基于 SKEPS 智能安防管理平台开发而成，并与 SKEPS 其他应用程序共用同一个数据库，通过 MSMQ 消息队列与控制中心（Control Center，CC）通信。TC 考勤管理系统中的部门员工信息、考勤点信息全部来自于 DAS 门禁管理系统。

TC 考勤管理系统通过设置考勤参数、创建班次、自动排班、年假分配、请假 / 出差 / 加班登记及自动统计，实现员工考勤智能化管理，并形成各种考勤报表。通过选择门禁点来过滤有效考勤数据。典型的考勤管理设备如图 10-11 所示。

图 10-11　考勤机

TC 考勤管理系统（参见图 10-12）是 SKEPS 智能安防平台延伸出来的一卡通系统中的最重要的一个子系统，广泛应用于企事业单位的员工考勤管理，真正意义上实现了“一卡一库一线”的“一卡通”管理理念。

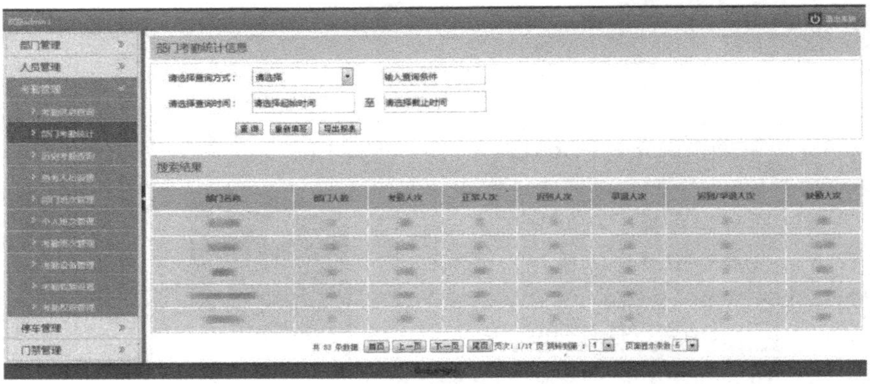

部门管理
人员管理
考勤管理
部门考勤统计信息
请选择查询方式：请选择　输入查询条件
请选择查询时间：请选择起始时间　至　请选择截止时间
查询　重新填写　导出报表
搜索结果
停车管理
门禁管理

图 10-12　考勤管理系统

3. 收费管理系统

POS 收费管理系统基于 SKEPS 智能安防管理平台开发而成，并与 SKEPS 其他应用程序共用同一个数据库，通过 MSMQ 消息队列与 CC 通信。CS-POS 通信服务器专为 POS 系统设计，通过 CS-POS 通信服务器，可以实现 POS 服务器和收费机与 CC 之间的数据下载和上传。图 10-13 给出了收费管理系统的界面。

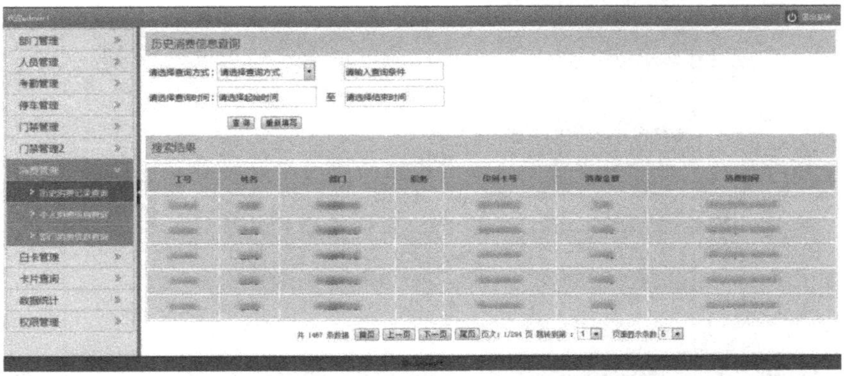

部门管理
人员管理
考勤管理
停车管理
门禁管理
门禁管理2
历史消费信息查询
请选择查询方式：请选择查询方式　请输入查询条件
请选择查询时间：请选择起始时间　至　请选择结束时间
查询　重新填写
搜索结果
白卡管理
卡片查询
数据统计
权限管理

图 10-13　收费管理系统

POS 收费管理系统中的部门员工信息既可以来自于 DAS 门禁管理系统，也可以在系统中单独添加。

有别于传统的收费系统，POS 收费管理系统除了满足正常的金额消费外，还细化了计次消费的管制功能，特别适合免费就餐的场合。该系统对卡片没有限制，可以采用任何厂家的卡片，以满足客户"一卡通"的需要。系统能实时显示消费刷卡记录和 POS 服务器的通信状态。支持脱机消费，所有卡片资料、余额和就餐权限均存放在 POS 服务器中，因此即使在计算机不开机或者与计算机的网络通信中断的情况下，也不影响正常的消费操作。每个 POS 收费服务器可连接 32 台 POS 服务器，每台 POS 服务器可连接 32 台 POS 机，因此整个系统的设计容量完全满足各种应用的需要。

POS 收费管理系统包括以下功能模块：开户、销户、账户充值、补贴发放、群组设置、就餐时段、品种分类、餐厅设置、设备管理、现金结账、统计报表及供应商设置等。

4. 在线巡更管理系统

GT 是基于 SKEPS 智能安防管理平台开发而成的在线式巡更管理系统。利用现有的门禁网络和设备，巡更人员持卡在每个要巡逻的读卡器上刷卡，巡更记录通过 CC 实时传到 GT 巡更管理系统。如果在规定的时间和地点没有刷卡，则电子地图上对应的巡更点给出报警。

同脱机式巡更系统相比，GT 巡更管理系统能实时收取巡更刷卡记录，及时反映各个巡更点的巡逻情况，实时了解巡更人员当前所在的位置，充分利用现有的门禁系统硬件资源，无需添加其他硬件设备。

GT 巡更管理系统（参见图 10-14）自动记录巡更任务已经处理到哪一天。如果计算机连续关机三天，则在第四天开启计算机时，GT 巡更管理系统会自动将最近三天的巡更任务提取出来并计算一遍。系统支持多个客户端操作，但最早登录 CC 的计算机将作为主客户端，处理巡更任务，其他后面登录 CC 的客户端只能浏览和查看巡更情况。

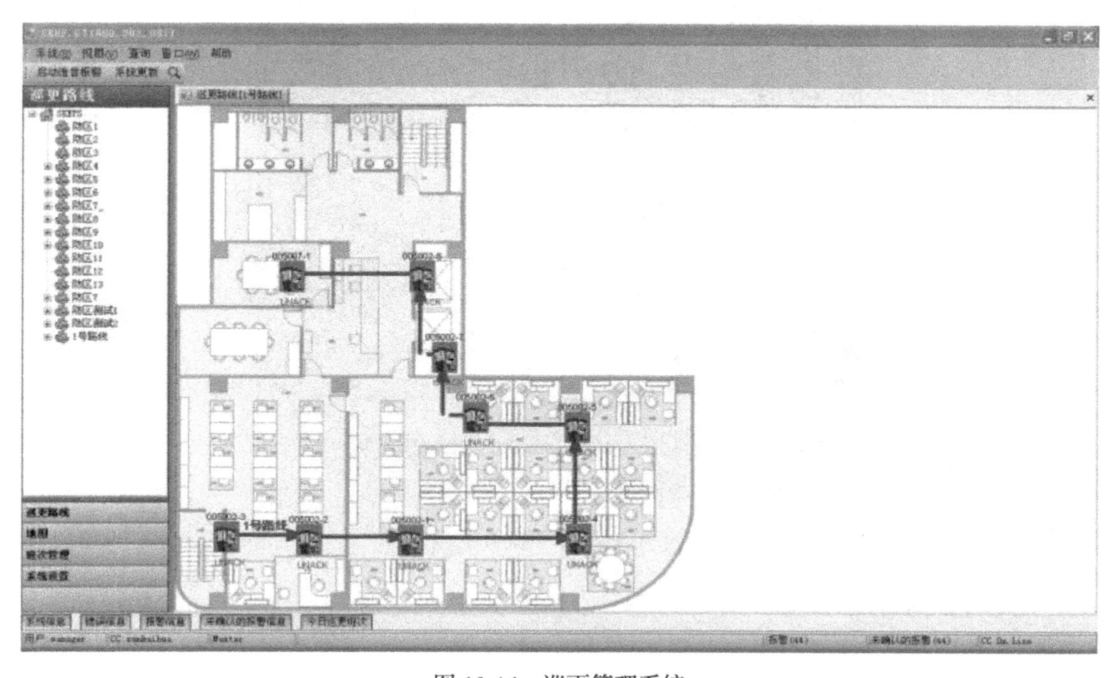

图 10-14　巡更管理系统

5. 会议报到系统

MAS 会议报到系统基于 SKEPS 智能安防管理平台开发而成，用于实时监控人员会议报到情况。在会议监控界面上，如图 10-15 所示实时显示本次会议的应到人数、实到人数、未到人数，以及最近报到的人员姓名和照片。

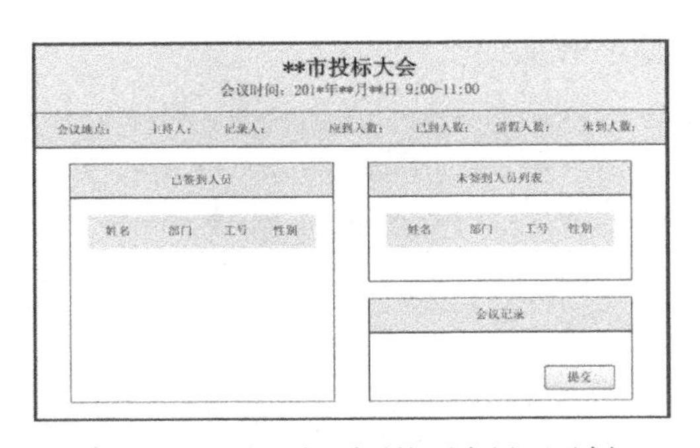

图 10-15 会议报到系统用户界面示例

MAS 会议报到系统与 DAS 门禁管理系统采用同一个数据库，所有开会人员的信息和刷卡考勤设备均在 DAS 系统中添加。通过指定会议刷卡报到门禁点，MAS 会议报到系统自动从 CC 传来的门禁刷卡记录中过滤有效的会议刷卡记录。

MAS 会议报到系统的管理客户端可以独立工作，也可以将会议重要信息发送到会议室信息屏。

10.2.4 电子服务平台

电子服务平台（参见图 10-16）是智慧城市服务现代化的代表性产品。它以高性能计算与通信硬件平台为基础，集成丰富的周边设备，包括射频卡阅读器、二代身份证阅读器、热敏打印机、摄像头、电话机、触摸显示屏等输入、输出设备；针对大中型机构访客接待过程中，身份认证、事项确认、进出登记等环节中信息获取、传递、保存、查询的应用要求，完全替代手工录入，实现了单机全能解决方案，达到“登记自动化、交互便利化、过程电子化”的目标，显著提高接待工作效率，改善内部管理水平，提升单位形象与服务质量。

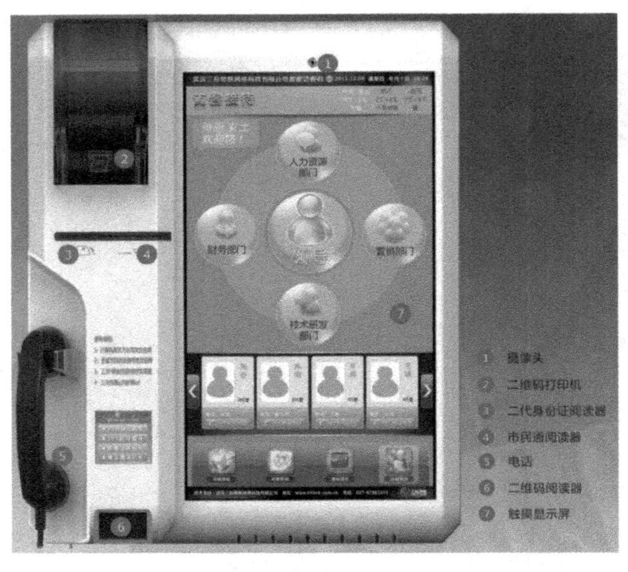

图 10-16 电子服务平台

1. 电子服务平台功能

（1）访客接待（核心功能）

智能访客机读取访客的二代身份证作为身份凭证，访客通过触屏界面选择受访者，图形化的引导系统提示访问路径。访客直接通过访客机上的电话机直拨受访者，确认同意接待。访客持打印二维码的访客单，开始访问过程。访问结束，受访者在访客单签名。访客机读取访客单二维码，访问结束，工作人员回收访客单存底。

访客接待界面与工作流程如图 10-17 所示。

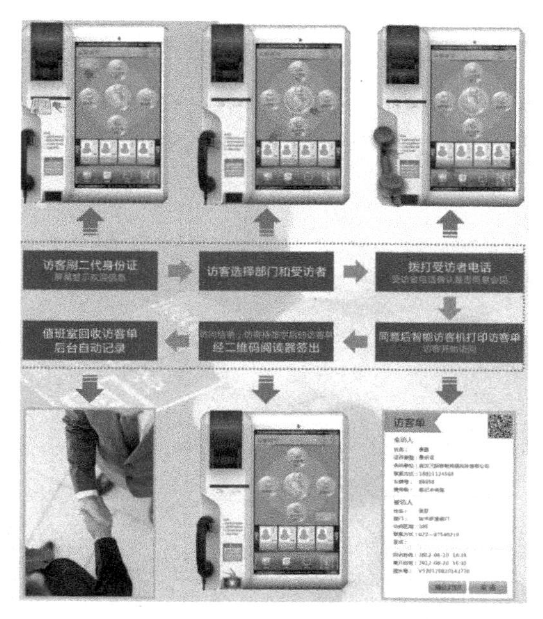

图 10-17　访客接待界面与工作流程

（2）考勤签到

智能访客机阅读员工的射频卡，记录考勤。员工签到或离开后，访客机上的员工在岗状态会随之改变，便于访客来访。在岗信息可以通过后台系统，与智慧楼宇的设备互动，调节灯光、空调等装备。

考勤签到界面如图 10-18 所示。

图 10-18　考勤签到

（3）信息发布

同步更新机构的通知公告，让员工及时了解机构动态；实时从指定网站抓取天气预报、国内外和本地时事热点新闻。所有信息都提供二维码链接，可以直接通过手机识别二维码，延伸阅读。

信息发布界面如图 10-19 所示。

（4）环境播报

通过无线传感网不间断采集区域内温度、湿度、敏感气体浓度等数据，动态显示在访客机上，与智慧楼宇系统相结合，调整采暖、通风设备工况，创建绿色、舒适、健康的生态办公环境。

环境播报界面如图 10-20 所示。

图10-19　信息发布

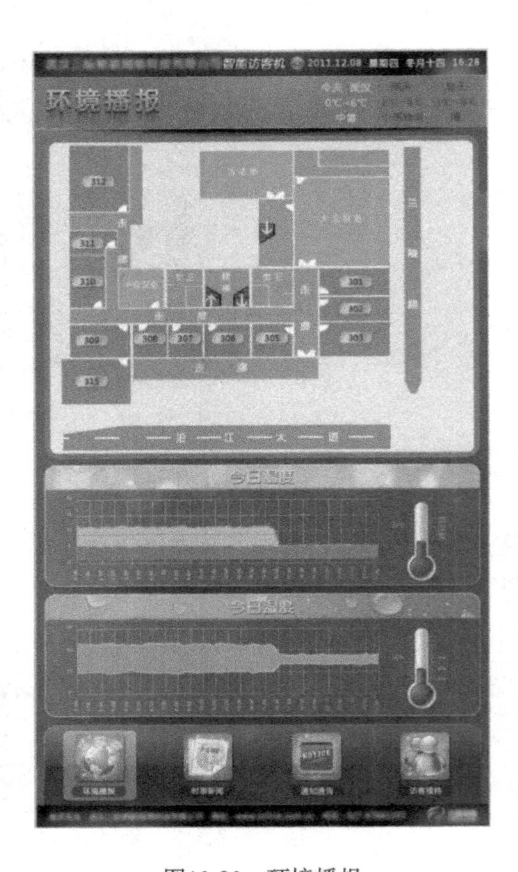

图10-20　环境播报

2. 电子服务平台技术规格

电子服务平台的技术规格如表 10-1 所示。

表 10-1　技术规格

触摸屏	21.5 英寸电容触摸屏，三防（防水、防尘、防暴），配置防爆玻璃
显示屏	21.5 英寸 LED 背光液晶显示屏，竖屏，分辨率为 1080 × 1920 像素
打印机	57mm 热敏打印机，打印速度为 5cm/s
摄像头	大于 130 万像素，分辨率 800 × 600 下采集速率 30 帧 / 秒（可选）

（续）

射频卡读卡器	可读取 SO 14443 标准射频卡
二代身份证读卡器	第二代居民身份证的识别和读取
条码阅读器	二维码阅读器（兼容一维码阅读器）
网络接口	2 路 100/10Mbit/s，Wi-Fi（可选）
电话接口	通用的电话接口（PSTN 标准）
定时开关机	一天可设定 10 个开关机时间，区分节假日
供电方式	交流 100 ～ 240V（50Hz/60Hz）
机身尺寸	50mm（宽）× 620mm（高）× 125mm（厚）
净重	约 20kg
功耗	<100W

3. 电子服务平台特色

1）集成多种外设，具备多项输入、输出能力。

2）结构紧凑，外观大方，部署方便。

3）全过程可视化，触控交互，直观便捷。

4）全过程电子化，提高接待效率，便于归档管理。

10.2.5 智慧办公楼运行服务平台

智慧办公楼运行服务平台用于对现场数据采集设备和传感器等装置进行部署，搭建无线传感网，保证系统正常运行；实现温度、湿度、照度、能耗的动态信息采集，数据、图形显示；实现设备集散控制，控制采光、供热、通风和空调设备的运行状况，从而减少碳排放，实现绿色行政。

1. 设备管理

对设备进行系统的管理的信息系统主要功能如下：

- 根据行政中心的空间结构和设备的安装位置，以部门和办公室为区域单位，对红外设备和传感器进行部署，设定编号，统一管理。
- 为每一个划分区域内的监测设备和耗能设备指定对应的负责人和管理权限，当出现警报时，系统能通知指定的负责人。
- 数据的采集、发送和接收需要通过由许多传感器组成的无线传感网来完成，所以需对每个传感器进行 ID 注册，将接收到的数据和传感器及采集对象对应起来。
- 对监测的设备可能出现的故障进行编号管理，防止系统因某个检测设备出现故障而不能正常运行。
- 对系统可能出现的异常和错误进行设定，当系统出现问题时，给出相应的提示，从而以最短时间恢复系统正常运行状态。

2. 实时运行管理

环境实时运行管理的主要功能如下：

- 对行政中心楼宇内的室内外温度、湿度、采光进行实时监测。
- 以表格、图表等多种形式显示相关监视数据。
- 自动报警并以短信形式发送。

- 对采集到的实时数据和出现状况时的报警信息进行存储。
- 系统管理员可以对设备进行远程调控使设备设定符合要求。

3. 数据查询导出

- 可以按时间段和部门查询当前和历史的温度、湿度、光照度及报警记录等数据。
- 可以通过表格和图表工具多样显示所查询的数据信息。
- 可以将查询到的数据导出或打印出来供使用。

4. 低碳效能评估

系统可以对大楼的节能效果进行评估，主要功能如下：

- 按月、季度、年等周期对行政服务中心进行低碳效能评估，针对能源消耗和节能效果等信息给出节能报告。
- 对单位各部门进行低碳效能评估，统计出各部门节能落实情况，并按结果进行排名，评出节能模范部门。
- 对不同类型设备的能源消耗进行评估，并和历史数据进行对比，统计各阶段的能源消耗和节省数据。
- 可以对低碳指标进行设置。

10.3 工程实施

10.3.1 项目启动阶段

- 工作目标：
  - ❑ 完成项目的需求分析和详细设计。
- 主要任务：
  - ❑ 完成项目的需求调研。
  - ❑ 完成项目的方案设计。
  - ❑ 完成项目需求设备采购。
- 工作产物：
  - ❑ 需求分析报告。
  - ❑ 详细设计报告。
- 完成标志：
  - ❑ 项目组到信息中心大楼调研，充分了解需求细节，同时产品开发部门并行开始平台定制工作。
  - ❑ 取得信息中心系统管理者和用户的原始需求。
  - ❑ 对外协作组开始着手第三方设备采购与供货事宜。

10.3.2 项目开发阶段

- 工作目标：
  - ❑ 集成系统设备。
  - ❑ 完成需求规约要求的功能特性、组件和其他产物。
  - ❑ 完成所有软件的开发和内部调试。

- 主要任务：
  - 完成代码编写。
  - 建立基础系统环境。
  - 通过内部测试。
- 工作产物：
  - 产品代码。
  - 构建的映像。
  - 技术支持和问题解决。
- 完成标志：
  - 需求规约中明确必须实现的特性已全部实现。

10.3.3 项目实施阶段

- 工作目标：
  - 完成整个系统的安装与调试。
- 主要任务：
  - 设备安装。
  - 使产品趋于稳定。
- 工作产物：
  - 可直接供用户使用的产品。
  - 已知问题列表、产品简介等。
  - 项目其他文档。
- 完成标志：
  - 现场测试完成。
  - 系统测试完成，产品达到运行维护标准。

10.3.4 项目验收

- 工作目标：
  - 使项目被用户充分使用。
- 主要任务：
  - 全面运行维护。
  - 验收系统。
- 工作产物：
  - 运行维护计划。
  - 系统验收报告。
- 完成标志：
  - 试运行结束，即对项目进行验收，本阶段将完成系统验收工作。验收通过，即交付用户正式运行。系统进入维护期，承诺为客户提供优质的售后技术服务。

参考及进一步阅读文献

[1] 林幼槐 . 信息网络工程项目建设质量管理概要 [M]. 北京：人民邮电出版社，2011.

[2] 桂劲松 . 物联网系统设计 [M]. 北京：电子工业出版社，2013.

[3] 温昱 . 软件架构设计 [M]. 北京：电子工业出版社，2014.

[4] 刘连浩 . 物联网与嵌入式系统开发 [M]. 北京：电子工业出版社，2012.

[5] George Coulouris, 等 . 分布式系统：概念与设计 [M]. 金蓓弘，马应龙，等译 . 5 版 . 北京：机械工业出版社，2012.

[6] 黄传河 . 网络规划设计师教程 [M]. 北京：清华大学出版社，2009.

[7] 陈鸣 . 网络工程设计教程：系统集成方法 [M]. 北京：机械工业出版社，2010.

[8] 李颂华，等 . 网络工程技术 [M]. 北京：人民邮电出版社，2007.

[9] 方睿 . 网络测试技术 [M]. 北京：北京邮电大学出版社，2010.

[10] 曹庆华 . 网络测试与故障诊断实验教程 [M]. 北京：清华大学出版社，2011.

[11] 李永忠 . 计算机网络测试与维护 [M]. 西安：西安电子科技大学出版社，2011.

[12] 李光宇，等 . 网络管理与维护 [M]. 北京：北京理工大学出版社，2012.

[13] 施荣华，杨政宇 . 物联网安全技术 [M]. 北京：电子工业出版社，2013.

[14] 赵贻竹，等 . 物联网系统安全与应用 [M]. 北京：电子工业出版社，2014.

[15] 徐小涛，杨志红 . 物联网信息安全 [M]. 北京：人民邮电出版社，2012.

[16] 胡向东，等 . 物联网安全 [M]. 北京：科学出版社，2012.

[17] 雷吉成 . 物联网安全技术 [M]. 北京：电子工业出版社，2012.

[18] 王景中，徐小青，曾凡锋 . 通信网安全与保密 [M]. 西安：西安电子科技大学出版社，2008.

[19] Matthieu-P. Schapranow. Real-time Security Extensions for EPCglobal Networks: Case Study for the Pharmaceutical Industry[M] . Springer，2013.

[20] Tu Hang Kumar，et al. an Improved Authentication Protocol for Session Initiation Protocol Using Smart Card[J]. Peer-to-Peer Networking and Applications，2014.

[21] S Clark，et al. Familiarity Breeds Contempt: the Honeymoon Effect and the Role of Legacy Code in Zero-day Vulnerabilities[C]. 26th Annual Computer Security Applications Conference (ACSAC 2010)，2010.

[22] R.-I. Paise，S. Vaudenay. Mutual Authentication in RFID: Security and Privacy[C]. ASIACCS'08: Proceedings of the 2008 ACM Symposium on Information，Computer and Communications Security，2008.

[23] Ton van Deursen. 50 Ways to Break RFID Privacy [J/OL]. http://satoss.uni.lu/papers/D10.pdf.

[24] 许金红，王伟平 . WSN 中典型的攻击模型与安全策略研究 [J]. 通信技术，2009.

[25] 张杰，胡向东 . 无线传感器网络中的虫洞攻击和防御 [J]. 通信技术，2008.

[26] 杨庚，许建，陈伟 . 物联网安全特征与关键技术 [J]. 南京邮电大学学报，2010，0（4）.

[27] 于海斌，曾鹏，梁弊 . 智能无线传感器系统 [M]. 北京：科学出版社，2006.

[28] 张海藩 . 软件工程导论 [M].5 版 . 北京：清华大学出版社，2008.

[29] Roger S Pressman. 软件工程实践者的研究方法 [M]. 郑人杰，等译 . 6 版 . 北京：机械工业出版社，2007.

[30] 陈世鸿，等 . 软件工程原理及应用 [M]. 武汉：武汉大学出版社，2003.
[31] 周萍 . 基于工业生态学理论的建筑业可持续发展模式研究 [D]. 浙江工业大学，2006.
[32] 陈博章 . 智能建筑信息管理系统的研究与设计 [D]. 电子科技大学，2007.
[33] 靳春光 . “金色水岸”小区电气智能化设计 [D]. 华北电力大学（保定），2006.
[34] 廖浩 . 武汉市既有行政办公建筑节能改造研究 [D]. 武汉理工大学，2009.
[35] 戴从娟 . 山西省省级政府机关办公建筑围护结构节能改造研究 [D]. 太原理工大学，2010.
[36] 牛福新 . 既有建筑蓄冷空调节能改造技术的研究 [D]. 哈尔滨工业大学，2008.
[37] 赵起升，等 . 智能建筑中的楼宇自动化设计及其应用 [J]. 华中科技大学学报（城市科学版），2003.
[38] 安佳智 . 信息时代企业办公空间设计研究 [D]. 大连工业大学，2008.
[39] 吴功宜 . 物联网工程导论 [M]. 北京：机械工业出版社，2013.